高等学校机电工程类系列教材

计算机控制技术及应用

尤文斌　丁永红　李旭妍　编著

西安电子科技大学出版社

内 容 简 介

本书以计算机控制系统的硬件电路设计、控制技术理论分析、软件程序设计、综合设计为主线,系统地介绍计算机控制技术的基本理论和应用。全书共分 8 章,第 1 章为绪论,第 2 章为计算机控制系统的硬件设计技术,第 3 章为计算机控制系统的理论分析,第 4 章、第 5 章和第 6 章分别为数字控制技术、常规及复杂控制技术和物联网控制技术,第 7 章为计算机控制系统的软件设计技术,第 8 章为计算机控制系统的设计与实现。书中给出了大量的实例、MATLAB 仿真代码和结果、Proteus 仿真电路和 C 语言程序代码,通过修改电路或程序代码的参数能直观地观察控制电路及算法的运行结果,更好地理解知识点,也方便读者将所学知识运用于创新实践中。

本书既可作为普通高等院校自动化、测控技术、智能控制、电气工程等相关专业的本科生教材,也可供相关领域的工程技术人员参考。

图书在版编目(CIP)数据

计算机控制技术及应用 / 尤文斌,丁永红,李旭妍编著. --西安:西安电子科技大学出版社,
2024.6
ISBN 978 - 7 - 5606 - 7219 - 9

Ⅰ.①计⋯　Ⅱ.①尤⋯　②丁⋯　③李⋯　Ⅲ.①计算机控制　Ⅳ.①TP273

中国国家版本馆 CIP 数据核字(2024)第 068815 号

策　　划　薛英英
责任编辑　薛英英
出版发行　西安电子科技大学出版社(西安市太白南路 2 号)
电　　话　(029)88202421　88201467　　邮　编　710071
网　　址　www.xduph.com　　电子邮箱　xdupfxb001@163.com
经　　销　新华书店
印刷单位　陕西天意印务有限责任公司
版　　次　2024 年 6 月第 1 版　2024 年 6 月第 1 次印刷
开　　本　787 毫米×1092 毫米　1/16　印张　24
字　　数　570 千字
定　　价　69.00 元
ISBN 978 - 7 - 5606 - 7219 - 9 / TP

XDUP 7521001 - 1

前　言

计算机控制技术是计算机技术与自动控制技术相融合的、以计算机为核心部件的控制工程综合性技术，具有开放性、集散性、智能化、网络化等特点。近年来，现代检测与传感器技术、计算机技术、自动控制技术、显示技术的高速发展，给计算机控制技术带来了巨大的变革，计算机控制技术在社会生产和生活中发挥着越来越重要的作用，尤其在国防、航天、现代工业生产、交通运输、能源开发与利用等领域中，人们利用计算机控制技术可以完成常规控制技术无法完成的任务，达到常规控制技术无法达到的性能指标。因此，我国亟须大量掌握计算机控制技术的高素质人才。

本书是为普通高等院校自动化、测控技术、智能控制、电气工程等专业编写的教材。编写时本着"基本理论适度、注重工程应用"的基本原则，将理论知识与实践知识有机地融合起来。同时本书结合案例教学、项目教学、研究性学习等方法，借鉴国外精品教材以及国内应用型本科优秀教材的写作思路、写作方法以及章节安排，将计算机控制技术最核心的内容作为重点，以更加适合创新性、应用型人才培养的需要，使学生易于理解和掌握理论知识点，并能将其应用到实践中，从而基本具备计算机控制系统的设计能力。

本书的特点如下：

（1）把握核心内容，以最基本的直接数字控制系统为主要对象，以计算机控制基础理论、过程通道（硬件和数字滤波）、常用的控制算法作为核心内容。

（2）注重实际和工程应用，将理论知识与实践知识有机融合，例题与例程使用 C 语言编写并用 Proteus 仿真，方便修改或调整参数，直观地呈现程序和电路执行效果。

（3）进行理论分析时注重应用 MATLAB 对实例进行仿真，使抽象的理论知识易于理解。

（4）随着嵌入式计算机技术的发展，采用国产宏晶 STC51 微处理器替换 8086 处理器，使读者可以方便地将本书中的例程应用于实践中。

本书由中北大学尤文斌教授组织编写和统稿。第 1 章、第 2 章、第 7 章由丁永红副教授编写，第 3 章的 3.1～3.4 节和第 6 章由李旭妍博士编写，第 3 章的 3.5～3.9 节、第 4 章、第 5 章、第 8 章由尤文斌教授编写。在此感谢白玉、秦昊、李荣基、张中凯、俞增先、李天乐、闫云、李东霞等研究生，他们为本书的编写做了大量的文献查找、绘图等工作。本书部分例题提供有程序代码，读者可自行在出版社官网下载。

由于作者水平有限，书中不足之处在所难免，敬请读者批评指正。

作　者
2024 年 1 月

目　录

1

3

第1章 绪 论

1.1 计算机控制系统概述

1.1.1 计算机控制系统的特征

计算机控制系统相对于连续控制系统而言,具有以下不同:

(1) 在结构上。常规的连续控制系统中的部件均为模拟部件,而计算机控制系统中的部件除测量装置、执行机构等是常用的模拟部件之外,其执行控制功能的核心部件(即计算机)则是数字部件。由此可见,计算机控制系统是由模拟部件和数字部件组成的混合系统。若控制系统中各部件都采用数字部件,则可称其为全数字控制系统。

(2) 在信号形式上。连续控制系统中各处的信号均为连续模拟信号,而计算机控制系统中除连续模拟信号之外,还有离散模拟、离散数字等多种信号形式[1]。

(3) 在设计方法上。计算机控制系统中除了包含连续信号外还包含数字信号,与连续控制系统在本质上有许多不同,因此需采用专门的理论来分析和设计[2]。目前,常用的设计方法有两种,即模拟调节规律的离散化设计法和直接设计法。前者是采用连续控制系统的分析和设计方法,先设计出连续的控制器,再将它离散化,转换成差分方程,最后编程实现。这种方法的缺点是只有当采样周期很短时,才能达到原设想的连续控制系统的性能指标。后者是基于线性离散系统理论,直接设计数字控制器,这种方法存在的主要问题是忽视了两采样点之间系统的动态过程,可能导致系统在各采样点不能满足性能指标要求,使实际系统的输入输出特性较差[3]。为了能设计出高性能的计算机控制系统,现在流行的方法是使用连续信号指标函数,并考虑采样点之间系统的动态特性,直接对具有混合结构的系统进行优化设计[4]。显然,这种方法最能反映系统的实际物理过程。

(4) 在灵活性和适应性上。对于连续控制系统,其控制规律越复杂,所需要的硬件往往也越多、越复杂,模拟硬件的成本几乎与控制规律复杂程度呈正比。在连续控制系统中,若要修改控制规律,一般必须改变硬件结构。而在计算机控制系统中,控制规律是用软件实现的,修改一个控制规律,无论复杂还是简单,只需修改软件,一般不需对硬件结构进行变化,因此便于实现复杂的控制规律和对控制方案进行在线修改,使系统具有很大的灵活性和适应性[5]。

(5) 在工作方式上。在连续控制系统中,一般是一个控制器控制一个回路。而在计算机控制系统中,由于计算机具有高速的运算处理能力,一个控制器(控制计算机)经常可采用分时控制的方式同时控制多个回路[6]。通常,计算机控制系统采用依次巡回的方式实现多路分时控制。

(6)在控制与管理上。采用计算机控制系统,如分级计算机控制系统、集散控制系统、微机网络等,便于实现控制与管理一体化,使工业企业的自动化程度进一步提高。在现代化生产过程中,计算机不仅担负着生产过程的控制任务,而且还负责工厂、企业的管理任务,例如收集商品信息和情报资料、制订生产计划、进行生产调度、进行仓库管理和人事工资管理等。在计算机控制系统发展的早期,计算机控制与管理是各自独立发展的,现在随着生产管理水平的提高,两者开始互相渗透、结合,以便实现全生产过程的协调和全局的优化。

通过将计算机控制系统与连续控制系统进行对比分析可以发现计算机控制系统具有以下特征:

(1)技术集成和系统复杂程度高。计算机控制系统是计算机、控制、电子、通信等多种高新技术的集成,是控制理论和应用技术的结合。由于控制速度快、精度高、信息量大,因此计算机控制系统能实现复杂的控制,达到较高的控制质量[7]。

(2)控制功能多。计算机控制系统具有集中操作、实时控制、控制管理、生产管理等多种功能。

(3)灵活性高。由于计算机控制系统硬件体积小、重量轻,结构设计模块化、标准化,软件功能丰富且编程方便,从而使系统在配置上有很强的灵活性[8]。

(4)可靠性高、可维护性好。由于计算机控制系统采取了有效的抗干扰技术与可靠性技术,且系统具有自诊断功能,因此其可靠性高,可维护性好。

(5)环境适应性强。由于控制用计算机一般都采用工业控制机(简称工控机)或专用计算机,能适应高温、高湿、振动、灰尘、腐蚀等恶劣环境[9],因此其环境适应性强。

1.1.2 计算机控制系统的工作原理

由于工业控制计算机的输入和输出都是数字信号,因此计算机控制系统中需要有 A/D 和 D/A 转换器[10]。从本质上看,计算机控制系统的工作过程可归纳为以下 3 个步骤。

(1)实时数据采集:对来自测量变送装置的被控量的瞬时值进行检测和输入[11]。

(2)实时控制决策:对采集到的被控量进行分析和处理,并按已定的控制规律,决定将要采取的控制行为。

(3)实时控制输出:根据控制决策,对执行机构发出控制信号,完成控制任务[12]。

计算机控制系统中的计算机要按顺序连续不断地重复以上 3 个步骤的操作,保证整个系统能按预定的性能指标要求正常工作,并对被控量和设备本身的异常现象实时做出处理[13]。所谓实时,是指信号的输入、计算和输出都要在一定的时间范围内完成,即计算机对输入信息要以足够快的速度进行控制,超出了这个时间,就失去了控制的时机,控制也就失去了意义。实时的概念不能脱离具体过程,一个在线的系统不一定是一个实时系统,但一个实时控制系统必定是在线系统[14]。

在计算机控制系统中,如果生产过程设备直接与计算机连接,即生产过程直接受计算机的控制,则称其为"联机"或"在线"方式;如果生产过程设备不直接与计算机连接,其工作不直接受计算机的控制，而是通过中间记录介质，靠人工进行联系并进行相应操作，则称其为"脱机"或"离线"方式[15]。

1.1.3 计算机控制系统的硬件组成

计算机控制系统的硬件组成框图如图 1.1 所示，主要由计算机（工控机）和生产过程装置两大部分组成[15]。

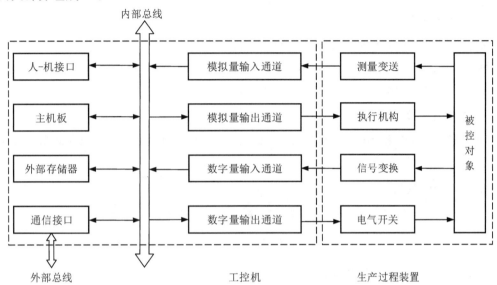

图 1.1 计算机控制系统的硬件组成框图

1. 工控机

1）主机板

主机板是工控机的核心，由中央处理器（CPU）、存储器（RAM、ROM）、监控定时器、电源掉电监测装置、保存重要数据的后备存储器、实时日历时钟等部件组成。主机板的作用是将采集到的实时信息按照预定程序进行必要的数值计算、逻辑判断、数据处理，以便及时选择控制策略并将结果输出到工业过程。

2）系统总线

系统总线可分为内部总线和外部总线。

内部总线是工控机内部各组成部分之间进行信息传送的公共通道，是一组信号线的集合。常用的内部总线有 PXI 总线、PCI 总线、AGP 总线、ISA 总线和 STD 总线等。

外部总线是工控机与其他计算机或智能设备进行信息传送的公共通道，常用的外部总线有 USB 总线、Thunderbolt 总线、CAN 总线、RS-232C 总线、RS-422 总线、RS-485 总线和 IEEE-488 总线等。

3）输入/输出板

输入/输出板是工控机和生产过程之间进行信号传递与变换的连接通道，包括模拟量输入（AI）通道、模拟量输出（AO）通道、数字量（开关量）输入（DI）通道、数字量（开关量）输出（DO）通道。输入通道的作用是将生产过程的信号变换成工控机能够接受和识别的代码；输出通道的作用是将工控机输出的控制命令和数据进行变换，作为执行机构或电气开关的控制信号。

4）人-机接口

人-机接口包括显示器、键盘、打印机以及专用操作显示台等。通过人-机接口设备，操作员与计算机之间可以进行信息交换。人-机接口既可以用于显示工业生产过程的状况，也可以用于修改运行参数。

5）通信接口

通信接口是工控机与其他计算机和智能设备进行信息传送的通道。常用的通信接口有以太网接口、IEEE-488 并行接口及 RS-232C、RS-422、RS-485 和 USB 串行接口。为方便系统集成，USB 串行接口技术正日益受到重视。

6）外部存储器

外部存储器有硬盘装置、U 盘装置等，兼有输入、输出功能，主要用来存储系统程序和数据。

2. 生产过程装置

生产过程装置包括被控对象、执行机构等，这些装置都有各种类型的标准产品，在设计计算机控制系统时，根据实际需求合理选型即可。

1.1.4 计算机控制系统的软件组成

计算机控制系统的硬件是完成控制任务的基础设备，而软件则是执行控制任务的关键。计算机控制系统的软件是指能够完成各种功能的程序系统，包括操作系统和各种应用程序，因此软件可分为系统软件和应用软件两大部分。

系统软件是提高计算机使用效率，扩大功能，为用户使用、维护和管理计算机提供方便的程序的总称。系统软件主要包括操作系统软件（如管理程序、磁盘操作系统程序、监控程序等）、语言加工系统软件（如程序设计语言、编译程序、服务程序等）、信息处理软件（如文字处理软件、翻译软件和企业管理软件等）和诊断系统软件（如调节程序及故障诊断程序等）。系统软件具有一定的通用性，一般随硬件一起由计算机生产厂家提供。

应用软件是用户根据要解决的实际问题而编写的各种程序，在计算机控制系统中则是指完成系统内各种任务的程序，包括控制程序、数据采集及处理程序、巡回检测及报警程序和数据管理程序等[15]。

1.2 计算机控制系统的分类

1.2.1 操作指导控制系统

操作指导控制（Operational Guidance Control，OGC）系统是指计算机的输出不直接用来控制被控对象，而只是对系统过程参数进行收集、加工处理，然后输出数据，由操作人员根据这些数据进行必要操作的计算机控制系统，其原理如图1.2所示。

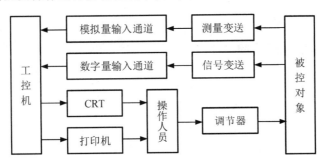

图1.2　操作指导控制系统原理

操作指导控制系统的优点是结构简单，控制灵活、安全；缺点是要由人工操作，速度受到限制，不适合通道较多的被控系统。

比如坦克的速度控制，被控对象为坦克的运行速度，传感器将坦克的运行速度转换为电信号，由测量电路进行采集、显示，同时驾驶员通过仪表指示的速度来调节油门大小，实现对坦克的速度控制。

1.2.2　直接数字控制系统

直接数字控制(Direct Digital Control，DDC)系统是指由控制计算机取代常规的模拟式控制器直接对生产过程或被控对象进行控制的计算机控制系统，其系统结构框图如图1.3所示。计算机首先通过模拟量输入(AI)通道或开关量/数字量输入(DI)通道实时采集数据，然后按照一定的控制规律进行计算，最后发出控制信息，并通过模拟量输出(AO)通道或开关量/数字量输出(DO)通道直接控制生产过程。DDC系统属于计算机闭环控制系统，不仅可完全取代模拟调节器，实现多回路的控制，而且只需改变程序就可以实现复杂的控制规律，如非线性控制、纯滞后控制、串级控制、前馈控制、最优控制、自适应控制等。DDC系统是计算机在工业生产过程中最普遍的一种应用方式。

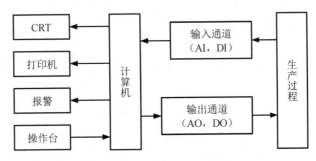

图1.3　直接数字控制系统结构框图

由于DDC系统中的计算机直接承担控制任务，因此要求其实时性好、可靠性高和适应性强。为了充分发挥计算机的利用率，一台计算机通常要控制几个或几十个回路，因而需要合理地设计应用软件，使之不失时机地完成所有功能。

比如防空火炮的伺服控制，被控对象为防空火炮的方位，火控计算机根据雷达系统探测的目标速度、方位，实时计算火炮的射击位置，控制炮塔转动到指定方位角，实现对防空火炮的伺服控制。

1.2.3 监督计算机控制系统

在监督计算机控制（Supervisory Computer Control，SCC）系统中，计算机首先根据工艺参数和过程变量检测值，按照所设计的控制算法进行计算，然后将计算出的最佳设定值直接传递给常规模拟调节器或 DDC 计算机，最后由模拟调节器或 DDC 计算机控制生产过程，使生产过程始终处于最佳工作状态[15]。

监督计算机控制系统有两种结构形式：一种是 SCC+模拟调节器的控制系统；另一种是 SCC+DDC 的分级控制系统。

1. SCC+模拟调节器的控制系统

SCC+模拟调节器的控制系统原理框图如图 1.4(a)所示，首先 SCC 计算机对系统的被控参数进行巡回检测，并按一定的数学模型对生产状况进行分析，计算出被控对象各个参数的最优设定值并送入模拟调节器，然后将此设定值在模拟调节器中与检测值进行比较，其偏差经模拟调节器计算后输出到执行机构，以达到调节被控参数的目的。当 SCC 计算机出现故障时，可由模拟调节器独立完成操作。

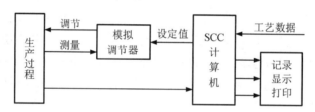

(a) SCC+模拟调节器的控制系统

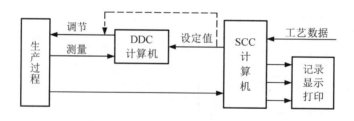

(b) SCC+DDC的分级控制系统

图 1.4 监督计算机控制系统原理框图

比如炮管的电解加工控制系统，SCC 计算机根据采集到的参数进行模型优化，并将优化后的参数传送到模拟调节器，模拟调节器根据优化后的参数进行温度控制。当 SCC 计算机失效时，模拟调节器仍能按预定参数进行温度控制。

2. SCC+DDC 的分级控制系统

SCC+DDC 的分级控制系统原理框图如图 1.4(b)所示，SCC 计算机和 DDC 计算机组成了两级控制系统。其中一级为监督控制级 SCC 计算机，其作用与 SCC+模拟调节器系统中的 SCC 计算机一样，完成车间等高一级的最优化分析和计算，给出最佳设定值，传递给 DDC 计算机直接控制生产过程。SCC 计算机与 DDC 计算机之间通过接口进行信息传输，当 DDC 计算机出现故障时，可由 SCC 计算机代替。因此，系统的可靠性得到了大大提高。

SCC 系统的优点是不仅可以进行复杂控制规律的控制，而且其工作可靠性较高，当 SCC 系统出现故障时，下一级仍可继续执行控制任务[15]。

比如，将防空火炮的伺服控制炮塔转动的控制部分独立出来，形成跟踪算法优化的 SCC 计算机＋控制炮塔转动的 DDC 计算机的分级控制系统。DCC 计算机接收到 SCC 计算机的修正参数后，调整控制参数，实现防空火炮炮塔方位控制。当 DDC 计算机或 SCC 计算机出现故障时，功能正常的那部分仍能对炮塔进行控制。

1.2.4 集散控制系统

集散控制系统（Total Distributed Control System，TDCS）又称分散型控制系统（Distributed Control System，DCS），它将控制系统分成若干个独立的局部子系统，用以完成被控过程的自动控制任务。该系统采用分散控制、集中操作、分级管理和综合协调的设计原则与网络化的控制结构，把系统从下到上分为分散过程控制级、集中操作监控级、综合信息管理级等，形成分级分布式控制，其结构如图 1.5 所示。

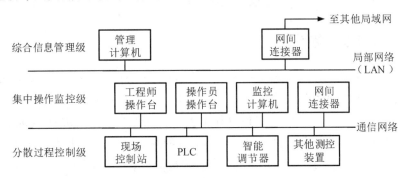

图 1.5 集散控制系统结构示意图

集散控制系统是利用以计算机为核心的基本控制器，实现功能上、物理上和地理上的分散控制，又通过高速数据通道把各个分散点的信息集中起来送到监控计算机和操作站，以进行集中监视和操作，并实现高级复杂控制。这种控制系统使企业的自动化水平提高到了一个新的阶段。

例如在火力发电厂中，发电机组、锅炉、电气监控三者内部的子系统可进行分散控制，但三者之间需要密切配合、相互协调操作才能实现发电的高效性。在该集散控制系统中，综合信息管理级分配发电任务，通过通信网络集中管理发电机组、锅炉、电气监控三者的任务协调。

1.2.5 现场总线控制系统

现场总线控制系统(Fieldbus Control System，FCS)是新一代分布式控制系统，如图1.6 所示，其结构模式为"操作站—现场总线智能设备"两层结构。FCS 与 DCS 结构模式的主要区别是：DCS 的结构模式为"操作站—控制站—现场设备"三层结构，系统成本较高，而且各个厂商的 DCS 有各自的标准，不能互联；而 FCS 采用两层结构完成了 DCS 三层结构的功能，降低了成本，提高了可靠性，可实现真正的开放式互联系统结构[15]。

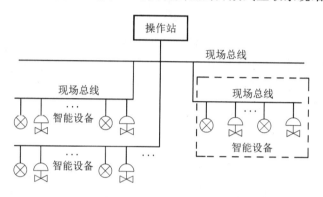

图 1.6 现场总线控制系统结构示意图

例如装甲车辆等军用车辆使用 CAN 总线作为前端总线，车长终端作为操作站，操作站与现场总线智能设备通过 CAN 总线进行通信。现场总线智能设备完成复杂环境温湿度、风速、车速、油量等参数采集，以及炮塔、火控等设备的控制。

1.2.6 计算机集成制造系统

计算机集成制造系统(Computer Integrated Manufacturing System，CIMS)是随着计算机辅助设计与制造的发展而产生的。它是在信息技术、自动化技术与制造技术的基础上，通过计算机技术把分散在产品设计制造过程中各种孤立的自动化子系统有机地集成起来，形成适用于多品种、小批量生产且能实现整体效益的集成化和智能化制造系统。

从生产工艺方面进行分类，CIMS 可大致分为离散型、连续型和混合型三种；从体系结构进行分类，CIMS 可分成集中型、分散型和混合型三种。

1.2.7 物联网控制系统

物联网控制系统(Internet of Things Control System，IoTCS)是指以物联网为通信媒介，将控制系统元件进行互联，使控制相关信息进行安全交互和共享，从而达到预期控制目标的系统[16]。常见的物联网控制系统架构如图1.7 和图1.8 所示。

例如，Huawei Lite OS 是华为针对物联网领域推出的轻量级物联网操作系统，是华为物联网战略的重要组成部分，具备轻量级、低功耗、互联互通、组件丰富、快速开发等关键能力，可为开发者提供"一站式"完整软件平台，有效降低开发门槛和缩短开发周期，可广泛应用于可穿戴设备、智能家居、车联网、LPWA 等领域。

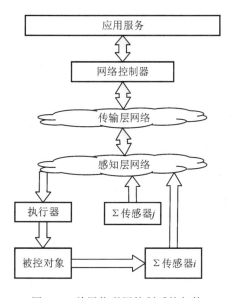

图 1.7 单层物联网控制系统架构

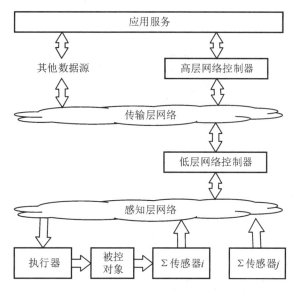

图 1.8 双层物联网控制系统架构

1.3 计算机控制系统的发展概况与发展趋势

1.3.1 计算机控制系统的发展概况

计算机的出现使科学技术产生了一场深刻的革命，同时也把自动控制推向了一个新高度。随着大规模及超大规模集成电路的发展，计算机的可靠性和性价比越来越高，这使计算机控制系统得到了越来越广泛的应用。

世界上第一台计算机于 1946 年问世。1952 年计算机开始应用于化工生产过程的自动检测和数据处理，并可打印出生产管理用的过程参数。1954 年利用计算机构成了开环控制系统，操作人员根据计算机的计算结果可及时、准确地调节生产过程的控制参数。1957 年利用计算机构成了闭环控制系统，可对石油蒸馏过程进行自动控制[17]。1958 年试验性地采用了直接数字控制系统，实现了计算机的"在线"控制。1966 年以后计算机控制开始侧重于生产过程的最优控制，并向分散控制和网络控制方向发展[18]。20 世纪 70 年代，随着大规模集成电路技术的发展，于 1972 年生产出微型计算机，使计算机控制技术进入了一个崭新的发展阶段[19]。20 世纪 80 年代以后，微型处理器件迅速发展，价格大幅下降，微型处理器件参与计算机控制，使计算机控制系统的应用更为普遍，开创了计算机控制的新时代，即从传统的集中控制系统革新为分散控制系统。分散控制系统为工业控制系统的发展提供了基础。20 世纪 90 年代，随着微处理技术和其他高新技术的发展，使分散型控制、全监督式控制、智能控制得到了进一步的研究和应用[20]。计算机控制系统性能价格比的不断提高更加速了计算机控制系统的普及和应用，促进了许多新型计算机控制方式的发展，目前嵌入式计算机控制系统、网络计算机控制系统以及许多专用控制器都得到了迅速的发展。

计算机控制系统的发展离不开计算机控制系统理论和先进控制策略的发展。

1. 计算机控制系统理论

计算机控制系统中包含有数字环节，严格地说，数字环节是时变非线性环节，如果同时考虑数字信号在时间上的离散和幅度上的量化效应，要对它进行严格的分析是十分困难的。若忽略数字信号的量化效应，则计算机控制系统可看作是采样控制系统。在采样控制系统中，如果将其中的连续环节离散化，则整个系统便成为纯粹的离散系统。因此计算机控制系统理论主要包括离散系统理论、采样系统理论及数字系统理论[21]。

1）离散系统理论

离散系统理论主要是指对离散系统进行分析和设计的各种理论与方法，它主要包括：

（1）差分方程及 Z 变换理论。利用差分方程、Z 变换及 Z 传递函数等数学工具可分析离散系统的性能及稳定性。

（2）常规设计方法。常规设计方法是指以 Z 传递函数作为数学模型对离散系统进行常规设计的各种方法的研究，如有限拍控制、根轨迹法设计、离散 PID 控制、参数寻优设计及直接解析设计法等[22]。

（3）按极点配置的设计法。该方法包括基于传递函数模型及基于状态空间模型的两种极点配置设计方法。在利用状态空间模型时，它包括按极点配置设计控制规律及设计观测器两方面的内容。

（4）最优设计方法。该方法包括基于传递函数模型及基于状态空间模型的两种设计方法。基于传递函数模型的最优设计法主要包括最小方差控制和广义最小方差控制等内容。基于状态空间模型的最优设计法主要包括线性二次型最优控制及状态的最优估计两个方面，通常简称为 LQG(Linear Quadratic Gaussian)问题。

（5）系统辨识及自适应控制。系统辨识是根据系统的输入/输出时间函数来确定地描述系统行为的数学模型。自适应控制能自行调整参数或产生控制作用，使系统仍能按某一性能指标运行在最佳状态的一种控制方法。

2）采样系统理论

采样系统理论在计算机控制方面已取得重要成果，近年来出现了许多新型控制策略。采样系统理论除了包括离散系统的理论外，还包括以下一些内容：

（1）采样理论。主要包括香农(Shannon)采样定理、采样频谱及混叠、采样信号的恢复及采样系统的结构图分析等。

（2）连续模型及性能指标的离散化。为了使采样系统能变成纯粹的离散系统来进行分析和设计，需将采样系统中的连续部分进行离散化，而且首先需要将连续环节的模型表示方式离散化。由于模型表示主要采用传递函数和状态方程两种形式，因此需要将连续模型的传递函数和状态方程离散化。由于实际的控制对象是连续的，故性能指标函数也常常以连续的形式给出，这样将更能反映实际系统的性能要求，因此也需要将连续的性能指标进行离散化。由于主要采用最优和按极点配置的设计方法，因此性能指标的离散化也主要包括传递函数和状态方程离散化两个方面。将连续系统的极点变换为相应的离散系统的极点分布是一件十分简单的工作，而将连续的二次型性能指标函数进行离散则需要较为复杂的计算。

（3）性能指标函数的计算。采样控制系统中控制对象是连续的，性能指标函数也常常以连续的形式给出，而控制器是离散的。为了分析系统的性能，需要计算采样系统中连续的性能指标函数，其中包括确定性系统和随机性系统两种情况。

（4）采样控制系统的仿真。

（5）采样周期的选择。

3）数字系统理论

数字系统理论除了包括离散系统和采样系统的理论外，还包括数字信号量化效应的研究，如量化误差、非线性特性的影响等。同时，还包括数字控制器实现中的一些问题，如计算延时、控制算法编程等[23]。

2. 先进控制策略

常规的控制策略如 PID 控制等在计算机控制系统中得到了广泛应用，但这些控制策略一是要求被控对象是精确的、时不变的，且是线性的，二是要求操作条件和运行环境是确定的、不变的。而实际上首先被控对象的结构是时变的，有许多不确定因素，且多是非线性、多变量、强耦合和高维数的，既有数字信息，又有多媒体信息，难以建立常规的数学模型；其次，运行环境干扰的时变，再加上信息的模糊性、不完全性、偶然性和未知性，使系统的环境复杂化；最后，控制任务不再只限于系统的调节和伺服问题，还包括了优化、监控、诊断、调度、规划决策等复杂任务。因而人们建立和实践了一些新的控制策略并在实际中得到了改进和发展。

1）鲁棒控制

计算机控制系统的鲁棒性是指系统的某种性能或某个指标在某种扰动下保持不变的程度（或对扰动不敏感的程度）。其基本思想是在设计过程中设法使系统对模型的变化不敏感，使控制系统在模型误差扰动下仍能保持稳定，品质也保持在工程所能接受的范围内。鲁棒控制主要有代数方法和频域方法，前者的研究对象是系统的状态矩阵或特征多项式，主要讨论多项式族或矩阵族的鲁棒控制；后者是从系统的传递函数矩阵出发，通过使系统由扰动至偏差的传递函数矩阵的范数取极小来设计出相应的控制规律。

鲁棒控制理论成果主要应用在飞行器、柔性结构、机器人等领域，在工业过程控制领域应用较少。

2）预测控制

预测控制是一种基于模型又不过分依赖模型的控制策略，其基本思想类似于人的思维与决策，即根据人头脑中对外部世界的了解，通过快速思维不断比较各种方案可能造成的后果，从中择优予以实施。它的各种算法是建立在模型预测—滚动优化—反馈校正这 3 条基本原理上的，其核心是在线优化。这种"边走边看"的滚动优化控制策略可以随时顾及模型失配、时变、非线性或其他干扰因素等不确定性，及时进行弥补，减小偏差，以获得较高的综合控制质量。

预测控制集建模、优化和反馈于一体，三者滚动进行，其深刻的控制思想和优良的控制效果一直为学术界和工业界所瞩目。

3）模糊控制

模糊控制是一种应用模糊集合理论的控制方法。模糊控制是一种能够提高工业自动化能力的控制技术。模糊控制是智能控制中一个非常活跃的研究领域，凡是无法建立数学模型或难以建立数学模型的场合都可采用模糊控制技术。

模糊控制的特点是：一方面，模糊控制提供了一种实现基于自然语言描述规则的控制规律的新机制；另一方面，模糊控制器提供了一种改进非线性控制器的替代方法，这些非线性控制器一般用于控制含有不确定性和难以用传统非线性理论来处理的装置。

4）神经网络控制

神经网络控制是一种基本上不依赖于模型的控制方法，它比较适用于那些具有不确定性或高度非线性的控制对象，并具有较强的适应性和学习功能。

5）专家控制

专家控制系统是一种已广泛应用于故障诊断、各种工业过程控制和工业设计的智能控制系统。工程控制论与专家系统的结合形成了专家控制系统。专家控制系统的主要优点有：

（1）运行可靠性高。对于某些特别的装置或系统，如果不采用专家控制系统来取代常规控制器，则整个控制系统将变得非常复杂，尤其是其硬件结构，结果是使整个控制系统的可靠性大为下降。因此，对专家控制系统提出了较高的运行可靠性要求。另外专家控制系统通常具有方便的监控能力。

（2）决策能力强。决策是基于知识的控制系统的关键能力之一，大多数专家控制系统要求具有不同水平的决策能力。专家控制系统能够处理不确定性、不完全性和不精确性之类的问题，这些问题难以用常规控制方法解决。

（3）应用的通用性好。应用的通用性包括易于开发、示例多样性、便于混合知识表示，以及具有全局数据库的活动维数、基本硬件的机动性、多种推理机制及开放式的可扩充结构等。

（4）控制与处理的灵活性。控制与处理的灵活性包括控制策略的灵活性、数据管理的灵活性、经验表示的灵活性、解释说明的灵活性、模式匹配的灵活性及过程连接的灵活性等。

（5）拟人能力。专家控制系统的控制水平具有人类专家的水准。

6）遗传算法

遗传算法是一种新发展起来的优化算法，是基于自然选择和基因遗传学原理的搜索算法。遗传算法在计算机控制系统中的应用主要是进行优化和学习，特别是与其他控制策略相结合，能够获得较好的效果[24]。

上述的新型控制策略各有特长，但在某些方面都有其不足。因而，各种控制策略相互渗透和结合，从而构成复合控制策略，是计算机控制系统控制策略的主要发展趋势。组合智能控制系统的目标是将智能控制与常规控制模式有机地组合起来，以便取长补短，获得互补性，提高整体优势，以期获得人类、人工智能和控制理论高度紧密结合的智能系统，如PID模糊控制器、自组织模糊控制器、基于神经网络的自适应控制系统等[25]。

1.3.2　计算机控制系统的发展趋势

1. 网络化

计算机技术以及现代网络技术正处于高速发展的轨道上，同时不同层次的计算机网络推动着计算机控制技术的应用,使得控制系统规模不断扩大,系统功能更加完善,并逐步实现了计算机控制系统的网络化。网络化计算机控制系统在实现控制作用时与传统控制系统已经存在明显的差异,其控制系统中的各个仪表单元能够独立而可靠地完成自身的各项控制任务,并通过网络的方式进行彼此之间的连接和信息共享,从而实现实时协作,顺利地完成各项预定的控制任务。可以说网络化的思想在控制系统中的运用是计算机控制技术发展的一个显著趋势,能够使计算机控制系统根据需求进行控制个体的增减,使控制系统的使用价值逐步提升[26]。

2. 集成化

计算机控制技术的集成化是控制技术发展的趋势,也是在新的生产原理和概念指导下形成的一种新型控制管理模式。通过集成化的控制,能够大大提升生产效率和产品质量,同时也能有效缩短生产周期,满足各个领域经济效益目标的实现。计算机集成制造系统将成为 21 世纪起着主导作用的新型生产控制模式,进一步推动集成制造系统的创新与研发[27]。

3. 智能化

智能化是计算机控制技术的必然发展趋势,而积极研究多样化的控制策略也是促进控制技术完善与创新的重要途径。目前计算机智能控制的方法多种多样,主要有:

(1)模糊控制。模糊控制能够绕过不确定对象以及时变性等控制限制,可简洁地进行生产过程的控制,同时适用面非常广泛,但是要求具有全面完善的控制规则,这在复杂工业过程和对象的控制中存在一定的不适应性。

(2)专家控制。专家控制是一种有效的智能控制方式,具有广阔的应用前景,但是尚未形成具有普遍意义的理论和设计方法。

(3)神经网络控制。神经网络控制策略试图对人脑功能进行模拟,但是缺乏一定的实时性。未来的计算机控制技术发展在实现智能化的道路中必须取长补短、相互结合[28]。

(4)AI 大模型。AI 大模型是指经过大规模数据训练后,能够适应一系列任务的模型。深度学习作为人工智能的重要技术,完全依赖模型自动从数据中学习知识,在显著提升性能的同时,也面临着通用数据激增与专用数据匮乏的矛盾。AI 大模型兼具"大规模"和"预训练"两种属性,面向实际任务建模前需在海量通用数据上进行预先训练,这样能大幅提升 AI 的泛化性、通用性、实用性。相对于传统的小模型生成模式,AI 大模型能够大幅缩减特定模型训练所需要的算力和数据量,缩短模型的开发周期,还能得到更好的模型训练效果。

4. 标准化

任何一项技术在发展和进步过程中将最终趋于标准化,计算机控制技术的未来发展同样如此,也必将走向标准化发展之路,并促进计算机控制系统的完善与标准化发展,从而满足不同领域提高生产质量和标准的需求[29]。目前得到国际公认的计算机控制技术标准还未形成,这就需要在实践应用与推广中进行控制经验的总结和通用性的考量,并最终建立国际通用的技术标准[30]。

1.4　通用微处理器——STC89C51

1.4.1　STC89C51 的组成

本书所使用的是宏晶微电子科技股份有限公司生产的 STC89C51 单片机。它是与工业标准 MCS-51 指令集和输出引脚相兼容的单片机。STC89C51 的组成如下：

（1）中央处理器（CPU）。中央处理器是单片机的核心，负责完成运算和控制功能。STC89C51 的 CPU 能处理 8 位二进制数或代码。

（2）内部数据存储器（内部 RAM）。STC89C51 共有 256 个 RAM 单元，但其中后 128 个单元被专用寄存器占用，供用户使用的只有前 128 个单元，用于存放可读写的数据。因此通常所说的内部数据存储器就是指前 128 个单元，简称内部 RAM。

（3）内部程序存储器（内部 ROM）。STC89C51 共有 4 KB 掩模 ROM，用于存放程序、原始数据或表格，因此，称之为程序存储器，简称内部 ROM。

（4）定时/计数器。STC89C51 共有两个 16 位的定时/计数器，以实现定时或计数功能，并以其定时或计数结果对计算机进行控制。

（5）并行 I/O 接口。STC89C51 共有 4 个 8 位的 I/O 接口（P0 接口、P1 接口、P2 接口、P3 接口），以实现数据的并行输入/输出。

（6）串行接口。STC89C51 单片机有 1 个全双工的串行接口，以实现单片机和其他设备之间的串行数据传送。该串行口功能较强，既可作为全双工异步通信收发器使用，也可作为同步移位器使用。

（7）中断控制系统。STC89C51 单片机的中断功能较强，可以满足大多数控制应用的需要。STC89C51 共有 5 个中断源，即两个外中断、两个定时/计数中断、一个串行中断。全部中断分为高级和低级共两个优先级别。

（8）时钟电路。STC89C51 芯片的内部有时钟电路，用于为单片机产生时钟脉冲序列，但石英晶体和微调电容需外接。系统允许的晶振频率在 0～40 MHz 之间，一般选用 11.0592 MHz 和 12 MHz。

从上述内容可以看出，STC89C51 虽然是一个单片机芯片，但计算机应该具有的基本部件它都包括，因此，实际上它已是一个简单的微型计算机系统了。

1.4.2　STC89C51 的引脚介绍

STC89C51 的引脚如图 1.9 所示，具体介绍如下：

（1）主电源引脚（2 个）。

Vcc（40 脚）：电源输入，接+5 V 电源。

GND（20 脚）：接地线。

（2）外接晶振引脚（2 个）。

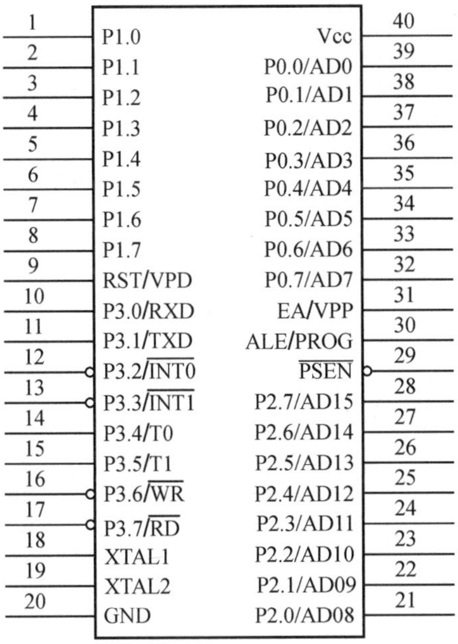

```
 1 ──┤ P1.0            Vcc ├── 40
 2 ──┤ P1.1       P0.0/AD0 ├── 39
 3 ──┤ P1.2       P0.1/AD1 ├── 38
 4 ──┤ P1.3       P0.2/AD2 ├── 37
 5 ──┤ P1.4       P0.3/AD3 ├── 36
 6 ──┤ P1.5       P0.4/AD4 ├── 35
 7 ──┤ P1.6       P0.5/AD5 ├── 34
 8 ──┤ P1.7       P0.6/AD6 ├── 33
 9 ──┤ RST/VPD    P0.7/AD7 ├── 32
10 ──┤ P3.0/RXD    EA/VPP  ├── 31
11 ──┤ P3.1/TXD  ALE/PROG  ├── 30
12 ──┤ P3.2/INT0     PSEN  ├── 29
13 ──┤ P3.3/INT1  P2.7/AD15├── 28
14 ──┤ P3.4/T0    P2.6/AD14├── 27
15 ──┤ P3.5/T1    P2.5/AD13├── 26
16 ──┤ P3.6/WR    P2.4/AD12├── 25
17 ──┤ P3.7/RD    P2.3/AD11├── 24
18 ──┤ XTAL1      P2.2/AD10├── 23
19 ──┤ XTAL2      P2.1/AD09├── 22
20 ──┤ GND        P2.0/AD08├── 21
```

图 1.9　STC89C51 引脚图

XTAL1(19 脚)：片内振荡电路的输入端。

XTAL2(18 脚)：片内振荡电路的输出端。

(3) 控制引脚(4 个)。

RST/VPD(9 脚)：复位引脚，引脚上出现两个机器周期的高电平将使单片机复位。

ALE/PROG(30 脚)：地址锁存允许信号。

$\overline{\text{PSEN}}$(29 脚)：外部存储器读选通信号。

EA/VPP(31 脚)：程序存储器的内外部选通，接低电平时从外部程序存储器读指令，接高电平时从内部程序存储器读指令。

(4) 可编程输入/输出引脚(32 个)。

STC89C51 单片机有 4 组 8 位的可编程 I/O 接口，分别为 P0、P1、P2、P3 接口，每个接口有 8 位(8 个引脚)，共 32 个。

P0 接口(39 脚~32 脚)：8 位准双向 I/O 接口，名称为 P0.0~P0.7。

P1 接口(1 脚~8 脚)：8 位准双向 I/O 接口，名称为 P1.0~P1.7。

P2 接口(21 脚~28 脚)：8 位准双向 I/O 接口，名称为 P2.0~P2.7。

P3 接口(10 脚~17 脚)：8 位准双向 I/O 接口，名称为 P3.0~P3.7。

P0 接口上电复位后处于开漏模式，当 P0 口作为 I/O 接口时，需外加 $4.7 \sim 10$ kΩ 的上拉电阻；当 P0 接口作为地址/数据复用总线使用时，不需外加上拉电阻。

准双向接口读外部状态前要先将锁存器设为"1"，才可读到正确的外部状态。

1.4.3　单片机最小系统

单片机最小系统又称为单片机最小应用系统，是指用最少的元件组成的单片机可以工作的系统。单片机最小系统如图 1.10 所示。当 STC89C51 单片机的 RST/VPD 引脚为高电平并保持两个机器周期时，单片机内部就执行复位操作。按键手动复位有电平方式和脉冲方式两种，其中电平复位是通过 RST/VPD 端并经过电阻与电源 V_{CC} 接通而实现的。单片机最小系统由以下电路组成。

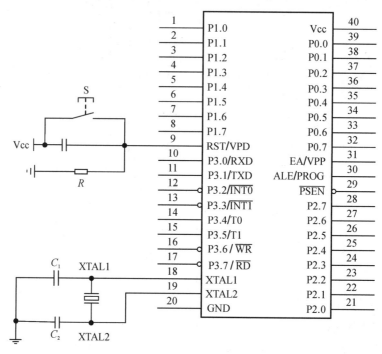

图 1.10　单片机最小系统

1. 内部方式时钟电路

在 STC89C51 芯片内部有一个高增益反相放大器，其输入端为引脚 XTAL1，输出端为引脚 XTAL2。在芯片的外部，XTAL1 和 XTAL2 引脚之间跨接晶体振荡器和微调电容，从而构成一个稳定的自激振荡器，这就是单片机的时钟振荡电路，如图 1.11 所示。

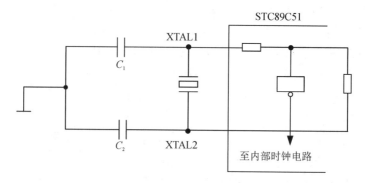

图 1.11　时钟振荡电路

时钟振荡电路产生的振荡脉冲只有经过触发器进行二分频之后，才能成为单片机的时钟脉冲信号。特别要注意时钟脉冲与振荡脉冲之间的二分频关系，否则会造成概念上的错误。一般地，电容 C_1 和 C_2 取 30 pF 左右，晶体的振荡频率范围是 1.2～12 MHz。晶体振荡频率高，则系统的时钟频率也高，单片机运行速度也就快。STC89C51 在通常应用情况下，使用的振荡频率为 11.0592 MHz 或 12 MHz。

2. 外部方式时钟电路

在由多片单片机组成的系统中，为了使各单片机之间的时钟信号能够同步，应当引入唯一的公用外部脉冲信号作为各单片机的振荡脉冲。这时，外部的脉冲信号是经 XTAL2 引脚接入的，其连接如图 1.12 所示。

3. 时序

时序是用定时单位来说明的。STC89C51 的时序定时单位共有 4 个，从小到大依次是节拍、状态、机器周期和指令周期。它们之间的关系如下：

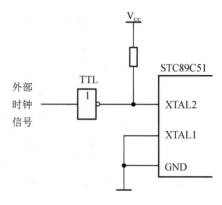

图 1.12　外部时钟信号接法

(1) 一个振荡脉冲的周期为节拍。

(2) 一个状态包含两个节拍。

(3) 一个机器周期的宽度为 6 个状态。

(4) 一条指令周期由若干个机器周期组成。

4. 单片机的复位电路

单片机复位电路可使 CPU 和系统中的其他功能部件都处在一个确定的初始状态，并从这个状态开始工作，复位后 PC=0000H，使单片机从第一个单元取指令。单片机复位的条件是：必须使 RST/VPD 引脚加上持续两个机器周期（即 24 个振荡周期）的高电平，再加上 10 μs 的高电平。例如，若时钟频率为 12 MHz，每个机器周期为 1 μs，则只需 12 μs 以上时间的高电平，且在 RST 引脚出现高电平后的第二个机器周期执行复位。

1.4.4　STC89C51 单片机的简单例程——流水灯

STC89C51 单片机的应用十分广泛。Proteus 软件中与 STC89C51 具有相同引脚及功能的元件库文件为 AT89C51，后续仿真用到的仿真芯片均选择该器件。下面以流水灯为例简单介绍单片机是如何实现其功能的。流水灯最简 Proteus 原理图如图 1.13 所示，晶振频率、复位及电源可利用 Proteus 软件进行设置，因此，当晶振引脚（18 脚、19 脚）、复位引脚（9 脚）和电源引脚（40 脚、20 脚）在没有连接的情况下，AT89C51 仍能正常工作。LED 灯发光的条件是有足够的电流流过，通过电阻可限制发光二极管上的电流以调整亮度，电流越大 LED 灯的亮度越高，电流小于阈值时 LED 灯无法点亮。一般地，3 mm LED 的电流阈值设定在 10 mA 左右。单片机的引脚默认输出电流通常为 20 mA，对于高功率的发光 LED，需要增加电流驱动电路。图 1.13 中 LED 阴极接地，阳极接正电压时 LED 导通发光，接低电平时 LED 截止熄灭。

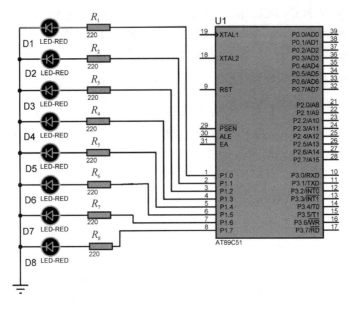

图 1.13　流水灯的最简 Proteus 原理图

下面具体介绍利用 AT89C51 进行流水灯设计的步骤。

1. 定义头文件

当利用单片机 C 语言进行编程时，一般情况下，程序要包括 reg51.h 或者其他的自定义头文件，其中"include"为"文件包含"处理语句。"文件包含"是指一个文件将另外一个文件的内容全部包含进来。reg51.h 文件为 51 系列单片机的宏定义文件，其目的是为了利用助记符代替寄存器的地址，便于记忆和使用。比如"P1＝0x90"语句，C 编译器将识别程序中的"P1"为 80C51 单片机的 P1 端口而不是其他变量。头文件的特点为：

（1）头文件可以定义所用的函数列表，方便查阅、调用自定义函数。

（2）头文件可以定义很多宏定义，例如一些全局静态变量的定义，此时，只要修改头文件的内容，程序就可以做相应的修改，不用到烦琐的代码内去搜索。

（3）头文件只是声明，不占内存空间，且要想知道其执行过程，就要看头文件所声明的函数是在哪个 .c 文件里定义的。

（4）头文件不是 C 语言自带的，可以不用。

（5）调用了头文件，就等于赋予了调用某些函数的权限，比如要算一个数的 N 次方，就要调用 Pow() 函数，而这个函数是定义在 math.c 文件里面的，因此要用这个函数，就必须调用 math.h 这个头文件。

2. 定义引脚

对单片机引脚进行宏定义，可以方便记忆引脚。具体定义语句如下：

```
sbit p0＝P1^0;
sbit p1＝P1^1;
sbit p2＝P1^2;
sbit p3＝P1^3;
sbit p4＝P1^4;
```

```
sbit p5=P1^5;
sbit p6=P1^6;
sbit p7=P1^7;
```

3. 编写延时函数

延时函数用于调节流水灯的时间间隔，延时时间可以自己定义。当延时时间过短，小于视觉暂留时间(0.1~0.4 s)时，人眼观察时所有灯均为点亮状态。延时函数如下：

```
void mdelay(unsigned int t)
{
    unsigned char n;
    for(; t>0; t--)
        for(n=0; n<125; n++)
        {; }
}
```

4. 编写主函数

主函数包括流水灯的反复循环函数和流水灯的方向函数。主函数编写有两种方法。
方法 1：

```
void main()
{
    while(1)
    {
        p1=0;
        p0=1;
        mdelay(1000);
        p0=0;
        p1=1;
        mdelay(1000);
        p1=0;
        p2=1;
        mdelay(1000);
        p2=0;
        p3=1;
        mdelay(1000);
        p3=0;
        p4=1;
        mdelay(1000);
        p4=0;
        p5=1;
        mdelay(1000);
        p5=0;
        p6=1;
        mdelay(1000);
```

```
            p6＝0；
            p7＝1；
            mdelay(1000)；
            p7＝0；
        }
    }
```

方法 1 的程序定义了 8 个 LED 对应的引脚，流水灯单步遍历了所有状态，程序代码烦琐。利用左循环移位函数可以简化程序代码，这里带进位的左循环移位函数在"intrins. h"头文件中定义，具体实现见下面的方法 2 所示。

方法 2：

```
    ＃include "reg51. h"
    ＃include "intrins. h"
    void mdelay(unsigned int t)
    {   unsigned char n;
        for(；t＞0；t－－)
            for(n＝0；n＜125；n＋＋)
            {；}
    }
    void main()
    {   P1＝0x01；
        while(1)
        {
            P1＝_crol_(P1，1)；//带进位左循环移位 1 位
            mdelay(1000)；//延时
        }
    }
```

思 考 与 练 习

1.1 简述典型计算机控制系统的基本组成，并分析各组成部分的作用。

1.2 计算机控制系统的硬件和软件各由哪几部分组成？其主要功能是什么？试用框图表示系统的硬件结构。

1.3 计算机控制系统结构有哪些分类？指出这些分类的结构特点和主要的应用场合。

1.4 什么是 DDC 控制系统？它和 SCC 控制系统有哪些区别？

1.5 简述计算机控制系统有哪些特点？计算机控制系统的发展趋势如何？

第 2 章　计算机控制系统的硬件设计技术

2.1　计算机控制系统常用主机

2.1.1　工业控制计算机(IPC)

IPC(Industrial Personal Computer)是基于 PC 总线的工业计算机,其采用总线结构,是对生产过程装置及机电设备、工艺装备进行检测与控制的工具总称。IPC 具有重要的计算机属性和特征,如具有 CPU、硬盘、内存、外设及接口,并有操作系统、控制网络和协议、计算能力、友好的人机界面[28]。工控行业的产品和技术非常特殊,而工业控制计算机属于中间产品,是为其他各行业提供可靠的嵌入式智能化的工业计算机。

据 2000 年 IDC 统计,PC 已占到通用计算机的 95% 以上,因其价格低、质量高、产量大、软/硬件资源丰富,已被广大的技术人员所熟悉和认可,而 PC 正是 IPC 的基础。IPC 主要由工业机箱、无源底板及可插入其上的各种板卡(如 CPU 卡、I/O 卡等)组成,并采取全钢机壳、机卡压条过滤网、双正压风扇等设计及 EMC(Electro-Magnetic Compatibility)技术以解决工业现场的电磁干扰、震动、灰尘、高/低温等问题[31]。

2.1.2　可编程逻辑控制器(PLC)

PLC(Programmable Logic Controller)是计算机技术与自动化控制技术相结合而开发的一种适用于工业环境的新型通用自动控制装置,是作为传统继电器的替换产品而出现的。它采用一种可编程的存储器,在其内部存储执行逻辑运算、顺序控制、定时、计数和算术运算等操作的指令,通过数字式或模拟式的输入/输出来控制各种类型的机械设备或生产过程[32]。随着微电子技术和计算机技术的迅猛发展,PLC 不仅能实现逻辑控制,还具有了数据处理、通信、网络等功能[33]。由于它可通过软件来改变控制过程,而且具有体积小、组装维护方便、编程简单、可靠性高、抗干扰能力强等特点,已广泛应用于工业控制的各个领域,大大推进了机电一体化的进程。

2.1.3　嵌入式系统

嵌入式系统(Embedded System)是一种"完全嵌入受控器件内部,为特定应用而设计的专用计算机系统"。根据英国电气工程师协会的定义,嵌入式系统为控制、监视、辅助设备(机器)或为用于工厂运作的设备。国内普遍认同的嵌入式系统定义为:以应用为中心,以计算机技术为基础,软硬件可裁剪,适应应用系统对功能、可靠性、成本、体积、功耗等严格要求的专用计算机系统[34]。

与个人计算机这样的通用计算机系统不同,嵌入式系统通常执行的是带有特定要求的预先定义的任务。嵌入式系统的核心是由一个或几个预先编程好以用来执行少数几项任务的微处理器或者单片机组成的。与通用计算机能够运行用户选择的软件不同,嵌入式系统上的软件通常是暂时不变的,所以经常称为"固件"。通常嵌入式系统只针对一项特殊的任务,设计人员能够对它进行优化,减小尺寸并降低成本[35]。

2.2 数字量输入/输出通道

2.2.1 数字量输入/输出接口技术

1. 数字量输入(DI)接口技术

数字量输入接口电路包括输入信号缓冲电路和接口地址译码电路[28],如图 2.1 所示。输入信号接到缓冲器 74LS244 的输入端,经过端口地址译码,得到片选信号 $\overline{CS}$,当 CPU 执行 IN 指令时,产生 $\overline{IOR}$ 信号。当 $\overline{IOR}=\overline{CS}=0$ 时,74LS244 直通,被测的状态信息通过三态门送到计算机的数据总线,并装入寄存器。

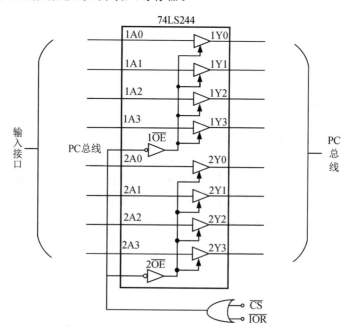

图 2.1 数字量输入接口电路

2. 数字量输出(DO)接口技术

对生产过程进行控制时,控制状态需要保持,直到下次给出新值为止,因而输出需要锁存。数字量输出接口电路包括输出信号锁存电路和接口地址译码电路,如图 2.2 所示,锁存器采用 74LS273。当数字量输出接口电路执行 OUT 指令周期时,产生 $\overline{\text{IOW}}$ 信号,且只有 $\overline{\text{IOW}}=\overline{\text{CS}}=0$,才能进行输出控制。

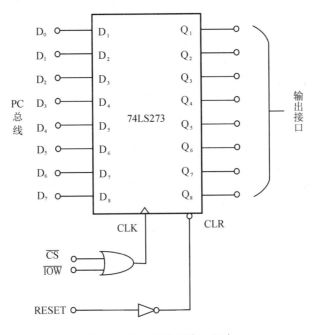

图 2.2　数字量输出接口电路

2.2.2　数字量输入(DI)通道

在计算机控制系统中,二进制数的每一位都可以代表被控对象的状态。例如,继电器的接通与断开、电动机的启动与停止、行程开关的通与断,以及阀门的打开与关闭等。这些状态都要被转换成二进制数送往计算机作为控制时的依据。因此,计算机控制系统中应设置数字量输入通道。

1. 光电隔离与输入调理电路

要将外部开关量信号输入到计算机,必须将现场输入的状态信号经转换、保护、滤波、隔离等措施转换成计算机能够接收的逻辑信号,这些处理过程称为信号调理。下面首先介绍光电隔离技术,然后针对不同情况分别介绍相应的输入调理电路。

1) 光电隔离技术

为了隔断外界电信号对计算机控制系统的干扰,通常借助光电隔离技术以阻断外界信号对电路的干扰。

光电隔离器的种类很多,常见的有发光二极管/光敏三极管、发光二极管/光敏复合晶体管、二极管/光敏电阻及发光二极管/光触发可控硅等。光电隔离器的原理图如图 2.3 所示。

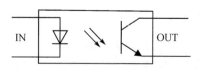

图 2.3 光电隔离器的原理图

图 2.3 所示的光电隔离器由 GaAs 红外发光二极管和光敏三极管组成。当发光二极管有正向电流流过时，产生红外光，其光谱范围为 700～1000 nm。光敏三极管接收到发光二极管产生的红外光后便导通。而当撤去发光二极管上的电流时，发光二极管熄灭，于是三极管便截止。由于光电隔离器具有以上特性，因此开关信号可通过它进行传送。该器件是通过电-光-电转换来实现开关量的传送的，器件两端之间的电路没有电气连接，因而起到隔离作用。光电隔离器隔离电压的范围与其结构形式有关，双列直插式塑料封装形式的隔离电压一般为 2500 V 左右，陶瓷封装形式的隔离电压一般为 5000～10 000 V。不同型号的光电隔离器件，要求输入的电流也不同，一般为 10 mA 左右，其输出电流的大小与普通的小功率三极管相当。

常见的光电隔离器件有 6N136、6N137、HCPL2631、TLP521 等。选择光电隔离器件时应主要考虑开关频率、正向工作电压、反向电压、正向工作电流、允许功耗等参数，其中光电隔离器件的开关频率是最主要的性能指标，因为它决定了用来传输数据的码率。

2）输入调理电路

（1）小功率输入调理电路。

在计算机控制系统中，从现场送来的许多开关信号（也称为开关量）都是通过触点输入电路输入的，如图 2.4 所示。各种开关信号需要通过接口电路被转换成计算机所能接收的 TTL 信号，由于机械触点在接触时有抖动，会引起电路振荡，因此，在电路中加入了具有较大时间常数的电路来消除这种振荡。这种电路被称为调理电路。图 2.4(a)所示为采用 RS 触发器消除开关多次反跳的调理电路，图 2.4(b)所示为采用积分电路消除开关抖动的调理电路。

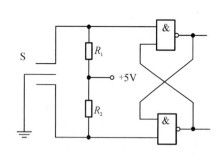

(a) RS触发器消除开关多次反跳调理电路

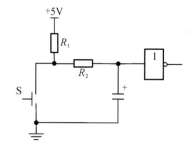

(b) 积分电路消除开关抖动调理电路

图 2.4 小功率输入调理电路

（2）大功率输入调理电路。

由于大功率的开关电路一般采用电压较高的直流电源，在输入开关状态信号时，可能对计算机控制系统带来干扰和破坏，因此，这种类型的开关信号应经光电隔离后才能与计算机相连，如图 2.5 所示。

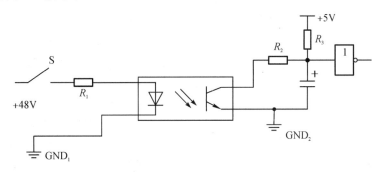

图 2.5　大功率输入调理电路

2. 多路数字量信号输入接口

在计算机控制系统中，当需要检测的开关信号路数很多时，就需要扩充其输入接口，以便能将所有的开关信号输入到计算机控制系统中。扩充输入接口的方法有多种，通常采用可编程芯片 8255 扩充输入接口。每片 8255 有 3 个 8 位的 I/O 接口，通过编程将其全部初始化后进入工作方式，最多可以输入 24 路开关信号，因此，根据输入开关信号的路数就可以计算出所需 8255 芯片的数量。例如，某计算机控制系统有 64 路开关信号要输入，根据计算，需要 3 片 8255 芯片。图 2.6 所示为采用 8255 芯片扩充 64 路输入接口的原理图。

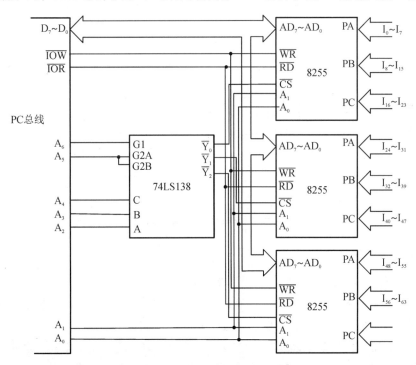

图 2.6　采用 8255 芯片扩充 64 路输入接口的原理图

当输入开关信号路数不是很多时，可以采用普通逻辑器件进行输入接口的扩充。图 2.7 所示为采用 3 片 74LS244 芯片扩充 24 路输入接口的原理图。图中，74LS138 的译码输出作为芯片 74LS244 的输入选通信号[36]。

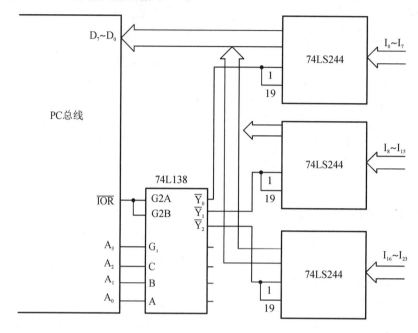

图 2.7　采用 74LS244 芯片扩充 24 路输入接口的原理图

2.2.3　数字量输出(DO)通道

数字量输出通道主要由输出锁存器、输出驱动器及输出地址译码器等组成，如图 2.8 所示。

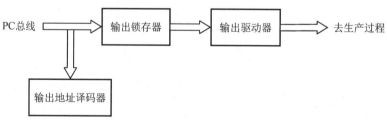

图 2.8　数字量输出通道结构

1. 小功率直流驱动电路

小功率直流驱动电路采用以下两种方法实现。

(1) 采用功率晶体管输出驱动。电路如图 2.9(a)所示，其中 K 为继电器的线圈。因为电路负载呈感性，所以必须增加克服反电动势的续流二极管 VD$_1$。

(2) 采用高压输出的门电路驱动。电路如图 2.9(b)所示，其中 74LS06 为带高压输出的集电极开路六反相器(74LS07 为带高压输出的集电极开路六同相器)，最高电压为 30 V，灌电流可达 40 mA，常用于高压驱动场合。但需要注意 74LS06 和 74LS07 都为集电极开路器件，应用时，输出端要连接上拉电阻，否则无法输出高电平。图 2.9(b)中利用继电器 K 的线圈电阻作为上拉电阻。

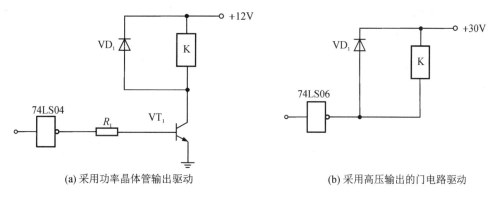

(a) 采用功率晶体管输出驱动　　　　　　　(b) 采用高压输出的门电路驱动

图 2.9　继电器驱动电路

2. 大功率驱动电路

　　大功率驱动电路可以利用固态继电器(SSR)、IGBT、MOSFET 实现。固态继电器是一种四端有源器件，根据输出的控制信号的不同，可分为直流固态继电器和交流固态继电器。图 2.10 所示为固态继电器的结构。固态继电器的输入与输出之间采用光电耦合器进行隔离。过零电路可使交流电压变化到零附近时让电路接通，从而减少干扰。电路接通以后，由触发电路输出晶体管的触发信号。在选用固态继电器时，要注意输入电压范围、输出电压类型及输出功率。

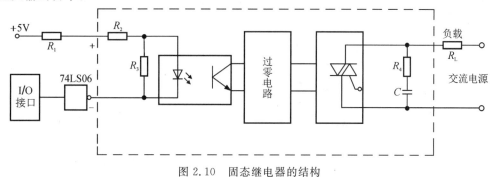

图 2.10　固态继电器的结构

2.3　模拟量输入通道

2.3.1　模拟量输入通道的组成

　　模拟量输入通道的作用是将从现场检测到的模拟信号变成数字信号送给计算机。

　　模拟量输入通道一般包括传感器、多路转换开关、放大器、采样保持器、A/D 转换器等，其组成如图 2.11 所示。其中传感器将现场待检测的物理量转换为电压或电流信号；多路转换开关有目的地选择一路模拟信号进行 A/D 转换(多路转换开关可根据实际系统需求选用或不选用)；放大器将传感器输出的毫伏级信号按线性放大到 A/D 转换器所需的输入电平(如 5 V);采样保持器对模拟信号进行快速采样和保持;A/D 转换器用于将模拟量信号转变成计算机能接收和处理的数字量信号[37]。

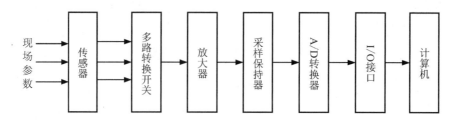

图 2.11　模拟量输入通道组成

2.3.2　I/V 变换电路

1. 无源 I/V 变换电路

无源 I/V 变换电路是利用无源器件——电阻来实现的,再加上 RC 滤波和二极管限幅等,如图 2.12 所示,其中 R_2 为精密电阻。当输入信号 $I = 0 \sim 10$ mA 时,可取 $R_1 = 100$ Ω, $R_2 = 500$ Ω,此时输出的电压 V 为 $0 \sim 5$ V;当 $I = 4 \sim 20$ mA 时,可取 $R_1 = 100$ Ω, $R_2 = 250$ Ω,此时 V 为 $1 \sim 5$ V。

2. 有源 I/V 变换电路

有源 I/V 变换电路由有源器件——运算放大器、电阻和电容组成,如图 2.13 所示。通过对 R_1、R_3、R_4 三个电阻设置不同的值即可得到不同的电压输出值。比如当输入信号 $I = 0 \sim 10$ mA 时,可取 $R_1 = 200$ Ω, $R_3 = 100$ kΩ, $R_4 = 150$ kΩ,此时输出的电压 V 为 $0 \sim 5$ V;当 $I = 4 \sim 20$ mA 时,可取 $R_1 = 200$ Ω, $R_3 = 100$ kΩ, $R_4 = 25$ kΩ,此时 V 为 $1 \sim 5$ V。

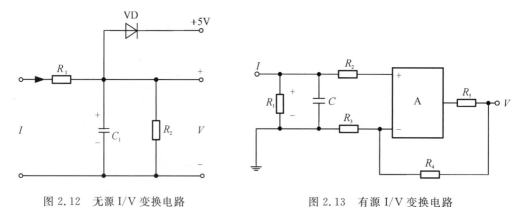

图 2.12　无源 I/V 变换电路　　　　　图 2.13　有源 I/V 变换电路

2.3.3　多路模拟开关

由于计算机的工作速度远远快于被测参数的变化,因此一台计算机控制系统可供几十个检测回路使用。但因为计算机在某一时刻只能接收一个回路的信号,所以必须通过多路模拟开关实现多选一,将多路输入信号依次地切换到后级。

目前,计算机控制系统使用的多路开关种类很多,并具有不同的功能和用途。比如

MAX4634，如图 2.14 所示，其中 A_0、A_1 是地址输入，$NO_1 \sim NO_4$ 是常开开关，COM 是模拟开关公共端，V_+ 是电源正极，GND 是接地端。

　　EN 端为启用使能逻辑输入，当 EN＝0 时，芯片不工作，即 $NO_1 \sim NO_4$ 端都不能接通；当 EN＝1 时，通道被接通，通过改变控制输入端 A_0、A_1 的数值，就可选通 $NO_1 \sim NO_4$ 端 4 个通道中的一路。比如，当 $A_1 A_0$＝00 时，通道 NO_1 选通；当 $A_1 A_0$＝11 时，通道 NO_4 选通。其真值表如表 2.1 所示。

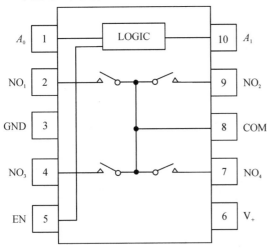

图 2.14　MAX4634 原理示意图

表 2.1　MAX4634 真值表

A_1	A_0	EN	所选通道
×	×	0	无
0	0	1	1
0	1	1	2
1	0	1	3
1	1	1	4

2.3.4　前置放大器

　　前置放大器的任务是将模拟输入的微弱信号放大到 A/D 转换器的量程范围之内（如 $0 \sim 5$ V）。对单纯的微弱信号，可用一个运算放大器进行单端同相放大或单端反相放大。如图 2.15 所示，若信号源的一端接放大器的正端，则该放大器为同相放大器（如图 2.15(a) 所示），同相放大电路的放大倍数 $G = 1 + R_2/R_1$；若信号源的一端接放大器的负端，则该放大器为反相放大器（如图 2.15(b) 所示），反相放大电路的放大倍数为 $G = -R_2/R_1$。由于这两种电路都是单端放大，因此信号源的另一端与放大器的另一个输入端共地[14]。

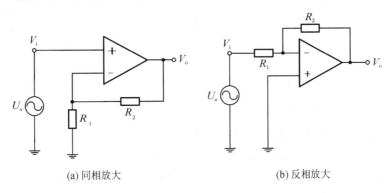

(a) 同相放大　　　　　　　　　　　　(b) 反相放大

图 2.15　前置放大器

2.3.5 采样保持器

当某一通道进行 A/D 转换时，A/D 转换需要一定的时间，如果输入信号变化较快，就会引起较大的转换误差。因此为了保证 A/D 转换的精度，需要用到采样保持器。

离散系统或采样数据系统就是把连续变化的量变成离散量后再进行处理的计算机控制系统。离散系统的采样形式有周期采样、多阶采样和随机采样，其中应用最多的是周期采样。周期采样是以相同的时间间隔进行采样，即把一个连续变化的模拟信号 $y(t)$ 按一定的时间间隔 T 转变为在瞬时 $0, T, 2T, \cdots$ 的一连串脉冲序列信号 $y^*(t)$（简称采样信号），如图 2.16 所示。

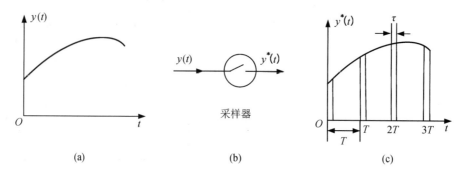

图 2.16 信号的采集过程

采样器的常用术语如下：

(1) 采样器或采样开关：执行采样动作的装置。

(2) 采样时间或采样宽度 τ：采样开关每次闭合的时间。

(3) 采样周期 T：采样开关每次通断的时间间隔。

在实际系统中，可以近似地认为采样信号 $y^*(t)$ 是 $y(t)$ 在采样开关闭合时的瞬时值。

由经验可知，采样频率越高，采样信号 $y^*(t)$ 越接近原信号 $y(t)$，但若采样频率过高，则在实时控制系统中将会把许多宝贵的时间用在采样上，从而失去实时控制的机会。为了使采样信号 $y^*(t)$ 既不失真，又不会因频率太高而浪费时间，可依据香农采样定理来设定采样频率。香农采样定理指出：为了使采样信号 $y^*(t)$ 能完全复现原信号 $y(t)$，采样频率 f 至少要为原信号最高有效频率 f_{max} 的 2 倍，即 $f \geqslant 2f_{max}$。采样定理给出了 $y^*(t)$ 唯一地复现 $y(t)$ 所必需的最低采样频率。实际应用中，常取 $f \geqslant (5 \sim 10) f_{max}$[14]。

2.3.6 常用 A/D 转换器

1. A/D 转换器的性能指标

A/D 转换器的主要性能指标有分辨率、转换精度和转换时间等。

(1) 分辨率：A/D 转换器对微小输入量变化的敏感程度。

(2) 转换精度：A/D 转换器的转换精度可以用绝对误差和相对误差来表示。A/D 转换器的转换精度是评价其性能的重要指标，决定了转换器对输入信号的准确度和分辨率。转换精度受到参考电压的稳定性、时钟精度、噪声干扰等因素的影响。

绝对误差是指对应于一个给定数字量 A/D 转换器的误差，其误差的大小由实际模拟量输入值和理论值之差来度量。绝对误差包括增益误差、零点误差和非线性误差等。

相对误差是指绝对误差与满刻度值之比，一般用百分数来表示。

A/D 转换器的转换精度常用最低有效值的位数（Least Significant Bit，LSB）来表示，即 $1\ \mathrm{LSB}=1/2^n$。

（3）转换时间：A/D 转换器完成一次转换所需的时间称为转换时间，如逐位逼近式 A/D 转换器的转换时间一般为微秒级，双积分式 A/D 转换器的转换时间一般为毫秒级。

2. 常用 A/D 转换器的工作原理

1）逐次逼近式 A/D 转换器的工作原理

逐次逼近 A/D 转换器以 D/A 转换器为基础，其电路结构如图 2.17 所示。其转换过程如下：由计算机发出的启动转换命令的上升沿清除逐次逼近寄存器（SAR），下降沿启动 A/D 转换器；控制时序及逻辑电路首先使 SAR 最高位置"1"，经 D/A 转换的模拟量 U_x 和 U_r 进行比较，若 $U_x \geqslant U_r$，比较器置"1"，否则置"0"；控制时序及逻辑电路根据比较器的结果修改 SAR 的数值，当比较器输出为"1"，保留最高位即置"1"，否则置"0"；然后，逐次逼近寄存器（SAR）按上述方法不断进行置"1"、转换、比较和判断，直至确定最低位为止。此时 SAR 中的内容就是模拟电压转换成的二进制数字编码。逐次逼近式 A/D 转换器的优点是精度高、转换速度快，且转换时间固定。

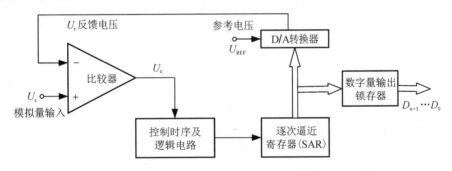

图 2.17　逐次逼近式 A/D 转换器的电路结构

2）双积分式 A/D 转换器的工作原理

双积分式 A/D 转换器是一种间接的 A/D 转换器。其转换原理是测量两个时间，一个是输入模拟电压向电容充电的固定时间，即 A/D 转换器内部计数器计满所需的时间 T_1，另一个是在已知参考电压下电容放电所需时间 T_2，输入模拟电压与参考电压的比值就等于上述两个时间值之比，图 2.18(a) 和图 2.18(b) 分别为双积分式 A/D 转换器组成框图和转换原理图。其转换过程如下：在转换开始信号的控制下，输入模拟电压 U_x 在固定时间 T_1 内使积分器上的电容充电；时间一到，控制逻辑电路就把模拟开关转换到与 U_x 极性相反的基准电源上，电容开始放电，计数器也开始对时钟脉冲计数；当电容放电结束时，计数器停止计数，控制逻辑电路发出转换结束信号。因为充电时间 T_1 固定，所以模拟电压越高，充电电流越大，电容上累积电荷越多，放电时间 T_2 也越长。因此，转换结束时，计数器的计数值反映了输入电压的大小。如图 2.18(b) 所示，积分曲线 A 和 B 分别对应于不同的输入模拟电压 U_A 和 U_B，$U_A > U_B$。曲线 A 的放电时间大于曲线 B 的放电时间。因此，U_A 转

换后的数字量大于 U_B 转换后的数字量。因为双积分式 A/D 转换器反映的是在固定积分时间内输入电压 U_x 的平均值，所以其消除干扰和电源噪声的能力强、精度高，但转换速度较慢，适用于信号变化较慢、转换精度要求较高、现场干扰较严重、采样速度较低的场合[14]。

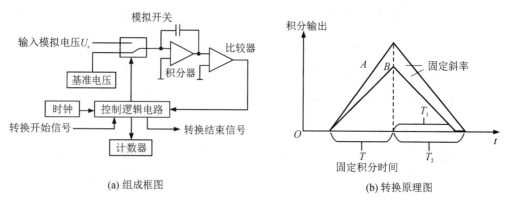

(a) 组成框图   (b) 转换原理图

图 2.18   双积分式 A/D 转换器组成框图和转换原理图

3. 常见 ADC 芯片

AD7492 是 12 位高速、低功耗、逐次逼近 ADC，其工作电压为 2.7～5.25 V，数据吞吐量高达 1.25 Ms/s。它包含一个低噪声、宽带宽的跟踪/保持放大器，可以处理高达 10 MHz 的宽频信号。AD7492 引脚如图 2.19 所示，具体介绍如下：

DB0～DB11：数据位，为该 ADC 芯片提供转换结果的并行数字输出。由 $\overline{CS}$ 和 $\overline{RD}$ 控制三态输出，输出高电平是由 V_{DRIVE} 引脚决定的。

AV_{DD}：模拟电源电压，输出电压范围为 2.7～5.25 V。这是 AD7492 上所有模拟电路的唯一电源电压。AV_{DD} 和 DV_{DD} 电压在理想情况下应相同，并且即使在瞬态情况下，它们之间的电压差也不得超过 0.3 V。该电源应与 AGND 电气隔离。

V_{IN}：单端模拟输入通道，输入范围为 0～REFIN，此引脚为直流高阻抗。

AGND：模拟接地。

$\overline{CS}$：片选引脚，低电平有效，在 $\overline{CS}$ 和 $\overline{RD}$ 下降沿之后，把转换结果输出到数据总线上。由于 $\overline{CS}$ 和 $\overline{RD}$ 接在输入端的同一个与门上，因此它们的信号是能够交换的。$\overline{CS}$ 可以被硬连接成永久低电平。

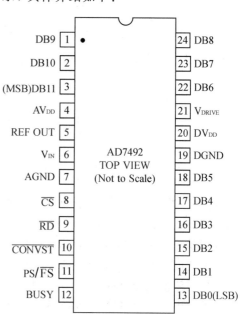

图 2.19   AD7492 引脚

$\overline{RD}$：读信号输入端。当 $\overline{CS}$ 和 $\overline{RD}$ 永久接地时，若数据总线处于转换忙状态，则 BUSY 引脚变为低电平之前将转换结果输送出去。

$\overline{\text{CONVST}}$：转换开始信号输入端。采样/保持放大器从 $\overline{\text{CONVST}}$ 下降沿开始从采样模式转到保持模式。如果 $\overline{\text{CONVST}}$ 输入在转换期间保持低电平，并且在转换结束时仍保持低电平，则该 ADC 芯片将自动进入睡眠模式。睡眠模式的类型由 PS/$\overline{\text{FS}}$ 引脚决定。如果该 ADC 芯片进入睡眠模式，则 $\overline{\text{CONVST}}$ 的下一个上升沿将唤醒器件。唤醒时间取决于睡眠模式的类型。

PS/$\overline{\text{FS}}$：部分睡眠/完全睡眠模式引脚。该引脚决定了转换过程中如果 $\overline{\text{CONVST}}$ 引脚保持低电平，并且在转换结束时仍然为低电平，则该 ADC 芯片将进入睡眠模式。在部分休眠模式下，内部参考电路和振荡器电路没有断电时，最大消耗电流为 250 μA。在全睡眠模式下，若所有模拟电路都断电，则电流消耗可以忽略不计。该引脚可接高电平（DV$_{\text{DD}}$）或低电平（GND）。

BUSY：忙信号输出端，指示转换过程状态的逻辑输出。忙信号在 $\overline{\text{CONVST}}$ 下降沿后变为高电平，并在转换期间一直保持高电平。一旦转换完成，并且转换结果在输出寄存器中，则 BUSY 返回低电平。在忙信号下降沿之前，采样/保持放大器转为跟踪状态，忙信号转为低电平以开始采样。当忙信号变为低电平时，如果 $\overline{\text{CONVST}}$ 输入仍为低电平，则该 ADC 芯片会在忙信号的下降沿之后自动进入休眠模式。

V$_{\text{DRIVE}}$：输出驱动电路和数字输入电路的供电电源，输出电压范围为 2.7～5.25 V。该电压决定数据输出引脚的高电平电压和数字输入的阈值电压。它允许 AV$_{\text{DD}}$ 和 DV$_{\text{DD}}$ 工作在 5 V，并且可最大化 ADC 的动态性能，此时数字输入和输出引脚可以连接到 3 V 逻辑电平。

DGND：数字地。这是 AD7492 上所有数字电路的接地参考点。理想情况下，DGND 和 AGND 电压应相同，即使在瞬态情况下，它们之间的电压差也不得超过 0.3 V。

AD7492 有两种工作模式，分别为高速取样模式和部分或完全睡眠模式，转换结束时 $\overline{\text{CONVST}}$ 脉冲的状态决定了其工作在何种模式。

（1）高速取样模式。

在高速取样模式下，$\overline{\text{CONVST}}$ 脉冲在转换结束之前，即在 BUSY 变低之前（见图 2.20 所示 $\overline{\text{CS}}$ 和 $\overline{\text{RD}}$ 被拉低时的并行端口时序）被拉高。如果 $\overline{\text{CONVST}}$ 引脚从高电平变为低电平，而 BUSY 仍是高电平时，则 AD7492 重新启动转换。在这种取样模式下，一个新的转换需要在 BUSY 变成低电平 140 ns 后启动，才能保证采样/保持电路能准确地获取输入信号。同时，在转换期间不允许读取数据。这种模式为 AD7492 提供了最快的吞吐量时间。

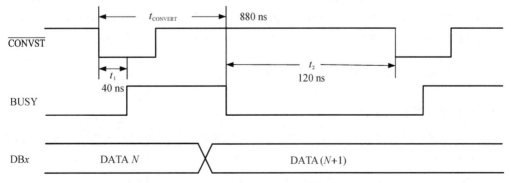

图 2.20　$\overline{\text{CS}}$ 和 $\overline{\text{RD}}$ 被拉低时的并行端口时序

（2）部分或完全睡眠模式。

图 2.21 所示为部分或完全睡眠模式下的工作时序图，将 $\overline{\text{CONVST}}$ 拉低以启动转换，ADC7492 进入休眠模式取决于 $\overline{\text{CONVST}}$ 脉冲在转换完成时的电平状态。如果 $\overline{\text{CONVST}}$ 在 BUSY 为高电平时又变为低电平，则重新启动转换。一旦 BUSY 电平从高变为低，将检查 $\overline{\text{CONVST}}$ 引脚的状态，如果为低电平，则该 AD7492 进入睡眠模式。AD7492 进入的睡眠模式的类型取决于 PS/$\overline{\text{FS}}$ 引脚的硬件连接。如果 PS/$\overline{\text{FS}}$ 引脚被拉高，则 AD7492 将进入部分睡眠模式。如果 PS/$\overline{\text{FS}}$ 引脚被拉低，则 AD7492 将进入完全睡眠模式。

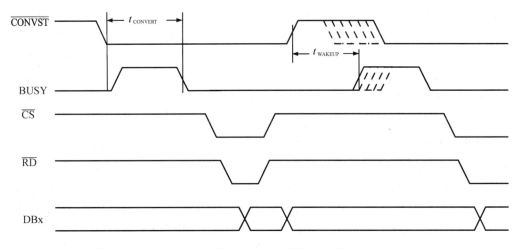

图 2.21　部分或完全睡眠模式时序图

AD7492 在 $\overline{\text{CONVST}}$ 信号的上升沿被再次唤醒。部分睡眠模式时，AD7492 通常在 $\overline{\text{CONVST}}$ 的上升沿 1 μs 后启动转换。在唤醒时间内，$\overline{\text{CONVST}}$ 可以从高电平变为低电平，但转换仍然不会启动，直到 1 μs 后才会启动。建议至少在唤醒 20 μs 后再次启动转换。这样才能确保 AD7492 已稳定到模拟输入值的 0.5 LSB 以内。若在 1 μs 后立即启动转换，则 AD7492 将稳定到输入值的 3 LSB 左右。完全睡眠模式时，唤醒时间通常是 500 μs。在所有情况下，只有当 $\overline{\text{CONVST}}$ 降低时，BUSY 才会被拉高。通过唤醒 AD7492 进行转换，在这两种模式下均可以实现良好的功率性能。例如，当 AD7492 采用全睡眠模式作为 ADC 比较器、参考缓冲器和参考电路时，可获得最佳的功率性能。在部分睡眠模式下，只有 ADC 比较器被关闭，参考缓冲器才能进入低功耗模式。参考输出引脚上的 100 nF 电容器在部分睡眠模式下由参考缓冲器充电，而在完全睡眠模式下，则该电容器缓慢放电。这就解释了为什么部分睡眠模式下的唤醒时间更短。在两种睡眠模式下，时钟振荡器电路都被关闭。

2.3.7　A/D 转换器接口及 ADC 采集系统设计

1. A/D 转换器接口设计

A/D 转换器接口设计包括硬件电路设计和软件程序设计。硬件电路设计主要完成模拟量输入信号的连接、数字量输出信号的连接、参考电平的连接、时钟的选择等。软件程序设计主要完成对控制信号的编程，如启动 A/D 转换、转换结果的读出等。

1）模拟量输入信号的连接

一般 A/D 转换器所要求接受的模拟量大都为 0～2.5 V、0～5 V 的标准电压信号，有些 A/D 转换器允许双极性输入。

2）数字量输出信号的连接

A/D 转换器数字量输出信号和 PC 总线的连接方法与其内部结构相关。对于内部不含输出锁存器的 A/D 来说，一般通过锁存器或 I/O 接口与计算机相连，常用的接口及锁存器有 Intel 8155、8255、8243 及 74LS273、74LS373、8282 等。当 A/D 转换器内部含有数据输出锁存器时，A/D 转换器的数字量输出信号可直接与 PC 总线相连。

3）参考电平的连接

在 A/D 转换器中，参考电平的作用是给其内部 DAC 电阻网络提供基准电源。因为基准电源直接关系到 A/D 转换的精度，所以对基准电源的要求比较高，一般要求由稳压电源供电。不同的 A/D 转换器，参考电平的提供方法也不一样。有采用外部电源供给的，如 AD7574、ADC0809 等。对精度要求比较高的 12 位 A/D 转换器，一般在 A/D 转换器内部设置有精密参考电源，如 AD574A 等，不需要采用外部电源。

4）时钟的选择

时钟频率是决定芯片转换速度的基准。整个 A/D 转换过程都是在时钟作用下完成的。提供时钟的方法有两种，一种是由芯片内部提供，一种是由外部时钟提供。对于外部时钟可以用单独的振荡器，更多的则是振荡器信号通过系统时钟分频后，送至 A/D 转换器的时钟引脚。若 A/D 转换器内部设有时钟振荡器，则一般不需要任何附加电路，如 AD574A、AD7492 等。也有的需要外接电阻和电容，如 MC14433。还有些转换器使用内部时钟或外部时钟均可。

5）启动 A/D 转换

启动 A/D 转换是指根据 A/D 转换器的启动信号及硬件连接电路对启动引脚进行控制。脉冲启动往往用写信号及地址译码器的输出信号经过一定的逻辑电路进行控制，即对相应的引脚清 0 或置 1。

6）转换结果的读出

根据硬件连接的不同，转换结果的读出有中断方式、查询方式和软件延时方式三种。

（1）中断方式：当 A/D 转换器转换结束时，即提出中断申请，计算机响应后，在中断服务程序中读取数据。由于这种方式使 A/D 转换器与计算机的工作同时进行，因此常用于实时性要求比较强或多参数的数据采集系统。

（2）查询方式：计算机向 A/D 转换器发出启动信号后便开始查询 A/D 转换是否结束，一旦查询到 A/D 转换结束，则读出结果数据。这种方式的程序设计比较简单，且实时性也比较强，是应用较多的一种方式，但这种方式会占用一定的计算机资源。

（3）软件延时方式：计算机启动 A/D 转换后，根据 A/D 转换器的转换时间，调用一段延时程序，通常延时时间略大于 A/D 转换时间，延时程序执行完以后 A/D 转换也已完成，即可读出结果数据。这种方式不必增加硬件连线，但占用 CPU 的机时较多，多用在 CPU 处理任务较少的系统中[28]。

2. ADC 采集系统设计

1) ADC0809 的介绍

（1）主要特性。

① 8 路输入通道，8 位 A/D 转换器，即分辨率为 8 位。

② 具有转换起停控制端。

③ 转换时间为 100 μs（时钟为 640 kHz 时）、130 μs（时钟为 500 kHz 时）。

④ 单个＋5 V 电源供电。

⑤ 模拟输入电压范围为 0～＋5 V，不需要零点和满刻度校准。

⑥ 工作温度范围为 －40～＋85℃。

⑦ 功耗低，约为 15 mW。

（2）工作过程。

ADC0809 工作过程为：输入 3 位地址，并使 ALE＝1，将地址存入地址锁存器中，此地址经译码选通 8 路模拟输入之一到比较器；START 上升沿将逐次逼近寄存器复位；下降沿启动 A/D 转换，之后 EOC 输出信号变为低电平，指示转换正在进行；A/D 转换完成后，EOC 变为高电平，指示 A/D 转换结束，结果数据已存入锁存器，这个信号可用作中断申请；当 OE 输入信号（输出允许信号）为高电平时，输出三态门打开，转换结果的数字量输出到数据总线上。

A/D 转换后得到的数据应及时传送给单片机进行处理。数据传送的关键问题是如何确认 A/D 转换完成，因为只有确认 A/D 转换完成后，才能进行数据传送。为此可采用下述 3 种方式确认 A/D 是否完成。

① 定时传送方式。对于一种 A/D 转换器来说，转换时间作为一项技术指标是已知的和固定的。例如 ADC0809 转换时间为 128 μs，相当于 6 MHz 的 MCS-51 单片机的 64 个机器周期。可据此设计一个延时子程序，A/D 转换启动后即调用此子程序，延迟时间一到，A/D 转换就完成了，接着就可进行数据传送。

② 查询方式。A/D 转换芯片有表示 A/D 转换完成的状态信号，例如 ADC0809 的 EOC 端。因此可以用查询方式测试 EOC 的状态，即可确认 A/D 转换是否完成，若完成则可接着进行数据传送。

③ 中断方式。中断方式是把表示 A/D 转换完成的状态信号（EOC）作为中断请求信号，以中断方式进行数据传送。

不管使用上述哪种方式，只要一旦确定 A/D 转换完成，即可通过指令进行数据传送。即首先送出端口地址并当 OE 信号有效时，把转换数据输出到数据总线，供单片机接收。

2) ADC 采集系统设计

ADC 采集系统由 STC89C51 单片机最小系统、7 段码显示模块、ADC0809、启动/停止按键 4 部分组成，如图 2.22 所示。启动/停止按键第一次按下后启动 A/D 转换，再次按下则停止 A/D 转换。ADC0809 采集的电压信号通过滑动变阻器实现调节，输入电压范围为 0～5 V。7 段码显示模块显示内容分通道和电压值两部分，通道部分单独接一个 7 段码，电压值部分用一个 4 位集成 7 段码构成。ADC 采集系统主循环流程如图 2.23 所示。

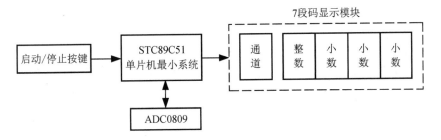

图 2.22　ADC 采集系统框图

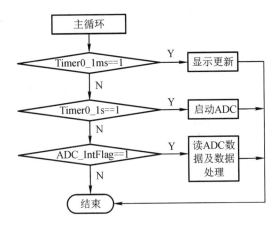

图 2.23　ADC 采集系统主循环流程图

ADC 主要程序如下：

```
void main()
{
init();           //初始化
EA=1;             //全局中断使能
TR0=1;            //使能定时器  //开定时器0   1 ms
/ ************** 主循环 ************** /
while (1)
{  if(START_END==0)                    //启动标志位
  {
    if(Time0_1ms==1)                   //10 ms 刷新一次显示
    {
      Time0_1ms=0;
      xianshi();
    }
    if(Time0_1s==1)                    //1 s 启动一次 ADC
    {
      Time0_1s=0;
      START_ALE=0;
      _nop_();
      START_ALE=1;
```

```
        _nop_();
        START_ALE=0;
      }
      if(ADC_IntFlag==1)                      //读取 ADC 数据并更新显示数值
      {
        ADC_IntFlag=0;
        ADC_count=ADC_count+1;
        OE=1;
        _nop_();
        ADC_Value=ADC_Value+P0;               //读取 ADC 的转换数值
        OE=0;
        if ( ADC_count==5)
        {
          ADC_count=0;
          ADC_Value=ADC_Value/5;
          ADC_Value=ADC_Value*20;             //255 bit 代表 5 V, 255*20=5100 mV
          //******** 数据分离成独立显示位 ******
          dat[0]=ADC_Value/1000;              //个位
          dat[1]=(ADC_Value%1000)/100;        //十分位
          dat[2]=(ADC_Value%100)/10;          //百分位
          dat[3]=ADC_Value%10;                //千分位
          ADC_Value=0;
          //******** 更新显示通道 *****
          ADC_num=ADC_num+1;
          if (ADC_num==8)
          {
            ADC_num=0;
          }
          P2 &=0xF8;                          //P2.0 p2.1  p2.2 对应 A B C 的通道地址
          P2 |=ADC_num;                       //改变输出通道
          //ADD_change();
        }
      }
    }
    else                                      //停止后从 0 通道开始采集
    { ADC_num=0;
      ADDA=0;
      ADDB=0;
      ADDC=0;
    }
  }
}
```

2.3.8　模拟量输入通道设计方法

设计模拟量输入通道时，首先确定计算机控制系统的被控对象和性能指标、测量用传感器或变送器、输入信号的处理方式，然后选用 A/D 转换器、接口电路及转换通道的结构。

A/D 转换器位数的选择取决于系统的测试精度，通常要比传感器的测量精度要求的最低分辨率高一位。

采样保持器的选用取决于测量信号的变化频率，原则上直流信号或变化缓慢的信号可以不采用保持器。根据 A/D 转换器的转换时间和分辨率及测量信号的频率可决定是否选用采样保持器。

采样周期的选取对控制系统的控制效果影响较大，除了满足香农采样定理外，采样周期的选取还需遵循以下的一般原则：

(1) 系统受扰动情况：若扰动和噪声都较小，采样周期 T 应选大些；对于扰动频繁和噪声大的系统，采样周期 T 应选小些。

(2) 被控系统动态特性：滞后时间大的系统，采样周期 T 应选大些；对于快速系统，采样周期 T 应选小些。

(3) 控制品质指标要求：若超调量为主要指标，采样周期 T 应选大些；若希望过渡过程时间短些，采样周期 T 应选小些。

(4) 控制回路的数量：对控制回路较多的系统，要用能够处理完各回路所需时间来确定采样周期。

(5) 系统控制算法的类型：如 PID 算法中微分作用和积分作用与采样周期相关，需综合考虑。

前置放大器分为固定增益前置放大器和可变增益前置放大器两种，前者适用于信号范围固定的传感器，后者适用于信号范围不固定的传感器。

A/D 转换器的输入直接与被控对象相连，容易通过公共地线引入干扰，可采用光电耦合器来提高抗干扰能力。为了保证放大器的线性度，应选用线性度好的光电隔离放大器。

2.4　模拟量输出通道

2.4.1　模拟量输出通道的结构形式

模拟量输出通道的任务是把计算机处理后的数字量信号转换成模拟量电压或电流信号，去驱动相应的执行器，从而达到控制的目的。模拟量输出通道(也称为 D/A 通道或 AO 通道)一般是由接口电路、数/模(简称 D/A 或 DAC)转换器和电压/电流变换器等组成的。模拟量输出通道的基本构成有多 D/A 结构(如图 2.24 所示)和共享 D/A 结构(如图 2.25 所示)。

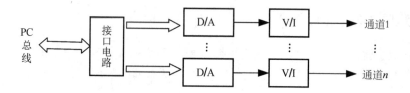

图 2.24　多 D/A 结构

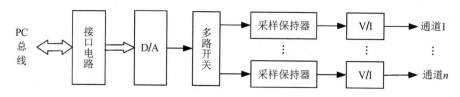

图 2.25　共享 D/A 结构

多 D/A 结构的特点为：一路输出通道使用一个 D/A 转换器；D/A 转换器芯片内部一般都带有数据锁存器；D/A 转换器具有数字信号转换为模拟信号、信号保持功能；结构简单，转换速度快，工作可靠，精度较高，通道独立，但是所需 D/A 转换器芯片较多。

共享 D/A 结构的特点为：多路输出通道共用一个 D/A 转换器；每一路通道都配有一个采样保持器；D/A 转换器完成数字信号到模拟信号的转换；采样保持器实现模拟信号保持功能；节省 D/A 转换器，但电路复杂，精度差，可靠性低，占用主机时间较多[14]。

2.4.2　D/A 转换器

1. D/A 转换器概述

1）工作原理

现以 4 位 D/A 转换器为例，说明其工作原理，原理图如图 2.26 所示。

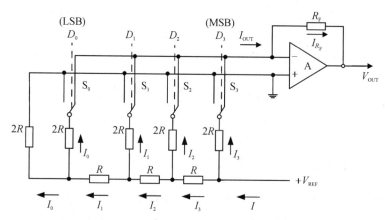

图 2.26　4 位 D/A 转换器原理图

假设 $D_3 \sim D_0$ 全为 1，则 $S_3 \sim S_0$ 全部与"1"端相连，则根据电流定理有

$$I_3 = \frac{I}{2} = 2^3 \times \frac{V_{REF}}{2^4 R} \tag{2-1}$$

$$I_2 = \frac{I_3}{2} = 2^2 \times \frac{V_{REF}}{2^4 R} \tag{2-2}$$

$$I_1 = \frac{I_2}{2} = 2^1 \times \frac{V_{REF}}{2^4 R} \tag{2-3}$$

$$I_0 = \frac{I_1}{2} = 2^0 \times V_{REF} \tag{2-4}$$

由于开关 $S_3 \sim S_0$ 的状态是受转换的二进制 $D_3 \sim D_0$ 控制的，并不一定全是"1"，因此可以得到通式，即

$$I_{OUT} = D_3 \times I_3 + D_2 \times I_2 + D_1 \times I_1 + D_0 \times I_0$$
$$= (D_3 \times 2^3 + D_2 \times 2^2 + D_1 \times 2^1 + D_0 \times 2^0) \times \frac{V_{REF}}{2^4 R} \tag{2-5}$$

考虑到放大器反相端为虚地，故

$$I_{R_F} = -I_{OUT} \tag{2-6}$$

选取 $R_F = R$，可以得到

$$V_{OUT} = I_{R_F} \times R_F = -(D_3 \times 2^3 + D_2 \times 2^2 + D_1 \times 2^1 + D_0 \times 2^0) \times \frac{V_{REF}}{2^4} \tag{2-7}$$

对于 n 位 D/A 转换器，它的输出电压 V_{OUT} 与输入二进制数 $B(D_{n-1} \sim D_0)$ 的关系式可以写成

$$V_{OUT} = -(D_{n-1} \times 2^{n-1} + D_{n-2} \times 2^{n-2} + \cdots + D_1 \times 2^1 + D_0 \times 2^0) \times \frac{V_{REF}}{2^n} \tag{2-8}$$

由上述推导可见，此 4 位 D/A 转换器的输出电压除了与输入的二进制数有关，还与运算放大器的反馈电阻 R_F 以及基准电压 V_{REF} 有关。

2）性能指标

D/A 转换器的性能指标是衡量 D/A 转换器芯片质量的重要参数，也是选用 D/A 转换器芯片型号的依据。其主要性能指标有分辨率、转换精度、偏移量误差和稳定时间。

(1) 分辨率：是指 D/A 转换器能分辨的最小输出模拟量增量，即当输入数字量发生单位数值变化时所对应的输出模拟量的变化量。它取决于 D/A 转换器能转换的二进制位数，数字量位数越多，分辨率也就越高。

(2) 转换精度：是指转换后所得的实际值和理论值的接近程度。它和分辨率是两个不同的概念。例如，D/A 转换器满量程时的理论输出值为 10 V，实际输出值为 0.01～9.99 V，其转换精度为 ±10 mV。分辨率很高的 D/A 转换器不一定具有很高的精度。

(3) 偏移量误差：是指输入数字量时，D/A 转换器输出模拟量相对于零的偏移值。此误差可通过 D/A 转换器的外接 V_{REF} 和电位器加以调整。

(4) 稳定时间：是描述 D/A 转换器转换速度快慢的一个参数，是指从输入数字量变化到输出模拟量达到终值误差 0.5 LSB 时所需的时间。显然，稳定时间越大，转换速度越低。对于输出是电流的 D/A 转换器来说，其稳定时间是很短的，约为几微秒，而对于输出是电

压的 D/A 转换器来说，其稳定时间主要取决于运算放大器的响应时间。

3）分类

D/A 转换器根据输出信号类型可分为电压输出型、电流输出型、乘算型。

（1）电压输出型。电压输出型 D/A 转换器虽可直接从电阻阵列输出电压，但一般采用内置输出放大器以低阻抗输出。直接输出电压的 D/A 转换器仅用于高阻抗负载，由于无输出放大器部分的延迟，故常作为高速 D/A 转换器使用。

（2）电流输出型。电流输出型 D/A 转换器直接输出电流，但应用中通常外接电流/电压转换电路得到电压输出。可以直接在 D/A 转换器芯片输出引脚上连接一个负载电阻，实现电流/电压转换，但多采用的是外接运算放大器的形式。另外，大部分 CMOS D/A 转换器当输出电压不为零时不能正确动作，所以必须外接运算放大器。由于在 D/A 转换器的电流建立时间上增加了外接运算放大器的延迟时间，因此使 D/A 响应变慢。此外，这种电路中的运算放大器因输出引脚的内部电容而容易起振，有时必须进行相位补偿。

（3）乘算型。有的 D/A 转换器使用恒定基准电压，也有的 D/A 转换器使用基准电压加交流信号电压，后者由于能得到数字输入和基准电压输入相乘的结果而输出，因而称为乘算型 D/A 转换器。乘算型 D/A 转换器一般不仅可以进行乘法运算，而且可以作为使输入信号数字化地衰减的衰减器及对输入信号进行调制的调制器使用。

另外，根据建立时间的长短，D/A 转换器还可分为以下几种类型：低速 D/A 转换器，建立时间大于等于 100 μs；中速 D/A 转换器，建立时间为 10～100 μs；高速 D/A 转换器，建立时间为 1～10 μs；较高速 D/A 转换器，建立时间为 100 ns～1 μs；超高速 D/A 转换器，建立时间小于 100 ns。

根据电阻网络的结构，D/A 转换器可以分为权电阻网络 D/A 转换器、T 型电阻网络 D/A 转换器、倒 T 型电阻网络 D/A 转换器等形式[14]。

2. 常用 D/A 转换器 DAC0832

1）DAC0832 介绍

DAC0832 是 8 分辨率的 D/A 转换集成芯片，由 8 位数据锁存器、8 位 DAC 寄存器、8 位 D/A 转换电路及转换控制电路构成，其内部结构及引脚图如图 2.27 所示。

DI_0～DI_7：8 位数据输入线，TTL 电平，有效时间应大于 90 ns（否则数据锁存器的数据会出错）。

ILE：数据锁存允许控制信号输入线，高电平有效。

$\overline{CS}$：片选信号输入线（选通数据锁存器），低电平有效。

$\overline{WR_1}$：数据锁存器写选通输入线，负脉冲（脉宽应大于 500 ns）有效。由 ILE、$\overline{CS}$、$\overline{WR_1}$ 的逻辑组合产生 $\overline{LE_1}$，当 $\overline{LE_1}$ 为高电平时，数据锁存器状态随输入数据线变换，$\overline{LE_1}$ 负跳变时将输入数据锁存。

$\overline{XFER}$：数据传输控制信号输入线，低电平有效，负脉冲（脉宽应大于 500 ns）有效。

$\overline{WR_2}$：DAC 寄存器选通输入线，负脉冲（脉宽应大于 500 ns）有效。由 $\overline{WR_2}$、$\overline{XFER}$ 的逻辑组合产生 $\overline{LE_2}$，当 $\overline{LE_2}$ 为高电平时，DAC 寄存器的输出随寄存器的输入而变化，$\overline{LE_2}$ 负跳变时将数据锁存器的内容存入 DAC 寄存器并开始 D/A 转换。

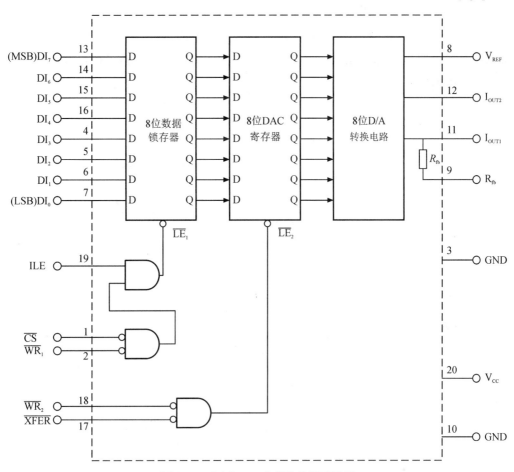

图 2.27　DAC0832 内部结构及引脚图

I_{OUT1}：电流输出端 1，其值随 DAC 寄存器的内容线性变化。

I_{OUT2}：电流输出端 2，其值与 I_{OUT1} 值之和为一常数。

R_{fb}：反馈信号输入线，改变 R_{fb} 端外接电阻值可调整转换满量程精度。

V_{CC}：电源输入端，V_{CC} 的范围为 $+5 \sim +15$ V。

$\overline{XFER}$：基准电压输入线，$\overline{XFER}$ 的范围为 $-10 \sim +10$ V。

AGND：模拟信号地；

DGND：数字信号地。

2）DAC0832 工作方式

根据 DAC0832 对其数据锁存器和 DAC 寄存器的不同控制方式，DAC0832 有直通方式、单缓冲方式和双缓冲方式 3 种工作方式。

（1）直通方式。直通方式是数据不经两级锁存器锁存，即 $\overline{CS}$、$\overline{XFER}$、$\overline{WR1}$、$\overline{WR2}$ 均接地，ILE 接高电平。此方式适用于连续反馈控制线路和不带微机的控制系统，不过在使用时，必须通过另加 I/O 接口与 CPU 连接，以匹配 CPU 与 D/A 转换器。

（2）双缓冲方式。双缓冲方式是先使数据锁存器接收数据，再控制数据锁存器的输出数据到 DAC 寄存器，即分两次锁存输入数据。此方式适用于多个 D/A 转换同步输出的情节。

(3) 单缓冲方式。单缓冲方式是控制数据锁存器和 DAC 寄存器同时接收数据，或者只用数据锁存器而把 DAC 寄存器接成直通方式。此方式适用只有一路模拟量输出或几路模拟量异步输出的情形。

3. DAC0832 控制时序

DAC0832 控制时序如图 2.28 所示。

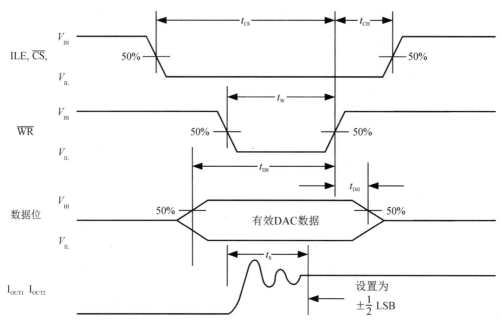

图 2.28　DAC0832 控制时序图

4. D/A 转换器的输出方式

多数 D/A 转换器芯片输出的是弱电流信号，要驱动自动化装置，必须在电流输出端外接运算放大器。根据控制系统自动化装置需求的不同，D/A 转换器芯片输出方式可以分为电压输出、电流输出以及自动/手动切换输出等多种方式。

由于控制系统要求不同，电压输出方式又可分为单极性输出和双极性输出两种方式。下面以 8 位的 DAC0832 芯片为例进行说明。

1) DAC0832 单极性输出方式

DAC0832 单极性输出方式如图 2.29 所示，输出电压 V_{OUT} 的单极性输出表达式为

$$V_{OUT} = -B \times \frac{V_{REF}}{256} \qquad (2-9)$$

式中 $B = D_1 \times 2^7 + D_1 \times 2^6 + \cdots + D_1 \times 2^0$，

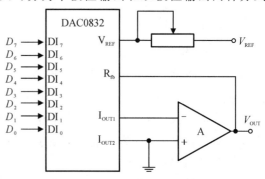

图 2.29　DAC0832 单极性输出方式

$V_{\text{REF}}/256$ 是常数。显然 V_{OUT} 和 B 呈正比关系，输入数字量 B 为 00H 时，V_{OUT} 也为 0；输入数字量 B 为 FFH 即 255 时，V_{OUT} 为与 V_{REF} 极性相反的最大值。

【**例 2 - 1**】　D/A 转换器 DAC0832 与单片机 89C51 接口电路图（单缓冲工作方式）如图 2.30 所示。

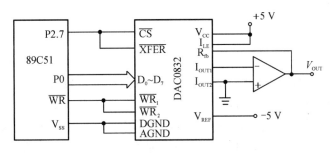

图 2.30　DA0832 接口电路图

从图 2.30 可以看出，给 D/A 转换器 DAC8032 加一级运算放大器可得到 0～5 V 的电压输出。若该电路用线选方式，则 DAC0832 的端口地址为 7FFFH。下面为 DAC0832 进行 D/A 转换接口的程序，结果为交替输出锯齿波和方波。

```c
#include<reg51.h>
#include<absacc.h>
#define DAC0832 XBYTE[0x7FFF]          /* 定义 DAC0832 的端口地址 */
#define uchar unsigned char
void delay(unsigned int ms) {
    unsigned int i, j;
    for(i=0; i<ms; i++)
        for(j=0; j<123; j++);
}
void saw(void){
    uchar i;
    for(i=0; i<255; i++)
      { DAC0832=i; delay(10); }
}
void square(void)
{
    DAC0832=0x00;
    delay(50);
    DAC0832=0xFF;
    delay(50);
}
void main()
{
    uchar i, j;
    while(1)
```

```
    {
        i＝j＝0x0F;
        while(i－－)
        { saw( ); }
        while(j－－)
        { square( ); }
    }
}
```

XBYTE 是一个地址指针(可当成一个数组名或数组的首地址)，它在文件 absacc. h 中由系统定义，指向外部 RAM(包括 I/O 口)的 0000H 单元。XBYTE 后面的中括号[0x7FFF]是指数组首地址 0000H 的偏移地址，即用 XBYTE[0x7FFF]可访问偏移地址为 0x7FFF 的 I/O 端口。当 89C51 的 P0、P2 口作为外部存储器扩展使用时，P2 口和 P0 口在一个周期内作为地址组合，其中 XBYTE [0x7FFF]，P2 口对应于地址高位 0x7F，P0 口对应于地址低位 0xFF。使用 XBYTE 向指定地址写数据时，程序具有两个周期，先向 P2 口和 P0 口组成的 16 位 I/O 输出地址，然后再向 P0 口输出数据。本例中 P2.7 口接 $\overline{CS}$ 和 $\overline{XFER}$，在使用 XBYTE [0x7FFF]向地址 0x7FFF 写数据时，在输出地址周期时 P2.7 对应的电平为 0，而后写数据时 P2 口保持数据状态，从而使能 DAC0832。类似的 P2.3 口接 $\overline{CS}$ 和 $\overline{XFER}$，使用的偏移地址可以为 0xF7FF。

2) DAC0832 双极性输出方式

DAC0832 双极性输出方式如图 2.31 所示。

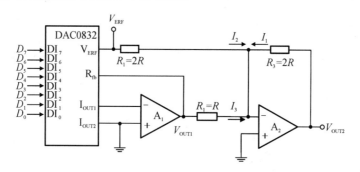

图 2.31 DAC0832 双极性输出方式

若 D 为数字量输入，V_{REF} 为基准参考电压，且该 D/A 转换器为 n 位 D/A 转换器，则有

$$V_{OUT1} = -V_{REF} \times \frac{D}{2^n} \qquad (2-10)$$

$$V_{OUT2} = -\left(\frac{R_3}{R_1}V_{REF} + \frac{R_3}{R_2}V_{OUT1}\right) = V_{REF}\left(\frac{D}{2^{n-1}} - 1\right) \qquad (2-11)$$

式(2-11)表明当输入数字量 D 在 $0 \sim (2^n - 1)$ 之间变化时，V_{OUT2} 在正负之间变化。

【例 2-2】 设计一硬件电路，并编写一个实现输出三角波的程序，周期任意。DAC0832 工作于单缓冲方式，且双极性电压输出。

满足要求的硬件电路如图 2.32 所示。

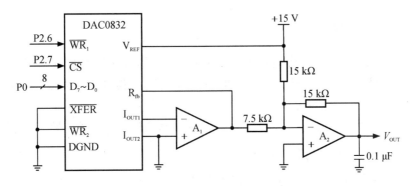

图 2.32　实现三角波硬件电路图

　　三角波实现方法为：首先使电压从最小值开始逐渐上升，上升到最大值，再反向衰减，然后使电压又从最大值开始逐渐下降，下降到最小值后再增长，如此反复。

　　正向三角波实现程序如下：

```c
#include<reg51.h>
sbit CSn=P2^7;
sbit WR1n=P3^6;
void delay(unsigned int ms){
    unsigned int i,j;
    for(i=0;i<ms;i++)
        for(j=0;j<123;j++);
}
void main(){
    int num=0;
    while(1){
        for(num=255;num>=0;num--){
            CSn=0;
            P0=num;            //输出数据
            WR1n=0;
            delay(1);          //延时 1 ms
            WR1n=1;
            CSn=1;
        }
        for(num=1;num<=255;num++){
            CSn=0;
            P0=num;            //输出数据
            WR1n=0;
            delay(1);          //延时 1 ms
            WR1n=1;
            CSn=1; }
    }
}
```

2.4.3　V/I 变换电路

因为电流信号易于远距离传送，且不易受干扰，特别是在过程控制系统中，自动化仪表只接收电流信号，所以在计算机控制输出通道中常以电流信号传送信息。这就需要将电压信号再转换成电流信号，这种完成电流输出方式的电路称为 V/I 变换电路。电流输出方式 V/I 变换电路一般有普通运算放大器 V/I 变换电路和集成转换器 V/I 变换电路两种形式。

1. 普通运算放大器 V/I 变换电路

普通运算放大器 V/I 变换电路分为以下两种：

(1) 0~10 mA 输出的 V/I 变换电路。如图 2.33 所示为(0~10) V/(0~10) mA 的 V/I 变换电路，由运算放大器 A 和三极管 VT_1、VT_2 组成，R_1 和 R_2 是输入电阻，R_F 是反馈电阻，R_L 是负载的等效电阻。输入电压 V_{IN} 经输入电阻进入运算放大器 A，放大后进入三极管 VT_1、VT_2。VT_2 射极接有反馈电阻 R_F，得到反馈电压 V_F 加至输入端，形成运算放大器 A 的差动输入信号。该变换电路由于具有较强的电流反馈，因此有较好的恒流性能。

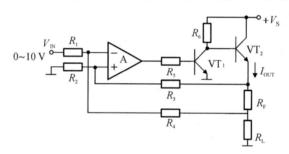

图 2.33　0~10 V/0~10 mA 输出的 V/I 变换电路

此变换电路输入电压 V_{IN} 和输出电流 I_{OUT} 之间的关系如下：

若 R_3、$R_4 \gg R_F$、R_L，可以认为 I_{OUT} 全部流经 R_F，由此可得

$$V_- = \frac{V_{IN}R_4}{(R_1+R_4)} + \frac{I_{OUT}R_LR_1}{(R_1+R_4)} \qquad (2-12)$$

$$V_+ = \frac{I_{OUT}(R_F+R_L)R_2}{R_2+R_3} \qquad (2-13)$$

对于运算放大器，有 $V_- \approx V_+$，则

$$\frac{V_{IN}R_4}{R_1+R_4} + \frac{I_{OUT}R_LR_1}{R_1+R_4} = \frac{I_{OUT}(R_F+R_L)R_2}{R_2+R_3} \qquad (2-14)$$

若取 $R_1 = R_2$，$R_3 = R_4$，则由上式整理可得

$$I_{OUT} = \frac{V_{IN}R_3}{R_1R_F} \qquad (2-15)$$

从式(2-15)可以看出，输出电流 I_{OUT} 和输入电压 V_{IN} 呈线性对应的单值函数关系，其中 $R_3/(R_1R_F)$ 为一常数，与其他参数无关。

若取 $V_{IN} = 0\sim10$ V，$R_1 = R_2 = 100$ kΩ，$R_3 = R_4 = 20$ kΩ，$R_F = 200$ Ω，则输出电流 $I_{OUT} = 0\sim10$ mA。

（2）4～20 mA 输出的 V/I 变换电路。如图 2.34 所示为(1～5) V/(4～20) mA 的变换电路，两个三极管 VT_2 和 VT_3 均接成射极输出形式，组成射级跟踪器。

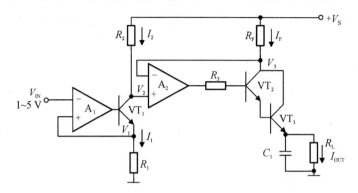

图 2.34 (1～5) V/(4～20) mA 的变换电路

此变换电路在稳定工作时，$V_{IN}=V_1$，所以

$$I_1=\frac{V_1}{R_1}=\frac{V_{IN}}{R_1}$$

又因为 $I_1 \approx I_2$，所以

$$\frac{V_{IN}}{R_1}=I_2=\frac{V_S-V_2}{R_2}$$

即

$$V_2=V_S-\frac{V_{IN}-R_2}{R_1}$$

在稳定状态下，$V_2=V_3$，$I_F=I_{OUT}$，故

$$I_{OUT} \approx I_F=\frac{V_S-V_3}{R_F}=\frac{V_S-V_2}{R_F}$$

由上述可得

$$I_{OUT}=\frac{V_{IN}R_2}{R_1R_F} \tag{2-16}$$

其中 R_1、R_2 及 R_F 均为精密电阻，所以输出电流 I_{OUT} 线性比例于输入电压 V_{IN} 且与负载无关，接近于恒流。若 $R_1=5$ kΩ，$R_2=2$ kΩ，$R_3=100$ Ω，当 $V_{IN}=(1～5)$ V 时，输出电流 $I_{OUT}=4～20$ mA。

2. 集成转换器 V/I 变换电路

图 2.35 所示是集成 V/I 转换器 ZF2B20 的引脚图，采用单正电源供电，电源电压范围为 10～32 V，输入电阻为 10 kΩ，动态响应时间小于 25 μs，非线性小于±0.025%[14]。

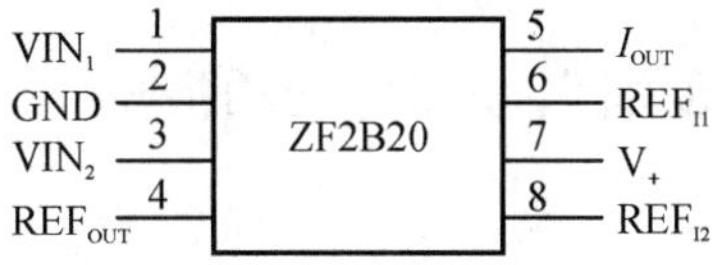

VIN_1 1 | ZF2B20 | 5 I_{OUT}
GND 2 | | 6 REF_{I1}
VIN_2 3 | | 7 V_+
REF_{OUT} 4 | | 8 REF_{I2}

图 2.35 集成 V/I 转换器 ZF2B20 引脚图

2.4.4 模拟量输出通道设计方法

在 D/A 转换器模拟量输出通道的设计过程中，首先要确定使用对象和性能指标，然后选用 D/A 转换器、接口电路和输出电路。

1. 模拟量输出通道设计中应考虑的问题

(1) 输出的形式，包含电压输出、电流输出、频率输出等，进而考虑采用什么转换电路。

(2) 输出的范围，比如电压输出时，要求输出电压是单极性的还是双极性的，是 0~5 V 还是 0~10 V 输出。

(3) 要求的分辨率、精度、线性度，进而考虑采用何种 D/A 转换器芯片。

(4) D/A 转换器与 CPU 之间的接口，数据采用串行输入还是并行输入。

(5) 应用的场合，温度范围、干扰等方面的问题，进而考虑选择何种抗干扰措施。

2. D/A 转换器模板的设计

1) 设计步骤

(1) 确定性能指标。

(2) 设计电路原理图。

(3) 设计和制造电路板。

(4) 焊接和调试电路板。

2) 设计原则

(1) 合理地选择 D/A 转换器芯片及相关的外围电路。需要掌握各类集成电路的性能指标及引脚功能，以及与 D/A 转换模板连接的 CPU 或计算机总线的功能、接口及其特点。

(2) 安全可靠。尽量选用性能好的元器件，并采用光电隔离技术。

(3) 性能与经济的统一。综合考虑性能与经济性，在选择集成电路芯片时，应综合考虑速度、精度、工作环境和经济性等因素。

(4) 通用性。在设计 D/A 转换器模板时应考虑所设计的模板是否符合总线标准、用户是否可以任意选择地址和输入方式。

2.5 键盘接口技术

2.5.1 键盘的组成、抖动及消除按键抖动的措施

1. 键盘的组成及抖动

键盘由若干个按键组成。一个按键电路如图 2.36 所示。当按键未按下时，VA＝1，为

高电平；当按键 S 按下时，VA＝0，为低电平。因此，可以通过高、低电平的检测，便可以确定按键是否被按下。

由于机械触点的弹性作用，一个按键开关在闭合或断开时不会马上稳定下来，会有瞬间的抖动，具体波形如图 2.37 所示。

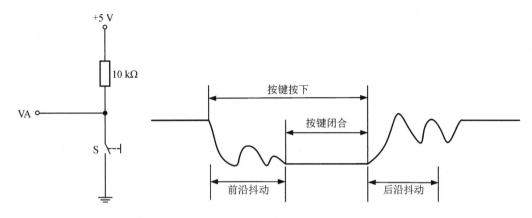

图 2.36　按键电路　　　　　　　　　　　　图 2.37　按键抖动波形

2. 消除按键抖动的措施

消除按键抖动的措施有硬件方法和软件方法两种。

（1）硬件方法。

硬件方法一般采用 RC 滤波消抖电路或 RS 双稳态消抖电路消除按键抖动，电路分别如图 2.38 和图 2.39 所示。

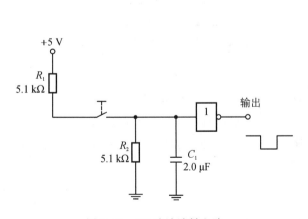
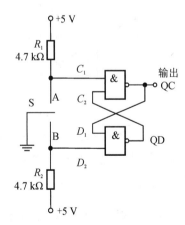

图 2.38　RC 滤波消抖电路　　　　　　　　图 2.39　RS 双稳态消抖电路

在图 2.38 中，按键开关产生的抖动信号经过 R_2 和 C_1 组成的低通滤波器，将高频抖动滤除，实现消除按键抖动的目的。

在图 2.39 中所示的电路状态中，按键 B 端与地导通，C_1 上拉至逻辑值 1（5 V），D_2 接地（即逻辑值 0），则 QD 应该为逻辑值 1，C_2 也为逻辑值 1，QC 因此为 0，D_1 也为 0。当切换开关至 A 端时，开关触点从 B 断开的瞬间，D_2 变为 1，但 D_1 仍为 0，则 QD 将仍然保持为1。之后不久，A触点接地的瞬间，C_1将变为0，这意味着QC将变为1，D_1也将变为1。此时，D_2已稳定拉高到1，QD输出0，双稳态电路因此改变状态，QD变为0，C_2也将为0。由此可知，C_1产生的任何抖动都不会影响输出QC，一直持续到下一次开关操作。

（2）软件方法。

当按键数量较多时，硬件方法消除抖动将无法胜任。在这种情况下，可以采用软件的方法消除抖动。当第一次检测到有按键闭合时，首先执行一段延时10 ms的子程序，然后再确认该按键电平是否仍保持在闭合状态电平，如果保持在闭合状态电平，则确认为真正有按键按下，从而消除了按键抖动的影响。

2.5.2 独立式按键接口技术

所谓独立式按键，就是每个按键各接一条输入线，各个按键的工作状态互不影响。因此，通过检测各个输入线的电平状态就可以很容易地判断哪个按键被按下。具有多个独立按键的单片机接口电路如图2.40所示。

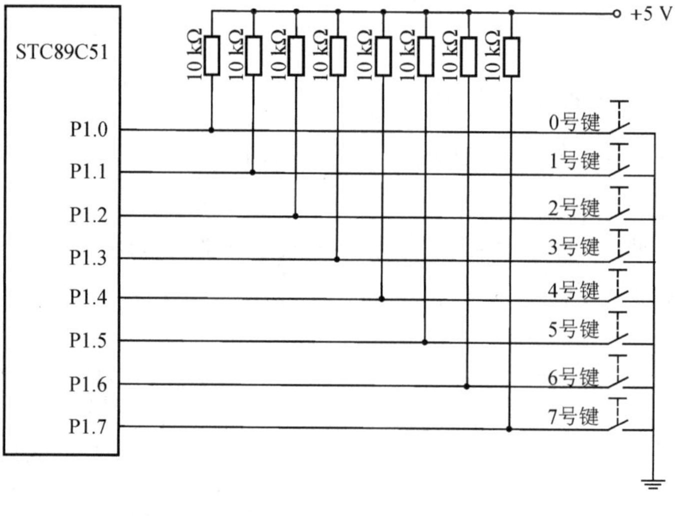

图2.40 具有多个独立按键的单片机接口电路

例如：当0号键不按下时，P1.0通过一个电阻接到＋5 V，P1.0为高电平状态；当0号键按下时，P1.0接地，P1.0被拉低为低电平；当0号键抬起时，又接到＋5 V上，P1.0再次回到高电平状态。

2.5.3 矩阵式键盘接口技术

1. 矩阵式键盘的构成及按键识别方法

矩阵式键盘由行线和列线组成，按键位于行、列线的交叉点上，行、列线分别连接到按键开关的两端，行线通过上拉电阻接到＋5 V上，如图2.41所示。

在图2.41中，行线通过上拉电阻接到＋5 V上，无按键动作时，行线处于高电平状态，而当有按键按下时，行线电平状态将由与此行线相连的列线电平决定。列线电平如果为低，

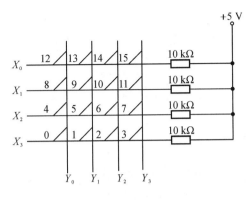

图 2.41　矩阵式键盘结构

则行线电平为低;列线电平如果为高,则行线电平为高。这是识别矩阵键盘按键是否被按下的关键所在。

目前常用的矩阵式键盘的按键识别方法有两种:一种是用硬件电路来识别,采用这种方法的键盘称为编码键盘;另一种是利用软件方法来识别,采用这种方法的键盘称为非编码键盘。

在编码键盘中设有硬件检测电路,以确定哪一个按键闭合,并产生该键的代码,非编码键盘则是依靠外部的硬件电路和软件来判断哪一个按键闭合。

常用的非编码键盘的按键识别方法有两种,一种是扫描法,另一种是线反转法。

(1)扫描法。扫描法分两步进行:第一步,识别键盘有无按键被按下;第二步,如果有按键被按下,则识别出具体的按键。

识别键盘有无按键被按下的方法是:使所有列线均置为低电平,检查各行线电平是否有变化,如果有变化,则说明有按键被按下,如果没有变化,则说明无按键被按下(实际编程时应考虑按键抖动的影响,通常采用软件延时的方法消除按键抖动)。

识别具体按键的方法是:逐列置某列线为低电平,其余各列线置为高电平,检查各行线电平的变化,如果某行电平由高电平变为低电平,则可确定此行此列交叉点处的按键被按下。

(2)线反转法(见图 2.42)。线反转法也只需经过两步便能获得此按键所在的行与列的值,具体如下:

第一步:将行线设为输入线,列线设为输出线,并使输出线输出全为低电平,则行线中电平由高到低所在行为按键所在行。

第二步:同第一步完全相反,将行线设为输出线,列线设为输入线,并使输出线输出全为低电平,则列线中电平由高到低所在行为按键所在行。

综合以上两步的结果,即可确定按键所在行和列,从而识别出所按的键。

现以数字 7 的按键被按下为例,则识别此键的方法为:

第一步:在 P1.0~P1.3 输出全为 0 后,读入 P1.4~P1.7 的状态,结果为 P1.6=0,而 P1.4、P1.5 和 P1.7 均为 1,因此可知第 X_2 行出现电平的变化,说明第 3 行有键按下。

第二步:让 P1.4~P1.7 输出全为 0,然后读入 P1.0~P1.3 的状态,结果为 P1.0=0,而 P1.1、P1.2 和 P1.3 均为 1,因此可知 Y_3 列出现电平的变化,说明第 4 列有键按下。

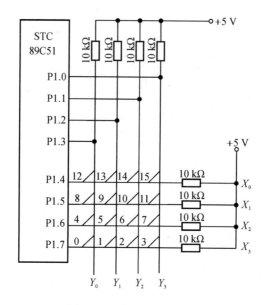

图 2.42 线反转法原理图

综合以上两步，即可确定第 3 行第 4 列按键被按下，此按键即是数字 7 键。

2. 双功能键的设计及重键处理技术

1）双功能键的设计

双功能键的设计是通过设置上/下挡键控制开关来实现的，如图 2.43 所示。

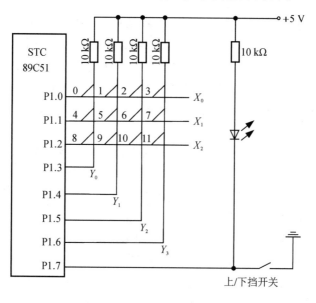

图 2.43 双功能键电路

当上/下挡键控制开关处于上挡时，按键为上挡功能，当此控制开关处于下挡时，按键为下挡功能。

程序运行时，键盘扫描子程序应不断测试 P1.7 接口的电平状态，根据此电平状态的高低，赋予同一个键两个不同的键码，从而由不同的键码转入不同的键功能子程序；或者同一个键只赋予一个键码，但根据上/下挡标志，相应转入上/下挡功能子程序。

【例 2 - 3】　运用扫描法和线反转法检测按键的电路图如图 2.44 所示。

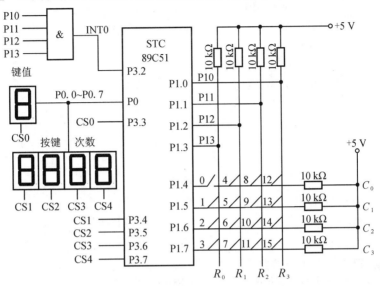

图 2.44　按键检测电路原理图

扫描法函数程序如下所示：

```
unsigned char KeyScan()                   //扫描函数
{
    unsigned char Temp=0;
    unsigned char col=0, row=0;
    for(col=0; col<4; col++)
    {
        SCANPORT=colScan[col];            //定义扫描端口，写 SCANPORT
        Temp=SCANPORT & 0x0F;             //取低四位扫描信号，读 SCANPORT
        if(Temp!=0x0F)
        {
            Temp=SCANPORT & 0x0F;         //消抖函数
            if(Temp!=0x0F)                //扫描按键是否按下
            {
                switch(Temp)
                {
                case 0x0E:
                    row=10;
                    break;                //第 1 行
                case 0x0D:
                    row=20;
                    break;                //第 2 行
                case 0x0B:
```

```
                    row=30;
                    break;                          //第 3 行
                case 0x07:
                    row=40;
                    break;                          //第 4 行
                default:
                    row=50;
                    break;                          //输入错误
                }
                break;
            }
        }
    }
    SCANPORT=0X0F;
    return col+row+1;                               //送出返回值
}
```

线反转法代码函数程序如下所示:

```
unsigned char KeyLine_Reverse()        //Line-Reverse 线反转法
{
    unsigned char Temp=0;
    unsigned char col=0, row=0;
    SCANPORT=0x0F;                     //列输出 0,写 SCANPORT
    Temp=SCANPORT& 0x0F;              //行读取,读 SCANPORT
    switch(Temp)
    {
        case 0x0E: row=10; break;          //第 1 行
        case 0x0D: row=20; break;          //第 2 行
        case 0x0B: row=30; break;          //第 3 行
        case 0x07: row=40; break;          //第 4 行
        default:    row=50; break;          //输入错误
    }

    SCANPORT=0xF0;                     //行输出 0,写 SCANPORT
    Temp=SCANPORT & 0xF0;            //列读取,读 SCANPORT
    switch(Temp)
    {
        case 0xE0: col=1; break;           //第 1 列
        case 0xD0: col=2; break;           //第 2 列
        case 0xB0: col=3; break;           //第 3 列
        case 0x70: col=4; break;           //第 4 列
        default:    row=5; break;           //输入错误
    }
```

```
        return col+row;                        //送出返回值
    }
```

2）重键处理技术

当发现有按键按下时，可以用扫描法进行按键定位，所有的行（或列）均应扫描一次，这时就可以确定按下的是单键或多键，同时确定出各按键的具体位置，然后可以采取相应的措施进行重键处理。

（1）如果是单键，则以此键为准，其后（指等待此键释放的过程）其他的任何按键均无效。

（2）如果是多键，则可以有以下 3 种处理方法：

① 可视此次按键操作无效。

② 可视多键都有效，按扫描顺序，将识别出的按键依次存入缓冲区中以待处理。

③ 不断对按键进行定位处理，或者只令最先释放的按键有效，或者只令最后释放的按键有效。

2.6　显示接口技术

2.6.1　LED 显示接口技术

1. LED 显示器的结构与原理

一个 8 段 LED 显示器的结构与工作原理如图 2.45(a)所示。它是由 8 个发光二极管组成，各段依次记为 a、b、c、d、e、f、g、dp，其中 dp 表示小数点（不带小数点的称为 7 段 LED）。8 段 LED 显示器有共阴极和共阳极两种结构，分别如图 2.45(b)、图 2.45(c)所示。

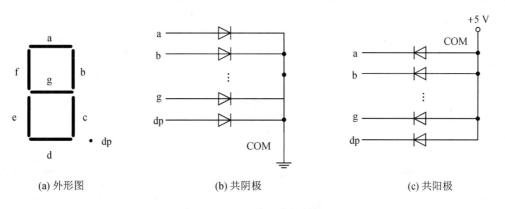

(a) 外形图　　　　　　(b) 共阴极　　　　　　(c) 共阳极

图 2.45　LED 数码管的结构

共阴极 LED 的所有发光管的阴极并接成公共端 COM，而共阳极 LED 的所有发光管的阳极并接成公共端 COM。当共阴极 LED 的 COM 端接地，则某个发光二极管的阳极加上高电平时,则该发光二极管有电流流过而点亮发光;当共阳极 LED 的 COM 端接高电平,则某个发光二极管的阴极加上低电平时,则该管有电流流过而点亮发光。

8 段 LED 通过不同段发光二极管点亮时的组合,可以显示 0~9、A~F 等十六进制数。显然,将单片机的数据输出口与 LED 各段引脚相连,控制输出的数据就可以使 LED 显示不同的字符。通常把控制 LED 数码管发光显示字符的 8 位字节数据称为段选码或者字符译码。LED 中各段发光二极管与数据线的对应关系如表 2.2 所示。

表 2.2　LED 各段发光二极管与数据线对应表

代码位	D_7	D_6	D_5	D_4	D_3	D_2	D_1	D_0
显示段	dp	g	f	e	d	c	b	a

按照上述对应关系,显示各种字符的 8 段 LED 数码管的段码如表 2.3 所示。

表 2.3　8 段 LED 数码管的段码

显示字符	共阴极 8 段码编码								十六进制代码	
	dp	g	f	e	d	c	b	a	共阴极	共阳极
0	0	0	1	1	1	1	1	1	3FH	C0H
1	0	0	0	0	0	1	1	0	06H	F9H
2	0	1	0	1	1	0	1	1	5BH	A4H
3	0	1	0	0	1	1	1	1	4FH	B0H
4	0	1	1	0	0	1	1	0	66H	88H
5	0	1	1	0	1	1	0	1	6DH	92H
6	0	1	1	1	1	1	0	1	7DH	82H
7	0	0	0	0	0	1	1	1	07H	F8H
8	0	1	1	1	1	1	1	1	7FH	80H
9	0	1	1	0	1	1	1	1	6FH	90H
A	0	1	1	1	0	1	1	1	77H	88H
B	0	1	1	1	1	1	0	0	7CH	83H
C	0	0	1	1	1	0	0	1	38H	C6H
D	0	1	0	1	1	1	1	0	5EH	A1H
E	0	1	1	1	1	0	0	1	78H	86H
F	0	1	1	1	0	0	0	1	71H	8EH

2. LED 显示方式

LED 显示方式分为静态显示方式和动态显示方式两种。

1）静态显示方式

LED 显示器为静态显示方式时，无论有多少位 LED 数码管，均同时处于显示状态。

静态显示方式时，LED 显示器各位的共阴极（或共阳极）连接在一起并接地（或接+5 V）；每位的段码线（a～dp）分别与一个 8 位的 I/O 接口锁存器输出相连。如果送往各个 LED 数码管所显示字符的段码一经确定，则相应 I/O 接口锁存器锁存的段码输出将维持不变，直到送入另一个字符的段码为止。因此，静态显示方式的显示无闪烁，亮度都较高，软件控制比较容易。

静态显示器电路可使 LED 显示器各位独立显示，且接口编程容易，但是占用 I/O 接口线较多。如果 LED 显示器要显示 4 位，则要占用 4 个 8 位 I/O 接口。因此在显示位数较多的情况下，因为这种方式占用的 I/O 接口太多，所以在实际应用中，一般不采用静态显示方式，而是采用动态显示方式。

2）动态显示方式

LED 显示器为动态显示方式时，无论在任何时刻只有一个 LED 数码管处于显示状态，即单片机采用"扫描"方式控制各个数码管轮流显示。

当需要多位 LED 显示时，为简化硬件电路，通常将所有显示位的段码线的相应段并联在一起（可以减少段码线），由一个 8 位 I/O 接口控制，而各位的共阳极或共阴极分别由相应的 I/O 线控制，形成各位的分时选通。

图 2.46 所示为一个 4 位 8 段 LED 动态显示电路。其中段码线占用一个 8 位 I/O 接口，而位选线占用一个 I/O 接口的 4 个引脚。在某一时刻，只让某一位的位选线处于选通状态，而其他各位的位选线处于关闭状态，同时，段码线上输出相应位要显示字符的段码。

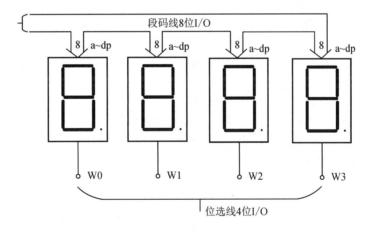

图 2.46　4 位 8 段 LED 动态显示电路

例如，在共阴极方式时，段码为"0X00"，则 W0＝0，最左一位亮。虽然这些字符是在不同时刻显示的，但在某一时刻，只有一位显示，其他各位熄灭，由于发光二极管的余辉和人眼的"视觉暂留"作用，只要每位显示间隔足够短，则可以感觉到"多位同时亮"，达到同时显示的效果。

LED 显示器不同位显示的时间间隔（扫描间隔）应根据实际情况而定。如果需要显示位数较多，则将占用大量的单片机时间，因此动态显示的实质是以牺牲单片机时间来换取 I/O

接口的减少。动态显示方式的各位数码管逐个轮流显示，当扫描频率较高时，其显示效果较好。因为这种方式功耗小，硬件资源要求少，所以应用较多。

动态显示方式的优点是硬件电路简单，LED越多，优势越明显。缺点是显示亮度不如静态显示方式的亮度高，如果"扫描"速率较低，则会出现闪烁现象。

【例2-4】 编写矩阵键盘数码管显示键值程序，电路图如图2.47所示。

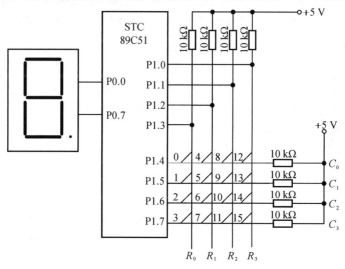

图2.47 按键检测显示电路原理图

程序如下所示：

```
#include <reg51.h>
#define uchar unsigned char      //宏的定义变量类型 uchar 代替 unsigned char
#define uint   unsigned int       //宏的定义变量类型 uint 代替 unsigned int

uchar   dis_buf;                  //显示缓存
uchar   temp;
uchar   key;                     //键顺序码
void delayms(uchar x);           //x*1 ms, 12 MHz 晶振
unsigned char codeLED7Code[]={0x3f, 0x06, 0x5b, 0x4f, 0x66, 0x6d, 0x7d, 0x07, 0x7f, 0x6f, 0x77, 0x7C, 0x39, 0x5E, 0x79, 0x71};   //共阴极
/*********************************************************
 * 延时子程序                                           *
 *********************************************************/
void   delayms(uchar x)
{
uchar j;
    while((x——)! =0)
    { for(j=0; j<120; j++);    //CPU 执行 120×8 次
    }
}
/*********************************************************
```

```
* 键扫描子程序（4×4 的矩阵）P1.4 P1.5 P1.6 P1.7 为列                      *
*    P1.0   P1.1 P1.2 P1.3 为行                                        *
 ************************************************************* /
void keyscan(void)
{
    temp=0;
    P1=0xF0;                     //高四位输入,列为高电平,行为低电平
    Delayms(1);                  //延时 1 ms
    temp=P1;                     //读 P1 接口
    temp=temp&0xF0;              //屏蔽低四位
    temp=~((temp>>4)|0xF0);
    if(temp==1)                  //p1.4 被拉低
        key=0;                   //第 1 个按键键值
    else if(temp==2)             //p1.5 被拉低
        key=1;                   //第 2 个按键键值
    else if(temp==4)             //p1.6 被拉低
        key=2;                   //第 3 个按键键值
    else if(temp==8)             //p1.7 被拉低
        key=3;                   //第 4 个按键键值
    else
        key=16;
    P1=0x0F;                     //低四位输入,行为高电平,列为低电平
    delay(1);                    //延时
    temp=P1;                     //读 P1 接口
    temp=temp&0x0F;
    temp=~(temp|0xF0);
    if(temp==1)                  //第 1 行,p1.0 被拉低
        key=key+0;
    else if(temp==2)             //第 2 行,p1.1 被拉低
        key=key+4;
    else if(temp==4)             //第 3 行,p1.2 被拉低
        key=key+8;
    else if(temp==8)             //第 4 行,p1.3 被拉低
        key=key+12;
    else
        key=16;
    dis_buf=key;                 //键值入显示缓存
    dis_buf=dis_buf & 0x0f;
}
/***************** 按键是否弹起   ************************/
    void key_up(void)
```

```
    {
        P1=0xF0;              //将高 4 位全部置 1，低 4 位全部置 0
        if(P1==0xF0)          //判断按键是否按下，如果按钮按下，则会拉低 P1 其中的一个接口
        {
            delayms(10);
            if(P1==0xF0)
            keyup=1;
        }
    }
/****************** 按键是否按下 **************************/
    void   keydown(void)
    {
        P1=0xF0;              //将高 4 位全部置 1，低 4 位全部置 0
        if(P1!=0xF0)          //判断按键是否按下，如果按钮按下，则会拉低 P1 其中的一个接口
        {
            keyscan();       //调用按键扫描程序
        }
    }
/*******************************************************
* 主程序                                              *
*******************************************************/
main()
    {
        P0=0xFF;                         //置 P0 接口
        P1=0xFF;                         //置 P1 接口
        Delayms(10);                     //延时
        while(1)
        {
            key_up();
            if(keyup==1)
            {
                keydown();                          //调用按键判断检测程序
                P0=LED7Code[dis_buf%16]&0x7f;       //小数点灭，%16 表示输出十六进制
            }
        }
    }
```

2.6.2　LED 驱动芯片 MAX7221

矩阵键盘检测电路有两种设计方法，分别是具有驱动芯片 MAX7221 和无驱动芯片的
7 段码显示电路。下面对具有驱动芯片 MAX7221 的 7 段码显示电路进行简单介绍。

　　MAX7221 芯片是 Maxim(美信)公司专为 LED 显示驱动而设计生产的串行接口 8 位 LED 显示驱动芯片。该芯片包含有 7 段译码器、位和段驱动器、多路扫描器、段驱动电流调节器、亮度脉宽调节器及多个特殊功能寄存器。

　　该芯片采用串行接口方式，可以很方便地和单片机相连，未经扩展最多可用于 8 位数码显示或 64 段码显示。经实际使用发现，该芯片具有占用单片机 IO 接口少(仅 3 线)、显示多样、可靠性高、简单实用、编程灵活方便的特点。

　　MAX7221 的引脚如图 2.48 所示。

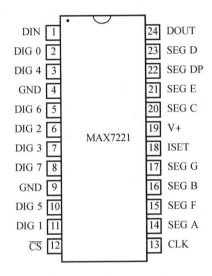

图 2.48　MAX7221 引脚图

　　DIN 脚：串行数据输入端，数据存入内部 16 位移位寄存器。

　　DIG 0～DIG 7 脚：8 位共阴极数码管的控制输入端，显示关闭时输出高电平。

　　GND 脚：接地端，4 和 9 脚都要接地。

　　$\overline{CS}$ 脚：片选输入端，当 $\overline{CS}=0$ 时，串行数据存入移位寄存器，当 $\overline{CS}$ 为上升沿时锁存最后 16 位数据。

　　CLK 脚：串行时钟输入端，最高频率 10 MHz，在时钟上升沿数据移位存入内部移位寄存器，当时钟下降沿时，数据由 DOUT 输出，CLK 输入仅当 $\overline{CS}=0$ 时有效。

　　SEG A～SEG G、SEG DP 脚：数码管 7 段驱动和小数点驱动端，关闭显示时各段驱动输出为高电平。

　　ISET 脚：连接到 V+ 的电阻连接端，用来设定各段驱动电流。

　　V+ 脚：5 V 正电压输入端。

　　DOUT 脚：串行数据输出端，数据由 DIN 输入，经 16.5 个时钟延迟后由 DOUT 引脚输出，此引脚用来扩展 MAX7221，没有高阻特性。

　　【例 2-5】　采用 MAX7221 作为驱动的显示按键值程序设计。

　　主要程序设计如下：

```
/ ************* MAX7221 控制位 ************* /
    sbit DIN=P2^0;                //数据串出引脚
```

```
sbit CSn  =P2^1;                    //片选端
sbit CLK=P2^2;                      //移位时钟端
/ ***************  MAX7221 使用函数 ********* /
//写数据函数
void write_data(unsigned char addr, unsigned char dat)
{
    unsigned char i;
    CSn=0;                          //先写地址,片选置低,串行数据加载到移位寄存器
    for(i=0; i < 8; i++)
    {
        CLK=0;                      //时钟上升沿时数据移入内部移位寄存器
        addr <<=1;                  //待发送的地址,每次左移一次,高位先发送
        DIN=CY;                     //数据移位后,如果有溢出,则可以从进位位 CY 中
                                    //获得溢出的数据位
        CLK=1;
        _nop_();
        _nop_();
        CLK=0;
    }
    for(i=0; i < 8; i++)
    {
        CLK=0;
        dat <<=1;                   //发送数据
        DIN=CY;
        CLK=1;
        _nop_();
        _nop_();
        CLK=0;
    }
    CSn=1;                          //CS 上升沿,数据锁存
}
//初始化函数
void init_max7221(void)
{
    write_data(0x09, 0xff);         //编码模式
    write_data(0x0a, 0x07);         //亮度控制
    write_data(0x0b, 0x07);         //扫描数码管的位数
    write_data(0x0c, 0x01);         //工作模式
}
```

2.6.3　LCD 显示接口技术

LCD 是一种借助外界光线照射液晶材料而实现显示的被动显示器件,结构原理图如图 2.49 所示。

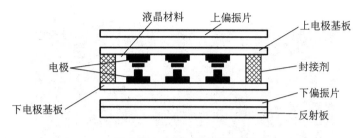

图 2.49　LCD 结构原理图

1. LCD 显示器的驱动方式

LCD(液晶)显示器分为段式和点阵式两种,对于以数字显示为主的仪器仪表,一般适宜采用段式 LCD 显示器。因此本节重点介绍段式 LCD 的接口技术。

段式 LCD 也有 7 段(或 8 段)显示结构,不同之处就是 LCD 的每个字形段要由频率为几十赫兹到数百赫兹的节拍方波信号驱动,该方波信号加到 LCD 的公共电极和段驱动器的节拍信号输入端。

LCD 显示器的驱动方式由电极引线的选择方式确定。因此,在选择好 LCD 显示器后,用户无法改变驱动方式。LCD 显示器的驱动方式一般有静态驱动和时分割驱动两种。

在静态驱动显示方式中,某个 LCD 显示字段上两个电极的电压相位相同时,两个电极的相对电压为零,该字段不显示;当此字段上两个电极的电压相位相反时,两个电极的相对电压为两倍幅值方波电压,该字段呈黑色显示。如图 2.50 所示为静态驱动显示方式驱动电路、真值表及波形图。

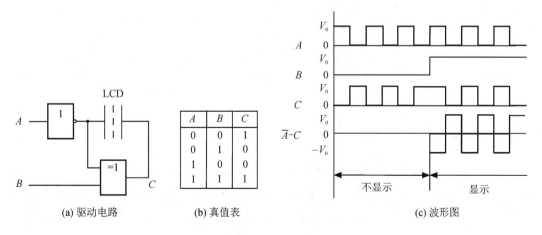

(a) 驱动电路　　　　(b) 真值表　　　　(c) 波形图

图 2.50　静态驱动显示方式驱动电路、真值表及波形图

当显示字段增多时,为了减少引出线和驱动电路数,必须采用时分割驱动方式。时分割驱动方式通常采用电压平均化法,其占空比有 1/2、1/8、1/11、1/16、1/32、1/64 等,偏

压有 1/2、1/3、1/4、1/5、1/7、1/9 等。

2. 1602 液晶屏

1602 液晶屏可显示 16×2 个字符，不能显示汉字，常采用 1602 液晶屏来显示字母、数字、符号等，其实物如图 2.51 所示。

图 2.51　1602 液晶屏实物图

1602 液晶屏采用标准的 14 引脚(无背光)或 16 引脚(带背光)，各引脚说明如表 2.4 所示。

表 2.4　1602 液晶屏引脚说明

编号	符号	引脚说明	编号	符号	引脚说明
1	V_{SS}	电源地	9	D_2	数据
2	V_{DD}	电源正极	10	D_3	数据
3	V_{EE}	液晶显示偏压	11	D_4	数据
4	RS	数据/命令选择	12	D_5	数据
5	R/W	读/写选择	13	D_6	数据
6	E	使能信号	14	D_7	数据
7	D_0	数据	15	BLA	背光源正极
8	D_1	数据	16	BLK	背光源负极

1602 液晶屏模块引脚说明：

第 1 脚：V_{SS} 为电源地。

第 2 脚：V_{DD} 为 +5 V 电源。

第 3 脚：V_{EE} 为液晶显示器对比度调整端，接正电源时对比度最弱，接地时对比度最高，对比度过高时会产生"鬼影"，使用时可以通过一个 10 kΩ 的电位器调整对比度。

第 4 脚：RS 为寄存器选择端，高电平时选择数据寄存器、低电平时选择指令寄存器。

第 5 脚：R/W 为读/写信号线，高电平时进行读操作，低电平时进行写操作。当 RS 和 R/W 共同为低电平时可以写入指令或者显示地址；当 RS 为低电平、R/W 为高电平时可以读忙信号；当 RS 为高电平、R/W 为低电平时可以写入数据。

第 6 脚：E 端为使能端，当其由高电平跳变成低电平时，液晶模块执行命令。

第 7～14 脚：D_0～D_7 为 8 位双向数据线。

第 15 脚：背光源正极。

第 16 脚：背光源负极。

1602 液晶屏模块内部的控制器共有 11 条控制指令，如表 2.5 所示。

表 2.5　1602 液晶屏 11 条控制指令

序号	指　　令	RS	R/W	D_7	D_6	D_5	D_4	D_3	D_2	D_1	D_0
1	清显示	0	0	0	0	0	0	0	0	0	1
2	光标返回	0	0	0	0	0	0	0	0	1	*
3	输入模式设置	0	0	0	0	0	0	0	1	I/D	S
4	显示开/关控制	0	0	0	0	0	0	1	D	C	B
5	光标或字符移位控制	0	0	0	0	0	1	S/C	R/L	*	*
6	功能设置	0	0	0	0	1	DL	N	F	*	*
7	字符发生存储器地址设置	0	0	0	1	字符发生存储器地址					
8	数据存储器地址设置	0	0	1	显示数据存储器地址						
9	读忙标志或地址	0	1	BF	计数器地址						
10	写数到 CGRAM 或 DDRAM	1	0	要写的数据内容							
11	从 CGRAM 或 DDRAM 读数	1	1	读出的数据内容							

1602 液晶屏模块的读写操作、屏幕和光标的操作都是通过指令编程来实现的（说明：1 为高电平、0 为低电平）。

指令 1：清屏指令。

(1) 清除液晶显示器，即将 DDRAM 的内容全部填入空白的 ASCII 码 20H。

(2) 地址计数器(AC)的值设为 0。

(3) 光标复位到地址 00H 位置（显示器的左上方）。

指令 2：光标复位指令。

(1) 光标返回地址 00H。

(2) AC 值设为 0。

(3) DDRAM 的内容不变。

指令 3：光标和显示模式设置，设定每次输入 1 位数据后光标的移位方向，并且设定输入后字符是否移动。

(1) I/D(光标移动方向)：高电平时右移；低电平时左移。

(2) S(屏幕上所有文字是否移动)：高电平时有效右移；低电平时无效。

指令 4：显示开关控制，控制显示器开/关、光标显示/关闭以及光标是否闪烁。

(1) D(控制整体显示的开与关)：高电平时开显示；低电平时关显示。

(2) C(控制光标的开与关)：高电平时有光标；低电平时无光标；

(3) B(控制光标是否闪烁)：高电平时闪烁；低电平时不闪烁。

指令 5：光标或显示移位。

(1) S/C＝0，R/L＝0，光标左移 1 格且 AC－1。

(2) S/C＝0，R/L＝1，光标右移 1 格且 AC＋1。

(3) S/C＝1，R/L＝0，显示器上字符全部左移 1 格，但光标不动。

(4) S/C＝1，R/L＝1，显示器上字符全部右移 1 格，但光标不动。

指令 6：功能设置命令，设定数据总线位数、显示的行数及字型。

(1) DL(数据总线位数)：高电平时为 8；低电平时为 4。

(2) N(显示行数)：高电平时为 2；低电平时为 1。

(3) F(显示点阵类型)：高电平时为 5×10 点阵；低电平时为 5×7 点阵。

指令 7：设定 CGRAM 地址指令。

设定下一个要存入数据的 CGRAM 的地址。

指令 8：设定 DDRAM 地址指令。

设定下一个要存入数据的 DDRAM 的地址。

指令 9：读取忙信号或 AC 地址指令。

(1) 读取忙信号 BF 的内容。

BF(液晶显示器是否忙)高电平时表示忙，暂时无法接收单片机送来的数据或指令；低电平时表示不忙，可接收单片机送来的数据或指令。

(2) 读取地址计数器(AC)的内容。

指令 10：数据写入 DDRAM 或 CGRAM 指令。

(1) 将字符码写入 DDRAM，以使液晶显示屏显示出相对应的字符。

(2) 将使用者自己设计的图形存入 CGRAM。

指令 11：从 CGRAM 或 DDRAM 读出数据的指令。

读取 DDRAM 或 CGRAM 中的内容。

1602 液晶屏基本操作时序如表 2.6 所示。

表 2.6　1602 液晶屏基本操作时序

操　作	输　　入	输　　出
读状态	RS＝L，R/W＝H，E＝H	$(D_0 \sim D_7)$＝状态字
写指令	RS＝L，R/W＝L，$(D_0 \sim D_7)$＝指令码，E＝高脉冲	无
读数据	RS＝H，R/W＝H，E＝H	$(D_0 \sim D_7)$＝数据
写数据	RS＝H，R/W＝L$(D_0 \sim D_7)$＝数据，E＝高脉冲	无

1602 液晶屏读操作时序如图 2.52 所示。

1602 液晶屏写操作时序如图 2.53 所示。

1602 液晶屏读/写时序时间参数表如表 2.7 所示。

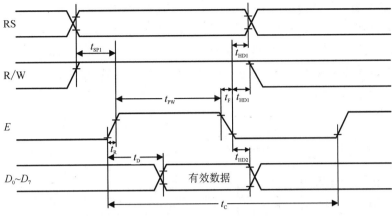

图 2.52　1602 读操作时序图

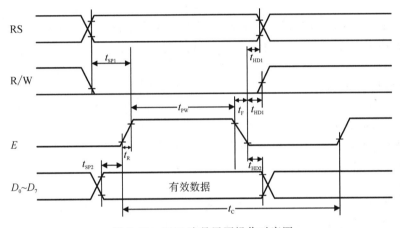

图 2.53　1602 液晶屏写操作时序图

表 2.7　1602 液晶屏读/写时序时间参数

时序参数	符号	极限值			单位	测试条件
		最小值	典型值	最大值		
E 信号周期	t_C	400	—	—	ns	引脚 E
E 脉冲宽度	t_{PW}	150	—	—	ns	
E 上升沿/下降沿时间	t_R，t_F	—	—	25	ns	
地址建立时间	T_{SP1}	30	—	—	ns	引脚 E、RS、R/W
地址保持时间	t_{HD1}	10	—	—	ns	
数据建立时间（读操作）	t_D	—	—	100	ns	引脚 $D_0 \sim D_7$
数据保持时间（读操作）	t_{HD2}	20	—	—	ns	
数据建立时间（写操作）	t_{SP2}	40	—	—	ns	
数据保持时间（写操作）	t_{HD2}	10	—	—	ns	

1602 液晶屏的控制器内部带有 80×8 位(80 字节)的 RAM 缓冲区,地址映射图如图 2.54 所示。由图可知,1602 液晶屏仅显示第一行 RAM 地址在 0x00～0x0F 范围的数据和第二行 RAM 地址在 0x40～0x4F 范围的数据。显示数据则可以存储在第一行 0x10～0x27 或者第二行 0x50～0x67 的 RAM 地址空间,但此时数据不显示在 1602 液晶屏上,可以通过指令 5 实现数据的显示。

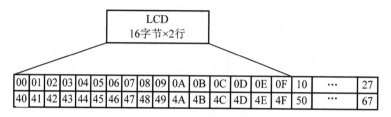

00	01	02	03	04	05	06	07	08	09	0A	0B	0C	0D	0E	0F	10	…	27
40	41	42	43	44	45	46	47	48	49	4A	4B	4C	4D	4E	4F	50	…	67

图 2.54 1602 液晶屏地址映射图

【例 2-6】 用 1602 液晶屏以从右侧移入方式在第一行显示"Hello everyone!",在第二行显示"Welcome to NUC class!"。实现程序代码如下:

```c
#include <reg51.h>
#include <string.h>              //strlen 包含的头文件
#define uint unsigned int
#define uint8 unsigned char
uint8 code table[]="Hello everyone!";
uint8 code table1[]="Welcome to NUC class!";
sbit En=P3^4;
sbit RS=P3^5;
sbit RWn=P2^6;
uint8 num;
void delay(uint ms);
void write_cmd(uint8 cmd);
void write_dat(uint8 date);
void init();
void Write1602_Str(uint addr, uint length, uint * pbuf);
//=====主函数=======
void main()
{
    init();
    Write1602_Str(0x80+0x10, strlen(table), table); //Hello everyone!
    Write1602_Str(0x80+0x50, strlen(table1), table1); //Welcome to NVC class!
    while(1)
    {
      write_cmd(0x18);
      delay(200);       //移动速度,可自定
    }
}
```

```
void delay(uint ms)
{
    uint i, j;
    for(i=0; i<ms; i++)
        for(j=0; j<123; j++);
}
void write_cmd(uint8 cmd)
{
    RS=0; //RS=0->指令
    RWn=0;
    delay(1);
    P0=cmd;
    delay(1);
    En=1;
    delay(1);
    En=0;
}


void write_dat(uint8 date)
{
    RS=1; //RS=1->数据
    RWn=0;
    delay(1);
    P0=date;
    delay(1);
    En=1;
    delay(1);
    En=0;
}
void init()
{
    En=0;                       //使能关
    write_cmd(0x38);            //设置 16×2 显示，5×7 点阵，8 位数据口
    write_cmd(0x0E);            //设置开显示，不显示光标
    write_cmd(0x06);            //写一个字符后地址指针加 1
    write_cmd(0x01);            //显示清 0，数据指针清 0
}


void Write1602_Str(uint8 addr, uint8 length, uint8 * pbuf)
{
    uint8 i;
    write_cmd(addr);
```

```
        for(i=0; i<length; i++)
        write_dat(pbuf[i]);
    }
```

1602 液晶屏用于高速应用时，需要对 1602 液晶屏的状态进行查询，仅当 1602 液晶屏处于空闲状态时才可以进行操作。8 位数据接口模式下测试 1602 状态的程序代码如下：

```
/****************测试 1602 液晶屏忙函数***********************/
BOOL check_busy()
{
    BOOL result;
    RS=0;
    RWn=1;
    En=1;
    _nop_();
    result=(BOOL)(P0 & 0x80);    //检测 P0 最高位是否为 1
    En=0;
    return result;
}
```

1602 液晶屏工作于 4 位数据接口模式时，查忙函数和写数据函数代码如下：

```
/***************4 位接口模式下测试 1602 液晶屏忙函数**************/
BOOL check_busy()
{
    BOOL busy;
    RS=0;
    RWn=1;
    P0|=0xF0;
    En=1;
    _nop_();
    busy=P0 ;                //检测 P0 最高位是否为 1
    En=0;
    _nop_();
    En=1;
    _nop_();
    En=0;
    busy=busy&0x80;          //保留最高位
    returnbusy;
}
/***************4 位接口模式写命令函数***********************/
void write_byte_4bit(bit R_S, uchar cmd)
{                            //写入指令数据到 LCD
    while(check_busy);
    RS=R_S;                  //区分指令与数据，R_S=1 为写数据
```

```
RWn＝0；
P0 &.＝0x0F；                //P0 接口高 4 位清零
P0｜＝(cmd &. 0xF0)         //将高 4 位指令通过 P0 接口传给 1602 液晶屏
En＝0；
_nop_()；

P0 &.＝0x0F；                //p0 接口高 4 位清零
P0｜＝(cmd＜＜4)             //将低 4 位指令通过 P0 接口传给 1602 液晶屏
En＝1；
_nop_()；
En＝0；
}
```

3. LCD12864 点阵型液晶显示器

LCD12864 点阵型液晶显示器的型号代码中"128"表示 128 列，"64"表示 64 行，总共有 $128\times64＝8192$ 个点。比较常用的 LCD12864 点阵型液晶显示器有黄绿背光、蓝色背光以及有带/不带字库的显示器，这里以 Proteus 中 Ampire LCD12864(以下简称为 LCD12864 模块)显示器为例进行介绍，其引脚如图 2.55 所示。

各引脚具体介绍如下：

$\overline{CS_1}$：左半屏选择，低电平有效。

$\overline{CS_2}$：右半屏选择，低电平有效。

GND：逻辑电源地。

V_{CC}：逻辑电源正。

V_0：LCD12864 模块的驱动电压，用来调节 LCD12864 模块显示颜色深浅，通过调整 V_{CC} 和 V_0 之间的 2 kΩ 电阻值实现。

RS：命令/数据控制端。高电平时数据 $D_0\sim D_7$ 传输给显示 RAM，低电平时 $D_0\sim D_7$ 送入指令寄存器。

图 2.55　Ampire LCD12864 显示器引脚图

R/W：读/写控制端。高电平时从 LCD128 模块读数据，低电平时写数据到 LCD12864 模块。

E：LCD12864 模块读写使能端。高电平准备数据，下降沿锁定数据。

$D_0\sim D_7$：输入输出数据总线。

$\overline{RST}$：复位脚，低电平有效。

V_{out}：LCD12864 模块的驱动电压输出端。

LCD12864 模块读操作时序如图 2.56 所示，读 LCD12864 模块的数据时在 E 为高电平期间输出数据有效，当 E 转换成低电平时输出数据无效。

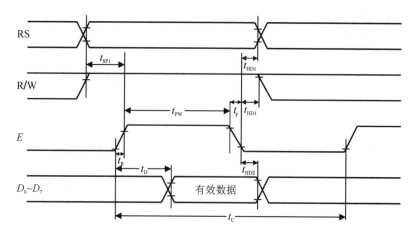

图 2.56　LCD12864 模块读操作时序图

　　LCD12864 模块写操作时序如图 2.57 所示,写入 LCD12864 模块的数据在 E 为高电平期间有效,在下降沿完成数据的锁定。

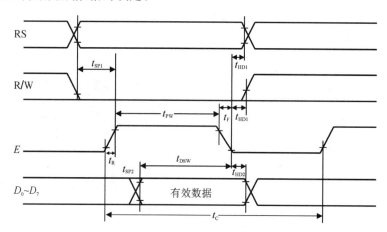

图 2.57　LCD12864 模块写操作时序图

　　图中 t_{SP1}、t_{SP2}、t_R、t_F、t_{HD1}、t_{HD2}、t_{PW}、t_{DSW} 均为纳秒量级的时间,而时钟频率为 12 MHz 的单片机执行一条指令用时至少 1 μs,因此编写程序的时候可以不用考虑单独的延时操作。

　　LCD12864 模块由左右两个地址空间组成,具体的地址映射如图 2.58 所示。由 RAM 地址映射表可知 LCD12864 模块由两个片选引脚控制,分别用 $\overline{CS_1}$ 和 $\overline{CS_2}$ 控制。每个地址空间内部带有 64×64 位(512 字节)的 RAM 缓冲区。LCD12864 模块的整个屏幕分左、右两个半屏,每个半屏有 8 页,每页有 8 行,且数据是竖行排列的。显示一个字要 16×16 点,全屏有 128×64 个点,故可显示 32 个中文汉字。即每两页显示一行汉字,可显示 4 行汉字,每行 8 个汉字,共 32 个汉字。

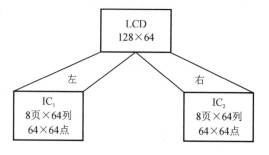

图 2.58　LCD12864 模块地址映射图

如果显示数据采用 16×8 个点,则可显示数据是汉字的两倍。

LCD12864 模块的指令说明如表 2.8 所示。

表 2.8　LCD12864 模块指令说明

指令	指令码										功能
	RS	R/W	D_7	D_6	D_5	D_4	D_3	D_2	D_1	D_0	
清除显示	0	0	0	0	0	0	0	0	0	1	将 DDRAM 填满"20H",并且设定 DDRAM 的地址计数器(AC)到"00H"
地址归位	0	0	0	0	0	0	0	0	1	X	设定 DDRAM 的地址计数器(AC)到"00H",并且将游标移动到开头原点位置这个指令不改变 DDRAM 的内容
进入点设定	0	0	0	0	0	0	0	1	I/D	S	I/D=1,游标右移,DDRAM 地址(AC)+1 I/D=0,游标左移,DDRAM 地址(AC)-1 S=1,显示画面整体位移
显示状态开/关	0	0	0	0	0	0	1	D	C	B	D=1:整体显示 ON C=1:游标 ON B=1:游标所在地址上的内容反白显示
游标或显示位移控制	0	0	0	0	0	1	S/C	R/L	X	X	S/C　R/L　方向　　　　　　　AC 的值 L　　L　　游标向左移动　　　AC=AC-1 L　　H　　游标向右移动　　　AC=AC+1 H　　L　　显示和游标向左移动　AC=AC H　　H　　显示和游标向右移动　AC=AC
功能设定	0	0	0	0	1	DL	X	RE	X	X	DL=0/1:4/8 位数据 RE=1:扩充指令,RE=0:基本指令
设定 DDRAM 行地址	0	0	0	1	1	1	1	P2	P1	P0	设定 DDRAM 页面地址(X 地址)
设定 DDRAM 列地址	0	0	1	0	AC5	AC4	AC3	AC2	AC1	AC0	设定 DDRAM 列地址(Y 地址) 第一行:80H~87H 第二行:90H~97H
读取忙标志和地址	0	1	BF	AC6	AC5	AC4	AC3	AC2	AC1	AC0	读出地址计数器(AC)的值 BF=H:内部忙;BF=L:空闲状态
写数据到 RAM	1	0	数据								将数据 D_7~D_0 写入到内部的 RAM
读出 RAM 值	1	1	数据								从内部 RAM 读取数据 D_7~D_0

LCD12864 模块高速应用时，需要对 LCD12864 模块的状态进行查询，仅当其处于空闲状态时才可以进行操作。查询 LCD12864 模块状态的程序代码如下：

```
void CheckState()
{
    unsigned char  i;
    DI=0;
    RW=1;
    do {
        E=1;
        E=0;
        i++;
        if (i>10) {
            break;
        }
    } while(BUSY==1); //仅当第 7 位为 0 时才可操作(判别 BUSY 信号)
}
```

向 LCD12864 模块写入一个字节的命令的程序代码如下：

```
void WriteCommand(unsigned char cmd)
{
    CheckState();            //检查当前的 LCD12864 模块状态
    DI=0;
    RW=0;
    E=1;
    P0=cmd;                  //送出相应的命令
    E=0;
}
```

向 LCD12864 模块写入一个字节的数据的程序代码如下：

```
void WriteData(unsigned char dat)
{
    CheckState();            //检查当前的 LCD12864 模块状态
    DI=1;
    RW=0;
    E=1;
    P0=dat;                  //送出相应的数据
    E=0;
}
```

LCD12864 模块的从指定行、列开始的几列清屏函数程序代码如下：

```
void Cleanlie(unsigned char screen, unsigned char page, unsigned char lie, unsigned int num )
{
    unsigned char i;
```

```
    LCDCS(screen);
    WriteCommand(0xb8+(page * 2));
    WriteCommand(0x40+(lie));
    for(i=0; i<num; i++){
        WriteData(0x00);
    }
    WriteCommand(0xb8+(page * 2)+1);
    WriteCommand(0x40+(lie));
    for(i=0; i<num; i++){
        WriteData(0x00);
    }
}
```

12864 显示汉字和字符的函数程序代码如下：

```
//screen 选择屏幕参数，page 选择页参数 0~3，lie 列参数 0~3，
//num 显示第几个汉字的参数，16×16
void lcd_display_hanzi(unsigned char screen, unsigned char page, unsigned char lie, unsigned int num)
{
    unsigned int i;
    num=num * 32;
    LCDCS(screen);                        //片选用哪一片，左 1 右 2
    WriteCommand(0xb8+(page * 2));        //一个字节显示
    WriteCommand(0x40+(lie * 16));        //一个汉字占用两个字节
    for(i=0; i<16; i++){
        WriteData(hzdot[num++]);          //hzdot 为汉字的编码表
    }
    WriteCommand(0xb8+(page * 2)+1);
    WriteCommand(0x40+(lie * 16));
    for(i=0; i<16; i++){
        WriteData(hzdot[num++]);          //hzdot 为汉字的编码表
    }
}
//screen 选择屏幕参数，page 选择页参数 0~7，lie 列参数 0~7，
//num 显示第几个 ASCII 的参数 8×8
{
    unsigned int i;
    num=num * 8;
    LCDCS(screen);                        //片选用哪一片，左 1 右 2
    WriteCommand(0xb8+(page));            //一个字节显示
    WriteCommand(0x40+(lie * 8));         //一个 ASCII 占用 1 个字节
    for(i=0; i<8; i++)  {
```

```
        WriteData(ASdot[num++]);    //ASdot 为 ASCII 符号的编码表
    }
}
```

2.7 计算机控制系统硬件抗干扰技术

2.7.1 干扰的来源

计算机应用于工业环境时，工作场所不仅有弱电设备，而且有更多的强电设备，不仅有数字电路，而且有许多模拟电路，形成一个强电与弱电、数字与模拟信号共存的局面。高速变化的数字信号也有可能形成对模拟信号的干扰。此外，在强电设备中往往有电感、电容等储能元件，当电压、电流发生剧烈变化时(如大型设备的启停、开关的断开)会形成瞬变噪声干扰。这些干扰就会影响计算机控制系统的可靠性、安全性和稳定性，轻则造成经济损失，重则危及人们的生命安全。所以，人们在不断完善计算机控制系统硬件配置过程中，分析系统受干扰的原因，探讨和提高系统的抗干扰能力，不仅具有一定的科学理论意义，并且具有很高的工程实用价值。

对于计算机控制系统来说，干扰的来源是多方面的。但概括起来说，计算机控制系统所受到的干扰源分为外部干扰和内部干扰。外部干扰是由外界环境因素造成的，与系统结构无关。内部干扰是由系统结构、制造工艺等所决定的。

外部干扰的主要来源有电源电网的波动、大型用电设备(电炉、大电机、电焊机等)的启停、高压设备和电磁开关的电磁辐射、传输电缆的干扰等。内部干扰主要有系统的软件不稳定、分布电容或分布电感产生的干扰、多点接地造成的电位差给系统带来的影响等。

2.7.2 干扰窜入计算机控制系统的主要途径

干扰窜入计算机控制系统的主要途径示意图如图 2.59 所示。

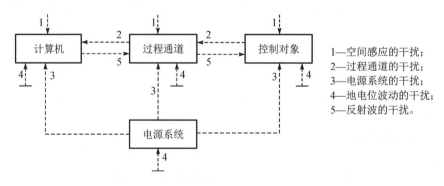

1—空间感应的干扰；
2—过程通道的干扰；
3—电源系统的干扰；
4—地电位波动的干扰；
5—反射波的干扰。

图 2.59 干扰窜入计算机控制系统的主要途径示意图

1. 空间感应的干扰

空间感应的干扰主要来源于电磁场在空间的传播。例如，输电线和电气设备发出的电磁场，通信广播发射的无线电波，太阳或其他天体辐射出来的电磁波，空中雷电，火花放电、弧光放电、辉光放电等放电现象。

2. 过程通道的干扰

过程通道的干扰常常沿着过程通道进入计算机。主要原因是过程通道与计算机之间存在公共地线。要减少过程通道的干扰，就要设法削弱和斩断这些来自公共地线的干扰，以提高过程通道的抗干扰能力。过程通道的干扰按照其作用方式，一般分为串模干扰和共模干扰。

（1）串模干扰是指串联于信号回路之中的干扰，其示意图如图 2.60 所示。其中 V_S 为信号源，V_n 为叠加在 V_S 上的串联干扰信号。干扰可能来自信号源内部，如图 2.60(a) 所示，也可能来自邻近的导线（干扰线），如图 2.60(b) 所示。如果邻近的导线（干扰线）中有交变电流 I_a 流过，那么由 I_a 产生的电磁干扰信号就会通过分布电容 C_1 和 C_2 的耦合，引入 A/D 转换器的输入端。

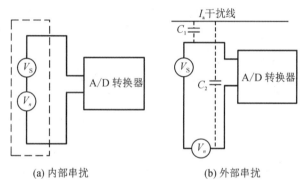

图 2.60　串模干扰示意图

（2）在计算机控制系统中，被控对象往往比较分散，一般都有很长的引线将现场信号源、信号放大器、主机等连接起来。引线长可达几十米以至几百米，两地之间往往存在着一个电位差 V_c，如图 2.61 所示。这个 V_c 对放大器产生的干扰称为共模干扰。其中 V_S 为信号源，V_c 为共模电压。这种干扰可以是直流电压，也可以是交流电压，其幅值可达几伏甚至更高，取决于现场产生干扰的环境条件和计算机等设备的接地情况。

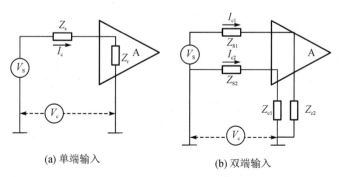

图 2.61　共模干扰示意图

3. 电源系统的干扰

控制用计算机一般由交流电网供电，电压不稳、频率波动、突然断电等难免发生，这些都会直接影响计算机系统的可靠性与稳定性。

计算机控制系统一般由交流电网供电（AC 220V，50Hz）。负荷变化、系统设备开断操作、大负荷冲击、短路和雷击等原因都会在电网中引起电压较大波动或浪涌。另外，大量电力电子设备、电弧炉、感应炉、电气化铁道机车等的使用，使电网中存在大量的谐波，从而造成电源波形畸变。以上这些因素都是电源系统的干扰源。如果这些干扰进入计算机控制系统，就会影响系统的正常工作，造成控制错误、设备损坏，甚至整个系统瘫痪。电源引入的干扰是计算机控制系统中的主要干扰之一，也是危害最严重的干扰。根据工程统计，对计算机控制系统的干扰大部分是由电源耦合产生的。

4. 地电位波动的干扰

计算机控制系统一般分散的很广，地线与地线之间存在着一定的电位差。计算机交流供电电源的地电位很不稳定，在交流地任意两点之间，往往很容易就有几伏至十几伏的电位差存在。当系统接地短路时，大电流流经接地装置，产生地电位差从而引起地电位干扰。雷击时雷电侵入地线引起冲击电位升高所造成的干扰、过渡过程的干扰以及电网中各种内在电压的干扰都会引起地电位波动干扰。而计算机控制系统的计算机则比较脆弱，对干扰具有敏感性。因此这些干扰会对计算机监控设备的取样回路、控制回路、电源和通信回路造成影响。如果计算机控制系统某一环节出现问题，则这些干扰就会对计算机控制系统造成较大的危害，比如会使逻辑混乱、计算机死机、芯片损坏、保护"失灵"等。

5. 反射波的干扰

电信号（电流、电压）在沿传输线传输过程中，由于分布电容、电感和电阻的存在，传输线上各点的电信号并不能马上建立，而是有一定的滞后，离起点越远，电压波和电流波到达的时间越晚。这样，电波在传输线路上以一定的速度传播，从而形成行波。如果传输线的终端阻抗与传输线的波阻抗不匹配，那么当入射波到达终端时，便会引起反射。同样，反射波到达传输线始端时，如果始端阻抗也与传输线的波阻抗不匹配，也会引起新的反射。这种信号的多次反射现象，会使信号波形严重畸变，并且会产生干扰脉冲。这就是反射波的干扰。

2.7.3 干扰的耦合方式

耦合是指电路与电路之间的电的联系，即一个电路的电压或电流通过耦合，使另一个电路产生相应的电压或电流。耦合起着电磁能量从一个电路传输到另一个电路的作用。干扰源产生的干扰是通过耦合通道对计算机控制系统产生电磁干扰的，因此，需要了解干扰源与被干扰对象之间的耦合方式。干扰的耦合方式主要有以下几种形式。

1. 直接耦合

直接耦合又称为传导耦合，是指干扰信号经过导线直接传导到被干扰电路中而造成对电路的干扰。它是干扰源与敏感设备之间的主要干扰耦合方式之一。在计算机控制系统中，干扰噪声经过电源线耦合进入计算机控制系统是最常见的直接耦合现象。

2. 公共阻抗耦合

公共阻抗耦合是指当电路的电流流经一个公共阻抗时，一个电路的电流在该公共阻抗上形成的电压就会对另一个电路产生影响。公共阻抗耦合是噪声源和信号源具有公共阻抗时的传导耦合。公共阻抗随元件配置和实际器件的具体情况而定。为了防止公共阻抗耦合，应使耦合阻抗趋近于零，这样会使通过耦合阻抗上的干扰电流产生的干扰电压消失。

3. 电容耦合

电容耦合又称静电耦合或电场耦合，是指电位变化在干扰源与干扰对象之间引起的静电感应。计算机控制系统电路的元器件之间、导线之间、导线与元器件之间都存在着分布电容，如果一个导体上的电压(或噪声电压)信号通过分布电容使其他导体上的电位受到影响，这样的现象就称为电容耦合。

4. 电磁感应耦合

电磁感应耦合又称磁场耦合。在任何载流导体周围空间中都会产生磁场。若磁场是交变的，则会对其周围闭合电路产生感应电动势。在设备内部，线圈或变压器的漏磁是一个很大的干扰；在设备外部，当两条导线架设在很长的同一段区间时，也会产生干扰。

5. 辐射耦合

电磁场辐射也会造成干扰耦合，这种耦合就称为辐射耦合。当高频电流流过导体时，在该导体的周围便会产生电力线和磁力线，并发生高频变化，从而形成一种在空间传播的电磁波。处于电磁波中的导体便会感应出相应频率的电动势。电磁场辐射干扰是一种无规则的干扰，这种干扰很容易通过电源线传到计算机控制系统中去。当信号传输线(输入线、输出线、控制线)较长时，它们能辐射干扰波和接收干扰波，这种现象称为天线效应。

6. 漏电耦合

漏电耦合是电阻性耦合的一种方式。当相邻的元器件或导线间的绝缘电阻降低时，有些电信号便通过这个降低了的绝缘电阻耦合到逻辑元器件的输入端而形成干扰。

2.7.4　计算机控制系统的硬件抗干扰技术

干扰是客观存在的，研究干扰的目的是抑制干扰进入计算机控制系统。因此，在进行计算机控制系统设计时，必须采取各种抗干扰措施，否则系统将不能正常工作。应用硬件抗干扰措施是经常采用的一种有效抗干扰方法。通过合理的硬件电路设计可以削弱或抑制大部分干扰。根据干扰窜入计算机控制系统的几个主要途径，应主要从电源、接地、长线传输、过程通道及空间干扰等方面入手，解决计算机控制系统干扰问题，并结合干扰的耦合方式，采取具体措施。本节将着重讨论过程通道、长线传输、空间干扰的抑制。

1. 过程通道干扰的抑制

过程通道是输入接口、输出接口与计算机控制系统进行信息传输的途径，窜入的干扰对整个计算机控制系统的影响很大，因此应采取措施抑制这种干扰信号。但是，过程通道干扰信号比较复杂,应视具体情况采取不同的措施。下面介绍几种常用的抑制过程通道干扰措施。

1) 光电隔离

光电隔离是由光耦合器来完成的。光耦合器是由发光二极管和光敏晶体管封装在一个管壳内,以光为媒介传输信号的器件,结构如图 2.62 所示。采用光耦合器可以切断计算机控制系统与过程通道以及其他系统电路的电联系,能有效地防止干扰从过程通道串入

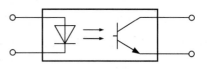

图 2.62 光耦合器结构

计算机控制系统,如图 2.63 所示。采取光电隔离措施时,A/D、D/A 转换器、供电电源与计算机控制系统的直流电源必须独立,地线必须分开,保证计算机与现场仅有光的联系。光电隔离可切断干扰通路,也可避免形成地环流,抗干扰效果十分显著。

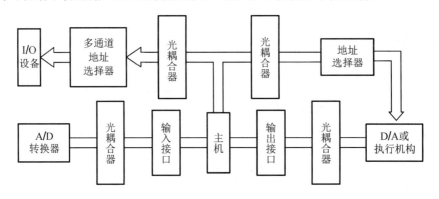

图 2.63 采用了光电隔离措施的计算机控制系统

光耦合器能够抑制干扰信号,主要是因为它具有以下几个特点:

(1) 光耦合器是以光为媒介传输信号的,所以其输入和输出在电气上是隔离的。

(2) 光耦合器的光电耦合是在一个密封的管壳内进行的,因而不会受到外界光的干扰。

(3) 光耦合器的输入阻抗很低(一般为 100 Ω~1 kΩ),而干扰源内阻一般都很大(10^5~10^6 Ω),按分压原理,传送到光耦合器输入端的干扰电压就变得很小了。

(4) 由于一般干扰噪声源的内阻都很大,虽然也能供给较大的干扰电压,但可供出的能量却很小,因此只能形成很微弱的电流。而光耦合器的发光二极管只有通过一定的电流才发光,因此,即使电压幅值很高的干扰,由于没有足够的能量,也不能使二极管发光,显然,干扰就被抑制掉了。

(5) 输入回路与输出回路之间分布电容极小,一般仅为 0.5~2 pF,而且绝缘电阻很大,通常为 10^{11}~10^{12} Ω,因此,在回路中,一端的干扰很难通过光耦合器馈送到另一端去。

当传输线较长、现场干扰十分强烈时,为了提高整个计算机控制系统的可靠性,可以通过光耦合器将长线完全"浮置"起来,如图 2.64 所示。长线的"浮置"处理,去掉了长线两端间的公共地线,不但有效消除了各逻辑电路的电流流经公共地线时所产生的噪声电压相互窜扰,而且也有效地解决了长线驱动和阻抗匹配等问题,同时当受控设备短路时,保护系统不受损坏。

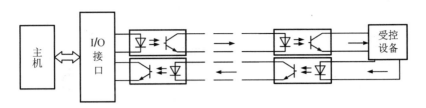

图 2.64　长线传输光耦合"浮置"处理

通过光耦合器将长线完全"浮置"起来后，A/D 转换后的并行数据输出口、D/A 转换后的并行数据输入口以及 I/O 地址总线与控制总线均采用光耦合器进行隔离，而且光耦合器输入、输出回路用不同的电源分别供电，与外部相连的回路均由相应的外部电源供电，这样，完全切断了系统主机部分与外界的一切电的传输连接。

常用的光电耦合器有 6N136 和 6N137，其共模抑制达到 10 kV/s。6N136 的信号传输速度达到 1 Mbit/s，6N137 的信号传输速度达到 10 Mbit/s。光电耦合器内部的发光二极管导通电流具有最小阈值，当小于阈值电流时，光电耦合器内部的光电接收二极管无法导通。通过调整输入信号的波形及可调电阻进行仿真实验，可找出 6N136 和 6N137 输入不同电流时输出的变化规律。

2）继电器隔离

由于继电器的线圈和触点之间没有电气上的联系，因此可利用继电器的线圈接收电气信号，从而避免强电和弱电信号之间的直接接触，实现抗干扰隔离。继电器隔离常用于开关量输出，用以驱动执行机构，如图 2.65 所示。

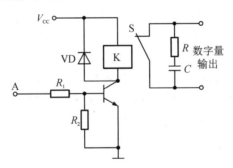

图 2.65　继电器隔离应用电路

3）变压器隔离

脉冲变压器可实现数字信号的隔离。因为脉冲变压器的匝数较少，而且一次绕组和二次绕组分别缠绕在铁氧体磁芯的两侧，分布电容仅为几皮法，所以可作为脉冲信号的隔离器件。如图 2.66 所示为脉冲变压器隔离电路，电路外部的输入信号经 RC 滤波电路和双向稳压管进行抑制常模噪声干扰，然后输入脉冲变压器的一次侧；为了防止过高的对称信号击穿电路元器件，脉冲变压器的二次侧输出电压被稳压管限幅后输入计算机控制系统内部。

脉冲变压器隔离电路传递脉冲输入/输出信号时，不能传递直流分量。因为计算机控制设备时使用的数字量输入/输出信号不要求传递直流分量，所以脉冲变压器隔离电路在计算机控制系统中得到了广泛应用。

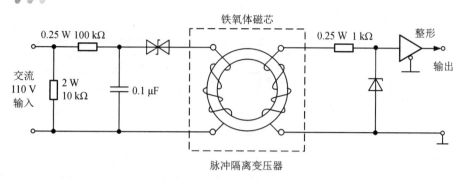

图 2.66 脉冲变压器隔离电路

对于一般的交流信号，可以用普通变压器实现隔离。图 2.67 表明了一个由 CMOS 集成电路完成的电平检测电路。

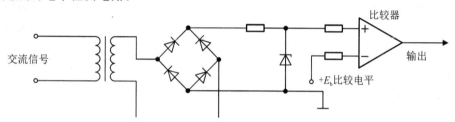

图 2.67 交流信号的电平检测电路

4) 采用双绞线作为信号线

对来自现场信号开关输出的开关信号，或从传感器输出的微弱模拟信号，最简单的办法是采用塑料绝缘的双平行导线。但由于平行导线间分布电容较大，抗干扰能力差，电磁感应干扰会在信号线上感应出干扰电流，因此在干扰严重的场合，一般不使用这种双平行导线来传送信号，而是采用双绞线传送信号以提高抗干扰能力。

双绞线中一条线用作屏蔽线，另一条线用作信号传输线，这样可以抑制电磁感应干扰。在实际使用过程中，一般把信号输出线和返回线拧和，其扭绞节距与该导线的线径有关。线径越细，节距越短，抑制感应噪声的效果越明显。实际上，节距越短，所用的导线长度就越长，从而增加了导线的成本。一般节距以 5 cm 左右为宜。表 2.9 列出了双绞线节距与噪声衰减率的关系。

表 2.9 双绞线节距与噪声衰减率的关系

导　　线	节距/cm	噪声衰减率	抑制噪声效果/dB
空气中平行导线	—	1∶1	0
双绞线	10	−14∶1	23
双绞线	7.5	71∶1	37
双绞线	5	112∶1	41
双绞线	2.5	141∶1	43
钢管中平行导线	—	22∶1	27

在数字信号的长线传输中，除了对双绞线的接地与节距有一定要求外，还应根据传送

距离的不同，双绞线连接方法也应不同。图 2.68 所示为数字信号传送的距离不同时，双绞线的不同连接方法。图 2.68(a)为传送距离在 5 m 以下时双绞线的连接方法，即简单地在发送端与接收端接上负载电阻即可。当传送距离在 10 m 以上时，或经过噪声严重污染的区域时，可使用平衡输出的驱动器和平衡输入的接收器，且发送端与接收端都应接有阻抗匹配电阻，另外选用的双绞线也必须匹配、合适。如图 2.68(b)所示。

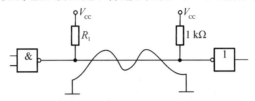

(a) 传送距离在 5 m 以下时双绞线的连接方法

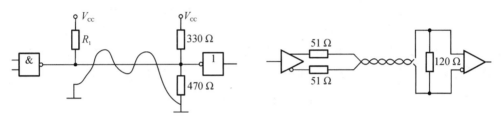

(b) 传送距离在 10 m 以时双绞线的连接方法

图 2.68　数字信号的双绞线不同传送方法

为了增强抗干扰能力，可以将双绞线与光耦合器联合使用，如图 2.69 所示。图 2.69(a)是集电极开路 IC 与光耦合器连接的一般情况。如果在光耦合器的光敏晶体管的基极上接有电容(几皮法到 0.01 μF)及电阻(10～20 MΩ)，并且在光耦合器后接上施密特型集成电路，则会大大提高抗振荡与噪声的能力，如图 2.69(b)所示。图 2.69(c)所示为开关触点通过双绞线与光耦合器连接的情况。

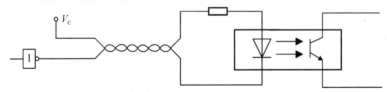

(a) 集电极开路 IC 与光电耦合器连接的一般情况

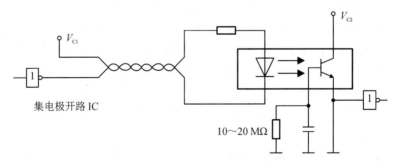

(b) 在光耦合器上接有电容、电阻及施密特型集成电路的情况

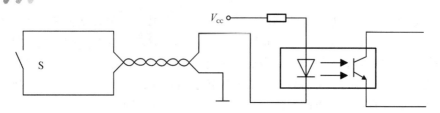

(c) 开关触点通过双绞线与光耦合器连接的情况

图 2.69　光耦合器与双绞线联合使用连接方法

2. 反射波干扰的抑制

反射波对电路的影响，依传输线长度、信号频率高低、传输延迟时间而定。在计算机控制系统中，传输的数字信号为矩形脉冲信号，因此当传输线较长，信号频率较高，以至于使导线的传输延迟时间与信号宽度相接近时，就必须考虑反射波的影响。

影响反射波干扰的因素有两个：一是信号频率，传输信号频率越高，越容易产生反射波干扰，因此在满足系统功能的前提下，应尽量降低传输信号的频率；二是传输线的阻抗，合理配置传输线的阻抗，可以抑制反射波干扰或削弱反射次数。

1）传输线的特性阻抗 R_p 的测定

根据反射理论，当传输线的特性阻抗 R_p 与负载电阻 R 相等(匹配)时，将不发生反射。传输线的特性阻抗测定示意图如图 2.70 所示。调节可变电阻 R，当 $R=R_p$ 时，A 门的输出波形畸变最小，反射波几乎消失，这时的 R 值可以认为是该传输线的特性阻抗 R_p。

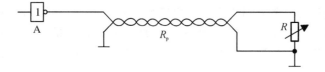

图 2.70　传输线的特性阻抗测定示意图

2）阻抗匹配的方法

阻抗匹配的方法一般分为始端串联阻抗匹配、终端并联阻抗匹配、终端并联隔直阻抗匹配和终端钳位二极管匹配 4 种。

(1) 始端串联阻抗匹配。如图 2.71(a)所示，在传输线始端串入电阻 R，如果传输线的特性阻抗是 R_p，则当 $R=R_p$ 时，便实现了始端串联阻抗匹配，基本上就消除了波反射。考虑到 A 门输出低电平时的输出阻抗 R_{sc}，一般选择始端匹配电阻 $R=R_p-R_{sc}$。这种匹配方法会使终端的低电平抬高，相当于增加了输出阻抗，降低了低电平的抗干扰能力。

(2) 终端并联阻抗匹配。图 2.71(b)所示为终端并联阻抗匹配示意图。等效电阻 R 可按式(2-17)选取，即

$$R = \frac{R_1 R_2}{R_1 + R_2} \qquad (2-17)$$

适当调整 R_1 和 R_2 的阻值，可使 $R=R_p$。为了同时兼顾高电平和低电平两种情况，可选取 $R_1=R_2=2R_p$。这种匹配方法由于降低了终端阻值，相当于加重了负载，使高电平有所下降，因此高电平的抗干扰能力有所下降。

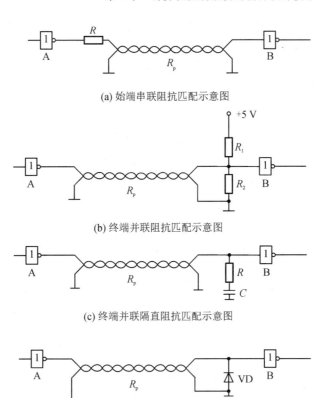

(a) 始端串联阻抗匹配示意图

(b) 终端并联阻抗匹配示意图

(c) 终端并联隔直阻抗匹配示意图

(d) 终端钳位二极管匹配示意图

图 2.71　传输线的阻抗匹配法

(3) 终端并联隔直阻抗匹配。图 2.71(c)所示为终端并联隔直阻抗匹配示意图。把电容 C 串入匹配电路中，当 C 较大时，其阻抗接近于零，只起隔直流作用，不会影响阻抗匹配，只要使 $R = R_p$ 就可以了。这种匹配方法不会引起输出高电平的降低，故增加了高电平的抗干扰能力。

(4) 终端钳位二极管匹配。图 2.71(d)所示为终端钳位二极管匹配示意图。利用二极管 VD 把 B 门输入端低电平钳位在 0.3 V 以下，可以减少波的反射和振荡，提高动态抗干扰能力。

3) 输入/输出驱动法

如图 2.72 所示为应用双驱动器的反射波抑制方法。当 A 点为低电平时，电压波从 B 向 A 传输。由于此时驱动器 SN7406 的输出呈现近于零的低阻抗，反射信号一到达该驱动

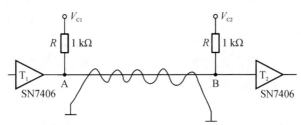

图 2.72　应用双驱动器的反射波抑制方法

器的输出端就有相当部分被吸收掉，只剩下很少部分继续反射。这就是说，由于反射信号遇到的是低阻抗，它的衰减速度很快，反射能力大大地减弱了。当 A 点为高电平时，发送器 T_1 的输出端对地阻抗很大，可视为开路。为了降低接收器 T_2 的输入阻抗，接入一个负载电阻 $R=1\ \text{k}\Omega$，这样就削弱了反射波的干扰。

4）降低输入阻抗法

如图 2.73 所示为降低输入电阻的反射波抑制方法。当驱动器输出低电平时，A 点对地阻抗很低；当驱动器输出高电平时，B 点对地阻抗也很低。由此可见，无论是输出高电平还是低电平，反射波都将很快衰减。

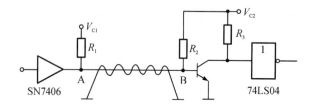

图 2.73　降低输入电阻的反射波抑制方法

5）光耦合器

如图 2.74 所示为光耦合器的反射波抑制方法，该方法除了有效抑制反射波干扰外，还有效地实现了信号的隔离。

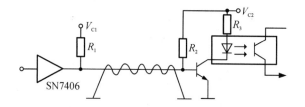

图 2.74　光耦合器的反射波抑制方法

3. 空间干扰的抑制

空间干扰主要是指电磁场在计算机控制系统的线路和壳体上的辐射、吸收与调制。空间干扰可来自计算机控制系统的内部或外部。市电电源线是无线电波的媒介，而当电网中有脉冲源工作时，它又是辐射天线，因而任一线路、导线、壳体等在空间均同时存在辐射、接收和调制。

抑制空间干扰的主要措施就是采取屏蔽措施。屏蔽是指用屏蔽体把通过空间进行电场、磁场或电磁场耦合的部分隔离开来，隔断其空间场的耦合通道。良好的屏蔽是和接地紧密相连的，因而可以大大降低噪声耦合，取得较好的抗干扰效果。

在计算机控制系统中，通常是把数字电子装置和模拟电子装置的工作基准地浮空，而设备外壳或机箱采用屏蔽接地。工作基准地浮空可使计算机系统不受大地电流影响，提高了系统的抗干扰性能。由于强电设备大都采用保护接地，因此计算机控制系统的数字电子装置和模拟电子装置工作基准地均浮空，切断了强电与弱电的联系，可使系统安全可靠运行。计算机控制系统设备外壳或机箱采用屏蔽接地，无论从防止静电干扰和电磁感应干扰的角度，或是从人身、设备安全的角度，都是十分必要的措施。

图 2.75 所示为一种浮空—保护屏蔽层—机壳接地方案。这种方案的特点是：将电子部件外围附加保护屏蔽层，且与机壳浮空；信号采用三线传输方式，即屏蔽电缆中有两条芯线（信号线）和一条电缆屏蔽外皮线；机壳接地。图中信号线的屏蔽外皮 A 点接附加的保护屏蔽层的 G 点，但不接机壳 B。假设系统采用差动运算放大器，信号源信号采用双芯信号屏蔽线传送，r_3 为电缆屏蔽外皮的电阻，Z_3 为附加的保护屏蔽层相对于机壳的绝缘电阻，Z_1、Z_2 为两条信号线相对于保护层的阻抗，则有

$$V_{\text{in}} = \frac{r_3}{Z_3}\left[\frac{r_1 Z_2 - r_2 Z_1}{(r_1 + Z_1)(r_2 + Z_2)}\right]V_{\text{cm}} \qquad (2-18)$$

式中 V_{cm} 为差动运算放大器的共模电压，V_{in} 为干扰电压。显然，只要增大附加的保护屏蔽层对机壳的绝缘电阻，减小相应的分布电容，则有 r_3/Z_3 远远小于 1，于是干扰电压 V_{in} 可显著减小。

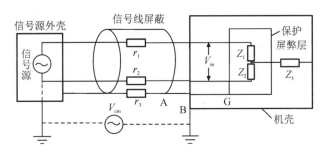

图 2.75　浮空—保护屏蔽层—机壳接地方案

2.7.5　计算机控制系统的接地和电源保护技术

1. 计算机控制系统的接地技术

接地技术对计算机控制系统是极为重要的，不恰当的接地会造成极其严重的干扰，而正确接地则是计算机控制系统抑制干扰的重要手段。接地的目的有两个：一是保护计算机、电气设备和操作人员的安全；二是为了抑制干扰，使计算机工作稳定。

1）接地的种类

接地通常可分为保护接地和工作接地两大类。保护接地主要是为了避免操作人员因设备的绝缘损坏时遭受触电危险和保证设备的安全。而工作接地则主要是为了保证计算机控制系统稳定可靠地运行，防止地环路引起的干扰。在计算机控制系统中，大致有交流地、系统地、安全地、数字地（逻辑地）和模拟地等几种。

（1）交流地。交流地是计算机控制系统交流供电电源地，即动力线地。它的地电位很不稳定。

（2）系统地。系统地是为了给计算机控制系统各部分电路提供稳定的基准电位而设计的，是指信号回路的基准导体（如控制电源的零电位）。这种接地将各单元装置内部各部分电路信号返回线与基准导体之间相连接。对这种接地的要求是尽量减小接地回路中的公共阻抗压降，以减小系统中干扰信号公共阻抗耦合。

(3) 安全地。安全地的目的是使设备机壳与大地等电位，以避免机壳带电而威胁操作人员及设备安全。通常安全地又称为保护地或机壳地，机壳包括机架、外壳、屏蔽罩等。

(4) 数字地。数字地作为计算机控制系统中各种数字电路的零电位点，应该与模拟地分开，避免模拟信号受到数字脉冲电压瞬态变化带来的干扰。

(5) 模拟地。模拟地是传感器、变送器、放大器、A/D 转换器和 D/A 转换器中模拟地的零电位点。由于模拟信号有精度要求，有时信号比较小，而且与生产现场连接，因此模拟地需要小心处理。

2) 输入系统的接地

不同的地线应有不同的处理技术。下面介绍一些在计算机控制系统中应该遵循的接地处理原则和技术。

(1) 数字地与模拟地要分开。电路板上既有高速逻辑电路，又有模拟电路，应使它们尽量分开，而且两者的地线不要相混，应分别与电源端地线相连。另外要尽量加大模拟电路的接地面积。

(2) 单点接地与多点接地的选择。在低频电路中，信号的工作频率小于 1 MHz 时，它的布线和元器件间的电感影响小，而接地电路形成的环流对干扰影响较大，因而屏蔽线采用一点接地；但信号工作频率大于 10 MHz 时，地线阻抗变得很大，此时，应尽量降低地线阻抗，采用就近多点接地。

(3) 传感器、变送器和放大器等通常采用屏蔽罩，而信号的传送往往使用屏蔽线。对于这些屏蔽层的接地要十分谨慎，应该遵循单点接地原则。

(4) 接地线要尽量粗。若接地线很细，接地电位随电路的变化而变化，则将导致计算机的定时信号电平不稳，抗噪声性能变差。因此，应将接地线加粗，使它能通过 3 倍于印制电路板上的允许电流。如有可能，接地线直径应在 2～3 mm 以上为宜。

(5) 在交流地上任意两点之间，往往很容易就有几伏至几十伏的电位差存在。另外，交流地也很容易带来各种干扰。因此，交流地绝对不允许与其他几种地相连，而且交流电源变压器的绝缘性能要好，绝对避免漏电现象。

3) 主机系统的接地

(1) 全机单点接地。主机地与外部设备地连接后，应采用单点接地，如图 2.76 所示。为了避免多点接地，各机柜可用绝缘板垫起来。接地电阻越小越好，一般在 4～10 Ω。这种接地方式安全可靠，有一定的抗干扰能力。

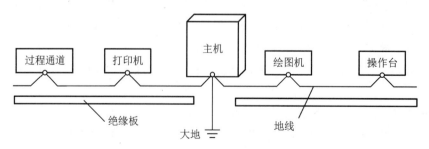

图 2.76 全机单点接地

（2）主机外壳接地，机芯浮空。将主机外壳作为屏蔽罩接地，同时把机内器件架与外壳绝缘，且绝缘电阻大于 50 MΩ，即机内信号地浮空，如图 2.77 所示。这种方法安全可靠，抗干扰能力强。但需注意，一旦绝缘电阻降低将会引入干扰。

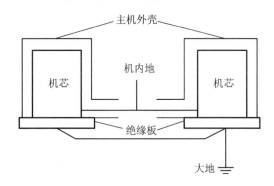

图 2.77　主机外壳接地，机芯浮空示意图

（3）多机系统接地。在计算机网络系统中，多台计算机之间相互通信，可实现资源共享。近距离的几台计算机安装在同一机房内，可采用类似图 2.76 所示的多机单点接地方法。对于远距离的多台计算机之间的数据通信系统，可通过电气隔离的方式把地分开，如变压器隔离技术、光电隔离技术和无线电通信技术。

2. 计算机控制系统的电源保护技术

计算机控制系统中的各个单元都需要直流电源供电。一般是由市电电网的交流电经过变压、整流、滤波、稳压后向系统提供直流电源。由于变压器的一次绕组接在市电电网上，电网上的各种干扰便会引入系统，影响到系统的稳定性和可靠性。另外，计算机控制系统的供电不允许中断。因此，必须采取电源保护措施，防止电源干扰，保证不间断供电。

1）计算机控制系统电源的一般保护措施

（1）采用交流稳压器。当电网电压波动范围较大时，应使用交流稳压器，保证 AC 220 V 供电。这也是目前最普遍采用的抑制电网电压波动的方案。

（2）采用电源滤波器。交流电源引线上的滤波器可以抑制输入端的瞬态干扰。在直流电源的输出端接入电容滤波器，可使输出电压的纹波限制在一定范围内，并能抑制数字信号产生的脉冲干扰。

（3）对电源变压器采取屏蔽措施。利用几毫米厚的高导磁材料将变压器严密的屏蔽起来，可减小漏磁通的影响。

（4）采用分布式独立供电。分布式独立供电是指整个系统电源不是经统一变压、滤波、稳压后供各单元电路使用，而是变压后直接送给各单元电路的整流、滤波、稳压电路，然后供各单元电路使用。这样可以有效地消除各单元电路间的电源线、地线间的耦合干扰，又提高了供电质量，增大了散热面积。

（5）分类供电方式。分类供电是把空调、照明、动力设备分为一类供电方式，而把计算机及其外设分为另一类供电方式，以避免强电设备工作时对计算机控制系统的干扰。

2）电源故障的保护措施

随着计算机的广泛应用和信息处理技术的迅速发展，对高质量的供电提出了越来越高的要求。在计算机运行期间若供电中断，将会导致随机存储器中的数据丢失和程序的破坏。电源故障保护措施如下：

（1）采用静止式备用交流电源。当交流电网出现故障时，利用备用交流电源能够及时供电，可保证系统继续安全可靠运行。

（2）采用不间断电源(UPS)。不间断电源(Uninterruptible Power System，UPS)的基本结构分为两部分：一部分是将交流市电变为直流电的整流/充电装置；另一部分是把直流电再转变为交流电的 PWM 逆变器。蓄电池是 UPS 的充电装置，在交流电压正常供电时储存能量，此时它一直维持在一个正常的充电电压上。一旦市电供应中断，蓄电池立即对逆变器供电，从而保持 UPS 输出交流电压的连续性。UPS 按其操作方式可分为后备式 UPS 和在线式 UPS。

后备式 UPS 的原理图如图 2.78 所示。电网正常时，由市电直接向计算机供电，UPS 系统使蓄电池保持满电量，蓄电池只提供 DC - AC 逆变器的空载电流。当市电不正常时，由故障检测器发出信号，通过静态开关，由 DC - AC 逆变器提供交流电源，即 UPS 的逆变器总是处于对计算机提供后备供电状态。

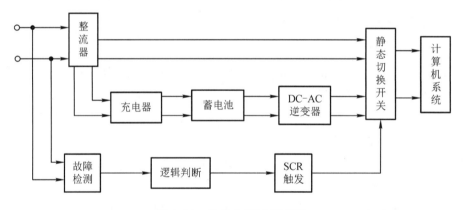

图 2.78　后备式 UPS 原理图

在线式 UPS 电源的原理图如图 2.79 所示。市电正常时 UPS 以交流电→整流器→DC-AC 逆变器方式对计算机提供交流电源，使负载的交流供电不受影响。一旦市电中断时，UPS 改以蓄电池→DC-AC 逆变器方式对计算机提供电源。当市电恢复供电后，UPS 又重新切换到以交流电→整流器→逆变器方式对计算机提供电源。

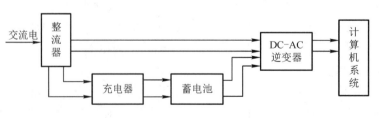

图 2.79　在线式 UPS 原理图

对在线式 UPS 而言，在正常情况下它总是由 UPS 的逆变器对计算机供电，这就避免了所有由市电电网带来的任何电压波动及干扰对计算机供电所产生的影响。同后备式 UPS 相比，它的供电质量明显优越。在线式 UPS 在市电停电时，不需要转换时间，可以连续对计算机供电，不会因转换跟不上而产生干扰，可实现对计算机的稳压、稳频供电。后备式 UPS 运行效率高，噪声低，价格相对便宜。因此目前在市场上两种产品都受到计算机用户的欢迎。

2.8　设 计 实 例

【例 2 - 7】　设计一个采用 AT89C51 和 DAC0832 的信号发生器，能产生正弦波、方波、三角波、锯齿波，可以通过按键切换波形、调节所有波形的频率、调节方波的占空比，并用液晶 AMPIRE12864 显示波形、频率、占空比信息。

功能分析： 基于单片机 AT89C51 和 DAC0832 设计信号发生器，产生所要求波形的原理是：单片机将存储或生成的所需波形数字信号发送给 DAC 器件完成数/模转换，经保持器和 I/V 变换后输出。设计工作主要有：① 如何获取波形的数字量；② 如何实现频率调整；③ 如何实现稳定的等间隔数据输出；④ 如何实现波形切换；⑤ 如何实现信息显示。

设计原理：

信号发生器的组成由 AT89C51、DAC0832、Ampire LCD12864 显示器、按键、晶振、复位电路、I/V 变换、电源八大部分组成，其系统组成框图如图 2.80 所示。

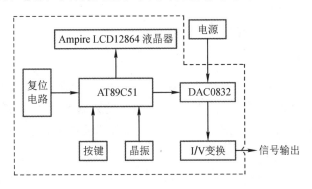

图 2.80　信号发生器系统组成框图

信号发生器工作过程为：单片机 AT89C51 完成按键检测并根据按键值切换波形、改变频率、调整方波的占空比；单片机控制 Ampire LCD12864 液晶器显示按键调整的波形、参数；单片机根据按键选择的波形数据控制 DAC0832 在设定时间间隔进行数/模转换；I/V 变换将 DAC0832 输出的电流信号转换为单端电压信号。

信号发生器 Proteus 原理图如图 2.81 所示。

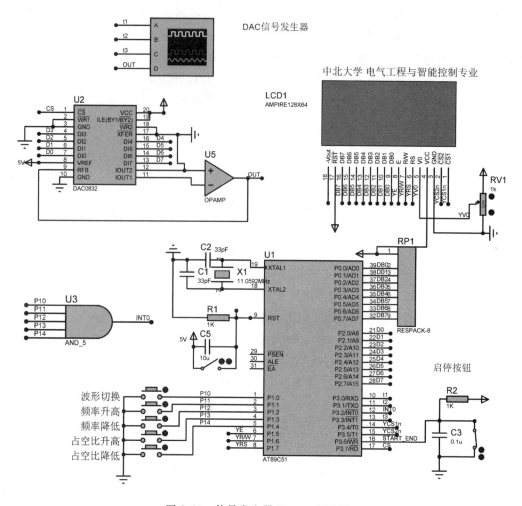

图 2.81　信号发生器 Proteus 原理图

1) 波形数据的产生

正弦波具有非线性的特征,将 DAC 输出的点用直线连接便可形成正弦波。工程上要实现具有一个周期的正弦波的形状需要至少 10 个以上的数据点,为了提高准确性,其一个周期的数据点应在 50 个以上。本例采用一个周期 512 个数据点的配置。单片机直接生成正弦波数据需要的计算量大,为此采用查询数据表的形式实现。为了减少对单片机片内存储器的占用量,根据正弦波的周期特征,这里只生成从波谷到波峰半个周期的数据。采用 MATLAB 生成正弦波的程序如下:

```
//MATLAB 程序:
x＝linspace(－pi/2, pi/2, 255);    //如果采用的 DAC 位数过低,很多值会重复。
y＝(sin(x)＋1)/2.0 * 255;
uint32(y)                         //强制类型转换。
fprintf('%.f\n', uint32(y));      //控制输出类型
round(y)                          //四舍五入函数
```

　　方波、三角波、锯齿波具有线性特征，充分利用其特征，根据周期特性，利用计数值可实现波形数据，这样就可以实时产生出所需波形，节约单片机的存储空间。方波数据在计数值第一个 $0\sim255$ 周期输出低电平，下一个 $0\sim255$ 周期输出高电平，周而复始。三角波数据在计数值第一个 $0\sim255$ 周期输出为计数值从零开始加 1，下一个 $255\sim0$ 周期输出为计数值减 1，循环进行。锯齿波数据在每个 $0\sim255$ 周期输出为计数值从零开始加 1，溢出后重新开始计数。

　　2）波形频率的调整

　　波形的频率是指其一个完整周期数据点在 1 s 内出现的次数，频率为 50 Hz 的信号就是指 1 s 内出现 50 个完整周期的信号波形。若半个周期有 256 个数据点，则一个周期就有512 个数据点，50 Hz 的频率对应 1 s 内的数据点就为 $50\times512=25600$ 点。两个数据点时间间隔与频率 f 的关系为 $T=1/(512f)$。调整信号的频率实际上是调整 1 s 内输出的数据点个数，调整单位时间发送数据点个数的具体方式是调整数据点输出的间隔时间 T。这个时间间隔应大于单片机将数据发送给 DAC 变换器和 DAC 完成变换的时间总和。

　　3）等间隔数据输出

　　信号发生器要求数据输出间隔时间是相等的，然而单片机程序具有顺序执行、各种指令执行需要的机器周期也不同的特点，特别是采用 C 语言编写的程序受到编译器效率和不确定性的影响，采用程序延时实现等间隔较为困难。单片机自身具有的定时器进行计数时独立于 CPU，定时时间结束便可以产生中断，中断优先级高于顺序执行程序，这样采用定时器中断模式能保证定时间隔的准确性。

　　利用定时器等间隔输出数据过程为：定时器设定间隔时间，在定时器中重新赋值定时器，中断程序同时赋予 DAC 转换使能，主程序扫描到 DAC 转换使能便开启一次数据输出给 DAC，完成数/模转换。

　　4）波形切换

　　波形切换实现的核心是改变输出数据。根据对波形产生数据的分析可知：正弦波和三角波一个周期有 512 个数据点，方波和锯齿波一个周期有 256 个数据点；正弦波在前半个周期数据按地址递增方式查询数据表并输出，后半个周期数据按递减方式查询数据表并输出；三角波前半个周期按递增输出计数值，后半个周期按递减输出计数值。

　　设计波形切换时，采用外部中断模式实现检测功能按键，设置波形切换、频率升高、频率降低、占空比升高、占空比降低共 5 个按键，采用独立按键模式，对应 I/O 接口配置成内部上拉电阻，按键按下接地。5 个按键采用与门进行逻辑与并连接单片机外部中断 0，当有任意按键按下时，单片机进入外部中断程序，通过检测 I/O 接口的值判断具体哪个按键按下。具体按键 I/O 接口分配如表 2.10 所示。

表 2.10　按键 I/O 接口分配表

按键	波形切换键	频率升高键	频率降低键	占空比升高键	占空比降低键
I/O 口	P1.0	P1.1	P1.2	P1.3	P1.4

5）信息显示

Ampire LCD12864 显示器可以看成是有左右两个 64×64 的屏幕，可显示 8×4 个 16×16 点阵汉字或 16×4 个 16×8 点阵 ASCII 字符集，也可完成图形的显示。汉字按 16×16 点阵显示，数字、英文符号和标点符号按 16×8 点阵显示，显示内容安排如表 2.11 所示。

表 2.11　LCD 显示内容设计表

行	列							
	1	2	3	4	5	6	7	8
1	波	形	：	—	正	弦	波	—
2	频	率	：	—	50	H	z	—
3	占	空	比	：	50	：	50	—
4	中	北	大	学	电	智	专	业

6）程序流程图

程序的设计思路以主程序循环检测启停功能为主，按键功能在外部中断 0 程序中完成，波形数据的输出在定时器 0 中断程序中完成。主流程图如图 2.82 所示，其完成程序需要的外设初始化、定时器启动和启停检测。初始化流程图如图 2.83 所示。定时器 0 中断在设定的时间产生，中断产生时，根据波形通道值，更新定时器的值，将相应的波形数据输出给 DAC 完成 D/A 转换，具体流程图如图 2.84 所示。外部中断 0 在按键动作时产生，中断产生时，中断程序通过判断具体按键值完成按键识别，并根据不同按键值完成波形切换、频率调整、占空比调整，以及完成调整内容的显示更新。为便于读者自行设计，也给出了外部中断 0 流程图和 DAC 控制图，分别如图 2.85 和图 2.86 所示。

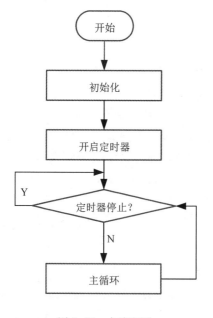

图 2.82　主流程图

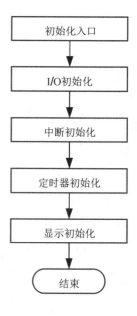

图 2.83　初始化流程图

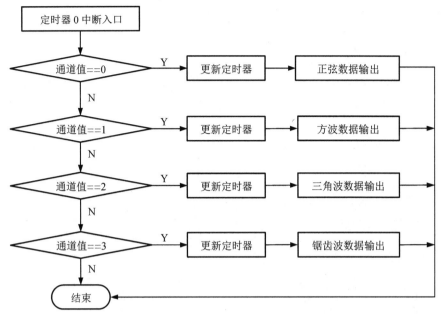

图 2.84　定时器 0 流程图

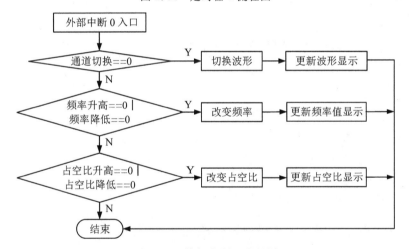

图 2.85　外部中断 0 流程图

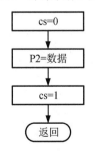

图 2.86　DAC 控制流程图

主程序如下：

```
/* Main. c
* Created：周一　2 月　24 2020
```

```
*  Processor：AT89C51   11.0592MHz
*  Compiler：Keil 4 for 8051
*  Author：James You    中北大学 电智
*/
#include<reg51.h>
#include<sinx.h>
#include<0832.h>
#include<12864.h>

void LCDinitshow();
sbit START_END=P3^6;        //启动停止按键位
unsigned char STnum；

void main()
{
    P1=0xFF;
    TMOD=0X01;
    TH0=0xFF;
    TL0=0xd9;
    IT0=1;          //设置中断触发方式,下降沿
    EA=1;
    EX0=1;
    ET0=1;
    IP=0X01;        //键盘中断级别高

    START_END=1;
    STnum=0;
    LCDinitshow();

    TR0=1;
    while(1)
    {
        if (START_END==0)
        {
            if(STnum==0)
            {
                STnum=1;
            }
        }
        else{
            STnum=0;
            CleanScreen();
        }
```

```
    }
}
//初始化显示界面
void LCDinitshow(void)
{
    InitLCD();
    CleanScreen();
//固定内容
    lcd_display_hanzi(1, 0, 0, 0);      //波
    lcd_display_hanzi(1, 0, 1, 1);      //形
    lcd_display_AS(1, 1, 4, 12);        //：

    lcd_display_hanzi(1, 1, 0, 2);      //频
    lcd_display_hanzi(1, 1, 1, 3);      //率
    lcd_display_AS(1, 3, 4, 12);        //：

    lcd_display_hanzi(1, 2, 0, 6);      //占
    lcd_display_hanzi(1, 2, 1, 7);      //空
    lcd_display_hanzi(1, 2, 2, 8);      //比
    lcd_display_AS(1, 5, 6, 12);        //：

    lcd_display_hanzi(1, 3, 0, 16);     //中
    lcd_display_hanzi(1, 3, 1, 17);     //北
    lcd_display_hanzi(1, 3, 2, 18);     //大
    lcd_display_hanzi(1, 3, 3, 19);     //学
    lcd_display_hanzi(2, 3, 0, 20);     //电
    lcd_display_hanzi(2, 3, 1, 21);     //智
    lcd_display_hanzi(2, 3, 2, 22);     //专
    lcd_display_hanzi(2, 3, 3, 23);     //业

//改变内容
    lcd_display_hanzi(2, 0, 0, 9);      //正
    lcd_display_hanzi(2, 0, 1, 10);     //弦
    lcd_display_hanzi(2, 0, 2, 0);      //波

//lcd_display_hanzi(2, 1, 0, 11);      //方
//lcd_display_hanzi(2, 1, 2, 0);       //波

//lcd_display_hanzi(2, 2, 0, 12);      //三
//lcd_display_hanzi(2, 2, 1, 13);      //角
//lcd_display_hanzi(2, 2, 2, 0);       //波

//lcd_display_hanzi(2, 3, 0, 14);      //锯
```

```
//lcd_display_hanzi(2, 3, 1, 15);        //齿
//lcd_display_hanzi(2, 3, 2, 0);         //波

    lcd_display_AS(2, 3, 0, 5);          //5
    lcd_display_AS(2, 3, 1, 0);          //0
    lcd_display_AS(2, 3, 3, 10);         //H
    lcd_display_AS(2, 3, 4, 11);         //z

    lcd_display_AS(2, 5, 0, 5);          //5
    lcd_display_AS(2, 5, 1, 0);          //0
    lcd_display_AS(2, 5, 3, 12);         //:
    lcd_display_AS(2, 5, 5, 5);          //5
    lcd_display_AS(2, 5, 6, 0);          //0
}
```

思 考 与 练 习

2.1　什么是输入/输出通道？它们是由哪些部分组成的？

2.2　模拟量输入/输出通道与数字量输入/输出通道各有什么特点？

2.3　使用 STC89C51 单片机，采用中断方式分别对 ADC0809 的 8 路模拟信号轮流进行采集，每个通道采样频率为 1/8 Hz，并将转换结果显示在 LED 显示器上，同时显示通道数，并可显示电压值小数点后 3 位。

2.4　设计矩阵键盘检测电路，要求为：采用中断扫描模式，显示按键值，并记录和显示按键次数；采用定时器 0 定时，将 0.1 ms 作为最小定时单位，每 1 ms 检测一次。消抖措施要求为：一次按键检测 3 次，3 为相同按键按下认为有效；防止一次按键多次响应：仅当有效按键松开后才继续下一次检测。

2.5　为了恢复出信号，信号的采样频率与输入信号中的最高采样频率之间应该满足什么关系？工程上一般如何选取？

2.6　采样保持器的作用是什么？是否所有的模拟量通道中都需要采样保持器？为什么？

2.7　什么是串模干扰和共模干扰？如何抑制？

2.8　数字信号通道一般采取哪些抗干扰措施？

2.9　计算机控制系统中一般有几种接地形式？常用的接地技术有哪些？

2.10　使用 AT89C51 和电动机驱动芯片 L298 设计一电动机控制程序，具有按键控制电动机正反转、加减速控制功能。

第3章　计算机控制系统的理论分析

3.1　计算机控制系统数学描述方法的分类

计算机控制系统数学描述方法可分为以下两类：一是将连续的被控对象离散化，得到等效的离散系统数学模型，然后在离散系统的范畴内分析整个闭环系统；二是将数字控制器等效为一个连续环节，然后采用连续系统的方法来分析与设计整个控制系统。

3.2　信号的采样与保持

3.2.1　信号的分类

信号的分类方法很多，信号按数学关系、取值特征、能量功率、处理分析、所具有的时间函数特性、取值是否为实数等，可以分别分为确定性信号和非确定性信号（又称随机信号）、连续信号和离散信号（即模拟信号和数字信号）、能量信号和功率信号、时域信号和频域信号、时限信号和频限信号、实信号和复信号等。

模拟信号的信号波形跟随着信息的变化而变化，其主要特征是该类信号在时间上是连续的，在幅度上也是连续的，可取无限多个值。数字信号不仅在时间上是离散的，而且在幅度上也是离散的，只能取有限个数值。二进制信号就是一种数字信号，它是由"1"和"0"这两位数字的不同组合来表示不同的信息。

3.2.2　连续信号的采样

连续信号的采样过程如图 3.1 所示。在计算机控制系统中，按一定的时间间隔 T 把时间上和幅值上连续的模拟信号变成在 0，T，$2T$，$\cdots$，nT 时刻的一连串脉冲输出信号 $f(kT)$ 的集合 $f^*(t)$ 的过程称为采样过程。实现采样动作的装置称为采样开关或采样器，如图 3.1(a) 所示。

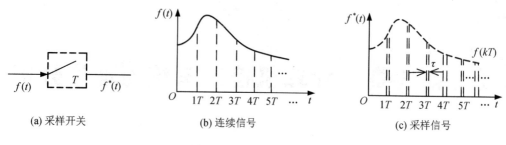

(a) 采样开关   (b) 连续信号   (c) 采样信号

图 3.1　信号的采样过程

利用定时器控制的采样开关每隔一定时间间隔使开关闭合时间 τ 而完成对连续信号的采样，则 τ 称为采样宽度，而一定的时间间隔 T 称为采样周期。采样开关输入的原信号 $f(t)$ 为连续信号，输出的采样信号 $f^*(t)$ 是离散的模拟信号。当采样开关的闭合时间 $\tau \ll T$ 时，采样信号 $f^*(t)$ 就可认为是原信号 $f(t)$ 在开关闭合瞬间的值。采样信号 $f^*(t)$ 的每个采样值 $f(kT)$ 可以看作是一个权重为 $f(kT)$ 的脉冲函数，即 $f(kT)\delta(t-kT)$。整个采样信号可看作是一个加权脉冲序列，用理想脉冲 δ 函数将采样后的脉冲序列 $f^*(t)$ 表示成

$$f^*(t) = f(0)\delta(t) + f(T)\delta(t-T) + f(2T)\delta(t-2T) + \cdots$$

$$= \sum_{k=0}^{\infty} f(kT)\delta(t-kT) \tag{3-1}$$

对于实际系统，当 $t<0$ 时，$f(t)=0$，根据 δ 函数的性质有

$$f^*(t) = f(t)\sum_{k=-\infty}^{\infty} \delta(t-kT) = f(t)\delta_T(t) \tag{3-2}$$

式中，$\delta_T(t)$ 为理想采样开关的数学模型。

可以把采样开关看作是脉冲调制器，把采样过程看作是脉冲调制过程，连续信号 $f(t)$ 是调制信号，单位脉冲序列 $\delta_T(t)$ 为载波信号，理想采样开关就是单位脉冲发生器，每间隔时间 T 瞬时接通一次，采样信号 $f^*(t)$ 由理想脉冲序列所组成，其幅值由 $f(t)$ 在 $t=kT$ 时刻的值确定[36]。

3.2.3　采样定理

香农采样定理指出：对一个具有有限频谱 $|\omega| < \omega_{max}$ 的连续信号 $f(t)$ 进行采样时，采样信号 $f^*(t)$ 唯一地恢复原信号 $f(t)$ 所需的最低采样角频率 ω_s 必须满足 $\omega_s \geqslant 2\omega_{max}$（或 $T \leqslant \pi/\omega_{max}$）的条件。其中 ω_{max} 是原信号频率的最高角频率，ω_s 是采样角频率，它与采样频率 f_s、采样周期 T 的关系为

$$\omega_s = 2\pi f_s = 2\pi/T \tag{3-3}$$

需要特别说明的是：采样定理唯一精确恢复原信号 $f(t)$ 必须满足 3 个条件，即原信号具有有限带宽、采样角频率 $\omega_s \geqslant 2\omega_{max}$ 以及要通过低通滤波器进行滤波，即使这样也都无法在工程上精确实现，只能近似地实现。所以在工程上，由采样信号 $f^*(t)$ 恢复原信号 $f(t)$ 总存在一定的波形失真，但只要采样角频率相对于原信号实际带宽足够高，采样过程的信息损失在工程上是可以容许的[36]，工程上采样频率一般选取原信号最高频率的 5～10 倍。

3.2.4　信号的恢复与零阶保持器

信号的恢复过程是从离散信号到连续信号的过程，它是采样过程的逆过程。采样信号仅在采样时刻才有输出值，而在两个采样点之间输出为零，为了使两个采样点之间的信号恢复为连续模拟信号，以前一时刻的采样值作为参考基值，使两个采样点之间的值不为零来近似采样信号，这样的过程称为信号的恢复过程。将数字信号序列恢复成连续信号的装置称为采样保持器。

采样保持器可根据现在或过去时刻的采样值，用常数、线性函数和抛物线函数去逼近两个采样时刻之间的原函数。保持器可分为零阶保持器、一阶保持器和二阶保持器。下面分析较为常见的零阶保持器的特性。零阶保持器的工作过程如图 3.2 所示，是将前一采样时刻 kT 的采样值 $f(kT)$ 恒定地保持到下一采样时刻 $(k+1)T$ 出现之前，即在区间 $[kT,(k+1)T]$ 内，零阶保持器的输出为常数，即

$$f_h(k+1)T = f(kT), \quad 0 \leqslant t < T, \quad k = 0,1,2,\cdots$$

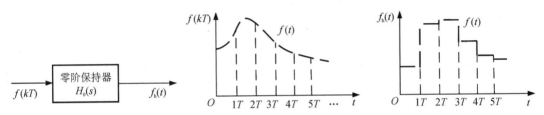

图 3.2　零阶保持器的工作过程

零阶保持器的时域函数如下：

$$h_0(t) = 1(t) - 1(t-T) \tag{3-4}$$

对式(3-4)进行拉普拉斯变换，得到零阶保持器的传递函数为

$$H_0(s) = \frac{1-e^{-Ts}}{s} \tag{3-5}$$

其频率特性为

$$H_0(j\omega) = \frac{1-e^{-jT\omega}}{j\omega} = \frac{e^{-\frac{jT\omega}{2}}(e^{\frac{jT\omega}{2}} - e^{-\frac{jT\omega}{2}})}{j\omega} = T\,\frac{\sin\left(\dfrac{\omega T}{2}\right)}{\dfrac{\omega T}{2}}e^{-\frac{jT\omega}{2}} \tag{3-6}$$

其幅频特性为

$$|H_0(j\omega)| = \left| \frac{T\sin\dfrac{\pi\omega}{\omega_s}}{\dfrac{\pi\omega}{\omega_s}} \right| \tag{3-7}$$

相频特性为

$$\angle H_0(j\omega) = -\frac{T\omega}{2} + k\pi \tag{3-8}$$

式中，$k = \mathrm{int}(\omega/\omega_s)$，$\mathrm{int}(\cdot)$ 表示取整。

零阶保持器的幅频特性及相频特性如图 3.3 所示。从幅频特性可看出，零阶保持器具有低通滤波特性，但不是理想的低通滤波器，因此由零阶保持器恢复的信号与原信号相比有一定的畸变。此外，零阶保持器会带来大小为 $T\omega/2$ 的附加相移，即相位滞后，它的引入不利于闭环系统的稳定。不过，由零阶保持器引入的相位滞后量相比一阶保持器和二阶保持器都要小，且其结构简单，易于实现，因而在计算机控制系统中广泛采用零阶保持器[36]。

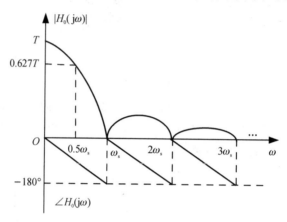

图 3.3 零阶保持器的幅频特性及相频特性

3.3 采样系统的数学描述

3.3.1 脉冲传递函数的定义

在图 3.4(a)所示的线性采样系统中，两个 S 为同频率同步采样开关，$R(s)$ 是连续信号，$R^*(s)$ 是 $R(s)$ 的采样信号，把 $R^*(s)$ 输入 $G(s)$ 后，系统输出的 $C(s)$ 是连续信号，$C^*(s)$ 是 $C(s)$ 的采样信号。因此可得

$$C(s) = G(s)R(s) \qquad\qquad (3-9)$$

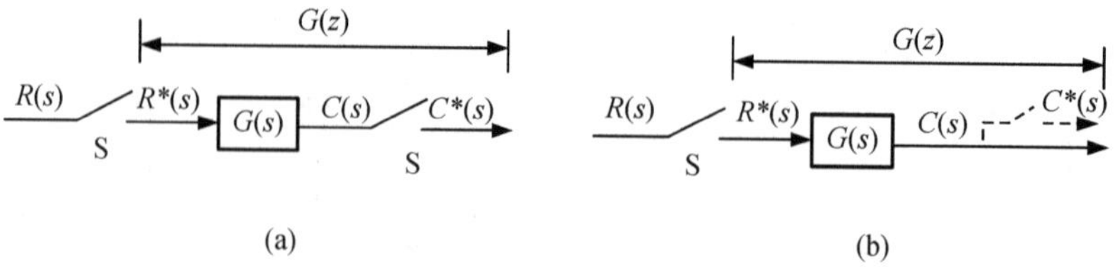

图 3.4 脉冲传递函数

$R^*(s)$ 的 Z 变换为 $R(z)$，$C(s)$ 的 Z 变换为 $C(z)$。由 $C(s)$ 可得采样信号 $C^*(s)$ 的 Z 变换 $C(z)$ 为

$$C(z) = Z[G(s)R^*(s)] \qquad\qquad (3-10)$$

因此脉冲传递函数定义为：在零初始条件下，系统离散输出信号的 Z 变换与离散输入

信号的 Z 变换之比，即

$$G(z) = \frac{C(z)}{R(z)} \tag{3-11}$$

或

$$C(z) = G(z)R(z) \tag{3-12}$$

当采样系统的输出为连续函数时，可以假想在其输出端接一个与输入端同频率同步的采样开关，如图 3.4(b)所示[38]。

已知采样系统的传递函数 $G(s)$，可按以下两步求出此系统的脉冲传递函数 $G(z)$。

(1) 求出连续系统的单位脉冲响应 $g(t) = Z^{-1}[G(s)]$。

(2) 求出 $g(t)$ 的采样函数 $g^*(t)$ 的 Z 变换 $G(z) = Z[g^*(t)]$，简单记为 $G(z) = Z[G(s)]$。

【例 3 - 1】　已知采样系统的传递函数为

$$G(s) = \frac{1}{s+2}$$

求采样系统的脉冲传递函数。

解　由采样系统的传递函数可知单位脉冲响应为

$$g(t) = e^{-2t}$$

又脉冲传递函数是 $g^*(t)$ 的 Z 变换，即有

$$G(z) = \frac{z}{z - e^{-2T}}$$

如果已知采样系统的脉冲传递函数 $G(z)$ 和输入 $R(z)$，则采样系统的采样信号输出为

$$c^*(t) = Z^{-1}[C(z)] = Z^{-1}[G(z)R(z)]$$

MATLAB 程序代码如下：

```
clc
clear
%构造传递函数
H=tf(1,[1,2])              %1是分子,[1,2]是分母参数
%Z变换
G=c2d(H,0.1,'imp')        %H(s)是传递函数；0.1是采样周期，'imp'表示采用
                            脉冲响应不变法
%得到分子分母系数
[num den]=tfdata(G,'v')    %v参数可以让得到的输出值由元胞数组变为数组
%得到零极点
[z,p,k]=tf2zpk(num,den)
H1=tf(1,[1,2,0])          %1是分子,[1,2,0]是分母参数
GR=c2d(H1,0.1,'imp')      %H1是传递函数；0.1是采样周期，
                          %假设 T=0.1s；'imp'表示采用脉冲响应不变法
%得到分子分母系数
[num1 den1]=tfdata(GR,'v') %v参数可以让得到的输出值由元胞数组变为数组
%得到零极点
```

$$[z1, p1, k1] = tf2zpk(num1, den1)$$

3.3.2 开环采样系统的脉冲传递函数

开环采样系统的两个环节串联且之间接有采样开关 S，如图 3.5(a)所示，则开环采样系统总的脉冲传递函数为两个环节脉冲传递函数之积。由图可得

$$X(s) = G_1(s)R^*(s) \tag{3-13}$$

$$C(s) = G_2(s)X^*(s) \tag{3-14}$$

由定义

$$X(z) = G_1(z)R(z) \tag{3-15}$$

$$C(z) = G_2(z)X(z) \tag{3-16}$$

可得

$$G(z) = \frac{C(z)}{R(z)} = \frac{G_2(z)X(z)}{R(z)} = \frac{G_2(z)G_1(z)R(z)}{R(z)} = G_1(z)G_2(z) \tag{3-17}$$

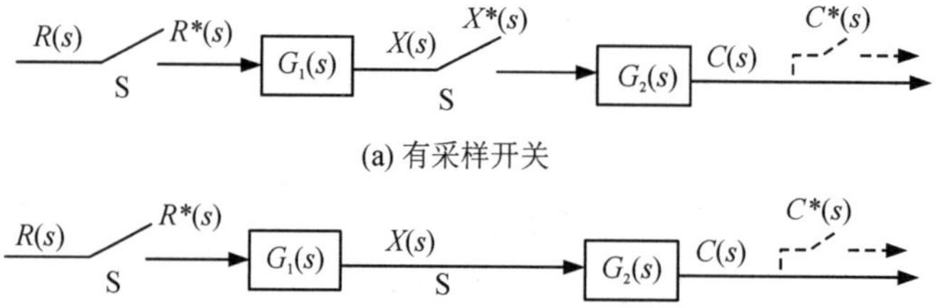

(a) 有采样开关

(b) 无采样开关

图 3.5 开环采样系统两种串联结构

开环采样系统的两个环节串联且之间无采样开关，如图 3.5(b)所示。由图可得

$$X(s) = G_1(s)R^*(s) \tag{3-18}$$

$$C(s) = G_2(s)X(s) = G_2(s)G_1(s)R^*(s) \tag{3-19}$$

把 $G_1(s)G_2(s)$ 看成一个整体，则有

$$C(z) = Z[G_2(s)G_1(s)]R(z) \tag{3-20}$$

$$G(z) = \frac{C(z)}{R(z)} = Z[G_1(s)G_2(s)] \tag{3-21}$$

可简单记为

$$G(z) = G_1G_2(z) \tag{3-22}$$

或

$$G(z) = G_2G_1(z) \tag{3-23}$$

【例 3-2】 在图 3.5 中 $G_1(s) = \frac{1}{s+2}$，$G_2(s) = \frac{1}{s+3}$，分别求出开环采样系统两种串联结构的脉冲传递函数。

解 对应图 3.5(a)有

$$G(z) = G_1(z) \cdot G_2(z) = Z\left[\frac{1}{s+2}\right] \cdot Z\left[\frac{1}{s+3}\right] = \frac{z}{z-\mathrm{e}^{-2T}} \cdot \frac{z}{z-\mathrm{e}^{-3T}}$$

对应图 3.5(b)有

$$G(z) = Z[G_1(s)G_2(s)] = Z\left[\frac{1}{s+2}\frac{1}{s+3}\right]$$

$$= Z\left[\frac{1}{s+2} - \frac{1}{s+3}\right] = \frac{z}{z - e^{-2T}} - \frac{z}{z - e^{-3T}}$$

$$= \frac{z(e^{-2T} - e^{-3T})}{(z - e^{-2T})(z - e^{-3T})}$$

对应图 3.5(a)的 MATLAB 程序代码如下：

```
clc
clear
%构造传递函数
H=tf(1,[1,2])                %1是分子，[1,2]是分母参数
%Z变换
G=c2d(H,0.1,'imp')          %H(s)是传递函数，0.1是采样周期，T=0.1s；'imp'表示采用
                            脉冲响应不变法
%得到分子分母系数
[num den]=tfdata(G,'v')      %v参数可以让得到的输出值由元胞数组变为数组
%得到零极点
[z,p,k]=tf2zpk(num,den)
H1=tf(1,[1,3])              %1是分子，[1,3]是分母参数
%Z变换
G1=c2d(H1,0.1,'imp')       %H1(s)是传递函数；0.1是采样周期，假设 T=0.1s；'imp'表
                            示采用脉冲响应不变法
%得到分子分母系数
[num1 den1]=tfdata(G1,'v')  %v参数可以让得到的输出值由元胞数组变为数组
%得到零极点
[z1,p1,k1]=tf2zpk(num1,den1)
G2=G*G1
```

对应图 3.5(b)的 MATLAB 程序代码如下：

```
clc
clear
%构造传递函数
H=tf(1,[1,5,6])            %1是分子，[1,5,6]是分母参数
%Z变换
G=c2d(H,0.1,'imp')        %H(s)是传递函数；0.1是采样周期，T=0.1s；'imp'表示采用
                          脉冲响应不变法
%得到分子分母系数
[num den]=tfdata(G,'v')    %v参数可以让得到的输出值由元胞数组变为数组
%得到零极点
[z,p,k]=tf2zpk(num,den)
```

3.3.3 闭环采样系统的脉冲传递函数

闭环采样系统的类型有许多种，图 3.6 所示是一种典型的闭环采样系统，虚线所绘的 3 个采样开关是为了便于分析而虚设的。由图可知：

$$E(s) = R(s) - B(s) \tag{3-24}$$

$$B(s) = G(s)H(s)E^*(s) \tag{3-25}$$

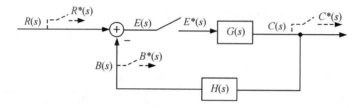

图 3.6　典型的闭环采样系统

由于 $G(s)$ 和 $H(s)$ 之间没有采样开关，则

$$B(z) = GH(z)E(z) \tag{3-26}$$

由线性定理有

$$E(z) = R(z) - B(z) = R(z) - GH(z)E(z) \tag{3-27}$$

$$E(z) + GH(z)E(z) = R(z) \tag{3-28}$$

$$E(z) = \frac{R(z)}{1 + GH(z)} \tag{3-29}$$

$$C(z) = E(z)G(z) = \frac{G(z)}{1 + GH(z)}R(z) \tag{3-30}$$

则闭环采样脉冲传递函数为

$$\Phi(z) = \frac{G(z)}{1 + GH(z)} \tag{3-31}$$

图 3.7 所示的采样系统是考虑了干扰的闭环采样系统，干扰信号为 $N(s)$。考虑干扰时可以令 $R(s)$ 为零。

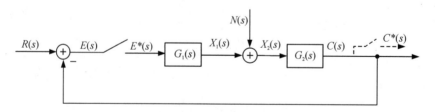

图 3.7　考虑了干扰的闭环采样系统

由图可得[38]

$$E(s) = -C(s) \tag{3-32}$$

$$X_1(s) = G_1(s)E^*(s) \tag{3-33}$$

$$X_2(s) = N(s) + X_1(s) \tag{3-34}$$

$$C(s) = G_2(s)X_2(s) \tag{3-35}$$

依次代入式(3-35)可得

$$C(s) = G_2(s)[N(s) - G_1(s)C^*(s)] = G_2(s)N(s) - G_2(s)G_1(s)C^*(s) \qquad (3-36)$$

$$C(z) = Z[G_2(s)N(s)] - Z[G_2(s)G_1(s)C^*(s)] = G_2N(z) - G_2G_1(z)C(z) \qquad (3-37)$$

$$C(z) + G_2G_1(z)C(z) = G_2N(z) \qquad (3-38)$$

$$C(z) = \frac{G_2N(z)}{1 + G_2G_1(z)} \qquad (3-39)$$

3.4　离散系统的稳定性分析

3.4.1　S 平面与 Z 平面的关系

在连续系统中，若系统的极点位于 S 平面（也称为 S 域）的左半边，则系统是稳定的。在离散系统中，也可以通过系统极点在 Z 平面（也称为 Z 域）的位置来判断系统的稳定性。下面先来分析 Z 平面上的点与 S 平面上的点之间的对应关系。设 S 平面上的点可表示为

$$s = \sigma + j\omega \qquad (3-40)$$

Z 平面上的点可表示为

$$z = e^{Ts} = e^{T(\sigma + j\omega)} = e^{\sigma T} e^{jT\omega} \qquad (3-41)$$

则 Z 平面上的点的模和幅角分别为

$$|z| = e^{\sigma T} \qquad (3-42)$$

$$\angle z = \omega T \qquad (3-43)$$

当 $\sigma = 0$ 时，S 平面上的点在虚轴上，Z 平面上的点位于单位圆上；当 $\sigma < 0$ 时，S 平面上的点位于左半平面，Z 平面上的点位于单位圆内；当 $\sigma > 0$ 时，S 平面上的点位于右半平面，Z 平面上的点位于单位圆外。S 平面虚轴上的点由 $-j\omega$ 到 $j\omega$ 运动时，Z 平面上的对应点沿单位圆旋转无穷多圈，如图 3.8 所示。

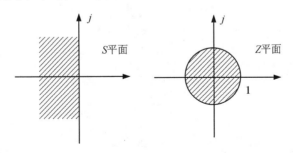

图 3.8　S 平面与 Z 平面的关系

图 3.7 所示的闭环采样控制系统的特征方程式为

$$1 + GH(z) = 0 \qquad (3-44)$$

特征方程的根为闭环脉冲传递函数的极点。由于位于 S 平面左半平面的点映射到 Z 平面的单位圆内，因此闭环采样系统稳定的充分必要条件是[45]：系统的闭环极点都位于 Z 平

面的单位圆内，或所有闭环极点的模小于 1。

实验验证：设 S 平面上左半部分有直线 σ_1，如映射到 Z 平面上，则是以原点为圆心，以 $e^{\sigma_1 T}$ 为半径的圆周。显然 $|e^{\sigma_1 T}| < 1$。

【例 3-3】 实现 S 平面中水平线到 Z 平面的映射。

S 平面中水平线到 Z 平面的映射实现程序代码为：

```
clc;
clear;
ts=0.1;
xx=[0:0.05:1]';
N=length(xx);
s0=-xx*35;
s=s0*[1 1 1 1 1]+j*ones(N,1)*[0,0.25,0.5,0.75,1]*pi/ts;
plot(real(s(:,1)),imag(s(:,1)),'-o',real(s(:,2)),imag(s(:,2)),'-s',...
  real(s(:,3)),imag(s(:,3)),'-^',real(s(:,4)),imag(s(:,4)),'-*',...
  real(s(:,5)),imag(s(:,5)),'-v'),sgrid
z=exp(s*ts);
figure;
plot(real(z(:,1)),imag(z(:,1)),'-o',real(z(:,2)),imag(z(:,2)),'-s',...
  real(z(:,3)),imag(z(:,3)),'-^',real(z(:,4)),imag(z(:,4)),'-*',...
  real(z(:,5)),imag(z(:,5)),'-v'),zgrid
```

程序运行结果如图 3.9 所示。

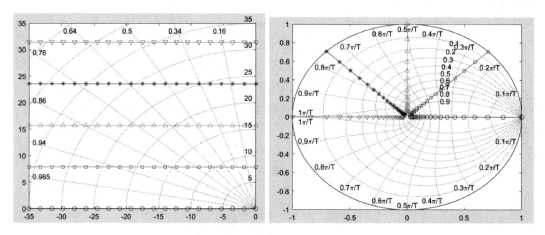

图 3.9 S 平面中水平线到 Z 平面的映射

【例 3-4】 实现 S 平面中垂直线到 Z 平面的映射。

S 平面中垂直线到 Z 平面的映射实现程序代码为：

```
clc;
clear;
ts=0.1;
xx=[0:0.05:1]';
N=length(xx);
```

```
s0＝j * xx * pi/ts；
s＝ones(N, 1) * [0, －5, －10, －20, －30]＋s0 * [1 1 1 1 1]
plot(real(s(:, 1)), imag(s(:, 1)), '－o', real(s(:, 2)), imag(s(:, 2)), '－s', ...
  real(s(:, 3)), imag(s(:, 3)), '－^', real(s(:, 4)), imag(s(:, 4)), '－*', ...
  real(s(:, 5)), imag(s(:, 5)), '－v'), sgrid；
z＝exp(s * ts)；
figure；
plot(real(z(:, 1)), imag(z(:, 1)), '－o', real(z(:, 2)), imag(z(:, 2)), '－s', ...
  real(z(:, 3)), imag(z(:, 3)), '－^', real(z(:, 4)), imag(z(:, 4)), '－*', ...
  real(z(:, 5)), imag(z(:, 5)), '－v'), zgrid；
```

程序运行结果如图 3.10 所示。

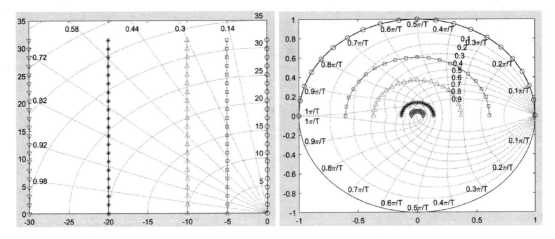

图 3.10　S 平面中垂直线到 Z 平面的映射

【例 3－5】　实现 S 平面中恒定阻尼比线到 Z 平面的映射。

S 平面中恒定阻尼比线到 Z 平面的映射实现程序代码为：

```
clc；
clear；
ts＝0.1；
xx＝[0：0.05：1]'；
s0＝j * xx * pi/ts；
s＝s0 * [1 1 1 1]－imag(s0) * [0, 1/tan(67.5 * pi/180), ...
  1/tan(45 * pi/180), 1/tan(22.5 * pi/180)]；
s＝[s, real(s(:, 4))]；
plot(real(s(:, 1)), imag(s(:, 1)), '－o', real(s(:, 2)), imag(s(:, 2)), '－s', ...
  real(s(:, 3)), imag(s(:, 3)), '－^', real(s(:, 4)), imag(s(:, 4)), '－*', ...
  real(s(:, 5)), imag(s(:, 5)), '－v'), sgrid；
z＝exp(s * ts)；
figure；
plot(real(z(:, 1)), imag(z(:, 1)), '－o', real(z(:, 2)), imag(z(:, 2)), '－s', ...
  real(z(:, 3)), imag(z(:, 3)), '－^', real(z(:, 4)), imag(z(:, 4)), '－*', ...
```

real(z(:, 5)), imag(z(:, 5)), $'-v'$), zgrid;

程序运行结果如图 3.11 所示。

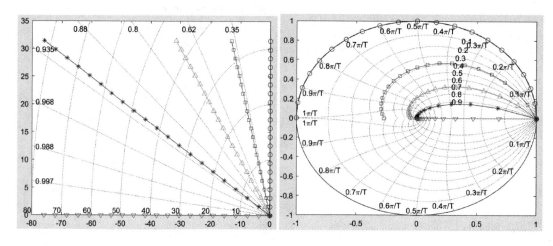

图 3.11 S 平面中恒定阻尼比线到 Z 平面的映射

【例 3 - 6】 实现 S 平面中圆到 Z 平面的映射。

S 平面中圆到 Z 平面的映射实现程序代码为：

```
clc;
clear;
ts=0.1;
xx=[0:0.05:1]';
phi=xx*pi/2;
s0=(pi/ts)*(-cos(phi)+j*sin(phi));
s=s0*[1, 0.75, 0.5, 0.25, 0];
plot(real(s(:, 1)), imag(s(:, 1)), '-o', real(s(:, 2)), imag(s(:, 2)), '-s', ...
  real(s(:, 3)), imag(s(:, 3)), '-^', real(s(:, 4)), imag(s(:, 4)), '-*', ...
  real(s(:, 5)), imag(s(:, 5)), '-v'), sgrid;
z=exp(s*ts);
figure;
plot(real(z(:, 1)), imag(z(:, 1)), '-o', real(z(:, 2)), imag(z(:, 2)), '-s', ...
  real(z(:, 3)), imag(z(:, 3)), '-^', real(z(:, 4)), imag(z(:, 4)), '-*', ...
  real(z(:, 5)), imag(z(:, 5)), '-v'), zgrid;
```

程序运行结果如图 3.12 所示。

根据以上例子可得出如下结论：

(1) S 平面的虚轴对应于 Z 平面的单位圆的圆周。

(2) S 平面的左半面对应于 Z 平面的单位圆的内部。

(3) S 平面的负实轴对应于 Z 平面的单位圆内的正实轴。

(4) S 平面左半面负实轴的无穷远处对应于 Z 平面的单位圆的圆心。

(5) S 平面的右半面对应于 Z 平面的单位圆的外部。

(6) S 平面的原点对应于 Z 平面的正实轴上 $z=1$ 的点。

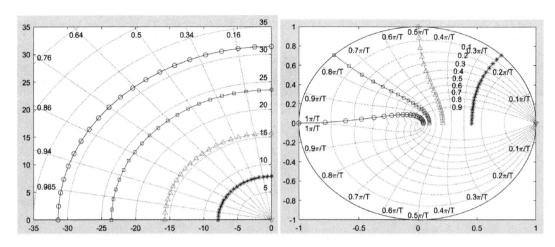

图 3.12　S 平面中圆到 Z 平面的映射

由以上结论可知：在连续系统的稳定域内，闭环传递函数的极点都在 S 平面的左半部分，或者说它的闭环特征方程的根的实部都小于零；在离散系统的稳定域内，闭环 Z 传递函数的全部极点(特征方程的根)必须在 Z 平面中的单位圆内。

【例 3-7】　设某一控制系统的控制框图如图 3.13 所示，采样周期 $T=0.05$ s，求：

(1) 数字控制器的脉冲传递函数、S 平面的传递函数、系统的开环传递函数、系统的闭环传递函数。

(2) 系统开环和闭环 Z 平面的脉冲传递函数。

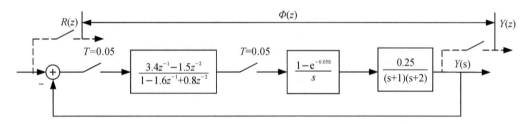

图 3.13　某一控制系统的控制框图

数字控制器的脉冲传递函数为

$$\frac{3.4z^{-1}-1.5z^{-2}}{1-1.6z^{-1}+0.8z^{-2}}=\frac{z^{-2}(3.4z-1.5)}{z^{-2}(z^2-1.6z+0.8)}=\frac{3.4z-1.5}{z^2-1.6z+0.8}$$

则实现各个函数的 MATLAB 程序为：

(1) 数字控制器各个传递函数的 MATLAB 程序及结果为：

```
clear all；
close all；
dnum＝[3.4，−1.5]；
dden＝[1，−1.6，0.8]；
Ts＝0.05；
sysd＝tf(dnum，dden，Ts)；
num1＝0.25；
den1＝[1，1]；
```

```
num2=1;
den2=[1, 2];
sysc1=d2c(sysd, 'zoh')
sys1=tf(num1, den1);
sys2=tf(num2, den2);
sysc2=sys1 * sys2;
sysc=sysc1 * sysc2;
sysbc=feedback(sysc, 1);
```

程序执行结果如下：

数字控制器脉冲传递函数为

sysd=

$$\frac{3.4\,z - 1.5}{z^{\wedge}2 - 1.6\,z + 0.8}$$

数字控制器转换成为 S 平面的传递函数为

sysc1=

$$\frac{55.97\,s + 864.2}{s^{\wedge}2 + 4.463\,s + 90.97}$$

系统的开环传递函数为

sysc=

$$\frac{13.99\,s + 216}{s^{\wedge}4 + 7.463\,s^{\wedge}3 + 106.4\,s^{\wedge}2 + 281.8\,s + 181.9}$$

系统的闭环传递函数为

sysbc=

$$\frac{13.99\,s + 216}{s^{\wedge}4 + 7.463\,s^{\wedge}3 + 106.4\,s^{\wedge}2 + 295.8\,s + 398}$$

（2）系统开环和闭环 Z 平面的脉冲传递函数的 MATLAB 程序及结果为（采样时间均采用 0.05 s）：

```
clear all;
close all;
dnum=[3.4 -1.5];
dden=[1 -1.6 0.8];
Ts=0.05;
sysd=tf(dnum, dden, Ts)
num1=0.25;
den1=[1 1];
num2=1;
den2=[1 2];
```

```
sys1＝tf(num1，den1)；
sys2＝tf(num2，den2)；
sysc2＝sys1 * sys2；
syscd＝c2d(sysc2，Ts，'zoh')
dsys＝sysd * syscd
dsysb＝feedback(dsys，1)
```

S 平面传递函数转换成 Z 平面传递函数为

```
syscd＝

0.0002973 z ＋ 0.0002828

------------------------------------

z^2 － 1.856 z ＋ 0.8607
```

系统开环 Z 平面传递函数为

```
dsys＝

    0.001011 z^2 ＋ 0.0005156 z － 0.0004242

-------------------------------------------------

z^4 － 3.456 z^3 ＋ 4.63 z^2 － 2.862 z ＋0.6886
```

系统闭环 Z 平面传递函数为

```
dsysb＝

    0.001011 z^2 ＋ 0.0005156 z － 0.0004242

-------------------------------------------------

z^4 － 3.456 z^3 ＋ 4.631 z^2 － 2.861 z ＋ 0.6881
```

程序也可应用 c2dm() 和 d2cm() 函数进行编程，可达到同样的目的。

3.4.2　离散系统输出响应的一般关系式

设离散系统的闭环 Z 传递函数为

$$w(z)=\frac{Y(z)}{R(z)}=\frac{b_0 z^m + b_1 z^{m-1} + \cdots + b_m}{z^n + a_1 z^{n-1} + \cdots + a_n}=\frac{B(z)}{A(z)} \tag{3-45}$$

设有 n 个闭环极点 z_i 互异，$m<n$，输入为单位阶跃函数，则有

$$\frac{Y(z)}{z}=\frac{C_0}{z-1}+\sum_{i=1}^{n}\frac{C_i}{z-z_i} \tag{3-46}$$

其中，$C_0=\dfrac{B(1)}{A(1)}=w(1)$，$C_i=\dfrac{B(z_i)}{(z_i-1)A(z_i)}$，$i=1，2，3，\cdots，n$。

取 Z 反变换得

$$y(k)=w(1)1(k)+\sum_{i=1}^{n}C_i z_i^k，k=1，2，3，\cdots \tag{3-47}$$

式(3-47)为采样系统在单位阶跃函数作用下输出响应序列的一般关系式，第一项为稳态分量，第二项为暂态分量。若离散系统稳定，则当时间 $k \rightarrow \infty$ 时，输出响应的暂态分量应趋于 0，即 $\lim\limits_{k \rightarrow \infty}\sum\limits_{i=1}^{n}C_i z_i^k=0$，这就要求 $z_i<1$。

因此得出结论：离散系统稳定的充分必要条件是闭环 Z 传递函数的全部极点应位于 Z 平面的单位圆内。

【**例 3 - 8**】 某离散系统的闭环 Z 传递函数为

$$w(z) = \frac{3.16z^{-1}}{1 + 1.792z^{-1} + 0.368z^{-2}}$$

则 $w(z)$ 的极点为 $z_1 = -0.237$，$z_2 = -1.556$。

因 $|z_2| = 1.556 > 1$，故系统是不稳定的。

3.4.3 离散系统稳定性的判定

1. 离散系统稳定性的概念和稳定条件

稳定性是计算机控制系统正常工作的前提，计算机控制系统的稳定性分析实质上就是离散系统的稳定性分析。离散系统稳定性的概念与线性定常连续系统稳定性的概念相同，是指在有界输入的作用下，系统的输出也是有界的。

如果一个线性定常系统是稳定的，那么它的微分方程的解必须是收敛的和有界的。系统稳定的充要条件是在 S 平面的极点的实部 $\sigma < 0$，即极点都要分布于 S 平面的左半部，如果有极点出现在 S 平面的右半部，则系统就是不稳定的。所以，S 平面的虚轴是连续系统稳定与否的分界线，而线性定常离散系统稳定的条件是极半径 $r < 1$，即所有的闭环 Z 传递函数的极点均应分布于 Z 平面的单位圆内。只要有一个极点在单位圆外，系统就不稳定；有一个极点在单位圆上时，系统处于稳定边界，临界稳定在工程上也认为是不稳定的。表 3.1 给出了 S 平面和 Z 平面的映射关系，图 3.14 给出了稳定域从 S 平面到 Z 平面的映射关系。

表 3.1 Z 平面与 S 平面的映射关系对应表

S 平 面	Z 平 面	稳定性
$\sigma = 0$，虚轴	$r = 1$，单位圆上	稳定边界
$\sigma < 0$，左半部分	$r < 1$，单位圆内	稳定
$\sigma < 0$ 且为常数，虚轴的平行线	r 为常数，同心圆	稳定
$\sigma > 0$，右半部分	$r > 1$，单位圆外	不稳定
$\omega = 0$，正实轴	$r > 1$ 正实轴	不稳定
$\sigma > 0$，ω 为常数，实轴的平行线	端点为原点的射线	不稳定

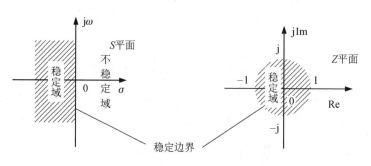

图 3.14 连续系统与离散系统的极点分布稳定域

应当注意的是，计算机控制系统的稳定性在很大程度上与采样周期的选择有关，通常增大采样周期不利于系统的稳定。此外，计算机控制系统的稳定性只是针对被控对象的采样输出而言的，而输出信号在采样点之间有可能是发散振荡的。

2. 离散系统稳定性的判定方法

对于简单系统，可以通过直接求取特征方程的根进行判别，但对于三阶以上系统的特征方程的求解比较困难。离散系统稳定性的判别方法有很多种，这里仅介绍 Routh 稳定性准则。

Routh 稳定性准则用于判定线性定常连续系统中闭环系统的根是否全在 S 平面的左半面，从而确定系统的稳定性。离散系统的稳定边界为单位圆，连续系统的 Routh 稳定性准则不能直接应用到离散系统中，这是因为 Routh 稳定性准则只能用来判断复变量代数方程的根是否位于 S 平面的左半面。如果把 Z 平面再映射到 S 平面，则采样系统的特征方程又将变成 S 平面的超越方程。若引入双线性变换（又称 W 变换），使 Z 平面的单位圆映射到 W 平面的左半平面，就可以直接应用 Routh 稳定性准则了。

双线性变换定义为

$$z = \frac{w+1}{w-1} \quad \left(\text{或 } z = \frac{1+w}{1-w}\right) \tag{3-48}$$

则同时有

$$w = \frac{z+1}{z-1} \quad \left(\text{或 } w = \frac{z-1}{z+1}\right) \tag{3-49}$$

式中，z、w 均为复变量。设 $z = x + \mathrm{j}y$，$w = u + \mathrm{j}v$，则 Z 平面与 W 平面的映射关系如图 3.15 所示。

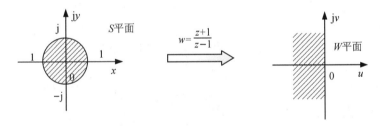

图 3.15　Z 平面与 W 平面的映射关系

由于

$$w = u + \mathrm{j}v = \frac{x+\mathrm{j}y+1}{x+\mathrm{j}y-1} = \frac{[(x+1)+\mathrm{j}y][(x-1)-\mathrm{j}y]}{(x-1)^2+y^2}$$

$$= \frac{x^2+y^2-1-2\mathrm{j}y}{(x-1)^2+y^2} = \frac{x^2+y^2-1}{(x-1)^2+y^2} - \mathrm{j}\frac{2y}{(x-1)^2+y^2} \tag{3-50}$$

故 W 平面的实部为

$$u = \frac{x^2+y^2-1}{(x-1)^2+y^2} \tag{3-51}$$

W 平面的虚轴对应于 $u=0$，则有

$$x^2+y^2-1=0 \tag{3-52}$$

$x^2+y^2-1=0$ 为 S 平面中的单位圆方程。若极点在 Z 平面的单位圆内，则有 $x^2+y^2<1$，对应于 W 平面中的 $u<0$，即虚轴以左部分；若 $x^2+y^2>1$，则为 Z 平面的单位圆外，对应于 W 平面中的 $u>0$，即虚轴以右部分。

利用上述变换，可以将 Z 特征方程变成 W 特征方程，然后即可直接应用连续系统中的 Routh 稳定性准则来判别离散系统的稳定性。

【例 3-9】 某离散系统如图 3.16 所示，试用 Routh 稳定性准则确定使该系统稳定的 k 值范围，设 $T=0.25$ s。

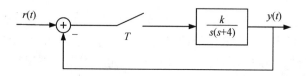

图 3.16 离散系统

解 该系统的开环 Z 传递函数为

$$G(z)=Z\left[\frac{k}{s(s+4)}\right]=\frac{0.158kz}{(z-1)(z-0.368)}$$

该系统的闭环 Z 传递函数为

$$W(z)=\frac{G(z)}{1+G(z)}=\frac{0.158kz}{(z-1)(z-0.368)+0.158kz}$$

求得该系统的闭环 Z 特征方程为

$$(z-1)(z-0.368)+0.158kz=0$$

对应的 W 特征方程为

$$0.158kw^2+1.264w+(2.736-0158k)=0$$

则 Routh 表如下：

w^2	$0.158k$	$2.736-00.158k$
w^1	1.264	0
w^0	$2.736-00.158k$	0

解得使该离散系统稳定的 k 值范围为 $0<k<17.3$。

显然，当 $k\geqslant17.3$ 时，该系统是不稳定的，但对于二阶连续系统，k 为任何值时都是稳定的。这就说明 k 对离散系统的稳定性是有影响的。

一般来说，采样周期 T 也对系统的稳定性有影响。缩短采样周期，会改善系统的稳定性。对于本例，若 $T=0.1$ s，则可以得到 k 值的范围为 $0<k<40.5$。但需要指出的是，对于计算机控制系统，缩短采样周期就意味着增加计算机的运算时间，且当采样周期减小到一定程度后，对改善动态性能无多大意义，所以应该适当选取采样周期。

【例 3-10】 设系统的特征方程为 $D(z)=45z^3-117z^2+119z-39=0$，试用 W 平面的 Routh 稳定性准则判别系统稳定性。

解 将 $z=\dfrac{w+1}{w-1}$ 代入特征方程，得

$$45\left(\frac{w+1}{w-1}\right)^3-117\left(\frac{w+1}{w-1}\right)^2+119\left(\frac{w+1}{w-1}\right)-39=0$$

上式两边同乘 $(w-1)^3$，化简后得

$$D(w) = w^3 + 2w^2 + 2w + 40 = 0$$

则 Routh 表如下：

w^3	1	2	0
w^2	2	40	0
w^1	-18	0	
w^0	40		

由 Routh 表可知，第一列元素有两次符号改变，所以系统不稳定。利用 Routh 稳定性准则还可以判断出有多少个根在右半平面。本例有两次符号改变，即有两个根在 W 平面的右半平面，有两个根在 Z 平面的单位圆外。这是 Routh 稳定性准则的优点之一[36]。

3.5　离散系统的过渡响应分析

计算机控制系统的过渡过程是指系统在外部信号作用下从原有稳定状态变化到新的稳定状态的整个动态过程。计算机控制系统的动态特性通常是指系统在单位阶跃参考输入信号作用下所产生的过渡过程的形态特性。

同连续系统一样，计算机控制系统的过渡过程的形态特征也是由系统本身的结构和参数决定的，与闭环系统的极点在 Z 平面上的分布有关。计算机控制系统的闭环脉冲传递函数可以写成两个多项式之比的形式，即

$$W(z) = \frac{Y(z)}{R(z)} = \frac{K \prod_{j=1}^{m}(z-z_j)}{\prod_{i=1}^{n}(z-p_i)} = \frac{P(z)}{D(z)} \tag{3-53}$$

式中，p_i 与 z_j 分别为系统的闭环极点与闭环零点，可以是实数或复数；K 为系统稳态放大系数。对于实际系统来说，有 $n \geqslant m$。为简化讨论，假定 $W(z)$ 无重极点，则系统在单位阶跃输入信号作用下输出的 Z 变换为

$$Y(z) = W(z)R(z) = K\frac{P(z)}{D(z)} \times \frac{z}{z-1} \tag{3-54}$$

取 $Y(z)$ 的 Z 反变换，即可求得系统输出在采样时刻的离散值的一般式为

$$y(kT) = K\frac{P(1)}{D(1)} + \sum_{i=1}^{n_1} \frac{KP(p_{ri})}{(p_{ri}-1)\dot{D}(p_{ri})}p_{ri}^k +$$

$$\sum_{i=1}^{n_2} \frac{KP(p_{ci})}{(p_{ci}-1)\dot{DD}(p_{ci})} \mid p_{ci} \mid^k \cos(k\theta_i + \phi_i) \quad (k \geqslant n-m) \tag{3-55}$$

式中：p_{ri} 为实极点；n_1 为实极点个数；$p_{ci} = \alpha_i + \beta_i$ 为复极点；n_2 为复极点个数；$\theta_i = \arctan\left(\frac{\beta_i}{\alpha_i}\right)$；$r_i = \sqrt{\alpha_i^2 + \beta_i^2}$；$\dot{D}(p_{ri}) = \left.\frac{\mathrm{d}D(z)}{\mathrm{d}z}\right|_{z=p_{ri}}$；$\dot{D}(p_{ci}) = \left.\frac{\mathrm{d}D(z)}{\mathrm{d}z}\right|_{z=p_{ci}}$。

在式(3-55)中，第一项为 $y(kT)$ 的稳态分量；第二项为闭环系统各实极点暂态分量之和，第三项为 $y(kT)$ 的各复极点暂态分量之和。其中，各分量的形式取决于闭环极点的性质及其在 Z 平面上的位置。

按照实极点在 Z 平面实轴上的不同分布，实极点对应的暂态响应分量有 6 种不同的形式，如图 3.17 所示。现分别讨论如下：

（1）$p_{ri} > 1$，实极点在单位圆外的正实轴上，对应的暂态响应分量为单调发散序列，这时系统是不稳定的。

（2）$p_{ri} = 1$，实极点在单位圆与正实轴的交点上，对应的暂态响应分量为等幅序列，这时系统是临界稳定的。

（3）$0 < p_{ri} < 1$，实极点在单位圆内的正实轴上，对应的暂态响应分量为单调衰减序列，且极点越靠近原点，其值越小，则衰减越快，这时系统是稳定的。

（4）$-1 < p_{ri} < 0$，实极点在单位圆内的负实轴上，对应的暂态响应分量是以 $2T$ 为周期的正负交替的衰减振荡序列，这时系统是稳定的。

（5）$p_{ri} = -1$，实极点在单位圆与负实轴的交点上，对应的暂态响应分量是以 $2T$ 为周期的正负交替的等幅振荡序列，这时系统是临界稳定的。

（6）$p_{ri} < -1$，实极点在单位圆外的负实轴上，对应的暂态响应分量是以 $2T$ 为周期的正负交替的发散振荡序列，这时系统是不稳定的[36]。

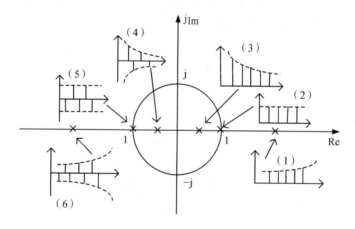

图 3.17　实极点对应的暂态响应分量

复极点在 Z 平面上的分布共有 3 种不同的形式，如图 3.18 所示。p_{ci}，$p_{ci+1} = |p_{ci}| \mathrm{e}^{\pm j\theta_i}$ 对应的暂态响应分量为余弦振荡形式，振荡角频率与共轭复数极点的幅角 θ_j 有关，θ_j 越大，振荡角频率越高。下面对复极点 3 种分布情况进行讨论。

（1）$|p_{ci}| > 1$，极点在单位圆外的 Z 平面上，对应的暂态响应分量为发散振荡序列，这时系统是不稳定的。

（2）$|p_{ci}| = 1$，极点在单位圆上，对应的暂态响应分量为等幅振荡序列，这时系统是临界稳定的。

（3）$|p_{ci}| < 1$，极点在单位圆内，对应的暂态响应分量为衰减振荡序列。复数极点越靠近原点，相应的暂态响应分量衰减越快，这时系统是稳定的。

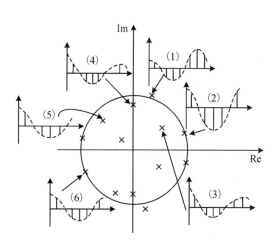

图 3.18　复极点对应的暂态响应分量

位于 Z 平面左半平面单位圆外、单位圆上和单位圆内的复极点，其暂态响应分量同上述位于 Z 平面右半平面复数极点相应暂态响应情况类似，不同的是其振荡频率要高于 Z 右半平面复极点的暂态响应分量的振荡频率。

通过上述分析可知，当闭环极点位于单位圆内时，对应的输出分量是衰减序列，而且极点越接近 Z 平面的原点，输出衰减越快，系统动态响应也越快。另外，当闭环极点位于单位圆内左半平面时，虽然输出分量也是衰减的，但是由于输出会交替变换方向，故过渡特性不好。因此，在设计线性离散控制系统时，最好将闭环极点配置在单位圆的右半部，而且是尽量靠近原点的地方。

下面结合实例来说明基于 MATLAB 的系统过渡过程计算与分析。

【例 3－11】　某单位负反馈控制系统的闭环传递函数为 $G(s)=\dfrac{1}{s^2+s+1}$，采样周期 $T=1\ \text{s}$，求系统的单位阶跃响应，并分析系统的动态性能。

解　MATLAB 程序如下：

```
clear all
close all
num＝1；
den＝[1 1 1]；
T＝0.1；
sys＝tf(num, den)；
[numd, dend]＝c2dm(num, den, T)；          %将连续系统离散化
y＝dstep(numd, dend)；
maxval＝max(y)；
final＝y(length(y))；                        %求响应的终值
sigma＝(maxval−final)/final * 100；           %求系统的超调量
dstep(numd, dend)；                          %绘制单位阶跃曲线
xlabel('时间/s')；ylabel('幅度')；title('阶跃响应')；
```

程序运行结果如下：

```
sigma＝16.1565
```

系统单位阶跃响应曲线如图 3.19 所示。

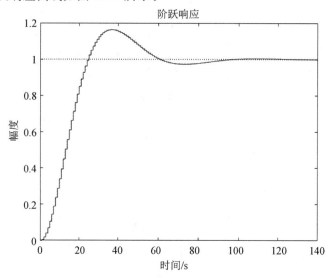

图 3.19　系统单位阶跃响应曲线

3.6　离散系统的稳态准确度分析

3.6.1　离散系统的稳态误差

所谓稳态误差，是指计算机控制系统从过渡过程结束到达到稳态以后，系统的输出采样值与输入采样值的偏差。它是衡量系统准确性的一项重要指标。

在典型输入信号作用下，计算机控制系统在采样时刻的稳态误差可由图 3.20 所示的典型计算机控制系统结构图求出。图中，$G(s)$ 是系统连续部分的传递函数，$e(t)$ 为连续误差信号，$e^*(t)$ 为采样误差信号。

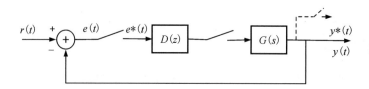

图 3.20　典型计算机控制系统结构图

系统的开环脉冲传递函数为

$$\Phi_0(z) = G(z)D(z) \tag{3-56}$$

式中：$D(z)$ 为控制器的脉冲传递函数；$G(z)$ 为广义对象的脉冲传递函数。

系统误差的脉冲传递函数为

$$\Phi_e(z) = \frac{E(z)}{R(z)} = \frac{1}{1+G(z)D(z)} = \frac{1}{1+\Phi_0(z)} \tag{3-57}$$

误差信号的 Z 变换为

$$E(z) = \varPhi_e(z)R(z) = \frac{1}{1+\varPhi_0(z)}R(z) \qquad (3-58)$$

假定系统是稳定的，即全部闭环极点均在 Z 平面的单位圆内，则可用终值定理求出采样时刻的稳态误差为

$$e_{ss} = e(\infty) = \lim_{t \to \infty} e^*(t) = \lim_{z \to 1}(z-1)E(z) = \lim_{z \to 1}(z-1)\frac{1}{1+\varPhi_0(z)}R(z) \quad (3-59)$$

3.6.2　典型信号作用下离散系统的稳态误差

下面分别讨论 3 种典型输入信号作用下离散系统的稳态误差。

1. 单位阶跃输入信号作用下的稳态误差

由单位阶跃输入信号 $r(t) = 1(t)$，有

$$R(z) = \frac{z}{z-1}$$

将上式代入式(3-59)，可得稳态误差为

$$e_{ss} = \lim_{z \to 1}(z-1)\frac{1}{1+\varPhi_0(z)} \cdot \frac{z}{z-1} = \lim_{z \to 1}\frac{z}{1+\varPhi_0(z)} = \frac{1}{K_p} \qquad (3-60)$$

定义 $K_p = \lim\limits_{z \to 1}[1+\varPhi_0(z)]$ 为静态位置误差系数，则稳态误差为

$$e_{ss} = \frac{1}{K_p} \qquad (3-61)$$

设计算机控制系统的开环脉冲传递函数为 $\varPhi_0 = \dfrac{W_d(z)}{(1-z^{-1})^q} = \dfrac{z^q W_d(z)}{(z-1)^q}$，其中，分子部分 $W_d(z)$ 不含 $(1-z^{-1})$ 的因子，这样就可根据系统中积分环节的阶次 q 来定义系统的类型，把 $q=0$ 的系统称为 0 型系统，把 $q=1$ 的系统称为 I 型系统，把 $q=2$ 的系统称为 II 型系统。

从 K_p 定义式可以看出：对于 I 型或 I 型以上系统，$K_p = \infty$，则稳态误差 $e_{ss} = 0$；对于 0 型系统，$e_{ss} \neq 0$。可见，在单位阶跃输入信号作用下，系统无稳态误差的条件是 $\varPhi_0(z)$ 中至少要有一个 $z=1$ 的极点。

2. 单位速度输入信号作用下的稳态误差

由单位速度输入信号 $r(t) = t$，有

$$R(z) = \frac{Tz}{(z-1)^2}$$

将上式代入式(3-59)，可得稳态误差为

$$e_{ss} = \lim_{z \to 1}(z-1)\frac{1}{1+\varPhi_0(z)} \cdot \frac{Tz}{(z-1)^2} = \lim_{z \to 1}\frac{z}{(z-1)[1+\varPhi_0(z)]} = \lim_{z \to 1}\frac{T}{(z-1)\varPhi_0(z)}$$

$$(3-62)$$

定义 $K_v = \lim\limits_{z \to 1}(z-1)\varPhi_0(z)$ 为静态速度误差系数，则稳态误差为

$$e_{ss} = \frac{T}{K_v}$$

从 K_v 的定义式可以看出，对于 II 型或者 II 型以上系统，$K_v = \infty$，则稳态误差为零。也就是说，在单位速度输入信号作用下，系统无稳态误差的条件是 $\Phi_0(z)$ 中至少要有两个 $z = 1$ 的极点。

3. 单位加速度输入信号作用下的稳态误差

由单位加速度输入信号 $r(t) = \dfrac{1}{2}t^2$，有

$$R(z) = \frac{T^2 z(z+1)}{2(z-1)^3}$$

将上式代入式(3-59)，可得稳态误差为

$$e_{ss} = \lim_{z \to 1}(z-1)\frac{1}{1+\Phi_0(z)} \cdot \frac{T^2 z(z+1)}{2(z-1)^3} = \lim_{z \to 1}\frac{T^2}{(z-1)^2 \Phi_0(z)} \qquad (3-63)$$

定义 $K_a = \lim\limits_{z \to 1}(z-1)^2 \Phi_0(z)$ 为静态加速度误差系数，则稳态误差为

$$e_{ss} = \frac{T^2}{K_a} \qquad (3-64)$$

从 K_a 的定义式可以看出，对 III 型或者 III 型以上系统，$K_a = \infty$，则稳态误差为零。也就是说，在单位加速度输入信号作用下，系统无稳态误差的条件是 $\Phi_0(z)$ 中至少要有 3 个 $z = 1$ 的极点。

根据上述分析结果可知，采样系统采样时刻处的稳态误差与输入信号的形式及开环脉冲传递函数 $\Phi_0(z)$ 中 $z = 1$ 的极点数目有关。表 3.2 给出了 3 种类型系统在采样时刻的稳态误差。

表 3.2　3 种类型系统采样时刻的稳态误差

系统类型	$r(t) = 1(t)$ 时	$r(t) = t$ 时	$r(t) = \dfrac{1}{2}t^2$ 时
0	$1/K_p$	∞	∞
I	0	T/K_v	∞
II	0	0	$\dfrac{T^2}{K_a}$

【例 3-12】 已知计算机控制系统的开环脉冲传递函数为 $\Phi_0(z) = \dfrac{0.368(z+0.718)}{(z-1)(z-0.368)}$，采样周期 $T = 1$ s，试确定系统分别在单位阶跃、单位速度和单位加速度输入信号作用下的稳态误差。

解　按照系统稳态误差的定义，有

$$K_p = 1 + \lim_{z \to 1}[1 + \Phi_0(z)] = 1 + \lim_{z \to 1}\left[1 + \frac{0.368(z+0.718)}{(z-1)(z-0.368)}\right] = \infty$$

$$K_v = \lim_{z \to 1}[(z-1)\Phi_0(z)] = \lim_{z \to 1}\left[(z-1)\frac{0.368(z+0.718)}{(z-1)(z-0.368)}\right] = 1$$

$$K_a = \lim_{z \to 1}[(z-1)^2 \Phi_0(z)] = \lim_{z \to 1}\left[(z-1)^2 \frac{0.368(z+0.718)}{(z-1)(z-0.368)}\right] = 0$$

由此可得：

系统在单位阶跃输入信号作用下 $e_{ss}=\dfrac{1}{K_p}=0$。

系统在单位速度输入信号作用下 $e_{ss}=\dfrac{T}{K_v}=1$。

系统在单位加速度输入信号作用下 $e_{ss}=\dfrac{T^2}{K_a}=\infty$。

通过以上分析可知：该系统为 I 型系统，因此能够准确复现单位阶跃输入信号；而对于单位速度信号，则存在恒定稳态误差。另外，在单位加速度输入信号作用下，其稳态误差为无穷大，所以 I 型系统不能跟踪单位加速度输入信号[36]。

3.6.3　干扰信号作用下的离散稳态误差

系统中存在干扰信号是不可避免的，干扰信号是一种非有用信号，由它引起的输出误差是系统的误差。常见的干扰信号有脉冲信号、阶跃信号、速度信号、正弦信号。

如图 3.21 所示，当输入信号 $r(t)=0$ 时，误差完全由干扰信号 $n(t)$ 引起，此时

$$e(t)=-c_n(t) \tag{3-65}$$

$$C_n(z)=\frac{NG_2(z)}{1+D(z)G(z)} \tag{3-66}$$

根据终值定理，可求出系统在干扰信号作用下采样时刻的稳态误差，即

$$e^*_{ssn}=\lim_{z\to1}(1-z^{-1})E(z)=-\lim_{z\to1}(1-z^{-1})C_n(z) \tag{3-67}$$

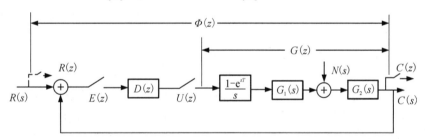

图 3.21　有干扰信号时的计算机控制系统结构

3.6.4　采样周期对稳态误差的影响

离散系统中采样周期 T 是系统的一个重要参数，其大小对系统的动态特性及稳定性能都有很大的影响。那么，采样周期 T 对闭环系统的稳态误差是否有影响呢？结论是：对于具有零阶保持器的离散系统，稳态误差的计算结果与 T 无关，它只与系统的类型、放大系数及输入信号的形式有关。

为说明上述结论，以图 3.22(a)所示的连续系统为例，加零阶保持器的离散系统结构如图 3.22(b)所示。为简便起见，设控制器 $D(s)=1$ 和 $D(z)=1$。连续部分的传递函数一般式为

$$G_0=\frac{K(1+\tau_1 s)(1+\tau_2 s)\cdots(1+\tau_m s)}{s^v(1+T_1 s)(1+T_2 s)\cdots(1+T_n s)} \tag{3-68}$$

式中，K 为系统的开环放大系数，系统的类型等于积分环节 v 的数目。

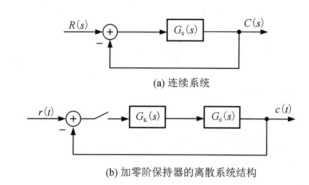

(a) 连续系统

(b) 加零阶保持器的离散系统结构

图 3.22　连续系统及其对应的加零阶保持器的离散系统结构

图 3.22(a)所示的连续系统的系统类型与稳态误差系数对应表如表 3.3 所示。

表 3.3　系统类型与稳态误差系数对应表

系统类型(v)	K_p	K_v	K_a
0	K	0	0
I	∞	K	0
II	∞	∞	K

图 3.22(b)所示离散系统的开环脉冲传递函数为

$$G(z) = Z\left[\frac{1-e^{-sT}}{s}G_0(s)\right] = (1-z^{-1})Z\left[\frac{K(1+\tau_1 s)(1+\tau_2 s)\cdots(1+\tau_m s)}{s^{v+1}(1+T_1 s)(1+T_2 s)\cdots(1+T_n s)}\right]$$

$$= (1-z^{-1})Z\left[\frac{K}{s^{v+1}} + \frac{K_1}{s^v} + \cdots + \frac{K_2}{s} + 分母无积分环节的各因式\right] \quad (3-69)$$

注意：进行部分分式分解时，积分环节最高幂项的系数必须为原来连续系统的开环放大系数 K，对括号内各因式进行 Z 变换时，只有分母中有 s 因子的项在 Z 变换后分母中才有$(z-1)$的因子。

当系统为 0 型($v=0$)时，离散系统的开环传递函数为

$$G(z) = (1-z^{-1})Z\left[\frac{K}{s} + 分母无积分环节的各项\right]$$

$$= (1-z^{-1})\left[\frac{Kz}{z-1} + 分母无(z-1) 因子的各项\right] \quad (3-70)$$

由此求得离散系统的稳态误差系数为

$$K_p = \lim_{z \to 1}G(z) = \lim_{z \to 1}(1-z^{-1})\frac{Kz}{z-1} = K \quad (3-71)$$

$$\frac{1}{T}K_v = \lim_{z \to 1}(z-1)G(z) = 0 \quad (3-72)$$

$$\frac{1}{T^2}K_a = \lim_{z \to 1}(z-1)^2 G(z) = 0 \quad (3-73)$$

可见对于 0 型系统，稳态误差系数计算结果与连续系统完全相同，并不取决于采样周期 T。

当系统为 I 型($v=1$)时，离散系统的开环传递函数为

$$G(z) = (1 - z^{-1})Z\left[\frac{K}{s^2} + \frac{K_1}{s} + 分母无积分环节的各项\right]$$

$$= (1 - z^{-1})\left[\frac{KTz}{(z-1)^2} + \frac{K_1 z}{z-1} + 分母无(z-1)因子的各项\right] \quad (3-74)$$

此时求得离散系统的稳态误差系数为

$$K_p = \lim_{z \to 1} G(z) = \infty \quad (3-75)$$

$$\frac{1}{T}K_v = \lim_{z \to 1}(z-1)G(z) = \frac{1}{T}\lim_{z \to 1}(z-1)(1-z^{-1})\frac{KTz}{(z-1)^2} = K \quad (3-76)$$

$$\frac{1}{T^2}K_a = \lim_{z \to 1}(z-1)^2 G(z) = 0 \quad (3-77)$$

可见，Ⅰ型离散系统的稳态误差系数仍与连续系统相同，与 T 无关。对Ⅱ型离散系统也可得出类似结论。

所以，尽管离散系统的稳态误差的公式中包含了 T，但是稳态误差与采样周期 T 却无关。

【例 3 - 13】　对于磁盘驱动读取系统，当磁盘旋转时，每读一组存储数据，磁头都会提取位置偏差信息。由于磁盘匀速旋转，因此磁头以恒定的时间逐次读取格式信息。通常，偏差信号的采样周期介于 100 μs～100 ms 之间。设磁盘驱动读取系统的结构如图 3.23 所示。图中 $G_0(s) = \frac{1}{s(s+1)}$ 为磁盘驱动读取系统的传递函数，ZOH 为零阶保持器，其传递函数 $G_h(s) = \frac{1 - e^{-sT}}{s}$，$D(z)$ 为数字控制器。当采样周期 T 分别为 0.1 s、1 s、2 s、4 s 时，求系统的输出响应和稳态误差。

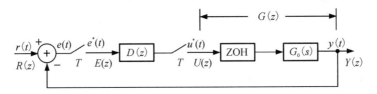

图 3.23　磁盘驱动读取系统结构

解　广义对象脉冲传递函数为

$$G(z) = Z\left[\frac{1 - e^{-Ts}}{s} \cdot \frac{k}{s(s+1)}\right] = (1 - z^{-1})Z\left[\frac{k}{s^2(s+1)}\right]$$

闭环系统脉冲传递函数为

$$\Phi(z) = \frac{Y(z)}{R(z)} = \frac{D(z)G(z)}{1 + D(z)G(z)}$$

若输入为单位阶跃信号，则

$$R(z) = \frac{1}{1 - z^{-1}}$$

从而推导出 $Y(z) = \Phi(z)R(z)$，利用 Z 反变换可求出 $y(kT)$，进而利用 $y(kT)$ 可以求解系统的输出响应和稳态误差。

为简单起见，取 $D(z) = 1$，利用计算机辅助分析方法进行分析。

MATLAB 程序如下:

```
clear all; close all; clc;
num=[1]; den=[1, 1, 0];
T=[0.1, 1, 2, 4];
sys=tf(num, den);
for i=1:4
    dsys=c2d(sys, T(i), 'zoh')        %将被控对象离散化
    csys=feedback(dsys, 1)            %求闭环传递函数
    subplot(2, 2, i)
    t=0: T(i): 100;
    step(csys, t)                     %画出系统的单位阶跃响应
    xlabel('时间/s'); ylabel('幅度'); title('阶跃响应');
    switch i
        case 1
            text(60, 1.2, '\itT\rm=0.1s');
        case 2
            text(60, 1.2, '\itT\rm=1s');
        case 3
            text(60, 1.5, '\itT\rm=2s');
        case 4
            text(60, 600, '\itT\rm=4s');
    end
end
```

离散系统在不同采样周期下的阶跃响应如图 3.24 所示。

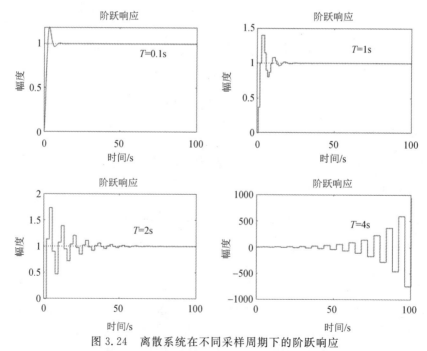

图 3.24   离散系统在不同采样周期下的阶跃响应

　　由上例可知，采样周期 T 对离散系统的稳定性有如下影响：采样周期越长，丢失的信息越多，对离散系统的稳定性及动态性能均不利，甚至可使离散系统失去稳定性。

3.7　离散系统的输出响应

3.7.1　离散系统在采样点间的响应

　　前面分析了离散系统在采样点上的稳态和动态特性。但是计算机控制系统的输出多为连续信号，为得到采样点间的输出响应，需要引入广义 Z 变换和广义 Z 传递函数。广义 Z 变换定义为

$$x(z,\beta)=z^{-1}\sum_{k=0}^{\infty}x(kT+\beta T)z^{-k} \tag{3-78}$$

其中，

$$\beta=1-\frac{\theta}{T},\theta=(1-\beta)T,0\leqslant\theta\leqslant T \tag{3-79}$$

式中，θ 为延迟时间。

　　设单位负反馈离散系统如图 3.23 所示。其中 $G_0(s)$ 为被控对象连续部分的传递函数，ZOH 为零阶保持器，$D(z)$ 为数字控制器的 Z 传递函数。

　　设采样点间的输出 $y(t)$ 是通过假想延迟之后再输出的，则闭环广义 Z 传递函数为

$$\Phi(z,\beta)=\frac{Y(z,\beta)}{R(z)} \tag{3-80}$$

式中

$$Y(z,\beta)=G(z,\beta)U(z) \tag{3-81}$$

其中

$$U(z)=D(z)E(z) \tag{3-82}$$
$$E(z)=R(z)-Y(z) \tag{3-83}$$
$$Y(z)=G(z)U(z) \tag{3-84}$$

由此得到闭环广义 Z 传递函数为

$$\Phi(z,\beta)=\frac{D(z)G(z,\beta)}{1+D(z)G(z)} \tag{3-85}$$

其输出广义 Z 变换为

$$Y(z,\beta)=\Phi(z,\beta)R(z)=\frac{D(z)G(z,\beta)}{1+D(z)G(z)}R(z) \tag{3-86}$$

　　求得式(3-86)的 Z 反变换后，当 β 在 0～1 范围取值时，就可得到在采样点间的输出响应 $y(t)$，即为连续输出信号。

　　【例 3-14】　对于图 3.23 所示的离散系统，设 $G_0(s)=\dfrac{1}{s+1}$，$D(z)=1.5$，$T=1$ s，求该系统在单位阶跃信号作用下在采样点间的输出响应。

解 $$G(z) = Z\left[\frac{1 - e^{-Ts}}{s} G_0(s)\right] = Z\left[\frac{1 - e^{-Ts}}{s} \frac{1}{s+1}\right] = \frac{0.632z^{-1}}{1 - 0.368z^{-1}}$$

$$G(z, \beta) = (1 - z^{-1})\left[\frac{z^{-1}}{1 - z^{-1}} - \frac{e^{-\beta}z^{-1}}{1 - 0.368z^{-1}}\right] = \frac{\left[(1 - e^{-\beta}) + (e^{-\beta} - 0.368)z^{-1}\right]z^{-1}}{1 - 0.368z^{-1}}$$

于是可得闭环 Z 传递函数为

$$\Phi(z, \beta) = \frac{Y(z, \beta)}{R(z)} = \frac{D(z)G(z, \beta)}{1 + D(z)G(z)}$$

$$= \frac{1.5\left[(1 - e^{-\beta}) + (e^{-\beta} - 0.368)z^{-1}\right]z^{-1}}{1 - 0.58z^{-1}}$$

因输入 $R(z) = \dfrac{1}{1 - z^{-1}}$，故系统输出的广义 Z 变换为

$$Y(z, \beta) = \frac{1.5(1 - e^{-\beta})z^{-1} + 1.5(e^{-\beta} - 0.368)z^{-2}}{1 - 0.42z^{-1} - 0.58z^{-2}}$$

$$= 1.5(1 - e^{-\beta})z^{-1} + 1.5(0.58e^{-\beta} - 0.052)z^{-2} + 1.5(0.602 - 0.336e^{-\beta})z^{-3} +$$

$$1.5(0.195e^{-\beta} + 0.283)^{-4} + \cdots$$

当 β 在 0～1 范围取值时，就可得到在采样点间的输出响应 $y(t)$，如图 3.25 所示。

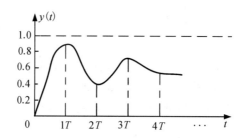

图 3.25　线性离散系统在采样点间的输出响应

3.7.2　被控对象含延时的输出响应

在计算机控制系统中，被控对象常常固定地含有延时环节。另外，如果计算机的运算时间和 A/D 的转换时间等不能忽略，则可以把这些时间集中起来考虑，看成是被控对象的延迟时间，即把这些产生延时时间的环节当作被控对象含有的延时环节，如图 3.26 所示。利用广义 Z 变换法和广义 Z 传递函数，可以方便地计算被控对象含有延时的输出响应。

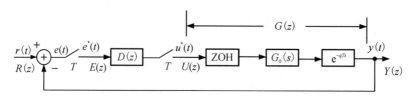

图 3.26　被控对象含有延时环节的离散系统

设 $G(z, q) = Z\left[\dfrac{1 - e^{-Ts}}{s} G_0(s)e^{-qTs}\right]$，令 $\beta = 1 - q$。则其闭环广义 Z 传递函数为

$$\Phi(z,\beta)=\frac{Y(z,\beta)}{R(z)} \tag{3-87}$$

式中

$$Y(z,\beta)=G(z,\beta)U(z) \tag{3-88}$$

其中

$$U(z)=D(z)E(z) \tag{3-89}$$

$$E(z)=R(z)-Y(z) \tag{3-90}$$

$$Y(z)=G(z,\beta)U(z) \tag{3-91}$$

于是可得到闭环广义 Z 传递函数为

$$Y(z,\beta)=\Phi(z,\beta)R(z)=\frac{D(z)G(z,\beta)}{1+D(z)G(z,\beta)}R(z) \tag{3-92}$$

求得上式的 Z 反变换，就可得到在采样点的输出响应 $y^{*}(t)$。

【例 3 - 15】　对于图 3.26 所示的离散系统，设 $G_0(s)=\dfrac{1}{s+1}$，$D(z)=1.5$，$T=1$ s，$q=0.13$，求该系统在单位阶跃信号作用下的输出响应。

解　由 $q=0.13$ 得

$$\beta=1-0.13=0.87$$

$$G(z,\beta)=Z\left[\frac{1-\mathrm{e}^{-Ts}}{s}\frac{1}{s+1}\mathrm{e}^{-1}\mathrm{e}^{0.87}\right]$$

$$=(1-z^{-1})z^{-1}Z\left[\frac{\mathrm{e}^{0.87}}{s(s+1)}\right]$$

$$=\frac{0.581(1+0.088z^{-1})z^{-1}}{1-0.368z^{-1}}$$

闭环广义 Z 传递函数为

$$\Phi(z,\beta)=\frac{D(z)G(z,\beta)}{1+D(z)G(z,\beta)}=\frac{0.872z^{-1}+0.077z^{-2}}{1+0.504z^{-1}+0.077z^{-2}}$$

若输入信号为 $R(z)=\dfrac{1}{1-z^{-1}}$，则其输出广义 Z 变换为

$$Y(z,\beta)=\Phi(z,\beta)R(z)=\frac{0.872z^{-1}+0.077z^{-2}}{1-0.496z^{-1}-0.427z^{-2}-0.077z^{-3}}$$

$$=0.872z^{-1}+0.51z^{-2}+0.625z^{-3}+\cdots$$

这样就得到了系统在采样点的输出响应。

3.8　离散系统的根轨迹分析法

Z 平面上的根轨迹，是计算机控制系统开环 Z 传递函数中的某一参数（如放大系数）连续变化时，闭环 Z 传递函数的极点连续变化的轨线。通过选择该参数的大小，可改变闭环系统的根轨迹，使计算机控制系统的性能得到满足。

    Z 平面根轨迹的绘制原则同 S 平面一样。设系统的开环 Z 传递函数为 $kG(z)$，其中有 n 个极点、m 个零点，其中 k 是放大系数或其他参数，而 $G(z)$ 的分子和分母关于 z 的多项式中最高阶项的系数为 1，则系统的闭环特征方程为

$$1 + kG(z) = 0 \tag{3-93}$$

将其分解为两个方程，即

$$
\begin{cases}
\angle G(z) = \displaystyle\sum_{i=1}^{m} \theta_{z_i} - \sum_{j=1}^{n} \theta_{p_j} = \pm(2l+1)\pi & \text{相角条件} \\[2mm]
\mid G(z) \mid = \dfrac{1}{k} & \text{幅值条件}
\end{cases}
$$

式中，θ_{z_i} 是 $\angle(z-z_i)$，θ_{z_j} 是 $\angle(z-p_j)$，l 是自然数。对于给定的 $G(z)$，凡是符合相角条件即轨迹方程的 Z 平面的点，都是根轨迹上的点。而该点对应的 k 值，则由幅值条件确定。

    绘制根轨迹的基本规则如下：

    （1）根轨迹关于实轴对称。

    （2）根轨迹有 n 条分支（设 $n \geqslant m$），每条分支始于各个极点，其中有 m 条终止于 m 个零点，其他 $n-m$ 条趋向无穷远处。

    （3）无穷远分支的渐近线角度为

$$\theta = \frac{(2l+1)\pi}{n-m} \tag{3-94}$$

渐近线与实轴的交点为

$$\sigma = \frac{\displaystyle\sum_{j=1}^{n} p_i - \sum_{i=1}^{m} z_i}{n-m} \tag{3-95}$$

    （4）位于实轴上的根轨迹，其右边实轴上的极点数与零点数之和为奇数。

    （5）确定实轴上的分离点和会合点。

    方法 1：根据相角条件可得下列方程，即

$$\sum_{i=1}^{m} \frac{1}{d-z_j} = \sum_{j=1}^{n} \frac{1}{d-p_j} \tag{3-96}$$

    方法 2：分离点（会合点）必须为闭环特征方程的重根，即

$$\frac{\mathrm{d}G(z)}{\mathrm{d}z}\Big|_{z=d} = 0 \tag{3-97}$$

    （6）求出发角和终止角。

    极点 p_k 的出发角为 θ_{z_k}，极点 p_k 的重数为 r_k，求出发角的方程为

$$\sum_{i=1}^{m} \theta_{z_i} - \left(\sum_{\substack{j=1 \\ j \neq k}}^{n} \theta_{p_j} + r_k \theta_{p_k} \right) = \pm(2l+1)\pi \tag{3-98}$$

零点 z_k 的终止角为 θ_{z_k}，极点 z_k 的重数为 r_k，求终止角的方程为

$$\left(\sum_{\substack{i=1 \\ i \neq k}}^{m} \theta_{z_i} + r_k \theta_{z_k} \right) - \sum_{j=1}^{n} \theta_{p_j} = \pm(2l+1)\pi \tag{3-99}$$

    （7）根轨迹之和（所有闭环极点 z 之和）：当 $n-m \geqslant 2$ 时为常数，即根轨迹某些向左，另一些向右。

（8）根轨迹与单位圆的交点由下式给出，即

$$1 + kG(e^{\theta}) = 0 \tag{3-100}$$

如果要绘制 $k = (-\infty \sim 0)$ 的根轨迹，则只要将相角条件由 $(2l+1)\pi$ 改为 $2l\pi$ 即可。

由根轨迹与单位圆的交点，就可确定使离散系统稳定的开环增益的范围。用根轨迹法分析闭环离散系统稳定性，不但可知某个确定的参数值下 k 的范围，而且可知道闭环极点的具体位置，尤其是 k 变化时的极点变化趋势，因此用它来指导参数整定是很直观的。

【例 3 - 16】 已知反馈系统开环 Z 传递函数为 $G(z) = \dfrac{k(z+0.5)}{z(z-0.5)(z^2-z+0.5)}$，试绘制 $k = (-\infty \sim +\infty)$ 的根轨迹图。

解　（1）此开环 Z 传递函数的零极点为：

1 个零点：$z_1 = -0.5$。

4 个极点：$p_1 = 0$，$p_2 = 0.5$，$p_{3,4} = 0.5 \pm j0.5$。

可分为 $k = (-\infty \sim 0)$ 和 $k = (0 \sim +\infty)$ 两部分进行绘制。

（2）正向根轨迹：极点数为 4，分支条数为 4 条，存在 1 个零点，其中 1 条根轨迹终止于 $z_1 = -0.5$，另外 3 条趋向于无穷远点。

（3）渐近线的夹角 θ 为

$$\theta = \frac{\pm(2l+1)\pi}{n-m} = \frac{\pm(2l+1)\pi}{4-1}$$

求得 $\theta_1 = \dfrac{\pi}{3}$，$\theta_2 = \pi$，$\theta_3 = \dfrac{5\pi}{3}$。

渐近线与实轴交点 σ 为

$$\sigma = \frac{\sum\limits_{j=1}^{n} p_i - \sum\limits_{i=1}^{m} z_i}{n-m} = \frac{(0+0.5+0.5+j0.5+0.5-j0.5)-(-0.5)}{4-1} \approx 0.67$$

（4）确定分离点。

由 $\sum\limits_{i=1}^{m} \dfrac{1}{d-z_j} = \sum\limits_{j=1}^{n} \dfrac{1}{d-p_j}$ 得

$$\frac{1}{d-(-0.5)} = \frac{1}{d-0} + \frac{1}{d-0.5} + \frac{1}{d-(0.5+j0.5)} + \frac{1}{d-(0.5-j0.5)}$$

因此，$d_1 = 0.16$，$d_2 = -0.80$。

（5）确定出发角。

由 $\sum\limits_{i=1}^{m}\theta_{z_i} - \left(\sum\limits_{\substack{j=1\\j\neq k}}^{n}\theta_{p_j} + r_k\theta_{p_k}\right) = \pm(2l+1)\pi$，计算极点 $p_3 = 0.5+j0.5$ 的出发角：

$$\theta_{z_1} = \angle(p_3 - z_1) = \arctan\left(\frac{1}{2}\right) = 0.4636 \times \frac{180°}{\pi} = 26.57°$$

$$\theta_{p_1} = \angle(p_3 - p_1) = 45°$$

$$\theta_{p_2} = \angle(p_3 - p_2) = 90°$$

$$\theta_{p_4} = \angle(p_3 - p_4) = 90°$$

可得 p_3 的出发角为

$$\theta_{p_3} = -19.43°$$

同理，求得 $p_4 = 0.5 - j0.5$ 的出发角为 $\theta_{p_4} = 19.43°$。

根据以上计算结果绘制的根轨迹图如图 3.27 所示。

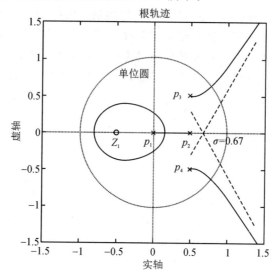

图 3.27 例 3 - 16 根轨迹图

MATLAB 程序代码如下：

```
deng1=[1, -0.50];
deng2=[1, 0];
deng3=[1, -1, 0.50];
deng4=conv(deng1, deng2);
deng5=conv(deng3, deng4);
numg=[1, 0.5];
ts=0.5;
g=tf(numg, deng5, ts);
rlocus(g);
xlim([-1.5, 1.5]); ylim([-1.5, 1.5]);
xlabel('实轴'); ylabel('虚轴'); title('根轨迹');
```

【例 3 - 17】 某离散系统结构如图 3.28 所示，设采样周期 $T = 0.25$ s。试用根轨迹法确定使系统稳定的 k 值范围。

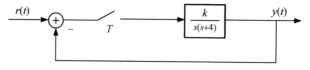

图 3.28 离散系统结构

解 该系统的开环 Z 传递函数为

$$G(z) = Z\left[\frac{k}{s(s+4)}\right] = \frac{0.158kz}{(z-1)(z-0.368)}$$

由此可知，此开环 Z 传递函数有一个零点 $z_1 = 0$，两个极点 $p_1 = 1$，$p_2 = 0.368$。

MATLAB 程序代码如下：

```
clear all;
```

```
close all；
z＝0；
p＝[1 0.368]；
sys＝zpk(z，p，0.158)；                 ％系统零极点形式
w＝0：pi/100：2＊pi；
a＝cos(w)；
b＝sin(w)；
[r，k]＝rlocus(sys)；
rlocus(sys)；
hold on；
plot(a，b，'r'，'linewidth'，1.5)；       ％画单位圆
axis([−2 2 −2 2])；
n＝1；
while(abs(r(n))<1)，n＝n+1；             ％求临界根轨迹增益
End
xlabel('实轴/s')；ylabel('虚轴/s')；title('根轨迹')；
```

程序运行结果如图 3.29 所示。

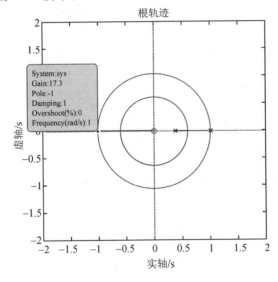

图 3.29　系统根轨迹

由图 3.29 可知，当 $0<k<17.3$ 时，该系统是稳定的。

3.9　离散系统的频域分析法

在连续系统中，可用简单的方法近似绘制频率对数响应特性曲线（即伯德图）。这里仅简要介绍 Z 平面的频域设计法。

将 $s=\mathrm{j}\omega$ 代入 S 平面和 Z 平面的对应关系 $z=\mathrm{e}^{sT}$ 中，得到 $z=\mathrm{e}^{\mathrm{j}\omega T}$，可看出 Z 平面的频率特性是以超越函数的形式体现的，Z 变换把 S 左半平面的主频带和无数辅频带都映射到 Z 平面的单位圆内。因此为了利用频域设计法分析离散系统，必须对 Z 平面进行某种变换。将 Z 平面变换到 W 平面，即可利用伯德图的优点进行系统设计。

1. 双线性变换

双线性变换有两种形式，即

$$z=\frac{1+w}{1-w} \quad (\text{或 } w=\frac{z-1}{z+1}) \quad \text{和} \quad z=\frac{1+\dfrac{T}{2}w}{1-\dfrac{T}{2}w} \quad (\text{或 } w=\frac{2}{T}\frac{z-1}{z+1}) \quad (3-101)$$

2. 双线性变换的特性

从 S 平面到 W 平面的映射分两步：首先，将 S 平面的左半平面的主频带和辅频带都映射到 Z 平面的单位圆内；然后，从 Z 平面映射到 W 平面，令 $w=\sigma+\mathrm{j}v$，得到

$$|z|=\frac{\left(1+\dfrac{T}{2}\sigma\right)^2+\left(\dfrac{vT}{2}\right)^2}{\left(1-\dfrac{T}{2}\sigma\right)^2-\left(\dfrac{vT}{2}\right)^2} \quad (3-102)$$

双线性变换把 Z 平面的单位圆一一对应地映射到 W 平面的整个左半平面，而 S 平面的主频带则映射到整个 W 平面，所以 S 平面到 W 平面的映射存在频率混叠问题。但有一点好处是得到了以虚轴为分界线的 W 平面，如图 3.30 所示。

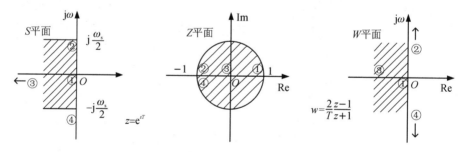

图 3.30　从 S 平面到 Z 平面再到 W 平面映射

S 平面与 W 平面频率对应关系为：将 $w=\mathrm{j}v$，$z=\mathrm{e}^{\mathrm{j}\omega T}$ 代入 $w=\dfrac{2}{T}\dfrac{z-1}{z+1}$，得到 $v=\dfrac{2}{T}\tan\dfrac{\omega T}{2}$。可以看出 v 与 ω 之间是非线性关系，即 Z 平面的频率特性映射到 W 平面后频率轴被拓展了。当系统工作在低频段时，近似有 $v\approx\omega$，于是 S 平面内真实频率与 W 平面内的虚拟频率在低频段近似相等的关系是有意义的。在系统定性设计阶段，可将 W 平面频率看作是真实频率，但当频率较高时，必须按 $v=\dfrac{2}{T}\tan\dfrac{\omega T}{2}$ 进行非线性换算。

3. 频域设计法步骤

(1) 已知连续被控对象 $G(s)$，求带零阶保持器的广义对象脉冲传递函数，得到

$$G(z) = Z\left[\frac{1 - \mathrm{e}^{-sT}}{s}G(s)\right]。$$

（2）由双线性变换公式可知，将 $G(z)$ 变换成传递函数 $G(w)$，得到 $G(w)=$
$G(z)\Big|_{z = \left(1 + \frac{T}{2}w\right)/\left(1 - \frac{T}{2}w\right)}$，可以按照采样频率是闭环系统带宽 10 倍的经验选择合适的采样周期 T。

（3）在 W 平面，将 $w = \mathrm{j}v$ 代入 $G(w)$ 中，画出 $G(w)$ 的伯德图，设计控制器 $D(w)$。

（4）通过反双线性变换 $w = \dfrac{2}{T}\times\dfrac{z-1}{z+1}$，得到 $D(z) = D(w)\Big|_{w = \frac{2}{T}\times\frac{z-1}{z+1}}$。

（5）验证 Z 平面闭环系统的品质，如果不满足要求，转步骤（3）重新设计。

（6）用计算机算法实现数字控制器 $D(z)$ 的控制算法[36]。

【例 3 - 18】　线性离散系统如图 3.31 所示，设 $K_0 = 3.17\times10^5$，$T = 0.1$，$J = 41\,822$，当 K 分别为 10^7、6.32×10^6 和 1.65×10^6 时，试用频率法分析该系统的稳定性，并确定幅值的稳定裕度和相角的稳定裕度。

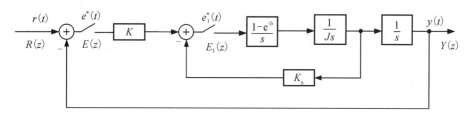

图 3.31　线性离散系统

解　根据图 3.31 求得系统的开环传递函数为

$$G(z) = \frac{T^2K(z+1)}{2Jz^2 + (2K_0T - 4J)z + 2J - 2K_0T} = \frac{1.2\times10^{-7}K(z+1)}{(z-1)(z-0.242)}$$

求得

$$G(w) = \frac{1.583\times10^{-7}K(1-w)}{w(1 + 1.638w)}$$

将 $w = \mathrm{j}v$ 代入上式，得到开环频率特性为

$$G(\mathrm{j}v) = \frac{1.583\times10^{-7}K(1 - \mathrm{j}v)}{\mathrm{j}v(1 + 1.638\mathrm{j}v)}$$

用 Bode 图（也称为伯德图）判断离散系统的稳定性准则和连续系统一样。闭环离散系统稳定的充要条件（频率法）是：在 $20|\lg(G(\mathrm{j}v))| > 0$ 范围内，$G(\mathrm{j}v)$ 对于 $-180°$ 线的正、负穿越之差 $N = P/2$。其中，P 为开环传递函数 $G(w)$ 的不稳定极点的个数，即 $G(w)$ 在 W 平面右半边极点的个数。

MATLAB 程序如下：

（1）求根轨迹程序：

```
clc; clear;
K = 1.65e6;
a = 1.583e-7;
num = K * a * [-1, 1];
den = [1.638, 1, 0];
```

```
sys=tf(num, den)
rlocus(sys)
axis([-1, 2.5, -2, 2]);
xlabel('实轴/s'); ylabel('虚轴/s'); title('根轨迹');
```

程序运行结果如图 3.32 所示。

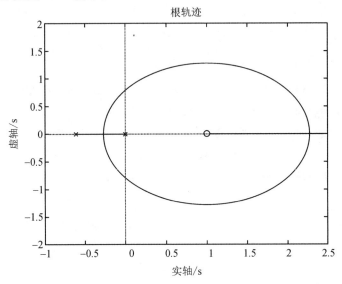

图 3.32　根轨迹

（2）求 Bode 图程序：

```
clc; clear;
K=[1.65e6, 6.32e6, 1e7];
a=1.583e-7;
w1=-1;
w2=1;
ts=0.1;
v=logspace(w1, w2, 100);    %x=logspace(a, b, n)用于生成有 n 个元素的对数等分行向量
                            x, 且 x(1)=10a, x(n)=10b。

deng=[1.638, 1, 0];
numg1=K(1) * a * [-1, 1];
numg2=K(2) * a * [-1, 1];
numg3=K(3) * a * [-1, 1];
sys_s1=tf(numg1, deng);
sys_s2=tf(numg2, deng);
sys_s3=tf(numg3, deng);
figure; margin(sys_s1); xlim([0.1, 10]);
figure; margin(sys_s2); xlim([0.1, 10]);
figure; margin(sys_s3); xlim([0.1, 10]);
figure; bode(sys_s1, sys_s2, sys_s3, v);
gridon; h1=legend('show'); set(h1, 'Location', 'NorthEast');
```

程序运行结果如下：

① $K=1.65\times10^6$ 时，对应的伯德图如图 3.33 所示。

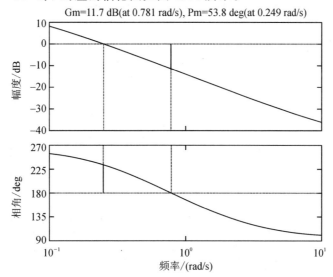

图 3.33　$K=1.65\times10^6$ 对应的伯德图

从图 3.33 可知，此时的闭环系统是稳定的，幅值的稳定裕度为 11.7 dB，相角的稳定裕度为 53.8°。

② $K=6.32\times10^6$ 时，对应的伯德图如图 3.34 所示。

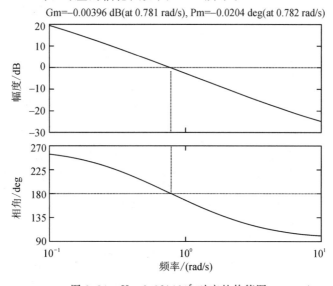

图 3.34　$K=6.32\times10^6$ 对应的伯德图

由图 3.34 可知，此时的闭环系统是临界稳定的，幅值的稳定裕度为 0 dB，相角的稳定裕度为 0°。

③ $K=10^7$ 时，对应的伯德图如图 3.35 所示。

由图 3.35 可知，此时的闭环系统是不稳定的，幅值的稳定裕度为 -3.99 dB 和相角的稳定裕度为 $-20.3°$，均为负值。

图 3.36 所示为以上 3 个 K 值对应的伯德图对比图。

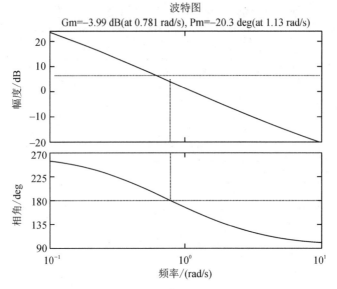

图 3.35 $K = 10^7$ 对应的伯德图

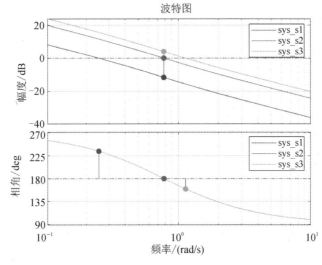

图 3.36 3 个 K 值对应的伯德图对比图

图 3.36 说明：

（1）$K = 10^7$ 对应的正穿越数为 0，负穿越数为 1，$G(w)$ 无不稳定极点，即 $P = 0$。

（2）正负穿越之差为

$$N = -1 \neq \frac{P}{2} = 0$$

思 考 与 练 习

3.1 已知系统结构图如图 3.37 所示。

（1）试写出系统闭环脉冲传递函数 $\Phi(z)$；

（2）若 $K=2$，试求使系统稳定的 T 的取值范围。

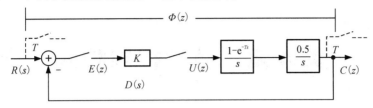

图 3.37

3.2　已知系统结构如图 3.38 所示，$T=1$ s。

（1）当 $K=8$ 时，分析系统的稳定性；

（2）求 K 的临界稳定值。

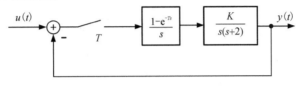

图 3.38

3.3　试求图 3.39 所示的采样控制系统在单位阶跃信号作用下的输出响应 $y^*(t)$，设 $G(s)=\dfrac{20}{s(s+10)}$，采样周期 $T=0.1$ s。

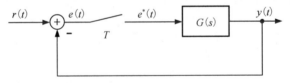

图 3.39

3.4　试求图 3.39 所示的采样控制系统在单位速度信号作用下的稳态误差，设 $G(s)=\dfrac{1}{s(0.1s+1)}$，采样周期 $T=0.1$ s。

3.5　对于图 3.39 所示的采样控制系统，设 $G(s)=\dfrac{10}{s(s+1)}$，采样周期 $T=1$ s。

（1）试分析该系统满足稳定的充要条件；

（2）试用 Routh 稳定性准则判断其稳定性。

3.6　设线性离散控制系统的特征方程为 $45z^3-117z^2-119z-39=0$，试判断此系统的稳定性。

3.7　已知离散控制系统如图 3.40 所示，采样周期 $T=0.2$ s，输入信号 $r(t)=1+t+\dfrac{1}{2}t^2$，求该系统的稳态误差。

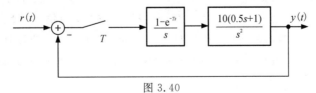

图 3.40

第4章 数字控制技术

4.1 数字控制系统概述

4.1.1 数字控制系统的组成

数字控制是计算机数字控制（Computer Numerical Control，简称 CNC）的俗称。系统一般由控制介质、数控装置、伺服系统、测量反馈系统等部分组成，如图 4.1 所示。

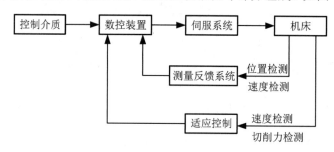

图 4.1 CNC 系统的组成

1. 控制介质

控制介质是存储数控加工信息的载体，它可以是硬盘、U 盘、光盘等。数控加工信息包括零件的加工程序、加工零件时刀具相对工件的位置和机床的全部动作控制指令等，它们按照规定的格式和代码记录在信息载体上，也即控制介质上。

2. 数控装置

数控装置是数控机床的核心，现代数控机床都采用了计算机数控装置。数控装置一般由输入单元、信息处理单元和输出单元三大部分构成。控制介质通过输入单元（如 USB 接口、硬盘接口、光驱、以太网、串口、无线网络等）输入，转换成信息处理单元可以识别的信息，由信息处理单元按照程序的规定将接收的信息加以处理（如插补计算、刀具补偿等）后，通过输出单元发出位置、速度等指令给伺服系统，从而实现各种控制功能。

3. 伺服系统

伺服系统是把来自数控装置的各种指令转换成数控机床执行机构运动的驱动部件。它包括主轴驱动单元、进给驱动单元、主轴电动机和进给电动机等。伺服系统直接决定刀具和工件的相对位置，其性能是决定数控机床加工精度和生产率的主要因素。一般要求数控机床的伺服系统应具有较好的快速响应性能，以及具有能灵敏而准确地跟踪指令的功能。

4. 测量反馈系统

测量反馈系统由检测元件和相应的电路组成，其作用是检测数控机床的实际位置、速度等信息，并将其反馈给数控装置与指令信息进行比较和校正，构成系统的闭环控制。

4.1.2　数字控制的原理

下面用计算机在绘图仪或数控机床上重现图 4.2 所示的平面曲线来简要说明数字控制原理。

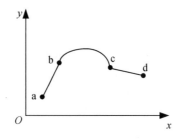

图 4.2　平面曲线图形

用计算机在绘图仪或数控机床上重现图 4.2 所示的平面曲线过程如下：

（1）曲线分割。将所需加工的轮廓曲线，依据保证线段所连的曲线（或折线）与原图形的误差在允许范围之内的原则分割成机床能够加工的曲线线段。如将图 4.2 所示的曲线分割成直线段 ab、cd 和圆弧曲线 bc 3 段，然后把 a、b、c、d 4 个点坐标记下来并送给计算机。

（2）插补计算。根据给定的各曲线段的起点、终点坐标（即 a、b、c、d 各点坐标），以一定的规律确定出一系列中间点，要求用这些中间点所连接的曲线段必须以一定的精度逼近给定的线段。确定各坐标值之间的中间值的数值计算方法称为插值或插补。常用的插补形式有直线插补和二次曲线插补两种形式。直线插补是指在给定的两个基点之间用一条近似直线来逼近，当然由此确定的中间点连接起来的折线近似于一条直线，而并不是真正的直线。所谓二次曲线插补是指在给定的两个基点之间用一条近似曲线来逼近，也就是实际的中间点连线是一条近似于曲线的折线弧线。常用的二次曲线有圆弧、抛物线和双曲线等。对图 4.2 所示的曲线，ab 和 cd 段直接插补，bc 段用圆弧插补比较合理。

（3）脉冲分配。根据插补运算过程中确定出的各中间点，对 x、y 方向分配脉冲信号，以控制步进电动机的旋转方向、速度及转动的角度，步进电动机带动刀具，从而加工出所要求的轮廓。根据步进电动机的特点，每一个脉冲信号将控制步进电动机转动一定的角度，从而带动刀具在 x 或 y 方向移动一个固定的距离。

把对应于每个脉冲移动的相对位置称为脉冲当量或步长，常用 Δx 和 Δy 来表示，并且

$\Delta x = \Delta y$。很明显，脉冲当量也就是刀具的最小移动单位，Δx 和 Δy 的取值越小，所加工的曲线就越逼近理想的曲线[25]。

4.1.3 电动机中数字控制系统的分类

电动机中数字控制系统(简称数控系统)主要分为开环数字控制系统和闭环数字控制系统两大类。按反馈装置的安装位置的不同，把闭环数字控制系统又分为全闭环数字控制系统和半闭环数字控制系统。

1. 开环数字控制系统

开环数字控制系统不带检测装置，也无反馈电路，以步进电动机驱动，其结构如图 4.3 所示。数控装置发出的脉冲指令通过步进电动机功率放大器，使步进电动机转过相应的步距角，再经过传动系统，带动工作台或刀架移动。移动部件的速度与位移量由输入脉冲的频率和脉冲数决定，位移精度主要取决于驱动元器件和电动机(步进电动机)的性能。

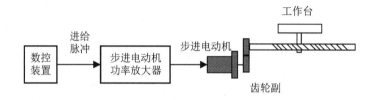

图 4.3 开环数字控制系统结构图

开环数字控制结构简单，具有可靠性高、成本低、易于调整和维护等特点，被广泛应用于经济型数字控制系统中。由于开环数字控制系统采用了步进电动机作为驱动元件，使得系统的可控性变得更加灵活，更易于实现各种插补运算和运动轨迹控制。

2. 全闭环数字控制系统

全闭环数字控制系统带有位置检测反馈装置，其结构如图 4.4 所示。加工过程中位置检测反馈装置将测量到的实际位置值反馈到数控装置中，与输入的指令位移相比较，用比较的差值控制移动部件，直到差值为零，即实现移动部件的最终准确定位。位置检测信号取自机床工作台(传动系统的最末端执行件)，所以包含了整个传动系统的全部误差，故称为全闭环系统。

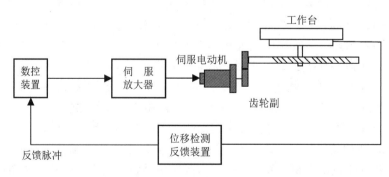

图 4.4 全闭环数字控制系统结构框图

从理论上讲，全闭环数字控制系统的控制精度主要取决于位移检测反馈装置的精度，它完全可以消除由于传动部件制造中存在的误差给工件加工带来的影响。所以这种控制系统可以得到很高的加工精度。全闭环数字控制系统的设计和调整都有较大的难度，一些常规的数字控制系统很少采用，主要用于一些精度要求较高的镗铣床、超精车床和加工中心等。

3. 半闭环数字控制系统

将全闭环数字控制系统的测量元件从工作台移动到伺服电动机的轴端，就构成了半闭环数字控制系统，其结构如图 4.5 所示。这样构成的系统，工作台不在控制环内，克服了由于工作台的某些机械环节的特性引起的参数变动，容易获得稳定的控制特性，广泛应用于连续控制的数控机床上。

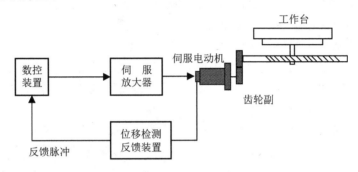

图 4.5　半闭环数字控制系统结构框图

4.1.4　伺服控制系统

伺服控制系统是一种能对试验装置的机械运动按预定要求进行自动控制的操作系统。在很多情况下，伺服系统专指被控制量(系统的输出量)是机械位移或位移速度、加速度的反馈控制系统，其作用是使输出的机械位移(或转角)准确地跟踪输入的位移(或转角)。伺服系统的结构组成和其他形式的反馈控制系统没有原则上的区别。

伺服控制系统一般包括控制器、被控对象、执行环节、检测环节、比较环节等五部分。

比较环节是将输入的指令信号与系统的反馈信号进行比较，以获得输出与输入间的偏差信号的环节，通常由专门的电路或计算机来实现。

执行环节的作用是按控制信号的要求，将输入的各种形式的能量转化成机械能，驱动被控对象工作。机电一体化系统中的执行元件一般指各种电机或液压，气动伺服机构等。

机械参数量包括位移、速度、加速度、力和力矩等，它们可作为被控对象。

检测环节是指能够对输出进行测量并转换成比较环节所需要的量纲的装置，一般包括传感器和转换电路。

常见的 4 种伺服控制系统如下：

(1) 液压伺服控制系统。液压伺服控制系统是以电动机提供动力基础，使用液压泵将机械能转化为压力，从而推动液压油的系统。该系统通过控制各种阀门改变液压油的流向，从而推动液压缸做出不同行程、不同方向的动作，完成各种设备不同的动作需要。液压伺服控制系统按照偏差信号获得和传递方式的不同分为机-液、电-液、气-液等伺服控制系统,其中应用较多的是机-液和电-液控制系统。按照被控物理量的不同,液压伺服控制系统可以分为位置控制、速度控制、力控制、加速度控制、压力控制和其他物理量控制等伺服控制系统。液压伺服控制系统还可以分为节流控制(阀控)式和容积控制(泵控)式伺服控制系统。在机械设备中,主要采用机-液伺服控制系统和电-液伺服控制系统。

(2)交流伺服控制系统。交流伺服控制系统包括基于异步电动机的交流伺服控制系统和基于同步电动机的交流伺服控制系统。它除了具有稳定性好、快速性好、精度高的特点外,还具有其他一系列优点。它的性能指标可以从调速范围、定位精度、稳速精度、动态响应和运行稳定性等方面来衡量。

(3)直流伺服控制系统。交流伺服控制系统的工作原理是建立在电磁力定律基础上,与电磁转矩相关的是互相独立的两个变量主磁通与电枢电流,它们分别控制励磁电流与电枢电流,可方便地进行转矩与转速控制。从控制角度看,直流伺服控制系统是一个单输入单输出的单变量控制系统,经典控制理论完全适用于这种系统,因此,它凭借控制简单、调速性能优异,在数控机床的进给驱动中曾占据着主导地位。

(4)电-液伺服控制系统。电-液伺服控制系统是一种由电信号处理装置和液压动力机构组成的反馈控制系统。最常见的有电-液位置伺服系统、电-液速度控制系统和电-液力(或力矩)控制系统。

衡量伺服控制系统性能的主要指标包括系统精度、稳定性、响应特性、工作频率四大指标,特别是工作频率的频带宽度和精度指标。频带宽度简称带宽,由系统频率响应特性来规定,反映伺服控制系统的跟踪的快速性,带宽越大,快速性越好。伺服控制系统的带宽主要受控制对象和执行机构的惯性的限制,惯性越大,带宽越窄。

4.2 步进电动机伺服控制技术

4.2.1 步进伺服系统的构成

采用步进电动机的伺服系统又称开环步进伺服系统,其结构如图 4.6 所示。这种系统的伺服驱动装置主要是步进电动机、功率步进电动机、电-液脉冲马达等。由数控系统送出的指令脉冲,经过驱动电路控制和功率放大后,使步进电动机转动,通过齿轮副与滚珠丝

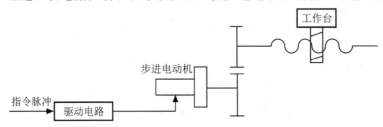

图 4.6 开环步进伺服系统的结构

杠螺母副驱动执行部件。由于步进电动机的角位移和角速度分别与指令脉冲的数量和频率呈正比，而且选择方向取决于指令脉冲电流的通电顺序，因此，只要控制指令脉冲的数量、频率及通电顺序，便可控制执行部件运动的位移量、速度和运动方向，而不需要对实际位移和速度进行测量后将测量值反馈到系统的输入端与输入的指令进行比较，故称为开环步进伺服系统。开环步进伺服系统具有结构简单，测试、维修、使用方便，成本低廉等特点。

　　开环步进伺服系统的位置精度主要取决于步进电动机的角位移精度、齿轮副和滚珠丝杠等传动元件的节距精度及系统的摩擦阻尼特性。因此该系统的位置精度较低，其定位精度一般只有 ± 0.01 mm。此外，由于步进电动机性能的限制，开环进给系统的进给速度也受到限制，在脉冲当量为 0.01 mm 时，一般不超过 5 m/min，故开环步进伺服系统一般在精度要求不太高的场合使用。

4.2.2　步进电动机的工作原理

　　图 4.7 所示是一种三相反应式步进电动机的原理图。电动机的定子上有 6 个均匀分布的磁极 A、A′、B、B′、C、C′，其夹角为 60°。各磁极上套有线圈，磁极 A 与 A′，B 与 B′、C 与 C′连接在一起构成绕组，按图连成 A、B、C 三相绕组。当每一相绕组有电流通过时，该绕组相应的两个磁极便形成 N 极和 S 极，每个磁极的极弧上各有 5 个均匀分布的矩形小齿。转子上没有绕组，而是沿圆周方向均匀分布了 40 个小齿，所以每个齿的齿距角为 $\theta_t = 360°/40 = 9°$。由于定子齿和转子齿的数目不同，这样就出现了定子齿和转子齿没有对齐，即所谓错齿的情况。错齿是促使步进电动机旋转的根本原因。

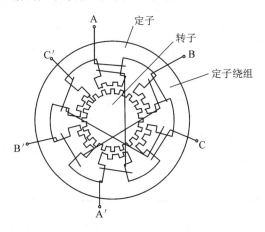

图 4.7　三相反应式步进电动机原理图

　　当 AA′、BB′、CC′三对磁极的绕组依次轮流通电，则这三对磁极依次产生磁场。转子上虽然没有绕组，但是转子是由硅钢片做成的，定子磁场对转子齿的吸引力会产生沿转子切线方向的磁拉力，从而产生电磁转矩（称为反应转矩），吸引转子转动。

　　假定 A 相磁极小齿和转子的小齿对齐，如图 4.7 所示。因为 B 相磁极与 A 相磁极相差 120°，所以转子齿不能与 B 相定子齿对齐，B 相定子齿与转子齿产生错位 3°。若给 B 相绕组通电，A 相绕组和 C 相绕组不通电时，B 相绕组产生定子磁场，其磁力线穿越 B 相磁极，并力图按磁阻最小的路径闭合。在电磁转矩的作用下，带动转子顺时针偏转，直到 B 相磁极上的齿与转子齿对齐。这时整个转子顺时针转动 3°。当 A 相绕组和 B 相绕组断电，而改为 C 相绕组通电时，同理受反应转矩的作用，转子按顺时针方向再转过 3°。依次类推，当三相绕组按 A→B→C→A 顺序循环通电时，转子会按顺时针方向，以每个通电脉冲转动 3°的规律步进式转动起来。若改变通电顺序，按 A→C→B→A 顺序循环通电，则转子就按逆时针方向以每个通电脉冲转动 3°的规律转动[38]。

4.2.3 步进电动机的工作方式

步进电动机可工作于单相通电方式，也可工作于双相通电方式和单、双相交替通电方式以及三相通电方式。步进电动机用不同的通电方式工作，可使其具有不同的性能。三相步进电动机有以下工作方式。

1. 三相单三拍工作方式

三相步进电动机具有 A、B、C 三相。如果换相方式为 A→B→C→A，则电流切换 3 次。即三相步进电动机换相 3 次，磁场就会旋转一周，同时转子转动一个齿距。对其中一相通电时，转子齿就会与该相定子齿对齐。三相步进电动机的这种通电方式称为三相单三拍方式。所谓"单"是指每次都只对一相通电。从一相绕组通电切换到另一相绕组通电称为一拍，每一拍转子转动一个步距角。所谓"三拍"，是指步进电动机通电换接 3 次后完成一个通电周期。

步进电动机采用三相单三拍工作方式时，各相绕组的通电顺序为：A→B→C→A 或 A→C→B→A。三相单三拍工作方式的各相通电电压波形如图 4.8 所示。

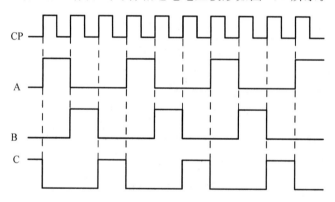

图 4.8　三相单三拍工作方式的各相通电电压波形

2. 三相双三拍工作方式

在三相步进电动机的控制系统中，如果每次都是两相通电，控制电流切换 3 次，磁场旋转一周，转子移动一个齿距位置，则称为三相双三拍工作方式。在这种工作方式下，由于每次是两相通电，因此转子齿不能与这两相的定子齿对齐，而处于该两相定子齿的中间位置。

三相步进电动机采用三相双三拍工作方式时，各相绕组的通电顺序为：AB→BC→CA→AB 或 AB→CA→BC→AB。三相双三拍工作方式的各相通电电压波形如图 4.9 所示。

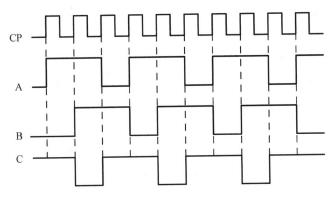

图 4.9　三相双三拍工作方式的各相通电电压波形

3. 三相六拍工作方式

三相六拍工作方式是把三相单三拍工作方式和三相双三拍工作方式结合起来的一种工作方式。三相步进电动机采用三相六拍工作方式时的步矩角将减小一半。显然，三相六拍工作方式比三相单三拍工作方式或三相双三拍工作方式的步进精度高出一倍。

三相步进电动机采用三相六拍工作方式时，有三拍是单相通电，有三拍是双相通电，各相绕组的通电顺序为：A→AB→B→BC→C→CA→A 或 A→CA→C→BC→B→AB→A。

总体来看，三相单三拍工作方式性能相对差一些，三相六拍工作方式最好，三相双三拍工作方式介于两者之间[45]。

三相六拍工作方式的各相通电电压波形如图 4.10 所示。

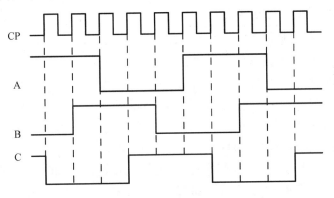

图 4.10　三相六拍工作方式的各相通电电压波形

4.2.4　步进电动机工控机控制技术

由步进电动机的工作原理可知，必须使其定子励磁绕组顺序通电，并具有一定功率的电脉冲信号才能使其正常运行。步进电动机驱动电路（又称驱动电源）就承担此项任务。步进电动机驱动电路可采用单电压驱动电路、双电压（高低压）驱动电路、斩波电路、调频调压和细分电路等。

过去常规的步进电动机控制主要采用脉冲分配器，目前已普遍采用计算机取代了脉冲分配器，使控制方式更加灵活，控制精度和可靠性更高。

由于步进电动机需要的驱动电流比较大，因此计算机与步进电动机的连接需要专门的接口电路及驱动电路。接口电路可以是锁存器，也可以是可编程接口芯片，如 8255、8155、CPLD 等。驱动器可是大功率复合管，也可以是专门的驱动器。

1. 步进电动机与工控机接口

步进电动机与工控机(Industrial Personal Computer，IPC)接口如图 4.11 所示。工控机可同时控制 X 轴和 Y 轴两台三相步进电动机。此接口电路选用 8255 可编程并行接口芯片，8255 PA 口的 PA0、PA1、PA2 控制 X 轴三相步进电动机，8255 PB 口的 PB0、PB1、PB2 控制 Y 轴三相步进电动机。只要确定了步进电动机的工作方式，就可控制各相绕组的通电顺序，实现步进电动机正反转。

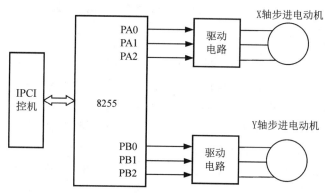

图 4.11　步进电动机与工控机接口

2. 步进电动机控制的输出字表

假定数据输出为"1"时相应的绕组通电，为"0"时相应的绕组断电。下面以三相六拍工作方式为例确定步进电动机控制的输出字。

当步进电动机的相数和工作方式确定之后，PA0～PA2 和 PB0～PB2 输出数据变化的规律就确定了，这种输出数据变化规律可用输出字来描述。为了便于寻找，输出字以表的形式放在计算机指定的存储区域。表 4.1 给出了步进电动机三相六拍工作方式输出字表。显然，若要控制步进电动机正转，则按 $ADX_1 \rightarrow ADX_2 \rightarrow \cdots \rightarrow ADX_6$ 和 $ADY_1 \rightarrow ADY_2 \rightarrow \cdots ADY_6$ 顺序向 PA 口和 PB 口送输出字即可；若要控制步进电动机反转，则按相反的顺序送输出字。

表 4.1　步进电动机三相六拍工作方式输出字表

X 轴步进电动机输出字表		Y 轴步进电动机输出字表	
存储地址标号	PA 口输出字	存储地址标号	PB 口输出字
ADX_1	00000001＝01H	ADY_1	00000001＝01H
ADX_2	00000011＝03H	ADY_2	00000011＝03H
ADX_3	00000010＝02H	ADY_3	00000010＝02H
ADX_4	00000110＝06H	ADY_4	00000110＝06H
ADX_5	00000100＝04H	ADY_5	00000100＝04H
ADX_6	00000101＝05H	ADY_6	00000101＝05H

3. 步进电动机与单片机的接口设计

当单片机的引脚数量足够时，可以直接用通用 I/O 接口控制步进电机。以 X 轴步进电动机为例，用 STC89C51 的 P1.0～P1.2 口代替 8255 的 PA0～PA2 口，采用光电耦合器 TLP521 进行电气隔离，并采用具有大电流驱动的达灵顿管连接步进电动机。步进电动机与单片机的接口原理如图 4.12 所示。

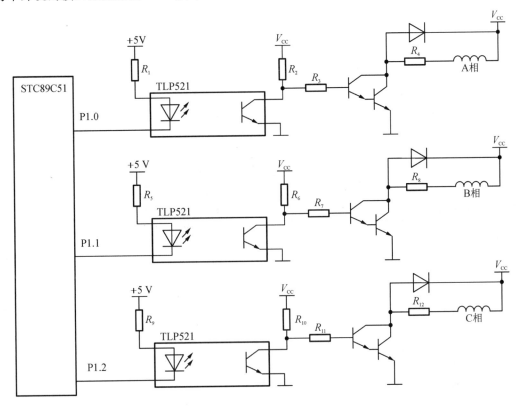

图 4.12　步进电动机与单片机的接口原理

4.2.5　步进电动机单片机控制技术

下面以实际应用案例介绍步进电动机单片机控制技术。即利用单片机控制二相四线（5 V）步进电动机，完成通过按键实现步进电动机的启停控制，并以两个按键实现步进电动机的正转与反转。

这里采用 ULN2003 作为步进电动机的驱动芯片。ULN2003 是由 7 路高电流达林顿阵列共同组成的驱动芯片，它的工作电压高，工作电流大，采用集电极开路输出，灌电流可达 500 mA，并且能够在关态时承受 50 V 的电压，输出还可以在高负载电流下并行运行。

程序设计如下：

```
#include "reg51.h"
sbit K1=P3^0;
sbit K2=P3^1;
sbit K3=P3^2;
```

```
unsigned char code FFW[]={0x01，0x03，0x02，0x06，0x04，0x0c，0x08，0x09}；//正转
unsigned char code REV[]={0x09，0x08，0x0c，0x04，0x06，0xfd，0x03，0x01}；//反转
void DelayMS(unsigned char ms){
    unsigned char i；
    while(ms——)
    {
        for(i=0；i<120；i++)；
    }
}
void moter_FFW(unsigned char n){     //正转
    unsigned char i，j；
    for (i=0；i<5*n；i++)
    {
        for (j=0；j<8；j++)
        {
            if(K3==0) break；
            P1=FFW[j]；
            DelayMS(25)；
        }
    }
}
void moter_REV(unsigned char n){     //反转

    unsigned char i，j；
    for (i=0；i<5*n；i++)
    {
        for (j=0；j<8；j++)
        {
            if(K3==0) break；
            P1=REV[j]；
            DelayMS(25)；
        }
    }
}
void main(){
    unsigned char x=3；
    while(1)
    {
        if(K1==0)
        {
            P0=0xfe；
            moter_FFW(x)；
            if(K3==0) break；
```

```
            }
        else if(K2==0)
        {
            P0=0xfd；
            moter_REV(x)；
            if(K3==0) break；
        }
        else
        {
            P0=0xfb；
            P1=0x03；
        }
    }
}
```

利用单片机控制步进电动机仿真图如图 4.13 所示。

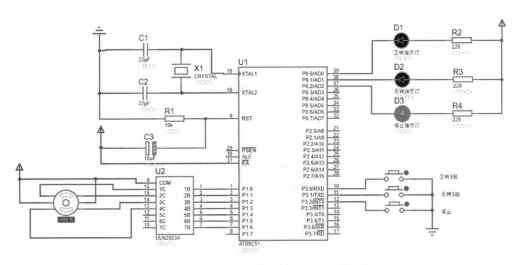

图 4.13　利用单片机控制步进电动机仿真图

4.3　直流伺服电动机伺服控制技术

4.3.1　直流伺服电动机的工作原理

直流伺服电动机具有良好的启动、制动和调速特性，可以很方便地在较宽范围内实现平滑无级调速，多用于对伺服电动机的调速性能要求较高的生产设备中。常用的直流伺服电动机根据结构划分为永磁式直流电动机、励磁式直流电动机、混合式直流电动机、无刷直流电动机、直流力矩电动机等。

1. 直流伺服电动机的基本结构

直流伺服电动机一般是指有刷直流伺服电动机,它包括定子、转子、电刷与换向片。

(1)定子:定子的作用是产生磁场,由定子的磁极产生。根据定子的磁极产生磁场的方式,定子磁极可分为永磁式和他励式。永磁式磁极由永磁材料制成,他励式磁极由冲压硅钢片叠压而成,外绕线圈,通以直流电流便产生恒定磁场。

(2)转子:又叫作电枢,由硅钢片叠压而成,表面嵌有线圈,通以直流电时,在定子磁场作用下产生带动负载旋转的电磁转矩。

(3)电刷与换向片:为使转子所产生的电磁转矩保持恒定方向,转子必须沿固定方向均匀地连续旋转,使电刷与外加直流电源相接,换向片与电枢导体相接。绕组内部的感应电势和电流为交流,电刷和换向器将电刷外部的直流电转变为内部绕组的交流电,从而实现了换向。

2. 永磁直流伺服电动机及工作原理

直流伺服电动机分为电励磁和永久磁铁励磁两种,但占主导地位的是永久磁铁励磁式(永磁式)直流伺服电动机(以下简称永磁直流伺服电动机)。图 4.14 所为其基本原理示意图。

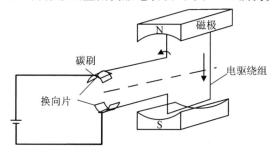

图 4.14 永磁直流伺服电动机工作原理

永磁直流伺服电动机工作时,在电枢绕组中通过施加直流电压,并在磁场的作用下使电枢绕组的导体产生电磁力,产生带动负载旋转的电磁转矩,从而驱动转子转动。通过控制电枢绕组中电流的方向和大小,就可控制直流伺服电动机的旋转方向和速度。永磁直流伺服电动机采用电枢电压控制时的电枢等效电路如图 4.15 所示。

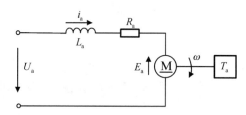

图 4.15 电枢电压控制时的电枢等效电路

图 4.15 中,L_a 和 R_a 分别为电枢绕组的电感和电阻,T_a 是负载转矩。当电枢绕组流过直流电流 i_a 时,一方面在电枢绕组中产生电磁力,使转子旋转,另一方面,电枢导体在定子磁场中以转速 ω 旋转切割磁力线,产生感应电动势 E_a。感应电动势的方向与电枢电流方向相反,称为反电势。其大小与转子旋转速度和定子磁场中的每极气隙磁通量 Φ 有关,其表达式为

$$E_a = K_1 \omega \Phi = K_b \omega$$

式中,K_1 为常数,K_b 为反电动势常数,其与电动机结构有关。

电动机的转速与控制电压的关系根据基尔霍夫定律表达式有

$$L_a \frac{\mathrm{d}I_a}{\mathrm{d}t} + R_a I_a + K_b \omega = U_a$$

当忽略电枢绕组的电感和电阻时,上式可以简化为

$$\omega = \frac{U_a}{K_b} = \frac{U_a}{K_1 \Phi}$$

因为直流伺服电动机通常都是采用永磁式的,所以定子磁场中的磁通量始终保持常量,从而使其转速与电压之间为线性关系,即直流电动机转速与所施加的电压呈正比,与磁场磁通量呈反比。由于磁场磁通量是不变的常数,因此此时电动机转速仅随电枢电压变化而变化。

4.3.2　直流伺服电动机的驱动与控制

由于直流伺服电动机是直流供电,因此为了调节电动机转速和方向,需要对其直流电压的大小和方向进行控制。目前直流伺服电动机常用的驱动方式是 PWM(Pulse Width Modulation)脉冲宽度调制,如图 4.16 所示。它的含义是利用大功率晶体管的开关作用,使加到电动机上的电压的时间(占空比)发生变化,从而通过控制电动机电压的平均值来控制电动机的转速。

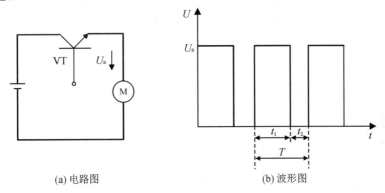

(a) 电路图　　　　　　　　　　　　　(b) 波形图

图 4.16　PWM 脉冲宽度调制

直流伺服电动机主要靠脉冲来定位,基本上可以这样理解,直流伺服电动机接收到 1 个脉冲,就会旋转 1 个脉冲对应的角度,从而实现定位。因为直流伺服电动机本身具备输出脉冲的功能,所以直流伺服电动机每旋转一个角度,都会输出对应数量的脉冲。这样,直流伺服电动机输出的脉冲和接收的脉冲形成了呼应,或者形成闭环,如此一来,系统就会知道输出了多少脉冲给伺服电动机,同时又接收了多少脉冲回来,这样就能够很精确地控制电动机的转动,从而实现精确定位,可以达到 0.001 mm。

在 $T = t_1 + t_2$ 时间内,加在电动机电枢回路上的平均电压为

$$\overline{U}_a = \frac{t_1}{t_1 + t_2} U_a = \alpha U_a$$

式中:$\alpha = \dfrac{t_1}{t_1 + t_2}$,称为占空比,$0 \leqslant \alpha \leqslant 1$;$\overline{U}_a$ 的变化范围在 $0 \sim U_a$ 之间,均为正值。此时电动机只能在某一个方向调速,称为不可逆调速。当需要电动机在正、反两个方向都能调速

的时候，需要使用桥式降压电路，如图 4.17 所示。

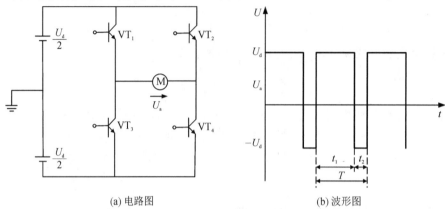

(a) 电路图   (b) 波形图

图 4.17　具有桥式降压电路的 PWM

在 $T=t_1+t_2$ 时间内，电动机上的平均电压为

$$\overline{U}_a = \frac{t_1 - t_2}{t_1 + t_2} U_d = (2\alpha - 1) U_d$$

当 $0 \leqslant \alpha \leqslant 1$ 时，U_a 值的范围是 $-U_d \sim +U_d$，电动机可以在正、反两个方向上调速，因此通过改变直流电动机电枢上电压的"占空比"可达到改变平均电压大小的目的，从而来控制电动机的转速。电机一直接通电源时，电动机转速最大为 v_{max}，设占空比为 $\alpha = t_1/T$，则电动机的平均速度为 $\overline{v}_a = v_{max} \times \alpha$。

由上面的平均速度公式可见，当我们改变占空比 α 时，就可以得到不同的电动机平均速度 $\overline{v}_a$，从而达到调速的目的。

采用单片机的直流伺服电动机速度闭环控制系统工作原理图如图 4.18 所示。电路工作过程为：首先用光电码盘对每一个采样周期内直流电动机的转速进行检测；然后将检测值与数字给定值(由数字给定拨码盘给定)进行比较，并进行 PID 运算；再经定时器产生 PWM 控制信号；最后经驱动器放大后控制电动机转动。

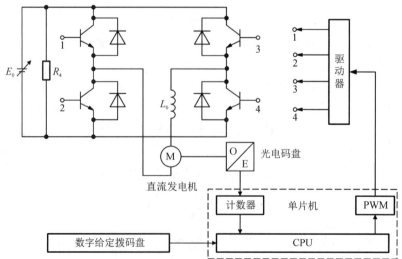

图 4.18　采用单片机的电动机速度闭环控制系统工作原理图

【例 4 - 1】　下面给出利用 L298 电动机驱动模块实现二相直流电动机 PWM 调速的例子，如图 4.19 所示。

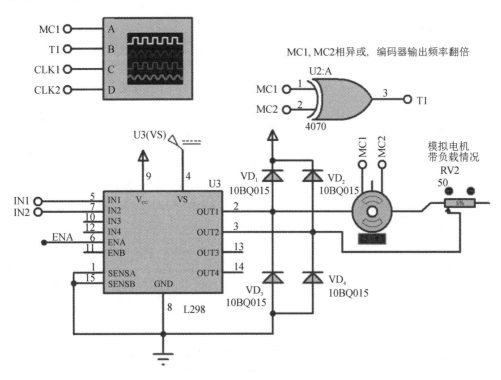

图 4.19　利用 L298 电动机驱动模块实现二相直流电动机 PWM 调速电路

L298 是二相和四相电动机的一种专用驱动器，即内含两个 H 桥的高电压大电流双全桥式驱动电路，接收标准 TTL 逻辑电平信号，可驱动 46V、2A 以下的电动机。其逻辑功能见表 4.2。

表 4.2　L298 的逻辑功能表

IN1	IN2	ENA	电动机状态
×	×	0	停止
0	0	1	停止
1	1	1	停止
1	0	1	顺时针
0	1	1	逆时针

编写程序，使用单片机 I/O 接口的 P1.0、P1.1、P1.4 接口调制出 PWM 脉冲波来控制电动机。程序代码如下：

```
# include ＜reg51. h＞
# include ＜stdio. h＞
# define u16 unsignedint
sbit key1＝P3 ^ 2;                    //外部中断 INT0
```

```
sbit key2=P3 ^ 3;                    //外部中断 INT1
sbit IN1=P1 ^ 0;
sbit IN2=P1 ^ 1;
sbit ENA=P1 ^ 4;                     //产生 PWM 波
u16 SpeedA=50;                       //50%占空比、1~99 之间的数
u16 num1=0;
void delay(u16 ms){
  u16 x，y;
  for(x=ms；x>0；x——)
  for(y=125；y>0；y——);
}
void main(void){                     //主函数
  delay(500)；
  IN1=1；
  IN2=0；
  ENA=0；
  TH0=0xF4；
  TL0=0x48；
  TMOD=0x01；
  EX0=1；                            //外部中断 0 使能有效
  EX1=1；                            //外部中断 1 使能有效
  IT0=1；                            //外部中断 0 下降沿有效
  IT1=1；                            //外部中断 1 下降沿有效
  TR0=1；                            //开启定时器 0
  ET0=1；                            //T0 中断使用有效
  EA=1；                             //全局中断使能
  while(1)；
}
//PWM 波是由定时器产生，送到 L298 的使能端 ENA，通过 PWM 控制转速
void T0_time() interrupt 1{          //计时 0 中断，每 0.1 ms 一次
  TR0=0；                            //防止程序还没执行完又进入下一次中断
  TH0=(65536—100)/256；
  TL0=(65536—100)%256；
  num1++；
  if(num1>=100)                      //PWM 波完整周期为 10 ms
  {
    num1=0；
  }
  if(num1<=SpeedA)                   //设置占空比
  {
    ENA=1；
```

```
    }
    else
    {
      ENA=0；
    }
    TR0=1；
}
void key_1( ) interrupt 0          //按键中断加速
{
  delay(5)；                       //延迟防抖
  if(key1==0)
  {
    SpeedA=SpeedA+5.0；
  }
  if(SpeedA>95.0)
  {
    SpeedA=95.0；
  }
}
void key_2( ) interrupt 2          //按键中断减速
{
    delay(5)；                     //延迟防抖
  if(key2==0)
  {
    SpeedA=SpeedA-5.0；
  }
  if(SpeedA<10.0)
  {
    SpeedA=10.0；
  }
}
```

4.4　交流伺服电动机伺服控制技术

4.4.1　交流伺服电动机的原理与组成

伺服电动机又称为执行电动机,在自动控制系统中,用作执行元件,把所收到的电信号转换成电动机轴上的角位移或角速度输出。伺服电动机内部的转子是永磁铁,驱动器控制 U/V/W 三相电形成电磁场,转子在此磁场的作用下转动,同时电动机自带的编码器反馈信号给驱动器,驱动器根据反馈值与目标值进行比较,从而调整转子转动的角度。伺服电动机的精度取决于编码器的精度(线数)。

20 世纪 80 年代以来,随着集成电路、电力电子技术和交流可变速驱动技术的发展,交流永磁伺服驱动技术有了突飞猛进的发展。交流伺服系统已成为当代高性能伺服系统的主要发展方向,使原来的直流伺服系统面临被淘汰的危机。永磁交流伺服电动机同直流伺服电动机比较,主要优点有:无电刷和换向器,因此工作可靠,对维护和保养要求低;定子绕组散热比较方便;惯量小,易于提高系统的快速性;适用于高速大力矩工作状态;同功率下有较小的体积和重量。

交流伺服电动机基本工作原理和普通的交流电动机相似。其系统硬件由电源单元、功率逆变和保护单元、检测器单元、数字控制器单元、接口单元等组成。该类电动机的专用驱动单元称为伺服驱动单元,简称为伺服驱动器。交流伺服电动机在开环控制的交直流电动机的基础上将速度和位置信号通过旋转编码器、旋转变压器等反馈给驱动器进行闭环负反馈的 PID 控制。速度和位置闭环再加上驱动器内部的电流闭环,通过这三个闭环调节,使交流伺服电动机的输出对设定值追随的准确性和时间响应特性都有了很大提高。当交流伺服电动机使用位置控制方式时,伺服系统完成三个闭环的控制。当交流伺服电动机使用速度控制方式时,伺服系统完成速度和扭矩(电流)两个闭环的控制。一般来讲,在需要位置控制的系统中,交流伺服电动机既可以使用位置控制方式,也可以使用速度控制方式,只是对上位机的处理不同。

4.4.2 交流伺服电动机与步进电动机的比较

随着全数字式交流伺服系统的出现,交流伺服电动机也越来越多地应用于数字控制系统中。运动控制系统中大多采用步进电动机或全数字式交流伺服电动机作为执行电动机。虽然交流伺服电动机与步进电动机在控制方式上相似(脉冲串和方向信号),但在使用性能和应用场合上存在着较大的差异。差异具体表现在以下 6 个方面:

(1)控制精度不同。交流伺服电动机的控制精度由电动机轴后端的旋转编码器保证。例如:华中数控公司生产的全数字式交流伺服电动机带有标准 2500 线编码器,驱动器内部采用四倍频技术,其脉冲当量为 $360°/(2500×4)=0.036°$;上海鸣志(MOONS′)公司生产的带 17 位编码器的电动机驱动器每接收 $2^{17}=131\,072$ 个脉冲,电动机就转一圈,即其脉冲当量为 $360°/131\,072≈0.0027°$;常用的 86 系列步进电动机脉冲当量为 $360°/86≈4.186°$。

(2)低频特性不同。步进电动机在低速时易出现低频振动现象。其振动频率与负载情况和驱动器性能有关,一般认为振动频率为电动机空载起跳频率的一半。交流伺服电动机运转非常平稳,即使在低速时也不会出现振动现象。交流伺服电动机具有共振抑制功能,可弥补机械的刚性不足,并且系统内部具有频率解析机能(FFT),可检测出机械的共振点,便于系统调整。

(3)矩频特性不同。步进电动机的输出力矩随转速升高而下降,且在较高转速时会急剧下降,所以其最高工作转速一般在 300~600 r/min。交流伺服电动机为恒力矩输出,即在其额定转速(一般为 2000 r/min 或 3000 r/min)以下,都能输出额定转矩,在额定转速以上为恒功率输出。

（4）过载能力不同。步进电动机一般不具有过载能力。交流伺服电动机具有较强的过载能力。以松下交流伺服系统为例，其最大转矩为额定转矩的 3 倍，可用于克服惯性负载在起动瞬间的惯性力矩。步进电动机因为没有这种过载能力，在选型时为了克服惯性力矩，往往需要选取较大转矩的电动机，而控制系统在正常工作期间又不需要那么大的转矩，便会出现力矩浪费的现象。

（5）运行性能不同。步进电动机的控制为开环控制，启动频率过高或负载过大时易出现丢步或堵转的现象，停止时转速过高易出现过冲的现象，所以为保证其控制精度，应处理好升、降速问题。交流伺服电动机为闭环控制，驱动器可直接对电动机编码器反馈信号进行采样，在其内部构成位置闭环和速度闭环，一般不会出现步进电动机的丢步或过冲的现象，控制性能更为可靠。

（6）速度响应性能不同。步进电动机从静止加速到工作转速（一般为每分钟几百转）需要 200～400 ms。交流伺服电动机的加速性能较好，以鸣志 M3 系列交流伺服电动机为例，从静止加速到其额定转速 3000 r/min 仅需几毫秒，可用于要求快速启停的控制场合。

综上所述，交流伺服电动机在许多性能方面都优于步进电动机。但在一些要求不高的场合也经常用步进电动机来作为执行电动机。所以，在控制系统的设计过程中要综合考虑控制要求、成本等多方面的因素，选用适当的控制电动机。

思 考 与 练 习

4.1　数控系统有哪几种分类方式？

4.2　说明逐点比较法的原理。

4.3　直线插补过程分为哪几个过程？

4.4　三相步进电动机有哪几种工作方式？

4.5　简述反应式步进电动机的工作原理。

第 5 章　常规及复杂控制技术

5.1　数字控制器的模拟化设计

5.1.1　数字控制器的模拟化设计步骤

数字控制器的模拟化设计步骤如下：

(1) 设计假想的连续控制器 $D(s)$。

① 首先确定控制器的结构，如先利用 PID 算法确定控制器基本结构，然后对其控制参数进行整定，并完成设计。

② 用连续控制系统设计方法设计，如用频率特性法、根轨迹法等设计 $D(s)$ 的结构和参数。

(2) 选择采样周期 T。采用连续化设计方法，用数字控制器近似模拟控制器，选择适当的采样周期，使 T 足够小。

(3) 将 $D(s)$ 离散化为 $D(z)$。将 $D(s)$ 离散化为 $D(z)$ 方法有很多，如双线性变换法、差分法、冲激响应不变法、零阶保持法、零极点匹配法等。

(4) 设计由计算机实现的控制方法。将 $D(z)$ 表示成差分方程的形式，编制程序，由计算机实现数字调节规律。

(5) 校正。设计好的数字控制器能否达到系统设计指标，必须进行检验。可以采用数学分析方法，在 Z 域内分析、检验系统性能指标，也可采用仿真技术，利用计算机来检验系统的指标是否满足设计要求。如果不满足，需要重新设计。

【例 5-1】　某计算机采样控制系统基本结构如图 5.1 所示，其被控对象传递函数为 $G(s) = \dfrac{1}{s(10s+1)}$。设计数字控制器，要求系统性能指标为：超调量小于 20%，调节时间小于 10 s，单位斜坡输入跟踪误差小于 1。

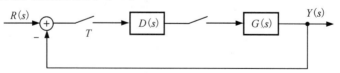

图 5.1　某计算机采样控制系统基本结构图

解　应用计算机控制系统的模拟化设计方法进行求解。

(1) 设计步骤。

① 先根据图 5.2 所示的连续控制系统基本结构图,按照系统的性能指标设计连续控制器 $D(s)$,即 $D(s)G(s) = \dfrac{\omega_n^2}{s(s + 2\xi\omega_n^2)}$。

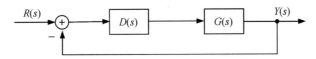

图 5.2　连续控制系统的基本结构图

② 再采用相应离散化方法将连续控制器离散化为 $D(z)$。

③ 验证离散后性能指标是否满足要求。

(2) 程序设计时常用指令。

① 连续系统的离散化指令。

　　　　sysd＝c2d(sys, Ts, ′zoh′)　　　％′zoh′表示采用零阶保持器,可默认

或者

　　　　sysd＝c2d(sys, Ts, ′tustin′)　　％表示采用双线性变换

② 离散系统的描述指令。

传递函数描述指令格式:

　　　　sysd＝tfdata(num, den, Ts)

零极点描述指令格式:

　　　　sys＝zpk(z, p, k, Ts)　　　　　　％若无零极点则用［ ］表示

③ 离散系统的时域分析指令。

dimpulse、dstep、dlsim 指令都可以用来仿真离散系统的响应,仿真时间可默认。指令格式:

　　　　dimpulse(sysd, t)

　　　　dstep(sysd, t)

　　　　dlsim(sys, u, t, x0)　　　％x0 设定初始状态,默认时为 0

(3) 二阶系统阶跃响应指标公式。

由

$$t_r = \frac{\pi - \xi}{\omega_n\sqrt{1 - \xi^2}}, \ \sigma = e^{-\pi\xi/\sqrt{1 - \xi^2}} \times 100\%, \ t_s = \frac{4}{\xi\omega_n}$$

可知

$$\xi = -\frac{\ln(\sigma)}{\sqrt{\pi^2 + \ln^2(\sigma)}}, \ \omega_n \geqslant \frac{4}{t_s\xi}, \ \omega_n \geqslant \frac{\pi - \xi}{t_r\sqrt{1 - \xi^2}}$$

(4) 校正后系统的稳态误差。

$$e(\infty) = \lim_{s \to 0} sE(s) = \lim_{s \to 0} sR(s)\frac{1}{1 + D(s)R(s)} = \lim_{s \to 0} sR(s)\frac{1}{1 + \dfrac{\omega_n^2}{s(s + 2\xi\omega_n)}}$$

（5）仿真程序。

程序设计时，可先求出连续控制器 $D(s)$，再用零阶保持模式"zoh"对其离散化；采样周期为 0.1 s。MATLAB仿真程序如下：

```
clear all
close all
num1=1;
den1=[10, 1, 0];
g=tf(num1, den1);              %原有系统的传递函数
theta=0.2;                     %超调量
ts=10;                         %调整时间
tr=1.6;                        %上升时间
a=log(theta);
kesi=-a/sqrt(3.14^2+a^2);
kesiwn1=4/ts;
wnl=kesiwn1/kesi;
wn2=(3.14-kesi)/(tr*sqrt(1-kesi^2));
wn3=4*kesi;
wn=max(max(wnl, wn2), wn3);
kesiwn=kesi*wn;

num2=[wn*wn];
den2=[1 2*kesiwn 0];
syso=tf(num2, den2);
syscl=feedback(syso, 1);
step(syscl, 'b--');            %求连续控制器传递函数
holdon;
ds=syso/g;
syso, ds                       % 选择采样周期,离散并求响应 0
T=0.1;
dsd=c2d(ds, T, 'zoh');
gd=c2d(g, T, 'zoh');
dsd, gd
sysold1=dsd*gd;
syscld=feedback(sysold1, 1);
step(syscld, 'r');
legend('连续信号', '离散信号');
set(gca, 'Linewidth', 1.2, 'Fontsize', 11);
xlabel('时间/s', 'Fontsize', 11); ylabel('幅度', 'Fontsize', 11);
title('阶跃响应', 'Fontsize', 11);
```

图 5.3 所示为仿真时 $T=0.1$ s 的阶跃响应。

由仿真结果可知，连续系统的传递函数可以满足设计所要求的指标，且对连续传递函数离散化后的离散系统的超调量小于设计指标的 20%。

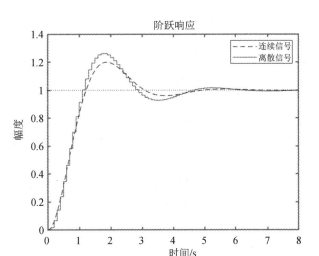

图 5.3　$T = 0.1$ s 时的阶跃响应

5.1.2　数字 PID 控制器

按反馈控制系统偏差的比例(Proportional)、积分(Integral)和微分(Differential)规律进行控制的调节器,简称为 PID 调节器。其时域表达式为

$$u(t) = K_P \left[e(t) + \frac{1}{T_I} \int e(t) \mathrm{d}t + T_D \frac{\mathrm{d}e(t)}{\mathrm{d}t} \right] \tag{5-1}$$

其中: $u(t)$ 为调节器输出信号; $e(t)$ 为调节器的偏差信号,等于测量值与给定值之差; K_P 为调节器的比例系数; T_I 为调节器的积分时间常数; T_D 为调节器的微分时间常数。

对式(5-1)进行拉普拉斯变换,并整理后得到模拟 PID 调节器的传递函数为

$$D(s) = \frac{U(s)}{E(s)} = K_P \left(1 + \frac{1}{T_I s} + T_D s \right) \tag{5-2}$$

PID 控制器的比例控制能提高系统的动态响应速度,迅速反映误差,从而减小误差,但比例控制不能消除稳态误差, K_P 的增大会引起系统的不稳定。积分控制的作用是消除稳态误差,只要系统存在误差,积分作用就不断地积累,输出控制量以消除误差,直到偏差为零,积分作用才停止,但积分作用太强会使系统超调量加大,甚至会使系统出现振荡。微分控制与偏差的变化率有关,它可以减小超调量,克服振荡,使系统稳定性提高,同时加快系统的动态响应速度,减小调整时间,从而改善系统的动态性能。

1. 数字 PID 位置型控制算法

由于计算机控制是一种采样控制,它只能根据采样时刻的偏差来计算控制量,因此,在计算机控制系统中需要对连续系统进行离散化处理,用求和代替积分,用向后差分代替微分,使模拟 PID 离散化为数字形式的差分方程。当采样周期 T 足够小时,可进行如下近似,即

$$u(t) \approx u(k), e(t) \approx e(k) \tag{5-3}$$

$$\int_0^n e(t) \mathrm{d}t \approx \sum_{j=0}^n e(j) \Delta t \approx T \sum_{j=0}^n e(j) \tag{5-4}$$

$$\frac{\mathrm{d}e(t)}{\mathrm{d}t} \approx \frac{e(k)-e(k-1)}{\Delta t} = \frac{e(k)-e(k-1)}{T} \tag{5-5}$$

得到离散化的 PID 表达式为

$$u(k) = K_{\mathrm{P}} \left\{ e(k) + \frac{T}{T_{\mathrm{I}}} \sum_{j=0}^{k} e(j) + \frac{T_{\mathrm{D}}}{T} [e(k)-e(k-1)] \right\} \tag{5-6}$$

式(5-6)中所得到的是第 k 次采样时调节器的输出 $u(k)$，表示数字控制系统在第 k 时刻执行器件所应达到的位置。如果执行器件采用调节阀，则 $u(k)$ 就对应阀门的开度，通常把式(5-6)称为位置式 PID 控制算法。

由式(5-6)可以看出，数字调节器的输出 $u(k)$ 跟过去的所有偏差信号有关，计算机需要对 $e(j)$ 进行累加，运算工作量很大，而且，计算机的故障可能使 $u(k)$ 发生大幅度的变化，这种情况往往会不方便控制，而且在有些场合可能会造成严重的事故。因此，这种方法在实际的数字控制系统中不太常用。

2. 数字 PID 增量型控制算法

由于数字 PID 位置型控制算法使用不够方便，需要对偏差进行累加，因此可对其进行改进，使数字调节器的输出只有增量 $\Delta u(k)$。

根据递推原理，数字 PID 位置型算法的第 $k-1$ 次输出 $u(k-1)$ 的表达式为

$$u(k-1) = K_{\mathrm{P}} \left\{ e(k-1) + \frac{T}{T_{\mathrm{I}}} \sum_{j=0}^{k-1} e(j) + \frac{T_{\mathrm{D}}}{T} [e(k-1)-e(k-2)] \right\} \tag{5-7}$$

用式(5-6)减去式(5-7)，可得到数字 PID 增量型控制算法为

$$\Delta u(k) = u(k-1) + K_{\mathrm{P}} [e(k)-e(k-1)] + K_{\mathrm{I}} e(k) + K_{\mathrm{D}} [e(k)-2e(k-1)+e(k-2)] \tag{5-8}$$

其中：T 为采样周期；k 为采样序号，$k=0,1,2$；K_{I} 为调节器的积分系数，$K_{\mathrm{I}} = K_{\mathrm{P}} \dfrac{T}{T_{\mathrm{I}}}$；$K_{\mathrm{D}}$ 为调节器的微分系数，$K_{\mathrm{D}} = K_{\mathrm{P}} \dfrac{T_{\mathrm{D}}}{T}$。

式(5-8)中 $\Delta u(k)$ 表示第 k 次与第 $k-1$ 次调节器的输出差值，即在第 $k-1$ 次的基础上增加(或减少)的量。在很多控制系统中，由于执行器件是采用步进电动机或多圈电位器进行控制的，因此只要给出一个增量信号即可。

数字 PID 增量型控制算法的优点如下：

(1) 计算机输出增量，误动作影响小，必要时可用逻辑判断的方法去掉。

(2) 数字 PID 增量型控制算法只与本次的偏差值有关，与阀门原来的位置无关，因而这种算法易于实现手动/自动无扰动切换。而数字 PID 位置型控制算法由手动到自动切换时，必须首先使计算机的输出值等于阀门的原始开度即 $u(k-1)$，才能保证手动/自动无扰动切换，给程序设计带来困难。

(3) 不产生积分失控，容易获得较好的调节品质。

数字 PID 增量型控制算法的缺点如下：

(1) 积分截断效应大，有静态误差。

(2) 溢出的影响大。

实际应用时应根据被控对象的实际情况选择数字 PID 增量型或位置型控制算法。一般

认为，在以晶闸管或伺服电动机作为执行器件或对控制精度要求高的系统中，应当采用数字 PID 位置型控制算法，而在以步进电动机或多圈电位器为执行器件的系统中，则应采用数字 PID 增量型控制算法。

　　下面为计算机控制系统的数字 PID 位置型控制算法程序，其中，NextPoint 为被控量的本次采样值。

```c
//---------------------------------------------------------------
//数字 PID 位置型控制算法子程序　 C 语言
//---------------------------------------------------------------
//PID 结构变量
typedefstruct PID
{
    float SetPoint;                    //位置 PID
    float Proportion;                  //设定目标
    float Integral;                    //积分时间常数
    float Derivative;                  //微分时间常数
    float LastError;                   //前一个采样周期偏差 Error[k-1]
    float PrevError;                   //前两个采样周期偏差 Error[k-2]
    float SumError;                    //偏差累计值
} Temp_PID;
//PID 初始化函数
void Pid_Init()
{
    Temp_p=10;
    Temp_I=0.033;
    Temp_D=0;
    Temp_PID. Proportion=Temp_p;       //比例系数
    Temp_PID. Integral=Temp_I;         //积分时间常数
    Temp_PID. Derivative=Temp_D;       //微分时间常数
    Temp_PID. LastError=0;             //Error[k-1]
    Temp_PID. PrevError=0;             //Error[k-2]
    Temp_PID. SumError;                //偏差累计值
}
//数字 PID 位置型控制算法计算函数
float Pid_Calc(PID * pp, float NextPoint, float SetValue)
{
    float dError, Error, Return_Pid;
    Error=SetValue - NextPoint;        //偏差
    pp->SumError +=Error;              //积分
    dError=pp->LastError-pp->PrevError;   //当前微分
    pp->LastError=Error;
    Return_Pid=(pp->Proportion * Error\   //比例项
            +pp->Integral * pp->SumError\  //积分项
```

```
                        ＋pp－＞Derivative ＊ Derivative)；          //微分项
        return Return_Pid；                                       //控制输出值
}
//------------------------------------------------------------------------------
//数字 PID 增量型控制算法子程序 C 语言
//------------------------------------------------------------------------------
typedef struct PID
{
        int SetPoint；                          //设定目标 Desired Value
        longUk；                                 //控制量
        double Proportion；                      //比例常数 Proportional Const
        double Integral；                        //积分常数 Integral Const
        double Derivative；                      //微分常数 Derivative Const
        int LastError；                          //Error[－1]
        int PrevError；                          //Error[－2]
} PID；
static PID sPID；
static PID ＊ sptr＝&sPID；
/ * ========Initialize PID Structure PID 参数初始化========= * /
void IncPIDInit(void)
{
        sptr－＞SumError＝0；
        sptr－＞LastError＝0；                    //Error[－1]
        sptr－＞PrevError＝0；                    //Error[－2]
        sptr－＞Proportion＝0；                   //比例常数 Proportional Const
        sptr－＞Integral＝0；                     //积分常数 Integral Const
        sptr－＞Derivative＝0；                   //微分常数 Derivative Const
        sptr－＞SetPoint＝0；
        sptr－＞Uk＝0；
}
/ * ========数字 PID 增量型控制算法计算函数============= * /
int IncPIDCalc(int NextPoint)
{
        register int iError，iIncpid；
        iError＝sptr－＞SetPoint － NextPoint；                    //当前误差
        iIncpid＝sptr－＞Proportion ＊ (iError－sptr－＞LastError)  //增量计算
          － sptr－＞Integral ＊ sptr－＞LastError
          ＋ sptr－＞Derivative ＊ (iError－2＊sptr－＞LastError＋sptr－＞PrevError)；
        sptr－＞Uk＝iIncpid；
//存储误差，用于下次计算
        sptr－＞PrevError＝sptr－＞LastError；
        sptr－＞LastError＝iError；
//返回增量值
```

```
        return(sptr->Uk);
    }
```

3. 数字 PID 控制算法仿真

1）连续系统的数字 PID 控制算法仿真

这里采用 MATLAB 的 M 函数形式进行编程仿真。设被控对象为一个电动机，其传递函数为

$$G(s)=\frac{1}{Js^2+Bs}$$

式中，$J=0.0067$，$B=0.10$。

设参考输入为正弦函数 $r(t)=0.50\sin(2\pi t)$。设计采用数字 PID 位置型控制算法，控制参数为：$K_P=20$，$K_D=0.5$；采样周期 $T_s=0.001$ s。

MATLAB 仿真程序如下：

```
    clear all;
    close all;
    ts=0.001;                   %采样周期
    xk=zeros(2, 1);
    e_1=0;
    u_1=0;
    for k=1: 1: 2000            %循环程序，模拟采样时刻
        time(k)=k * ts;
        rin(k)=0.50 * sin(1 * 2 * pi * k * ts);
        para=u_1;               % D/A
        tSpan=[0 ts];
        J=0.0067; B=0.1;
        PlantModel=@(t, xk, para)([ xk(2); -(B/J) * xk(2) + (1/J) * u_1]);
        [tt, xx]=ode45(PlantModel, tSpan, xk, [], para);
        xk=xx(length(xx), :); % A/D
        yout(k)=xk(1);
        e(k)=rin(k)-yout(k);
        de(k)=(e(k)-e_1)/ts;    %PID 控制式，计算控制量
        u(k)=20.0 * e(k)+0.50 * de(k);
        %Control limit             %控制量上、下限
        if u(k)>10.0
            u(k)=10.0;
        end
        if u(k)<-10.0
            u(k)=-10.0;
        end
        u_1=u(k);
        e_1=e(k);
    end
```

```
figure(1);
plot(time, rin, 'b', time, yout, 'r--');
xlabel('时间/s'), ylabel('幅度');
legend('输入信号', '输出信号');
figure(2);
plot(time, rin-yout, 'r');
xlabel('时间/s'), ylabel('误差');
legend('偏差');
```

仿真结果如图 5.4 所示。由图可见,只要 PID 参数设置合适,参考输入为正弦信号时,系统输出能较好地跟踪给定输入。

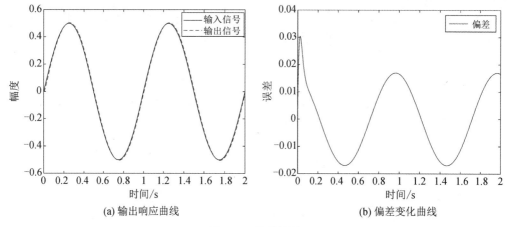

(a) 输出响应曲线　　　　　　　(b) 偏差变化曲线

图 5.4　仿真结果

2) 离散系统的数字 PID 控制算法仿真

设被控对象为 $G(s)=\dfrac{523\,500}{s^3+87.35s^2+10\,470s}$,采样时间为 1 ms,通过加零阶保持器进行 Z 变换,得到广义对象 $G(z)$,由此得到对象的差分方程为

$$y(k)=2.9063y(k-1)-2.8227y(k-2)+0.9164(k-3)+$$
$$8.53\times10^{-5}u(k-1)+3.338\times10^{-4}u(k-2)+8.17\times10^{-5}u(k-3)$$

下面分别针对离散系统的阶跃信号、方波信号和正弦信号输入,采用数字 PID 位置型控制算法进行仿真。

MATLAB 仿真程序如下:

```
%PID Controller
clear all;
close all;
ts=0.001;                                      %采样时间
sys=tf(5.235e005, [1, 87.35, 1.047e004, 0]);   %建立被控对象传递函数
dsys=c2d(sys, ts, 'z');                        %把传递函数离散化
[num, den]=tfdata(dsys, 'v');                  %离散化后提取分子、分母
u_1=0.0; u_2=0.0; u_3=0.0;                      %输入向量的初始状态
y_1=0.0; y_2=0.0; y_3=0.0;                      %输出的初始状态
x=[0, 0, 0]';                                   %PID 的 3 个参数 Kp、Ki、Kd 组成的数组
```

```
error_1=0;                                      %初始误差
for k=1:1:500
    time(k)=k * ts;                             % 仿真时间 500 ms
    S=1;                                        %输入波形选择控制量
    if S==1
        kp=0.50; ki=0.001; kd=0.001;
        yd(k)=1;                                %阶跃信号
    elseif S==2
        kp=0.50; ki=0.001; kd=0.001;
        yd(k)=sign(sin(2 * 2 * pi * k * ts));   %方波信号
    elseif S==3
        kp=1.5; ki=1.0; kd=0.01;                %正弦信号
        yd(k)=0.5 * sin(2 * 2 * pi * k * ts);
    end
    u(k)=kp * x(1)+kd * x(2)+ki * x(3);         %PID 控制式
    %Restricting the output of controller       %限制控制器的输出
    if u(k)>=10
        u(k)=10;
    end
    if u(k)<=-10
        u(k)=-10;
    end
    %Linear model
    y(k)=-den(2) * y_1-den(3) * y_2-den(4) * y_3+num(2) * u_1+num(3) * u_2+num
(4) * u_3;
    error(k)=yd(k)-y(k);
    %Return of parameters                       %返回 PID 参数
    u_3=u_2; u_2=u_1; u_1=u(k);
    y_3=y_2; y_2=y_1; y_1=y(k);
    x(1)=error(k);                              %Calculating P
    x(2)=(error(k)-error_1)/ts;                 %Calculating D
    x(3)=x(3)+error(k) * ts;                    %Calculating I
    error_1=error(k);
end
figure(1);
plot(time, yd, 'r', time, y, 'k:', 'linewidth', 2);
xlabel('时间/s');
ylabel('幅度');
legend('理想位置信号', '位置追踪信号');
```

仿真程序中，"S"为输入信号选择变量，"S==1"时为阶跃信号，"S==2"时为方波信号，"S==3"时为正弦信号。

仿真结果如图 5.5 所示。由图可见，无论参考输入信号是阶跃信号，还是方波信号或者正弦信号，只要 PID 参数设置合适，系统输出均能较好地跟踪给定输入。

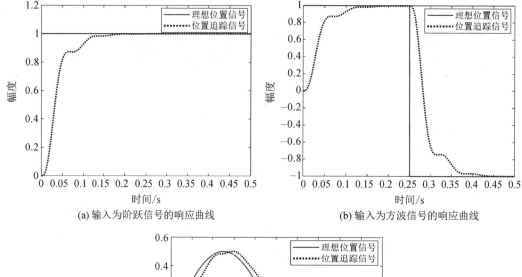

(a) 输入为阶跃信号的响应曲线   (b) 输入为方波信号的响应曲线

(c) 输入为正弦信号的响应曲线

图 5.5　仿真结果

3）数字 PID 增量型控制算法仿真

设被控对象为 $G(s)=\dfrac{400}{s^2+50s}$，采样时间为 1 ms，通过加零阶保持器进行 Z 变换，得到广义对象 $G(z)$，由此得到对象的差分方程为

$$y(k)=1.9512y(k-1)-0.9512y(k-2)+1.967\times10^{-4}u(k-1)+1.935\times10^{-4}u(k-2)$$

采用数字 PID 增量型控制算法，控制参数分别为 $K_P=8$、$K_I=0.10$、$K_D=10$。

MATLAB 仿真程序如下：

```
clear all;
close all;
ts=0.001;                              %采样时间
sys=tf(400, [1, 50, 0]);
dsys=c2d(sys, ts, 'z');                %把控制函数离散化，转化为拆分方程
[num, den]=tfdata(dsys, 'v');          %离散化后提取分子、分母，提取拆分方程系数
u_1=0.0; u_2=0.0;
y_1=0.0; y_2=0.0;
x=[0, 0, 0]';
```

```
error_1=0; error_2=0;
for k=1: 1: 1000
    time(k)=k * ts;                          %采样次数
    S=1;                                     %选择需要跟踪的函数
if S==1
        kp=8; ki=0.1; kd=10;
        rin(k)=1;                            %阶跃信号
elseif S==2
        kp=5; ki=0.001; kd=0.1;
        rin(k)=sign(sin(2 * 2 * pi * k * ts));  %方波信号
elseif S==3
        kp=10; ki=0.1; kd=15;
        rin(k)=0.5 * sin(2 * pi * k * ts);   %正弦信号
end
    du(k)=kp * x(1)+kd * x(2)+ki * x(3);     %PID 控制
    u(k)=u_1+du(k);
if u(k)>=10                                  %输出限幅
        u(k)=10;
end
if u(k)<=-10
        u(k)=-10;
end
%Linear model
    yout(k)=-den(2) * y_1-den(3) * y_2+num(2) * u_1+num(3) * u_2;
    error(k)=rin(k)-yout(k);
    u_2=u_1;                                 %保存上上次输入,为下次计算准备
    u_1=u(k);
    y_2=y_1; y_1=yout(k);
    x(1)=error(k)-error_1;                   %Calculating P
    x(2)=error(k)-2 * error_1+error_2;       %Calculating D
    x(3)=error(k);                           %Calculating I
    error_2=error_1; error_1=error(k);
end
figure(1);
plot(time, rin, 'b', time, yout, 'r--', 'LineWidth', 1.2);
xlabel('时间/s', 'FontSize', 14), ylabel('幅度', 'FontSize', 14);
set(gca, 'FontSize', 14);
legend('输入', '输出', 'FontSize', 14);
```

仿真程序中,"S"为输入信号选择变量,"S==1"时为阶跃信号,"S==2"时为方波信号,"S==3"时为正弦信号。

仿真结果如图 5.6 所示。由图可见,参考输入信号为阶跃信号或正弦信号时,只要增量式 PID 控制器的参数设置合适,系统输出能较好地跟踪给定输入。

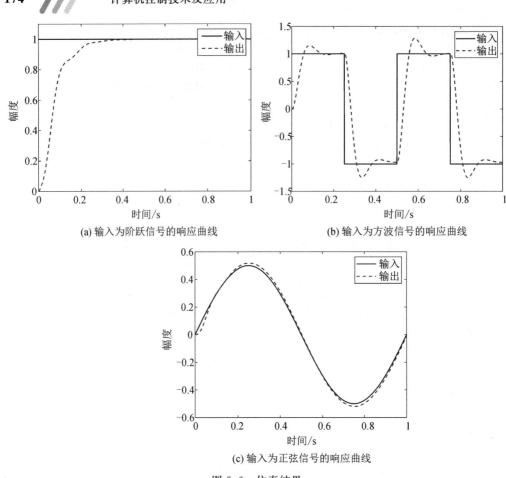

(a) 输入为阶跃信号的响应曲线

(b) 输入为方波信号的响应曲线

(c) 输入为正弦信号的响应曲线

图 5.6　仿真结果

5.1.3　数字 PID 控制器的改进

上述数字 PID 位置型控制算法以及数字 PID 增量型控制算法均属于标准的数字 PID 控制算法。在实际应用中，一方面由于被控对象具体情况不同，需要对算法进行适当改进，以改善系统品质，满足不同控制系统或不同实际情况的需要；另一方面采用计算机控制后，软件编制的控制算法具有很大的灵活性，可以根据需要进行修改，以解决模拟 PID 控制器难以实现的问题。

在实际控制系统的运动过程中，控制量因受到执行机构的机械和物理性能的约束，通常被限制在一定范围内，如受到最小下限值和最大上限值的约束，即

$$u_{min} \leqslant u \leqslant u_{max} \qquad (5-9)$$

或者其变化率也只能在一定的范围内，即

$$\left| \frac{\mathrm{d}u}{\mathrm{d}t} \right| \leqslant a \qquad (5-10)$$

为此定义了数字 PID 控制的饱和效应，定义如下：若控制算法的计算结果（控制量）超出了上述实际系统中允许的范围，那么实际执行的控制量不再是计算值，由此将引起不期望的效应，这类效应称为饱和效应。

在数字 PID 位置型控制算法中存在偏差的累积项(主要是由积分项提供的),当偏差较大时(例如在给定值发生突变时,即由一种给定值变化到另一种给定值时,偏差就很大),由于累积作用,可能会导致计算值超出了实际系统允许的范围而造成饱和效应。这类主要由数字 PID 位置型控制算法中的积分项引起的饱和称为积分饱和。可具体分析如下:当系统的给定值由较小值突变到较大值时,系统将产生较大的正偏差,若由式(5-6)计算的控制量超出了限制范围,即 $u > u_{\max}$,那么实际控制量只能取限制范围的上界值 $u_{\max}$,而不是计算值。此时,系统输出虽然不断增大,但由于控制量受到限制,其增大速度要比没有限制时慢,实际的偏差将比正常情况下持续更长的时间保持在正值,使积分项有较大的累积值。当输出超出给定值后,开始出现负偏差,但由于积分项的累积值很大,还需要经过相当长一段时间后控制量才能脱离饱和区,在这段时间里系统继续提供上界值 $u_{\max}$,而理想的情况是应提供较小的控制量,这种情况将使系统输出产生明显的超调。

为了克服积分饱和,必须要对数字 PID 位置型控制算法进行改进。常用的方法有以下几种。

1. 遇限削弱积分法

遇限削弱积分法,顾名思义,当控制量进入到饱和区受到限制时,控制算法将只执行削弱积分项的运算,停止增大积分项的运算。即在计算控制量 $u(k)$ 时,将判断上一时刻的控制量 $u(k-1)$ 是否已超出了限制范围,若超出,将根据偏差的符号判断是否将相应的偏差计入积分项。该算法流程图如图 5.7 所示。

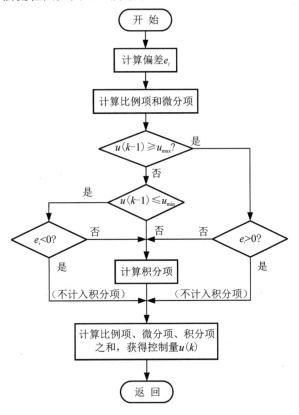

图 5.7　遇限削弱积分法流程图

具体来说，若 $u(k-1) \geqslant u_{max}$，说明计算的控制量超出了上限，这时需要判断偏差 e_i 是否为正偏差，如果为正偏差则不将其计入积分项，避免计算的控制量越来越大；如果不为正偏差则将负偏差累加到积分项，减小计算的控制量，使其早日脱离饱和区。若 $u(k-1) \leqslant u_{min}$，这时需要判断偏差 e_i 是否为负偏差，如果为负偏差则不将其计入积分项，避免计算的控制量越来越小；如果不为负偏差则将正偏差累加到积分项，增加计算的控制量，使其早日脱离饱和区。这种算法可避免控制量长时间停留在饱和区。

设被控对象为

$$G_0(s) = \frac{523\,500}{s^3 + 87.35s^2 + 10\,470s}$$

采样周期为 1 ms，给定信号为阶跃信号 $r=30$。下面分别采用遇限削弱积分法和标准数字 PID 位置型控制算法进行仿真。

MATLAB 仿真程序如下：

```
clear all;
close all;
ts=0.001;
%被控对象传递函数
sys=tf(5.235e005, [1, 87.35, 1.047e004, 0]);
%加零阶保持器离散化
dsys=c2d(sys, ts, 'z');
[num, den]=tfdata(dsys, 'v');
u_1=0.0; u_2=0.0; u_3=0.0;                    %赋初值
y_1=0; y_2=0; y_3=0;
x=[0, 0, 0]';
error_1=0;
um=6;                                          %控制量限值
kp=0.85; ki=9.0; kd=0.0;                       %控制器参数
rin=30;                                        %阶跃输入
for k=1:1:800
    time(k)=k * ts;
    u(k)=kp * x(1)+kd * x(2)+ki * x(3);       % PID 控制式
    if u(k)>=um
        u(k)=um;                               %判断是否遇到上限
    end
    if u(k)<=-um                               %判断是否遇到下限
        u(k)=-um;
    end
    %计算对象输出值，即模拟采样值
    yout(k)=-den(2) * y_1-den(3) * y_2-den(4) * y_3+num(2) * u_1+num(3) * u_2+num(4) * u_3;
        error(k)=rin - yout(k);                %计算偏差值
        M=2;                                   %算法选择变量
        if M==1                                %1 遇限削弱积分法, 2 标准数字 PID 位置
```

型控制算法

```
        if u(k)>=um
            if error(k) >0
                alpha=0;
        else
                alpha=1;
        end
    elseif u(k)<=-um
        if error(k)>0
                alpha=1;
        else
                alpha=0;
        end
    else
        alpha=1;
    end
    elseif M==2                      %采用标准数字 PID 位置型控制算法
        alpha=1;
    end
    %数据移位、存储
    u_3=u_2; u_2=u_1; u_1=u(k);
    y_3=y_2; y_2=y_1; y_1=yout(k);
    error_1=error(k);
    x(1)=error(k);                   %计算比例项
    x(2)=(error(k) -error_1)/ts;     %计算微分项
    x(3)=x(3)+alpha * error(k) * ts; %计算积分项
    xi(k)=x(3);
end
figure(1);
subplot(311);
plot( time, yout, 'r') ;
xlabel('时间/s');
ylabel('幅度');
legend('阶跃响应曲线');
subplot(312);
plot(time, u, 'r');
xlabel('时间/s'); ylabel('幅度'); legend('控制量');
subplot(313);
plot( time, xi, 'r');
xlabel('时间/s'); ylabel('幅度'); legend('积分项');
```

说明：仿真程序中，"M"取不同的值，表示使用不同的 PID 控制算法："M==1"时，表示采用遇限削弱积分法；"M==2"时，表示采用标准数字 PID 位置型控制算法。

图 5.8 所示是标准数字 PID 位置型控制算法的仿真结果，由图可见，由积分引起的饱和效应使系统产生了较大的超调量。图 5.9 所示是采用遇限削弱积分法的仿真结果，由图可见，采用该法后可避免控制量长时间停留在饱和区，避免系统产生较大的超调量。

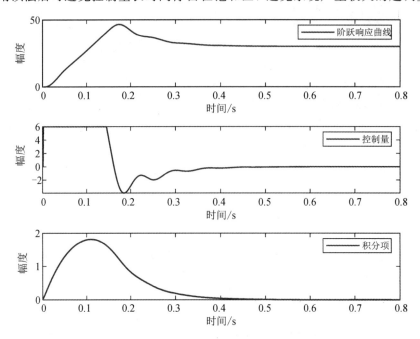

图 5.8　标准数字 PID 控制算法的仿真结果

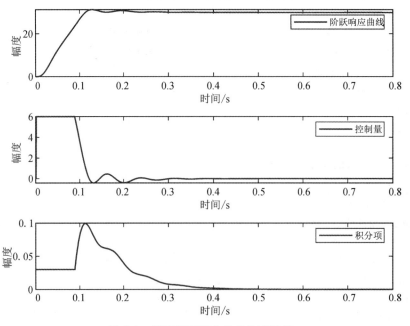

图 5.9　遇限削弱积分法的仿真结果

2. 积分分离法

积分分离法的基本思想是：当系统输出与给定值的偏差较大时，取消积分作用，以免由于积分作用过大使系统超调量太大，造成稳定性下降；当系统输出与给定值接近时，引入积分项，以便消除稳态静差，提高控制精度。具体实现步骤如下：

(1) 根据实际情况，人为设定一个阈值 $\varepsilon > 0$。

(2) 设逻辑系数为

$$\beta = \begin{cases} 1 & |e(k)| \leqslant \varepsilon \\ 0 & |e(k)| > \varepsilon \end{cases} \tag{5-11}$$

(3) 将数字 PID 位置型控制算式改进为

$$u(k) = K_{\mathrm{P}} \left\{ e(k) + \beta \frac{T}{T_{\mathrm{I}}} \sum_{j=0}^{k} e(j) + \frac{T_{\mathrm{D}}}{T} [e(k) - e(k-1)] \right\} \tag{5-12}$$

式(5-12)表明，当 $|e(k)| > \varepsilon$，即偏差较大时，采用 PD(比例微分)控制，可避免产生过大的超调，又使系统有较快的响应；当 $|e(k)| < \varepsilon$，即偏差较小时，采用 PID 控制，以保证系统的控制精度。积分分离法的程序流程图如图 5.10 所示。

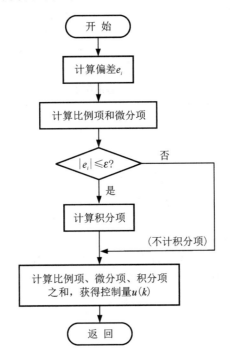

图 5.10　积分分离法程序流程图

实际应用时根据具体情况，可设置多个阈值，采用分段积分分离法，这样有利于系统的快速调节。例如设置 3 个阈值，式(5-11)可变为

$$\beta = \begin{cases} 1 & |e(k)| \leqslant \varepsilon_3 \\ B & \varepsilon_3 < |e(k)| \leqslant \varepsilon_2 \\ A & \varepsilon_2 < |e(k)| \leqslant \varepsilon_1 \\ 0 & |e(k)| > \varepsilon_1 \end{cases} \tag{5-13}$$

式中：A、B 为根据具体情况设定的常数$(B>A)$；ε_1、ε_2、ε_3 为设置的 3 个阈值常数$(\varepsilon_1 > \varepsilon_2 > \varepsilon_3)$。

设被控对象是一个具有纯滞后时间的系统，即

$$G_0(s) = \frac{e^{-80s}}{60s + 1}$$

采样周期为 20 s，滞后时间为 80 s，为 4 个采样周期时间。

MATLAB 仿真程序如下：

```
clear all;
close all;
ts=20;                              %采样周期
sys=tf([1], [60, 1], 'inputdelay', 80);
dsys=c2d(sys, ts, 'zoh');
[num, den]=tfdata(dsys, 'v');
u_1=0; u_2=0; u_3=0; u_4=0; u_5=0;
y_1=0; y_2=0; y_3=0;
error_1=0;
error_2=0;
ei=0;
for k=1: 1: 200
    time(k)=k * ts;                %输出信号
    yout(k)=-den(2) * y_1+num(2) * u_5;
    rin(k)=40;
    error(k)=rin(k)-yout(k);
    ei=ei+error(k) * ts;    %积分项输出
    M=1;                       %算法选择变量 M==1 积分分离法，M==2 标准 PID 控制算法
    if M==1            %使用分段积分分离法
        if abs(error (k))>=30 & abs(error(k))<=40
            beta=0.3;
        elseif abs(error (k))>=20 & abs(error(k))<=30
            beta=0.6;
        elseif abs(error(k))>=10 & abs(error(k))<=20
            beta=0.9;
        else
            beta=1.0;
        end
    elseif M==2
        beta=1.0;
    end
    kp=0.8;
    ki=0.005;
    kd=3.0;
    u(k)=kp * error(k)+kd * (error(k)-error_1)/ts+beta * ki * ei;
    if u(k)>=110
        u(k)=110;
    end
```

```
    if u(k)<=-110
        u(k)=-110;
    end
    u_5=u_4;u_4=u_3;u_3=u_2;u_2=u_1;u_1=u(k);
    y_3=y_2;y_2=y_1;y_1=yout(k);
    error_2=error_1;
    error_1=error(k);
end
figure(1);
plot(time,rin,'b',time,yout,'r--','LineWidth',1.2);
xlabel('时间/s','FontSize',14);
ylabel('幅度','FontSize',14);
y_value=get(gca,'Ylim');
set(gca,'YLim',[y_value(1),y_value(2)*1.1],'FontSize',14);
legend('输入','输出','FontSize',14);
figure(2);
plot(time,u,'r');
xlabel('时间/s','FontSize',14);
legend('控制量','FontSize',14);
ylabel('u','FontSize',14);
set(gca,'FontSize',14);
```

说明：仿真程序中，"M"取不同的值，表示使用不同的 PID 控制算法，"M==1"表示采用积分分离法控制算法，"M==2"表示采用标准数字 PID 位置型控制算法。

运行程序进行仿真，则图 5.11 所示为标准数字 PID 控制算法的 MATLAB 仿真结果，由图可见，系统输出响应的过渡过程时间比较长，即动态性能不理想。图 5.12 为积分分离法 PID 控制的仿真结果，由图可见，系统输出响应的过渡过程比较平滑，能够较快地结束这一过程，有较好的动态性能。

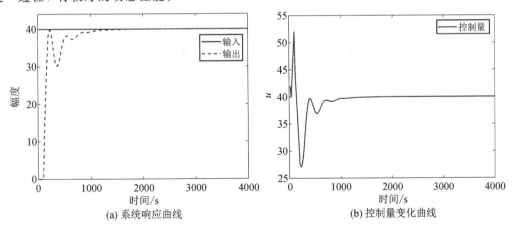

(a) 系统响应曲线　　　　　　　(b) 控制量变化曲线

图 5.11　标准数字 PID 控制算法的仿真结果

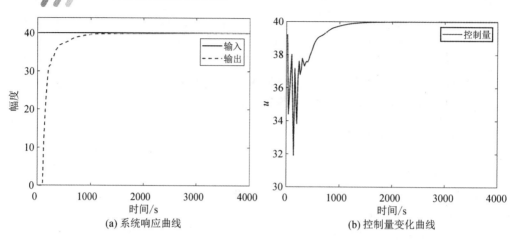

(a) 系统响应曲线 (b) 控制量变化曲线

图 5.12 积分分离法控制算法结果

3. 变速积分 PID 算法

变速积分 PID 算法的基本思想是：改变积分项的累加速度，使其与偏差的大小相对应，即偏差越大，积分速度越慢，反之，偏差越小时，积分速度越快。上述"积分分离法"是它的特例。变速积分 PID 算法的具体算式推导过程如下：

设系数 $f[e(k)]$ 是 $e(k)$ 的函数，有

$$f[e(k)] = \begin{cases} 1 & |e(k)| \leqslant B \\ \dfrac{A - |e(k)| + B}{A} & B < |e(k)| \leqslant (A+B) \\ 0 & |e(k)| > (A+B) \end{cases} \qquad (5-14)$$

式中，A、B 是设定的两个正的阈值常数。

$f[e(k)]$ 在 $[0,1]$ 之间变化。当偏差 $e(k)$ 增大时，$f[e(k)]$ 减小，反之增加。

于是，变速积分 PID 算法算式如下：

$$u(k) = K_P \left\{ e(k) + \frac{T}{T_I} \left\{ \sum_{j=0}^{k-1} e(j) + f[e(k)]e(k) \right\} + \frac{T_D}{T}[e(k) - e(k-1)] \right\}$$

$$(5-15)$$

由式(5-15)可知：当偏差很大时，$f[e(k)]$ 取为 0，本次偏差 $e(k)$ 不累积，即本次偏差 $e(k)$ 的积分作用减弱至无；当偏差较大时，$f[e(k)]$ 在 $[0,1]$ 之间，对本次偏差 $e(k)$ 进行部分累积，本次偏差 $e(k)$ 产生部分积分作用；当偏差较小时，$f[e(k)]$ 取为 1，将本次偏差 $e(k)$ 全部进行累积，实现完全积分。

显然，变速积分 PID 算法实现了按偏差的比例调节其积分的作用，既可以消除由于偏差大而引起的积分饱和效应，减少超调，改善系统的调节品质，也可以应用积分来消除稳态静差，另外还可以改善系统的动态品质。

式(5-15)可变化为

$$u(k) = K_P e(k) + K_I T \left\{ \sum_{j=0}^{k-1} e(j) + f[e(k)]e(k) \right\} + \frac{K_D}{T}[e(k) - e(k-1)]$$

$$(5-16)$$

这样，就可以用式(5-16)编写 MATLAB 仿真程序了。

此方法的被控对象仍为积分分离法中的被控对象，设 PID 控制器的参数分别为 $K_P=$ 0.45，$K_I=0.0048$，$K_D=12$，$A=0.4$，$B=0.6$。

MATLAB 仿真程序如下：

```
clear all; close all;
ts=20;                        %采样周期
sys=tf([1], [60, 1], 'inputdelay', 80);
dsys=c2d(sys, ts, 'zoh');
[num, den]=tfdata(dsys, 'v');
u_1=0; u_2=0; u_3=0; u_4=0; u_5=0;
y_1=0; y_2=0; y_3=0;
error_1=0; error_2=0; ei=0;
for k=1:1:200
    time(k)=k * ts;
    rin(k)=1.0;               %单位阶跃信号
    yout(k)=-den(2) * y_1+num(2) * u_5;
    error(k)=rin(k)-yout(k);
    kp=0.45; ki=0.0048; kd=12;
    A=0.4; B=0.6;
    ei=ei+error_1;            %计算 k-1 时刻
    M=2;                      %算法选择变量：1 变速积分法；2 标准数字 PID 控制算法
    if M==1                   %变速积分法 PID 算法
        if abs(error(k))<=B
            f(k)=1;
        elseif abs(error(k))>B&abs(error(k))<=A+B
            f(k)=(A-abs(error(k))+B)/A;
        else
            f(k)=0;
        end
    elseif M==2               %标准数字 PID 位置型控制算法
        f(k)=1;
    end
    %用式(5-16)计算控制量
    u(k)=kp * error(k)+kd * (error(k)-error_1)/ts+ki * (ei+f(k) * error(k)) * ts;
    if u(k)>=10
        u(k)=10;
    end
    if u(k)<=-10
        u(k)=-10;
    end
    %返回 PID 参数
    u_5=u_4; u_4=u_3; u_3=u_2; u_2=u_1; u_1=u(k);
    y_3=y_2; y_2=y_1; y_1=yout(k);
    error_2=error_1;
```

```
        error_1=error(k);
end
figure(1);
plot(time, rin, 'b', time, yout, 'r:', 'Linewidth', 1.2);
xlabel('时间/s', 'FontSize', 12); ylabel('幅度', 'FontSize', 12);
y_value=get(gca, 'Ylim');
set(gca, 'YLim', [y_value(1), y_value(2) * 1.1], 'FontSize', 12);
legend('阶跃输入', '输出', 'FontSize', 12);
figure(2);
plot(time, f, 'r');
xlabel('时间/s', 'FontSize', 12); ylabel('幅度', 'FontSize', 12);
set(gca, 'YLim', [0, 1.1], 'FontSize', 12);
legend('积分系数', 'FontSize', 12);
```

运行程序进行仿真,则图 5.13 所示为标准数字 PID 控制算法的仿真结果,由图可见,系统输出响应的过渡过程时间比较长,即动态性能不够理想;图 5.14 所示为变速积分法 PID 算法的仿真结果,由图可见,系统输出响应的过渡过程比较平滑,能够较快地结束这一过程,有较好的动态性能。

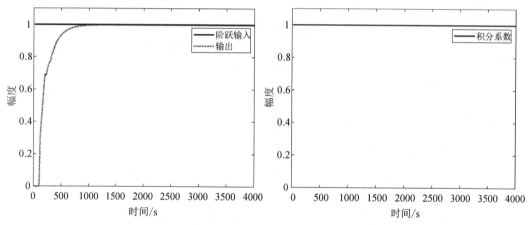

图 5.13　标准数字 PID 控制算法的仿真结果

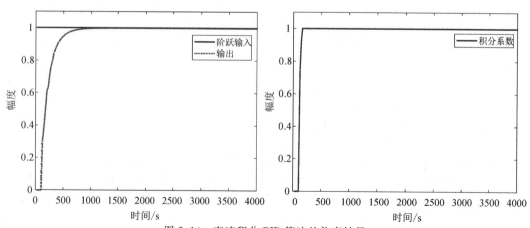

图 5.14　变速积分 PID 算法的仿真结果

4. 不完全微分 PID 法

所谓不完全微分 PID 法，是指在标准 PID 控制器的输出端串联一阶惯性环节（例如低通滤波器），如图 5.15 所示。

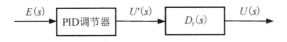

图 5.15　不完全微分 PID 法

采用不完全微分 PID 法的主要原因是：① 由前述微分环节所起的作用可知，该环节的引入可改善系统的动态性能，但对于具有高频扰动的生产过程，由于微分作用响应过于灵敏，容易引起控制过程振荡，反而会降低控制品质，引入低通滤波器后可以抑制高频干扰。② 对于标准的数字 PID，在每次的循环周期中，微分的作用只能维持一个采样周期，如图 5.16(a)所示；但驱动执行器动作又需要一定的时间，一般来说一个采样周期的时间是不足以驱动执行器的，相当于微分没有产生全部作用；如果这个作用很强，能对执行器起驱动作用，可能还会造成饱和效应，系统产生溢出现象。引入低通滤波器后可以平滑控制器的输出，能使微分的作用延长一段时间，使之在实际系统中能真正起到作用，而且还能使数字控制器的微分作用在每个采样周期内均匀地输出，避免出现饱和现象，改善系统性能，如图 5.16(b)所示。

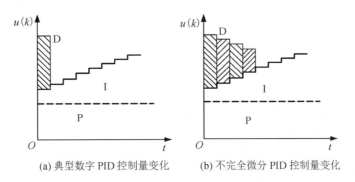

(a) 典型数字 PID 控制量变化　　　(b) 不完全微分 PID 控制量变化

图 5.16　典型数字 PID 与不完全微分 PID 的微分作用比较

不完全微分 PID 法的算式推导如下：

因为一阶惯性环节 $D_f(s)$ 的传递函数为

$$D_f(s) = \frac{1}{T_f s + 1} = \frac{U(s)}{U'(s)}$$

所以

$$T_f \frac{\mathrm{d}u(t)}{\mathrm{d}t} + u(t) = u'(t)$$

而

$$u'(t) = K_P \left[e(t) + \frac{1}{T_I} \int_0^t e(t)\mathrm{d}t + T_D \frac{\mathrm{d}e(t)}{\mathrm{d}t} \right]$$

所以

$$T_f \frac{\mathrm{d}u(t)}{\mathrm{d}t} u(t) = K_P \left[e(t) + \frac{1}{T_I} \int_0^t e(t)\mathrm{d}t + T_D \frac{\mathrm{d}e(t)}{\mathrm{d}t} \right]$$

对上式进行离散化，得到不完全微分 PID 法算式为

$$u(k) = \alpha u(k-1) + (1-\alpha)u'(k) \tag{5-17}$$

$$u'(k) = K_P \left\{ e(k) + \frac{T}{T_I} \sum_{i=0}^{k} e(i) + \frac{T_D}{T} \left[e(k) - e(k-1) \right] \right\}$$

式中，$\alpha = \dfrac{T_f}{T_f + T}$。

于是得到其增量式算式为

$$\Delta u(k) = \alpha \Delta u(k-1) + (1-\alpha)\Delta u'(k) \tag{5-18}$$

式中，$\Delta u'(k) = K_P [e(k) - e(k-1)] + K_I e(k) + K_D [e(k) - 2e(k-1) + e(k-2)]$

被控对象仍然是上述被控对象，设在被控对象的输出中增加幅值为 0.01 的随机信号，采样时间为 20 s，低通滤波器为

$$D_f(s) = \frac{1}{180s + 1}$$

PID 控制器的参数为 $K_P = 0.3$，$K_I = 0.0055$，$K_D = 2.1$。

MATLAB 仿真程序如下：

```
clear all;
close all;
ts=20;
sys=tf([1],[60,1],'inputdelay',80);
dsys=c2d(sys,ts,'zoh');
[num,den]=tfdata(dsys,'v');
u_1=0;u_2=0;u_3=0;u_4=0;u_5=0;
ud_1=0;
y_1=0;y_2=0;y_3=0;
error_1=0;
ei=0;
for k=1:1:100
    time(k)=k*ts;
    yout(k)=-den(2)*y_1+num(2)*u_5;
    rin(k)=1.0;
    D(k)=0.01*rands(1);      %随机扰动
    yout(k)=yout(k)+D(k);    %系统输出
    error(k)=rin(k)-yout(k);
    ei=ei+error(k)*ts;
    kp=0.30;
    ki=0.0055;
    TD=140;
    kd=kp*TD/ts;
    Tf=180;
```

```
Q=tf([1], [Tf, 1]);          %低通滤波器
M=1；                        %M=1,不完全微分 PID 法，M=2 标准数字 PID 控制算法
if M==1                      %不完全微分 PID 法
    alfa=Tf/(ts+Tf);
    ud(k)=kd*(1-alfa)*(error(k)-error_1)+alfa*ud_1;
    u(k)=kp*error(k)+ud(k)+ki*ei;
    ud_1=ud(k);
elseif M==2                  %标准数字 PID 控制算法
    u(k)=kp*error(k)+kd*(error(k)-error_1)+ki*ei;
end
if u(k)>=10
    u(k)=10;
end
if u(k)<=-10
    u(k)=-10;
end
u_5=u_4; u_4=u_3; u_3=u_2; u_2=u_1; u_1=u(k);
y_3=y_2; y_2=y_1; y_1=yout(k);
error_1=error(k);
end
figure(1);
plot(time, rin, 'b', time, yout, 'r:', 'Linewidth', 1.2);
xlabel('时间/s', 'Fontsize', 14); ylabel('幅度', 'Fontsize', 14);
set(gca, 'Fontsize', 14);
legend('阶跃输入', '输出');
figure(2);
plot(time, u, 'r');
xlabel('时间/s', 'Fontsize', 14); ylabel('u', 'Fontsize', 14);
set(gca, 'Fontsize', 14); legend('控制量', 'Fontsize', 14);
figure(3);
plot(time, rin-yout, 'r');
xlabel('时间/s', 'Fontsize', 14); ylabel('偏差', 'Fontsize', 14);
set(gca, 'Fontsize', 14);
figure(4);
bode(Q, 'r');
dcgain(Q);
```

运行程序进行仿真，则图 5.17 所示为标准数字 PID 控制的仿真结果，由图可见，系统受随机干扰信号的影响较严重，无论是系统响应还是控制量波动较大。图 5.18 所示为不完全微分 PID 控制的结果，由图可见，系统输出响应的过渡过程比较平滑，控制量变化也较平稳，说明对干扰有较好的抑制。

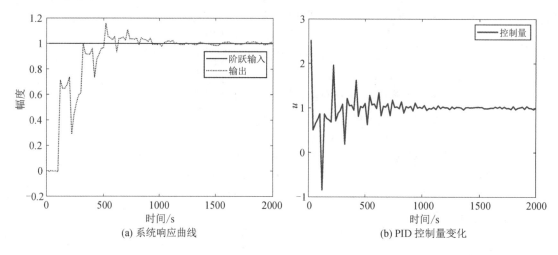

(a) 系统响应曲线   (b) PID 控制量变化

图 5.17　标准数字 PID 控制仿真结果

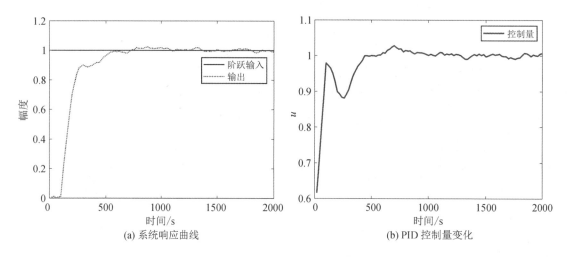

(a) 系统响应曲线   (b) PID 控制量变化

图 5.18　不完全微分 PID 法仿真结果

5.1.4　数字 PID 算法的参数整定方法及采样周期 T 的确定

数字 PID 控制器的结构确定之后，系统的性能好坏主要决定于参数的选择是否合理。因此，数字 PID 算法参数的整定是非常重要的。

1. 参数整定

数字 PID 算法的参数整定的任务主要是确定 K_P、T_I、T_D 和采样周期 T，主要有以下方法。

1) 扩充临界比例度法

扩充临界比例度法是简易工程整定数字 PID 算法的参数方法之一。这种方法的最大优点是整定参数时不必依赖被控对象的数学模型，适用于现场应用。

扩充临界比例度法是基于模拟调节器中使用的临界比例度法的一种 PID 数字调节器的参数整定方法。具体步骤如下：

(1) 选择一个足够短的采样周期 $T_{\min}$。例如带有纯滞后的系统，其采样周期取纯滞后时间的十分之一以下。

(2) 求出临界比例度 δ_u 和临界振荡周期 T_u。具体方法是：将上述足够短的采样周期 $T_{\min}$ 输入到计算机中，使用纯比例控制，调节比例系数 K_P，直到系统产生等幅振荡为止。所得到的比例度 $(\delta_u = 1/K_P)$ 即为临界比例度 δ_u，此时的振荡周期即为临界振荡周期 T_u。

(3) 选择控制度。所谓控制度，就是指以模拟调节器为准，DDC（直接数字控制）的控制效果与模拟调节器的控制效果相比的值。控制效果的评价函数通常采用 $\int_0^\infty e^2(t)\mathrm{d}t$（误差平方积分）表示，即有

$$控制度 = \frac{\left[\int_0^\infty e^2(t)\mathrm{d}t\right]_{DDC}}{\left[\int_0^\infty e^2(t)\mathrm{d}t\right]_{模拟}} \qquad (5-19)$$

对于模拟系统，其误差平方积分可按记录纸上的图形面积计算，而 DDC 系统可用计算机直接计算。通常当控制度为 1.05 时，表示 DDC 系统与模拟系统的控制效果相当。

(4) 根据选定的控制度，查表 5.1（扩充临界比例度法整定参数表），即可查出 T、K_P、T_I、T_D 的值，进而求出 T、K_P、K_I、K_D 的值。

表 5.1　扩充临界比例度法整定参数表

控 制 度	控制规律	T	K_P	T_I	T_D
1.05	PI	$0.03T_u$	$0.53\delta_u$	$0.88T_u$	—
	PID	$0.014T_u$	$0.63\delta_u$	$0.49T_u$	$0.14T_u$
1.2	PI	$0.05T_u$	$0.49\delta_u$	$0.91T_u$	—
	PID	$0.043T_u$	$0.47\delta_u$	$0.47T_u$	$0.16T_u$
1.5	PI	$0.14T_u$	$0.42\delta_u$	$0.99T_u$	—
	PID	$0.09T_u$	$0.34\delta_u$	$0.43T_u$	$0.20T_u$
2.0	PI	$0.22T_u$	$0.36\delta_u$	$1.05T_u$	—
	PID	$0.16T_u$	$0.27\delta_u$	$0.40T_u$	$0.22T_u$

(5) 按求得的参数运行控制系统，在运行中观察控制效果，再适当地调整参数，直到获得满意的控制效果。

该参数整定方法适用于具有一阶滞后环节的被控对象，否则，最好选用其他的方法整定参数。

2）扩充响应曲线法

扩充响应曲线法是又一种简易工程整定数字 PID 算法的参数方法。对于那些不允许进行临界振荡实验的系统，可以采用扩充响应曲线法。具体方法如下：

(1) 断开数字 PID 控制器，使系统在手动状态下工作。当系统在给定值处达到平衡之后，输入一个阶跃信号。

(2) 用仪表记录下被控参数在此阶跃输入信号作用下的变化过程，即阶跃响应曲线，

如图 5.19 所示。

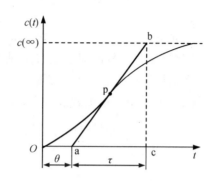

图 5.19　被控参数的阶跃响应曲线

（3）在曲线的最大斜率处做切线，该切线与横轴以及系统响应稳态值的延长线相交于 a、b 两点，过 b 点做横轴的垂线，并与横轴交于 c 点，于是得到滞后时间 θ 和被控对象的时间常数 τ，再求出 τ/θ 的值。

（4）选择控制度。

（5）查表 5.2（扩充响应曲线法整定参数表），即可查出 T、K_P、T_I、T_D 的值，进而求出 T、K_P、K_I、K_D 的值。

按求得的参数运行控制系统，在运行中观察控制效果，再适当地调整参数，直到获得满意的控制效果。

表 5.2　扩充响应曲线法整定参数表

控 制 度	控制规律	T	K_P	T_I	T_D
1.05	PI	0.1θ	$0.84\tau/\theta$	0.34θ	—
	PID	0.05θ	$0.15\tau/\theta$	2.0θ	0.45θ
1.2	PI	0.2θ	$0.78\tau/\theta$	3.6θ	—
	PID	0.16θ	$1.0\tau/\theta$	1.9θ	0.55θ
1.5	PI	0.5θ	$0.68\tau/\theta$	3.9θ	—
	PID	0.34θ	$0.85\tau/\theta$	1.62θ	0.65θ
2.0	PI	0.8θ	$0.57\tau/\theta$	4.2θ	—
	PID	0.6θ	$0.6\tau/\theta$	1.5θ	0.82θ

注：表 5.2 中的控制度的求法与扩充临界比例度法相同。

3）归一参数整定法

前述两种参数整定方法需要确定 T、K_P、T_I、T_D 四个参数，相对来说比较麻烦。为了减少整定参数的数目，简化参数整定方法，1974 年 Roberts PD 提出了一种简化了的扩充临界比例度整定法。由于该方法只需要整定一个参数即可，故又称作归一参数整定法。

数字 PID 增量型控制算法算式重写如下：

$$\Delta u(k) = u(k) - u(k-1)$$
$$= K_P\left\{e(k) - e(k-1) + \frac{T}{T_I}e(k) + \frac{T_D}{T}\left[e(k) - 2e(k-1) + e(k-2)\right]\right\}$$

(5 − 20)

设 $T=0.1T_u$；$T_I=0.5T_u$；$T_D=0.125T_u$，其中 T_u 为纯比例作用下的临界振荡周期，则

$$\Delta u(k)=K_P[2.45e(k)-3.5e(k-1)+1.25e(k-2)] \qquad (5-21)$$

由式(5-21)可以看出，对 4 个参数的整定简化成只整定一个参数 K_P，因此，给数字 PID 算法的参数整定带来许多方便。

4) 优选法

由于实际生产过程错综复杂，参数千变万化，因此，确定被控对象的动态特性不仅计算麻烦，工作量大，而且即使能确定被控对象的动态特性，其结果与实际相差也较远。因此，目前应用较多的是经验法。优选法就是一种对自动调节参数进行整定的经验法。

优选法整定参数的具体方法是：根据经验，首先把其他参数固定，然后用 0.618 法对其中某一个参数进行优选，待选出最佳参数后，再换另一个参数进行优选，直到把所有的参数优选完毕为止，最后根据 T、K_P、T_I、T_D 四个参数优选的结果选出一组最佳值即可。

2. 采样周期 T 的确定

从香农(Shannon)采样定理可知，信号的最高频率为 f_{max}，只有当采样频率 $f_s \geqslant 2f_{max}$ 时，才能使采样信号不失真地复现出原来的信号。

从理论上讲，采样频率越高，失真越小。但从控制器本身而言，大都依靠偏差信号 $e(k)$ 进行调节计算。当采样周期 T 太小时，偏差信号 $e(k)$ 也会过小，此时计算机将会失去调节作用。采样周期 T 过长又会引起误差。因此，选择采样周期 T 时，必须综合考虑。一般应考虑的因素如下：

(1) 被控对象的特性。若被控对象是慢速变化的对象时，如热工或化工行业，采样周期一般取得较大；若被控对象是快速变化的对象时，采样周期应取得小一些，否则，采样信号无法反映瞬变过程；如果系统纯滞后占主导地位时，应按纯滞后大小选取采样周期，尽可能使纯滞后时间接近或等于采样周期的整数倍。

(2) 扰动信号。为了能够采用滤波的方法消除扰动信号，采样周期应远远小于扰动信号的周期，一般使扰动信号周期与采样周期成整数倍。

(3) 控制的回路数。如果控制的回路数较多，计算的工作量较大，则采样周期应长一些，反之，可以短些。

(4) 执行器件的响应速度。执行器件的动作惯性较大，采样周期应能与之相适应。如果采样周期过短，那么响应速度慢的执行器件就会来不及反映出数字控制器输出值的变化。

(5) 控制算法的类型。当采用数字 PID 算法时，如果选择的采样周期太小，将使微分积分作用不明显。因为当采样周期小到一定程度后，由于受到计算精度的限制，偏差 $e(k)$ 始终为零。另外，各种控制算法也需要计算时间。

(6) 给定值的变化频率。加到被控对象上的给定值变化频率越高，采样频率应越高。这样给定值的改变才可以得到迅速反应。

(7) A/D、D/A 转换器的性能。如果 A/D、D/A 转换器的速度快，采样周期可以小些。

5.2 数字控制器的离散化设计

5.2.1 数字控制器的离散化设计步骤

从被控对象的实际特性出发，直接根据离散系统理论来设计数字控制器，这样的方法称为数字控制器离散化设计法。用这种设计法对计算机控制系统进行综合与设计，显然更具有一般性的意义。它完全是根据离散系统的特点进行分析与综合的，并推导出相应的控制规律。数字控制器的离散化设计利用计算机软件的灵活性，可以实现从简单到复杂的各种控制。由于数字控制器的离散化设计基于离散方法理论，因此被控对象可用离散模型描述，或用离散化模型来表示连续对象。图5.20所示是一种典型的数字控制器的框图

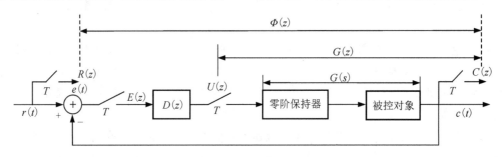

图 5.20　典型数字控制器的框图

在图5.20中，设$D(z)$为数字控制器，$G(z)$为包括零阶保持器在内的广义对象的脉冲传递函数，$\Phi(z)$为闭环脉冲传递函数，$C(z)$为输出信号的Z变换，$R(z)$为输入信号的Z变换。由离散控制系统理论可知：

闭环脉冲传递函数为

$$\Phi(z) = \frac{D(z)G(z)}{1 + D(z)G(z)} \tag{5-22}$$

误差脉冲传递函数为

$$W_e(z) = \frac{E(z)}{R(z)} = 1 - \Phi(z) \tag{5-23}$$

由式(5-22)和式(5-23)可得出数字控制器$D(z)$为

$$D(z) = \frac{\Phi(z)}{G(z)[1 - \Phi(z)]} = \frac{\Phi(z)}{G(z)W_e(z)} = \frac{1 - W_e(z)}{G(z)W_e(z)} \tag{5-24}$$

在式(5-24)中，广义对象的脉冲传递函数$G(z)$是保持器和被控对象所固有的，一旦被控对象被确定，$G(z)$是不能改变的。但是，误差脉冲传递函数$W_e(z)$是随不同的典型输入而改变的，$\Phi(z)$则根据系统的不同要求来决定。因此，当$\Phi(z)$、$G(z)$、$W_e(z)$确定后，便可根据式(5-24)求出数字控制系统的脉冲传递函数，它是设计数字控制器的基础。

数字控制器离散化设计步骤：

（1）根据控制系统的性能指标及实现的约束条件构造闭环脉冲传递函数 $\Phi(z)$。

（2）确定数字控制器的脉冲传递函数 $D(z)$。

（3）由 $D(z)$ 确定控制算法并编写程序。

5.2.2　最少拍控制器的设计

在自动调节系统中，当误差存在时，总是希望系统能尽快地消除误差，使输出跟随输入变化，或者在有限的几个采样周期内即可达到平衡。

在数字控制过程中，一个采样周期称为 1 拍。最少拍系统也称最小调整时间系统或最快响应系统。它是指系统在典型输入作用下（包括单位阶跃输入、单位速度输入、单位加速度输入等），经过最少个采样周期，使输出稳态误差为零，达到完全跟踪，即输出完全跟踪输入，不存在稳态静差。最少拍系统对任意两个采样周期中间的过程不做要求。

典型输入形式如下（T 为采样周期）：

（1）单位阶跃输入：

$$r(t)=1(t)，R(z)=\frac{1}{1-z^{-1}}$$

（2）单位速度输入：

$$r(t)=t，R(z)=\frac{Tz^{-1}}{(1-z^{-1})^2}$$

（3）单位加速度输入：

$$r(t)=\frac{1}{2}t^2，R(z)=\frac{T^2z^{-1}(1+z^{-1})}{2(1-z^{-1})^3}$$

由此可得出典型输入共同的 Z 变换形式为

$$R(z)=\frac{A(z)}{(1-z^{-1})^q} \tag{5-25}$$

式（5-25）中，q 为正整数，$A(z)$ 是不含有（$1-z^{-1}$）因子的 z^{-1} 的多项式。因此，对于不同的输入形式，只是 q 值不同而已，一般只讨论 q 为 1、2、3 的情况。在上述的 3 种典型输入中，q 分别为 1、2、3。

将式（5-25）代入式（5-23），得

$$E(z)=W_e(z)R(z)=\frac{A(z)W_e(z)}{(1-z^{-1})^q} \tag{5-26}$$

根据零静差的要求，由终值定理有

$$\lim_{k\to\infty}e(kT)=\lim_{z\to1}(z-1)E(z)=\lim_{z\to1}(z-1)R(z)W_e(z)$$

$$=\lim_{z\to1}(z-1)\frac{A(z)[1-\Phi(z)]}{(1-z^{-1})^q}\to0$$

由于 $A(z)$ 不含（$1-z^{-1}$）因式，若使上式趋于 0，应消去分母因式（$1-z^{-1}$）^{q}，因此必有

$$1-\Phi(z)=W_e=(1-z^{-1})^MF_1(z)，M\geqslant q \tag{5-27}$$

其中 $F_1(z)$ 是关于 z^{-1} 的多项式 $F_1(z)=1+f_{11}z^{-1}+f_{12}z^{-2}+\cdots+f_{1m}z^{-m}$，则式

(5-26)变成

$$E(z) = \frac{A(z)W_e(z)}{(1-z^{-1})^q} = (1-z^{-1})^M \frac{F(z)A(z)}{(1-z^{-1})^q}$$

当 $M=q$，且 $F_1(z)=1$ 时，可使数字控制器结构简单，阶数降低，因而调节时间 t_s 最短，可使系统采样点的输出在最少拍内到达稳态，即达到最少拍控制。

下面分别讨论不同输入时的情况。

（1）单位阶跃输入时。

对于单位阶跃 $q=1$，则有

$$W_e(z) = (1-z^{-1})F_1(z) = 1-z^{-1}$$

$$\Phi(z) = 1-W_e(z) = z^{-1}$$

$$E(z) = W_e(z)R(z) = (1-z^{-1})\frac{1}{1-z^{-1}} = 1+0z^{-1}+0z^{-2}+\cdots$$

所以 $e(0)=1$，即 $r(0)-c(0)=1$，而 $r(0)=1$，故 $c(0)=0$。

同理，$e(T)=e(2T)=\cdots=0$，即 $r(T)=c(T)=1$，$r(2T)=c(2T)=1$，…。

可见，经过 1 拍即 T 后，系统误差 $e(kT)$ 就可消除，T 就是调整时间。误差曲线及输出响应曲线分别如图 5.21(a)、图 5.21(b)所示。

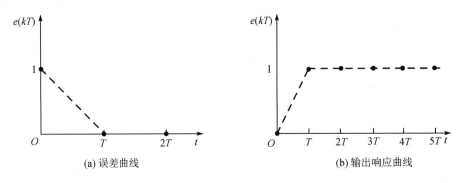

（a）误差曲线　　　　　　　　　　　（b）输出响应曲线

图 5.21　单位阶跃输入时的误差曲线及输出响应曲线

（2）单位速度输入时。

对于单位速度 $q=2$，则有

$$W_e(z) = (1-z^{-1})^2 F_1(z) = (1-z^{-1})^2$$

$$\Phi(z) = 1-W_e(z) = 1-(1-z^{-1})^2 = 2z^{-1}-z^{-2}$$

$$R(z) = \frac{Tz^{-1}}{(1-z^{-1})^2}$$

所以

$$E(z) = W_e(z)R(z) = (1-z^{-1})^2 \frac{Tz^{-1}}{(1-z^{-1})^2} = Tz^{-1} = 0+Tz^{-1}+0z^{-2}+\cdots$$

即 $e(0)=0$，$e(T)=T$，$e(2T)=e(3T)=\cdots=0$。

即经两拍后输出就可以无偏差地跟踪上输入的变化，此时的系统调整时间为 $2T$。误差曲线及输出响应曲线分别如图 5.22(a)、图 5.22(b)所示。

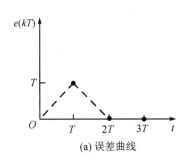
(a) 误差曲线

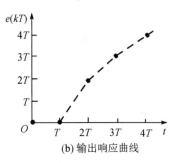
(b) 输出响应曲线

图 5.22　单位速度输入时的误差曲线及输出响应曲线

（3）单位加速度输入时。

对于单位加速度 $q=3$，则有

$$W_e(z)=(1-z^{-1})^3 F_1(z)=(1-z^{-1})^3$$

$$\Phi(z)=1-(1-z^{-1})^3=3z^{-1}-3z^{-2}+z^{-3}$$

$$R(z)=\frac{T^2 z^{-1}(1+z^{-1})}{2(1-z^{-1})^3}$$

所以

$$E(z)=W_e(z)R(z)=(1-z^{-1})^3 \frac{T^2 z^{-1}(1+z^{-1})}{2(1-z^{-1})^3}$$

$$=\frac{T^2}{2}z^{-1}(1+z^{-1})$$

$$=0+\frac{T^2}{2}z^{-1}+\frac{T^2}{2}z^{-2}+0z^{-3}+\cdots$$

即

$$e(0)=0,\ e(T)=\frac{T^2}{2},\ e(2T)=\frac{T^2}{2}$$

$$e(3T)=e(4T)=\cdots=0$$

即经 3 拍后输出就可以无差地跟踪上输入的变化，此时系统的调整时间为 $3T$。误差曲线及输出响应曲线分别如图 5.23(a)、5.23(b)所示。

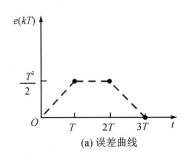
(a) 误差曲线

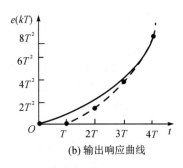
(b) 输出响应曲线

图 5.23　单位加速度输入时的误差曲线及输出响应曲线

据此，对于不同的输入，可以选择不同的误差脉冲传递函数 $W_e(z)$、调节时间等，详见表 5.3。

表 5.3　3 种典型输入的最少拍系统

输入函数 $r(kT)$	误差脉冲传递函数 $W_e(z)$	闭环脉冲传递函数 $\Phi(z)$	最少拍数字控制器 $D(z)$	调节时间 t_s
$1(kT)$	$1-z^{-1}$	z^{-1}	$\dfrac{z^{-1}}{(1-z^{-1})G(z)}$	T
kT	$(1-z^{-1})^2$	$2z^{-1}-z^{-2}$	$\dfrac{2z^{-1}-z^{-2}}{(1-z^{-1})^2 G(z)}$	$2T$
$\dfrac{(kT)^2}{2}$	$(1-z^{-1})^3$	$3z^{-1}-3z^{-2}+z^{-3}$	$\dfrac{3z^{-1}-3z^{-2}+z^{-3}}{(1-z^{-1})^3 G(z)}$	$3T$

设计最少拍控制系统数字控制器的方法步骤如下：

（1）根据被控对象的数学模型求出广义对象的脉冲传递函数 $G(z)$。

（2）根据输入信号类型，查表 5.3 确定误差脉冲传递函数 $W_e(z)$。

（3）将 $G(z)$、$W_e(z)$ 代入式（5-24），进行 Z 变换运算，即可求出数字控制器的脉冲传递函数 $D(z)$。

（4）根据结果，求出输出序列及其响应曲线等。

下面结合例子介绍 $D(z)$ 的设计方法。

【例 5-2】 某最少拍计算机控制系统如图 5.20 所示。被控对象的传递函数为

$$G(s)=\frac{2}{s(1+0.5s)}$$

采样周期 $T=0.5\,\text{s}$，采用零阶保持器，试设计在单位速度输入时的最少拍数字控制器。

解　根据图 5.20 可写出该系统的广义对象脉冲传递函数为

$$G(z)=Z\left[\frac{1-e^{-T_s}}{s}\cdot\frac{2}{s(1+0.5s)}\right]=Z\left[(1-e^{-T_s})\frac{4}{s^2(s+2)}\right]$$

$$=Z\left[\frac{4}{s^2(s+2)}\right]-Z\left[\frac{4e^{-T_s}}{s^2(s+2)}\right]$$

$$=Z\left[\frac{2}{s^2}-\frac{1}{s}+\frac{1}{s+2}\right]-Z\left[e^{-T_s}\left(\frac{2}{s^2}-\frac{1}{s}+\frac{1}{s+2}\right)\right]$$

$$=\left[\frac{2Tz^{-1}}{(1-z^{-1})^2}-\frac{1}{1-z^{-1}}+\frac{1}{1-e^{-2T}z^{-1}}\right]-z^{-1}\left[\frac{2Tz^{-1}}{(1-z^{-1})^2}-\frac{1}{1-z^{-1}}+\frac{1}{1-e^{-2T}z^{-1}}\right]$$

$$=(1-z^{-1})\left[\frac{2Tz^{-1}}{(1-z^{-1})^2}-\frac{1}{1-z^{-1}}+\frac{1}{1-e^{-2T}z^{-1}}\right]$$

$$=\frac{0.368z^{-1}(1+0.718z^{-1})}{(1-z^{-1})(1-0.368z^{-1})}$$

由于输入 $r(t)=t$，由表 5.3 查得

$$W_e(z)=(1-z^{-1})^2$$

因此，由式（5-20）可写出控制器的脉冲传递函数为

$$D(z)=\frac{1-W_e(z)}{G(z)W_e(z)}=\frac{5.436(1-0.5z^{-1})(1-0.368z^{-1})}{(1-z^{-1})(1+0.718z^{-1})}$$

下面分析数字控制器 $D(z)$ 对系统的控制效果。由表 5.3 可查出系统闭环脉冲传递函

数为

$$\Phi(z)=2z^{-1}-z^{-2}$$

当输入为单位速度信号时，系统输出序列的 Z 变换为

$$C(z)=\Phi(z)R(z)=(2z^{-1}-z^{-2})\frac{Tz^{-1}}{(1-z^{-1})^2}$$

$$=2Tz^{-2}+3Tz^{-3}+4Tz^{-4}+5Tz^{-5}+\cdots$$

上式中各项系数即为 $c(t)$ 在各个采样时刻的数值，即 $c(0)=0$，$c(T)=0$，$c(2T)=2T$，$c(3T)=3T$，$c(4T)=4T$，…。输出响应曲线如图 5.24 所示。

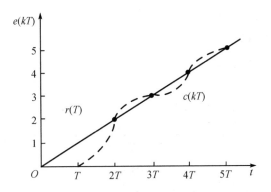

图 5.24　单位速度输入时的响应曲线

从图 5.24 中可以看出，当系统为单位速度输入时，经过两拍以后，输出量完全等于输入采样值，即 $c(kT)=r(kT)$。因此，所求得的数字控制器 $D(z)$ 完全满足设计指标要求。但在各采样点之间还存在着一定的偏差，即存在着一定的纹波。

设输入为单位阶跃函数时，输出量的 Z 变换为

$$C(z)=\Phi(z)R(z)=(2z^{-1}-z^{-2})\frac{1}{(1-z^{-1})^2}=2z^{-1}+z^{-2}+z^{-3}+z^{-4}+\cdots$$

输出序列为 $c(0)=0$，$c(T)=2$，$c(2T)=1$，$c(3T)=1$，$c(4T)=1$，…。其输出响应曲线如图 5.25 所示。

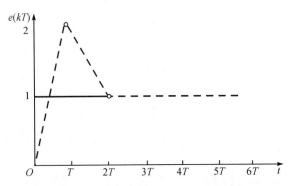

图 5.25　单位阶跃输入时的响应曲线

由图 5.25 可见，按单位速度输入设计的最少拍系统，当为单位阶跃输入时，经过两个采样周期，$c(kT)=r(kT)$，但当 $k=1$ 时，将有 100% 的超调量。

若输入为单位加速度，则输出量的 Z 变换为

$$C(z) = \Phi(z)R(z) = (2z^{-1} - z^{-2})\frac{T^2 z^{-1}(1+z^{-1})}{2(1-z^{-1})^3}$$

$$= T^2 z^{-2} + 3.5T^2 z^{-3} + 7T^2 z^{-4} + 11.5T^2 z^{-5} + \cdots$$

由此可得：$c(0)=0$，$c(T)=0$，$c(2T)=T^2$，$c(3T)=3.5T^2$，$c(4T)=7T^2$，$\cdots$；输入序列 $r(0)=0$，$r(T)=0$，$r(2T)=2T^2$，$r(3T)=4.5T^2$，$r(4T)=8T^2$，$\cdots$；可见，输出响应与输入之间始终存在着偏差，如图 5.26 所示。

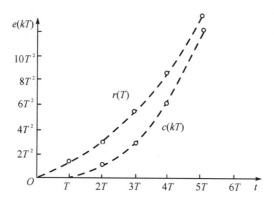

图 5.26　单位加速度输入时的响应曲线

由上述分析可见，按某种典型输入设计的最少拍系统，当输入形式改变时，系统的性能变差，其输出响应不一定理想。这说明最少拍系统对输入信号的变化适应性较差。

在前面讨论的最少拍系统 $D(z)$ 设计过程中，对被控对象 $G(s)$ 并未提出具体限制。实际上，只有当广义对象的脉冲传递函数 $G(z)$ 是稳定的，即在单位圆上或圆外没有零、极点，且不含有纯滞后环节 z^{-1} 时，所设计的最少拍系统才是正确的。

如果上述条件不能满足，则应对上述设计原则进行相应的限制。由式(5-24)可得

$$D(z) = \frac{1-W_e(z)}{G(z)W_e(z)} = \frac{\Phi(z)}{G(z)W_e(z)}$$

可导出系统闭环脉冲传递函数为

$$\Phi(z) = D(z)G(z)W_e(z) \qquad (5-28)$$

为保证闭环系统稳定，其闭环脉冲传递函数 $\Phi(z)$ 的极点应全在单位圆内。若广义对象 $G(z)$ 中有不稳定极点存在，则应用 $D(z)$ 或 $W_e(z)$ 的相同零点来抵消。但用 $D(z)$ 的零点来抵消 $G(z)$ 的零点是不可靠的，因为 $D(z)$ 中的参数由于计算上的误差或漂移会造成抵消不完全的情况，这将有可能引起系统的不稳定，所以，$G(z)$ 的不稳定极点通常由 $W_e(z)$ 的零点来抵消。这样 $W_e(z)$ 既自身稳定，又可相消不稳定极点。给 $W_e(z)$ 增加零点的后果是延迟了系统消除偏差的时间。$G(z)$ 中出现在单位圆上（或圆外）的零点，则既不能用 $W_e(z)$ 中的极点来抵消，因为这会使 $W_e(z)$ 不稳定，从而使 $E(z)=W_e(z)R(z)$ 越来越大，也不能用增加 $D(z)$ 中的极点来抵消，因为 $D(z)$ 不允许有不稳定极点，这样会导致数字控制器 $D(z)$ 的不稳定，则 $D(z)$ 的输出必将不稳定，这个不稳定的控制量又会使系统的输出发散。显然，让 $\Phi(z)$ 的零点中含有 $G(z)$ 单位圆上或圆外零点，二者相消是可行的，因为 $\Phi(z)$ 含单位圆上或圆外零点，不影响自身稳定性。而对于 $G(z)$ 中包括纯滞后环节 z 的多次方时，也不能在 $D(z)$ 的分母上设置纯滞后环节来对消 $G(z)$ 的纯滞后环节，因为经过通分之后，

$D(z)$ 分子的 z 的阶次 m 将高于分母 z 的阶次 n，使计算机出现超前输出，这将造成 $D(z)$ 在物理上无法实现。因此，广义对象 $D(z)$ 中的单位圆外零点和 z^{-1} 因子，必须还包括在所设计的闭环脉冲传递函数 $\Phi(z)$ 中，这将导致调整时间的延长。由 $\Phi(z)$ 可知，闭环极点均位于 Z 平面原点，故系统稳定。

综上所述，闭环脉冲传递函数 $\Phi(z)$ 和误差传递函数 $W_e(z)$ 选择必须有一定的限制。

设计最少拍控制器时应注意事项如下：

(1) 数字控制器 $D(z)$ 在物理上应是可实现的有理多项式，其多项式分母的第 1 个数必为 1，不能为 0。例如，

$$D(z) = \frac{a_0 + a_1 z^{-1} + a_2 z^{-2} + \cdots + a_m z^{-m}}{1 + b_1 z^{-1} + b_2 z^{-2} + \cdots + b_n z^{-n}}$$

式中，$a_i(i = 0, 1, 2, 3, \cdots, m)$ 和 $b_j(j = 0, 1, 2, 3, \cdots, n)$ 为常系数，且 $n \geqslant m$。

(2) $G(z)$ 所有不稳定的极点都应由 $W_e(z)$ 的零点来抵消。

(3) $G(z)$ 中在单位圆上（$z_i = 1$ 除外）或圆外的零点都应包含在 $\Phi(z) = 1 - W_e(z)$ 中。

(4) $\Phi(z) = 1 - W_e(z)$ 应为 z^{-1} 的展开式，且其方次应与 $W_e(z)$ 中分子的 z^{-1} 因子的方次相等。

满足了上述条件后，$D(z)$ 将不再包含 $G(z)$ 的 Z 平面单位圆上或单位圆外零极点和纯滞后的环节。

图 5.27 所示为计算机控制系统框图。

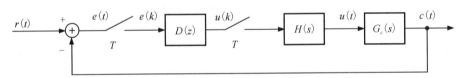

图 5.27　计算机控制系统框图

在图 5.27 所示的系统中，被控对象的传递函数为

$$G_c(s) = G'_c(s) e^{-\tau s} \tag{5-29}$$

式中，$G'_c(s)$ 不含滞后特性，τ 为纯滞后时间。

若令

$$d = \tau / T \tag{5-30}$$

则有

$$G_c(z) = Z\left[\frac{1 - e^{-Ts}}{s} G_c(s)\right] = Z\left[\frac{1 - e^{-Ts}}{s} G'_c(s) e^{-\tau s}\right]$$

$$= z^{-d} Z\left[\frac{1 - e^{-Ts}}{s} G'_c(s)\right] = z^{-d} \frac{B(z)}{A(z)} \tag{5-31}$$

并设 $G_c(z)$ 有 u 个零点 $z_1, z_2, \cdots, z_u$，v 个极点 $p_1, p_2, \cdots, p_v$ 且均在 Z 平面的单位圆上或圆外。当连续被控对象 $G_c(s)$ 中不含纯滞后环节时，$d = 0$；当 $G_c(s)$ 中含有纯滞后时，$d \geqslant 1$，即 d 采样周期纯滞后。

设 $G'_c(z)$ 是 $G_c(z)$ 中不含单位圆上或圆外的零极点部分，则广义对象的传递函数可表示为

$$G_c(z)=\frac{z^{-d}\prod\limits_{i=1}^{u}(1-z_iz^{-1})}{\prod\limits_{j=1}^{v}(1-p_jz^{-1})}G_c'(z) \tag{5-32}$$

为了避免使 $G_c(z)$ 在单位圆上或圆外的零极点与 $D(z)$ 的零极点对消，同时又能实现对系统的补偿，选择系统的闭环脉冲传递函数时必须满足以下约束条件：

(1) $W_e(z)$ 的零点中，必须包含 $G_c(z)$ 在 Z 平面单位圆外或圆上的所有极点，即

$$W_e(z)=1-\Phi(z)=\left[\prod_{j=1}^{v}(1-p_jz^{-1})\right](1-z^{-1})^qF_1(z) \tag{5-33}$$

式中，$F_1(z)$ 是关于 z^{-1} 的多项式，且不含 $G_c(z)$ 中的不稳定极点 p_j。为了使 $W_e(z)$ 能够实现，$F_1(z)$ 应具有以下形式，即

$$F_1(z)=1+f_{11}z^{-1}+f_{12}z^{-2}+\cdots+f_{1m}z^{-m} \tag{5-34}$$

实际上，若 $G(z)$ 有 r 个极点在单位圆上，即 $z=1$ 处，应用 $W_e(z)$ 的选择法对式 (5-33) 进行修改。可按以下方法确定 $W_e(z)$：

若 $r\leqslant q$，则

$$W_e(z)=1-\Phi(z)=\left[\prod_{j=1}^{v-r}(1-p_jz^{-1})\right](1-z^{-1})^qF_1(z) \tag{5-35}$$

若 $r>q$，则

$$W_e(z)=1-\Phi(z)=\left[\prod_{j=1}^{v-r}(1-p_jz^{-1})\right](1-z^{-1})^rF_1(z) \tag{5-36}$$

(2) $\Phi(z)$ 的零点中，必须包含 $G_c(z)$ 在 Z 平面单位圆外或圆上的所有零点，即

$$\Phi(z)=z^{-d}\left[\prod_{i-1}^{u}(1-b_iz^{-1})\right]F_2(z) \tag{5-37}$$

式中，$F_2(z)$ 是关于 z^{-1} 的多项式，且不含有 $G_c(z)$ 中的不稳定零点 z_i。为了使 $\Phi(z)$ 能够实现，$F_2(z)$ 应具有以下形式，即

$$F_2(z)=f_{21}z^{-1}+f_{22}z^{-2}+\cdots+f_{2n}z^{-n} \tag{5-38}$$

(3) $F_1(z)$ 和 $F_2(z)$ 阶数的选取可按以下方法进行：

若 $G(z)$ 中 r 个极点在单位圆上，当 $r\leqslant q$ 时，有

$$\begin{cases}m=u+d\\n=v-r+q\end{cases} \tag{5-39}$$

若 $G(z)$ 中 r 个极点在单位圆上，当 $r>q$ 时，有

$$\begin{cases}m=u+d\\n=v\end{cases} \tag{5-40}$$

(4) 确定控制器结构，即有

$$D(z)=\frac{1}{G_c(z)}\frac{\Phi(z)}{1-\Phi(z)}=\frac{1}{G_c(z)}\frac{\Phi(z)}{W_e(z)}=\begin{cases}\dfrac{F_2(z)}{G_c'(z)(1-z^{-1})^{q-r}F_1(z)},&r\leqslant q\\\dfrac{F_2(z)}{G_c'(z)F_1(z)},&r>q\end{cases}$$

$$\tag{5-41}$$

（5）检验控制器 $D(z)$ 的稳定性、可实现性，以及控制量 $U(z)$ 的收敛性。

（6）检验输出响应系列是否满足设计要求。

（7）将 $D(z)$ 转换为差分方程形式，设计控制算法进行编程。

仅满足上述约束条件的最少拍控制系统，只保证了在最少的几个采样周期后系统的响应在采样点时稳态误差为零，而不能保证任意两个采样点之间的稳态误差为零。因这种控制系统输出信号 $y(t)$ 有纹波（这种纹波称为隐蔽振荡）存在，故称为最少拍有纹波控制系统。式（5-41）表示的控制器就为最少拍有纹波控制器。$y(t)$ 的纹波在采样点上是观测不到的，要用修正 Z 变换方能计算得到两个采样点之间的输出值。

【例 5-3】　比较不稳定对象 $G(z)=\dfrac{2.2z^{-1}}{1+1.2z^{-1}}$ 采用和不采用上述约束条件的最小拍控制的闭环系统稳定性。

解　（1）不按上述约束条件设计时：

对单位阶跃信号输入，系统 $\Phi(z)=z^{-1}$，则有

$$D(z)=\frac{z^{-1}}{\dfrac{2.2z^{-1}}{1+1.2z^{-1}}(1-z^{-1})}=\frac{0.4545(1+1.2z^{-1})}{1-z^{-1}}$$

输出 Z 变换为

$$C(z)=\Phi(z)R(z)=z^{-1}+z^{-2}+\cdots$$

上式表达式表面上是一个稳定的控制系统，但若被控对象由于器件产生参数变化，则有

$$G'(z)=\frac{2.2z^{-1}}{1+1.3z^{-1}}$$

则设计的最小拍控制器的结果为

$$\Phi'(z)=\frac{G'(z)D(z)}{1-G'(z)D(z)}=\frac{z^{-1}(1+1.2z^{-1})}{1+1.3z^{-1}-0.1z^{-2}}$$

$$C'(z)=\Phi'(z)R(z)=z^{-1}+0.9z^{-2}+1.13z^{-3}+0.821z^{-4}+1.246z^{-5}+\cdots$$

因此可知，被控对象参数变化后闭环系统不再稳定。

（2）按上述约束条件设计时：

设计 $W_e(z)$ 时应包括 $G(z)$ 的极点，即

$$W_e(z)=(1+1.2z^{-1})(1-z^{-1})$$

用 $\Phi(z)$ 平衡上式，可得

$$\Phi(z)=f_{21}z^{-1}+f_{22}z^{-2}=(f_{21}+f_{22}z^{-1})z^{-1}$$

则

$$f_{21}=-0.2,\ f_{22}=1.2$$

可得到

$$D(z)=\frac{\Phi(z)}{G(z)\Phi(z)}=\frac{-0.2z^{-1}+1.2z^{-2}}{\dfrac{2.2z^{-1}}{1+1.2z^{-1}}(1+1.2z^{-1})(1-z^{-1})}$$

$$=-\frac{0.091(1-6z^{-1})}{1-z^{-1}}$$

$$C(z) = \Phi(z)R(z) = -\frac{(0.2 - 1.2z^{-1})z^{-1}}{1 - z^{-1}}$$

$$= -0.2z^{-1} + z^{-2} + z^{-3} + z^{-4} + \cdots$$

因此可知该控制系统稳定。

对参数变化的 $G'(z)$，有

$$\Phi'(z) = \frac{G'(z)D(z)}{1 - G'(z)D(z)} = \frac{0.2z^{-1}(1 - 6z^{-1})}{1 + 0.1z^{-1} - 0.1z^{-2}}$$

$$C'(z) = \Phi'(z)R(z) = \frac{0.2z^{-1}(1 - 6z^{-1})}{(1 + 0.1z^{-1} - 0.1z^{-2})(1 - z^{-1})}$$

$$= -0.2z^{-1} + 1.02z^{-2} + 0.878z^{-3} + 1.014z^{-4} + 0.986z^{-5} + 1.003 + \cdots$$

由此可知，系统有误差时，该控制系统仍能保持稳定。

【例 5 - 4】 某最小拍计算机控制系统如图 5.20 所示。被控对象的传递函数为

$$G(s) = \frac{10}{s(1 + s)(1 + 0.1s)}$$

设采样周期 $T = 0.5$ s，试设计单位阶跃输入时的最小拍数字控制器 $D(z)$。

解 采用零阶保持器对被控对象传递函数离散化计算，则脉冲传递函数为

$$G(z) = Z\left\{\frac{1 - e^{-Ts}}{s}\frac{10}{s(1 + s)(1 + 0.1s)}\right\}$$

$$= Z\left\{(1 - e^{-Ts})\left(\frac{10}{s^2} - \frac{11}{s} + \frac{100/9}{1 + s} - \frac{1/9}{10 + s}\right)\right\}$$

$$= \frac{1 - z^{-1}}{9}\left\{\frac{90Tz^{-1}}{(1 - z^{-1})^2} - \frac{99}{1 - z^{-1}} + \frac{100}{1 - e^{-T}z^{-1}} - \frac{1}{1 - e^{-10T}z^{-1}}\right\}$$

$$= \frac{0.7385z^{-1}(1 + 1.4815z^{-1})(1 + 0.053\,55z^{-1})}{(1 - z^{-1})(1 - 0.6065z^{-1})(1 - 0.0067z^{-1})}$$

式中包含单位圆外零点 $z = -1.4815$，为满足限制条件（3）和（4）两条，要求闭环脉冲传递函数 $\Phi(z)$ 中含有 $(1 + 1.4815z^{-1})$ 项和 z^{-1} 的因子。用 $W_e(z)$ 来平衡 z^{-1} 的幂次，则单位阶跃输入有 $q = 1, r = 1, u = 1, v = 0$，可得 $m = u + d = 1, n = v - r + q = 1$，故有

$$\begin{cases} \Phi(z) = 1 - W_e(z) = f_{21}z^{-1}(1 + 1.4815z^{-1}) \\ W_e(z) = (1 - z^{-1})(1 + f_{11}z^{-1}) \end{cases}$$

由上述方程组可得

$$(1 - f_{11})z^{-1} + f_{11}z^{-2} = f_{21}z^{-1} + 1.4815f_{21}z^{-2}$$

比较等式两边的系数，可得

$$\begin{cases} 1 - f_{11} = f_{21} \\ f_{11} = 1.4815f_{21} \end{cases}$$

解得系数为

$$f_{21} = 0.403, \ f_{11} = 0.597$$

得到数字控制器的脉冲传递函数为

$$D(z) = \frac{\Phi(z)}{G(z)W_e(z)} = \frac{0.5457(1 - 0.6065z^{-1})(1 - 0.0067z^{-1})}{(1 + 0.597z^{-1})(1 + 0.053\,55z^{-1})}$$

校正后的离散系统在单位输入作用下，系统的输出响应为

$$C(z) = \Phi(z)R(z) = 0.403z^{-1}(1 + 1.4815z^{-1})\frac{1}{1 - z^{-1}}$$

$$= 0.403z^{-1} + z^{-2} + z^{-3} + \cdots$$

可得，$c(0) = 0$，$c(T) = 0.403$，$c(2T) = c(3T) = \cdots = 1$。由此可知其输出响应达到了无偏差，用时两拍（$2T$）。

【**例 5-5**】　计算机控制系统如图 5.20 所示，被控对象的传递函数为

$$G(s) = \frac{0.693\mathrm{e}^{-2s}}{(s + 0.693)}$$

若采样周期 $T = 1$ s，参考输入为单位速度信号，设计最少拍控制器。

解　由被控对象的传递函数可得到广义对象的脉冲传递函数 $G(z)$ 为

$$G(z) = (1 - z^{-1})Z\left\{\frac{1}{s}G(s)\right\} = (1 - z^{-1})Z\left\{\frac{0.693\mathrm{e}^{-2s}}{s(s + 0.693)}\right\}$$

$$= (1 - z^{-1})z^{-2}\frac{(1 - \mathrm{e}^{-0.693})z^{-1}}{(1 - z^{-1})(1 - \mathrm{e}^{-0.693}z^{-1})}$$

$$= \frac{0.5z^{-3}}{1 - 0.5z^{-1}}$$

因为参考输入为单位速度信号，即 $q = 2$，又因为纯滞后时间 $d = 2$，$G(z)$ 没有单位圆外零点、极点，也没有单位圆上的极点，即 $u = 0$，$v = 0$，$r = 0$，所以

$$m = u + d = 2 \quad n = v - r + q = 2$$

因此有

$$\Phi(z) = z^{-2}(f_{21}z^{-1} + f_{22}z^{-2})$$

$$1 - \Phi(z) = (1 - z^{-1})^2(1 + f_{11}z^{-1} + f_{12}z^{-2})$$

$$= 1 + (f_{11} - 2)z^{-1} + (1 - 2f_{11} + f_{12})z^{-2} + (f_{11} - 2f_{12})z^{-3} + f_{12}z^{-4}$$

将 $\Phi(z)$ 表达式代入 $1 - \Phi(z)$ 中，得到恒等式为

$$1 - f_{21}z^{-3} + f_{22}z^{-4} \equiv 1 + (f_{11} - 2)z^{-1} + (1 - 2f_{11} + f_{12})z^{-2} + (f_{11} - 2f_{12})z^{-3} + f_{12}z^{-4}$$

由此得到方程组

$$\begin{cases} f_{11} - 2 = 0 \\ 1 - 2f_{11} + f_{12} = 0 \\ f_{11} - 2f_{12} = -f_{21} \\ f_{12} = -f_{22} \end{cases} \Rightarrow \begin{cases} f_{11} = 2 \\ f_{12} = 3 \\ f_{21} = 4 \\ f_{22} = -3 \end{cases}$$

所以

$$\Phi(z) = z^{-2}(4z^{-1} - 3z^{-2})$$

$$1 - \Phi(z) = 1 - 4z^{-3} + 3z^{-4}$$

则控制器的 $D(z)$ 为

$$D(z) = \frac{\Phi(z)}{G(z)[1 - \Phi(z)]} = \frac{0.5z^{-3}}{1 - 0.5z^{-1}}\frac{4z^{-1} - 3z^{-2}}{1 - 4z^{-3} + 3z^{-4}}$$

$$= \frac{8 - 10z^{-1} + 3z^{-2}}{1 - 4z^{-3} + 3z^{-4}}$$

由此得到系统在单位速度信号输入时的输出为

$$C(z) = \Phi(z)R(z) = \frac{4z^{-4} - 3z^{-5}}{1 - 4z^{-3} + 3z^{-4}}$$

$$= 4z^{-4} + 5z^{-5} + 6z^{-6} + \cdots$$

即从零时刻起，系统输出为 0、0、0、0、4、5、6、…，而参考输入为 0、1、2、3、4、5、6、…，说明经过 4 拍后系统达到无静差的稳态。

【例 5 - 6】 在图 5.28 所示计算机控制系统框图中，已知被控对象传递函数为

$$G(s) = \frac{10}{s(s+1)}$$

采样周期 $T = 1$ s，输入为单位速度输入函数，试设计最少拍有纹波控制系统数字控制器 $D(z)$。

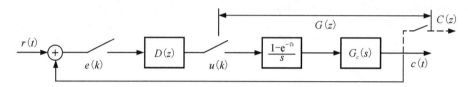

图 5.28 计算机控制系统框图

解 由系统框图知，系统广义被控对象的传递函数为

$$G(z) = (1 - z^{-1})Z\left\{\frac{10}{s^2(s+1)}\right\}$$

因为已知采样周期 $T = 1$ s，所以

$$G(z) = \frac{3.68z^{-1}(1 + 0.718z^{-1})}{(1 - z^{-1})(1 - 0.368z^{-1})}$$

因输入为单位速度信号，故 $q = 2$。

设

$$\Phi(z) = f_{21}z^{-1} + f_{22}z^{-2} = z^{-1}(f_{21} + f_{22}z^{-1})$$

$$W_e(z) = (1 - z^{-1})^2$$

由 $W_e(z) = 1 - \Phi(z)$，根据系数方程组解得 $f_{21} = 2$，$f_{22} = -1$。于是得到闭环脉冲传递函数为

$$\Phi(z) = z^{-1}(2 - z^{-1})$$

$$W_e(z) = (1 - z^{-1})^2$$

控制器脉冲传递函数为

$$D(z) = \frac{1}{G(z)}\frac{\Phi(z)}{W_e(z)} = \frac{0.545(1 - 0.5z^{-1})(1 - 0.368z^{-1})}{(1 - z^{-1})(1 + 0.718z^{-1})}$$

从而

$$\frac{U(z)}{E(z)} = D(z) = \frac{0.545(1 - 0.5z^{-1})(1 - 0.368z^{-1})}{(1 - z^{-1})(1 + 0.718z^{-1})}$$

$$(1 - z^{-1})(1 + 0.718z^{-1})U(z) = 0.545(1 - 0.5z^{-1})(1 - 0.368z^{-1})E(z)$$

$$U(z) = (0.282z^{-1} + 0.718z^{-2})U(z) + (0.545 - 0.473z^{-1} + 0.1z^{-2})E(z)$$

将上式进行 Z 反变换，得到

$$u(k) = 0.282u(k-1) + 0.718u(k-2) + 0.545e(k) - 0.473e(k-1) + 0.1e(k-2)$$

上述差分方程所表示的控制律，可以利用计算机直接编程实现。

由 $C(z) = R(z)\Phi(z)$ 求得本例的输出的 Z 变换式为

$$C(z) = \Phi(z)R(z) = \frac{Tz^{-1}}{(1-z^{-1})}(2z^{-1} - z^{-2})$$

$$= 2z^{-2} + 3z^{-3} + 4z^{-4} + \cdots$$

通过系统输出的 Z 变换式，可以看到系统输出从第 3 个采样周期开始能够在采样时刻完全跟踪输入信号。

由 $C(z) = U(z)G(z)$ 可得数字控制器的输出为

$$U(z) = \frac{C(z)}{G(z)} = \frac{Tz^{-1}}{(1-z^{-1})}(2z^{-1} - z^{-2})\frac{(1-z^{-1})(1-0.368z^{-1})}{3.68z^{-1}(1+0.718z^{-1})}$$

$$= 0.54z^{-1} - 0.316z^{-2} + 0.4z^{-3} - 0.115z^{-4} + 0.25z^{-5} + \cdots$$

系统输出波形和控制器输出波形如图 5.29 所示。可以看出，系统的输出虽然在采样时刻能够完全跟踪输入信号，但是在两个采样时刻之间却并不能完全跟踪输入信号，而是围绕给定输入上下波动，这就是所谓的"纹波"现象。控制器输出为正负交替的波形，意味着执行器件在采样时刻会出现很大的动作变化，不仅消耗能量，而且会造成机械磨损。

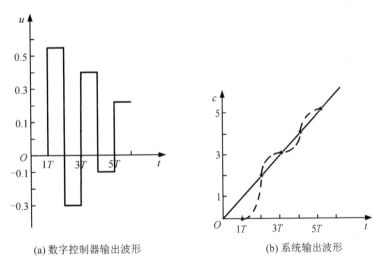

(a) 数字控制器输出波形　　　　　　(b) 系统输出波形

图 5.29　例 5-6 输出序列波形图

【例 5-7】　在图 5.28 所示计算机控制系统框图中，已知被控对象传递函数为

$$G(s) = \frac{4}{s(s+2)}$$

采样周期 $T = 0.5$ s，采用 MATLAB 按不同输入设计最小拍系统数字控制器 $D(z)$，并比较系统在不同输入时，系统的控制变量、输出、误差。

解　本例 MATLAB 程序如下：

```
clc, clear; close all;
Ts=0.5;
G=tf(2, [0.5 1 0]);
Gz=c2d(G, Ts, 'zoh')                %零阶保持器下的脉冲传递函数
%按单位阶跃输入设计最小拍系统
We1=tf([1 -1], [1 0], Ts);          %误差脉冲传递函数 We1
```

```
fai1＝1－We1；                              %闭环传递函数 fai1
D1－minreal(fai1/(We1 * Gz))               %最少拍数字控制器 D1
%%按单位速度输入设计最小拍系统
We2＝tf(conv([1 －1], [1 －1]), conv([1 0], [1 0]), Ts);    %误差脉冲传递函数 We2
fai2＝1－We2；                              %闭环传递函数 fai2
D2＝minreal((1－We2)/(We2 * Gz))           %最少拍数字控制器 D2
%%按单位加速度输入设计最小拍系统
We3＝tf(conv(conv([1 －1], [1 －1]), [1 －1]), [1 0 0 0], Ts);    %误差脉冲传递函数 We3
fai3＝1－We3；                              %闭环传递函数 fai3
D3＝minreal(fai3/(We3 * Gz))               %最少拍数字控制器 D3
%%输入信号
R1＝1/We1；
R2＝minreal(tf(Ts, [1 0], Ts)/We2);
R3＝minreal(Ts ^ 2/2 * tf([1 1], [1 0 0], Ts)/We3);
%按单位阶跃输入设计的最小拍系统绘制输出响应图像
%输入为 1(KT)
%单位阶跃输入信号
figure；
subplot(1, 3, 1)；
%输出值
C＝minreal(fai1 * R1)；[num, den]＝tfdata(C, 'v')；
output＝longdiv(num, den)；n＝length(output)；
plot(0:Ts:(n-1) * Ts, output, '－－o', 0:Ts:(n-1) * Ts, ones(1, n), '－ * ')；
axis([0 2 －4 4])；
%误差值
hold on；
E＝minreal(We1 * R1)；[num, den]＝tfdata(E, 'v')；
err＝longdiv(num, den)；
plot(0:Ts:(n-1) * Ts, [err 0 0], 'm－－ ^ ')
%控制值
U＝minreal(C/Gz)；
[num, den]＝tfdata(U, 'v')；
u＝longdiv(num, den)；
n＝length(u)；
stairs(0:Ts:(n-1) * Ts, u, '－d')；title('单位阶跃输入')；
legend('输出\itc\rm(\itKT\rm)', '输入\itr\rm(\itKT\rm)', '误差\ite\rm(\itK\rm%)', ...
'控制\itu\rm(\itKT\rm)')；
%输入为 KT
subplot(1, 3, 2)；
%输出值
C＝minreal(fai1 * R2)；
[num, den]＝tfdata(C, 'v')；
output＝longdiv(num, den)；
```

```
n=length(output);
plot(0:Ts:(n-1) * Ts, output, '——o', 0:Ts:(n-1) * Ts, 0:Ts:(n-1) * Ts, '— * ');
%误差值
hold on
E=minreal(We1 * R2);
[num, den]=tfdata(E, 'v');
err=longdiv(num, den);
plot(0:Ts:(n-1) * Ts, [err 0.5 0.5], 'm——^ ')
%控制值
U=minreal(C/Gz);
[num, den]=tfdata(U, 'v');
u=longdiv(num, den);
stairs(0:Ts:(n-1) * Ts, u); title('单位速度输入');
axis([0 3 -0.5 4]);
legend('输出\itc\rm(\itKT\rm)', '输入\itr\rm(\itKT\rm)', '误差\ite\rm(\itK\rm%)', ...
'控制\itu\rm(\itKT\rm)');
%输入为(KT)^ 2/2
subplot(1, 3, 3)
%输出值
C=minreal(fai1 * R3);
[num, den]=tfdata(C, 'v');
output=longdiv(num, den);
n=length(output);
x=0:Ts:(n-1) * Ts;
y=0.5 * x. ^ 2;
plot(0:Ts:(n-1) * Ts, output, '——o', x, y, '— * ')
%误差值
hold on
E=minreal(We1 * R3);
[num, den]=tfdata(E, 'v');
err=longdiv(num, den);
plot(0:Ts:(n-1) * Ts, err, 'm——^ ')
%控制值
U=minreal(C/Gz);
[num, den]=tfdata(U, 'v');
u=longdiv(num, den);
n=length(u);
stairs(0:Ts:(n-1) * Ts, u); title('单位加速度输入');
legend('输出\itc\rm(\itKT\rm)', '输入\itr\rm(\itKT\rm)', '误差\ite\rm(\itK\rm%)', ...
'控制\itu\rm(\itKT\rm)');
%按单位速度输入设计的最小拍系统绘制输出响应图像
figure
%单位阶跃输入信号
```

```
subplot(1, 3, 1)
%输出值
C＝minreal(fai2 * R1);
[num, den]＝tfdata(C, 'v');
output＝longdiv(num, den);
n＝length(output);
plot(0:Ts:(n－1) * Ts, output, '－－o', 0:Ts:(n－1) * Ts, ones(1, n), '－ * ')
%误差值
hold on
E＝minreal(We2 * R1);
[num, den]＝tfdata(E, 'v');
err＝longdiv(num, den);
plot(0:Ts:(n－1) * Ts, [err 0 0], 'm－－ ^ ')
%控制值
U＝minreal(C/Gz);
[num, den]＝tfdata(U, 'v');
u＝longdiv(num, den);
stairs(0:Ts:(n－1) * Ts, u); title('单位阶跃输入');
legend('输出\itc\rm(\itKT\rm)', '输入\itr\rm(\itKT\rm)', '误差\ite\rm(\itK\rm%)', ...
'控制\itu\rm(\itKT\rm)');
%单位速度输入信号
subplot(1, 3, 2)
%输出值
C＝minreal(fai2 * R2);
[num, den]＝tfdata(C, 'v');
output＝longdiv(num, den);
n＝length(output);
plot(0:Ts:(n－1) * Ts, output, '－－o', 0:Ts:(n－1) * Ts, 0:Ts:(n－1) * Ts, '－ * ')
%误差值
hold on
E＝minreal(We2 * R2);
[num, den]＝tfdata(E, 'v');
err＝longdiv(num, den);
plot(0:Ts:(n－1) * Ts, [err zeros(1, 4)], 'm－－ ^ ')
%控制值
U＝minreal(C/Gz);
[num, den]＝tfdata(U, 'v');
u＝longdiv(num, den);
stairs(0:Ts:(n－1) * Ts, u); title('单位速度输入');
legend('输出\itc\rm(\itKT\rm)', '输入\itr\rm(\itKT\rm)', '误差\ite\rm(\itK\rm%)', ...
'控制\itu\rm(\itKT\rm)');
%单位加速度输入信号
subplot(1, 3, 3);
```

%输出值

C＝minreal(fai2 ＊ R3)；

[num, den]＝tfdata(C, $'v'$)；

output＝longdiv(num, den)；

n＝length(output)；

x＝0：Ts：(n－1) ＊ Ts；

y＝0.5 ＊ x.^2；

plot(0：Ts：(n－1) ＊ Ts, output, $'--o'$, x, y, $'-*'$)

%误差值

hold on

E＝minreal(We2 ＊ R3)；

[num, den]＝tfdata(E, $'v'$)；

err＝longdiv(num, den)；

plot(0：Ts：(n－1) ＊ Ts, err, $'m--^'$)

%控制值

U＝minreal(C/Gz)；

[num, den]＝tfdata(U, $'v'$)；

u＝longdiv(num, den)；

n＝length(u)；

stairs(0：Ts：(n－1) ＊ Ts, u)；title($'单位加速度输入'$)；

legend($'输出\itc\rm(\itKT\rm)'$, $'输入\itr\rm(\itKT\rm)'$, $'误差\ite\rm(\itK\rm%)'$, ...

$'控制\itu\rm(\itKT\rm)'$)；

%按单位加速度输入设计的最小拍系统绘制输出响应图像

figure

%单位阶跃输入信号

subplot(1, 3, 1)；

%输出值

C＝minreal(fai3 ＊ R1)；

[num, den]＝tfdata(C, $'v'$)；

output＝longdiv(num, den)；

n＝length(output)；

plot(0：Ts：(n－1) ＊ Ts, output, $'--o'$, 0：Ts：(n－1) ＊ Ts, ones(1, n), $'-*'$)

%误差值

hold on

E＝minreal(We3 ＊ R1)；

[num, den]＝tfdata(E, $'v'$)；

err＝longdiv(num, den)；

plot(0：Ts：(n－1) ＊ Ts, err, $'m--^'$)

%控制值

U＝minreal(C/Gz)；

[num, den]＝tfdata(U, $'v'$)；

u＝longdiv(num, den)；

stairs(0：Ts：(n－1) ＊ Ts, u)；title($'单位阶跃输入'$)；

legend($'输出\itc\rm(\itKT\rm)'$, $'输入\itr\rm(\itKT\rm)'$, $'误差\ite\rm(\itK\rm%)'$, ...

```
'控制\itu\rm(\itKT\rm)');
%单位速度输入信号
subplot(1,3,2)
%输出值
C=minreal(fai3 * R2);
[num,den]=tfdata(C,'v');
output=longdiv(num,den);
n=length(output);
plot(0:Ts:(n-1) * Ts,output,'--o',0:Ts:(n-1) * Ts,0:Ts:(n-1) * Ts,'-*')
%误差值
hold on
E=minreal(We3 * R2);
[num,den]=tfdata(E,'v');
err=longdiv(num,den);
plot(0:Ts:(n-1) * Ts,err,'m--^')
%控制值
U=minreal(C/Gz);
[num,den]=tfdata(U,'v');
u=longdiv(num,den);
stairs(0:Ts:(n-1) * Ts,u);title('单位速度输入');
legend('输出\itc\rm(\itKT\rm)','输入\itr\rm(\itKT\rm)','误差\ite\rm(\itK\rm%)',...
'控制\itu\rm(\itKT\rm)');
%单位加速度输入信号
subplot(1,3,3);
%输出值
C=minreal(fai3 * R3);
[num,den]=tfdata(C,'v');
output=longdiv(num,den);
n=length(output);
x=0:Ts:(n-1) * Ts;
y=0.5 * x.^2;
plot(0:Ts:(n-1) * Ts,output,'--o',x,y,'-*')
%误差值
hold on
E=minreal(We3 * R3);
[num,den]=tfdata(E,'v');
err=longdiv(num,den);
plot(0:Ts:(n-1) * Ts,err,'m--^')
%控制值
U=minreal(C/Gz);
[num,den]=tfdata(U,'v');
u=longdiv(num,den);
n=length(u);
```

```
stairs(0:Ts:(n-1) * Ts, u); title('单位加速度输入');
legend('输出\itc\rm(\itKT\rm)', '输入\itr\rm(\itKT\rm)', '误差\ite\rm(\itK\rm%)', ...
'控制\itu\rm(\itKT\rm)');
%子函数 longdiv 功能：实现长除法
function res=longdiv(nom, den, bit)
    if nargin < 3
        bit=length(den) * 2;
    end
    if length(den) < length(nom)
        disp('error z transform');
        return;
    end
    if length(den)~=length(nom)
        nom=[zeros(1, length(den) - length(nom)), nom];
    end
    res=[];
    m=nom;
    for i=1:bit
        tempRes=m(1)/den(1);
        m=m - tempRes * den;
        m=[m(2:length(m)), 0];
        res=[res tempRes];
    end
End
```

运行程序，计算结果如图 5.30 所示。

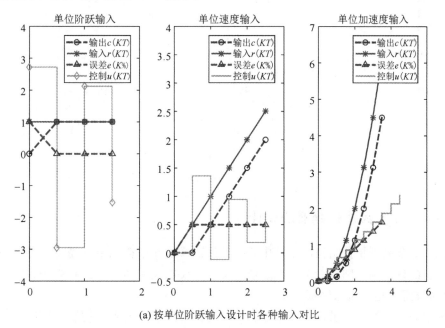

(a) 按单位阶跃输入设计时各种输入对比

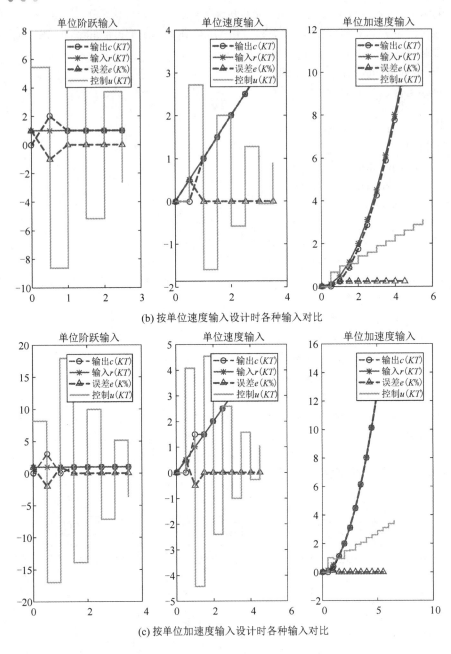

(b) 按单位速度输入设计时各种输入对比

(c) 按单位加速度输入设计时各种输入对比

图 5.30　计算结果

5.2.3　最少拍无纹波控制器的设计

在 5.2.2 节最少拍控制器的设计中，可以保证系统在采样点上的稳态误差为零，而在采样点之间的输出响应则可能会存在纹波。纹波不仅造成采样点之间存在偏差，而且消耗功率，浪费能量，增加机械磨损。

最少拍无纹波控制器设计的要求是：使系统在典型信号输入作用下，经过尽可能少的采样周期达到稳态，并且到达稳态后输出响应在采样点之间没有纹波。因此，应对最少拍控制器设计附加约束条件。

为了使系统在稳态过程中获得无纹波的平滑输出，过渡过程结束后，被控对象 $G_c(s)$ 必须有能力给出与系统输入 $r(t)$ 相同的、平滑的输出 $c(t)$。因此，针对特定输入函数来设计无纹波系统，其必要条件是被控对象 $G_c(s)$ 中必须含有无纹波系统所必需的积分环节数，例如对于单位速度输入函数进行设计，则稳态过程中 $G_c(s)$ 的输出必须也是单位速度函数，过渡过程结束后应有 $dc(t)/dt=0$。为了产生这样的单位速度输出，$G_c(s)$ 的传递函数中必须至少有一个积分环节，使得在常值的控制信号作用下，其稳态输出也是所要求的单位速度变化量。同理，对于单位加速度输入函数，$G_c(s)$ 至少有两个积分环节，且进入稳态后满足 $\ddot{c}(t)=0$。

1. 纹波产生的原因及设计要求

造成纹波的原因是控制变量 $u(k)$ 的 Z 变换函数存在单位圆内左半平面的极点，即数字控制器的输出序列 $u(k)$ 经过若干拍（采样周期）后，不为常值或零，而是振荡收敛的。所以要使系统输出为最少拍无波纹，就必须使系统到达稳态后 $u(k)$ 为常值或零。

设最少拍系统结构如图 5.20 所示。设广义被控对象的脉冲传递函数 $G(z)$ 是关于 z 的有理分式，即有

$$G(z)=\frac{P(z)}{Q(z)} \tag{5-42}$$

式中，$P(z)$ 和 $Q(z)$ 分别为 $G(z)$ 的零点多项式和极点多项式。

由系统结构图 5.20 可以得到

$$U(z)=\frac{\Phi(z)}{G(z)}R(z)=\frac{\Phi(z)Q(z)}{P(z)}R(z) \tag{5-43}$$

要使控制量 $u(t)$ 在稳态过程中为零或常数值，必须使多项式 $\dfrac{\Phi(z)Q(z)}{P(z)}$ 是关于 z^{-1} 的有限多项式。由于极点 $Q(z)$ 不会影响 $U(z)$ 成为 z^{-1} 的有限多项式，而零点 $P(z)$ 有可能使其成为无限多项式，因此，此时闭环脉冲传递函数中 $\Phi(z)$ 必须包含 $G(z)$ 的分子多项式 $P(z)$，即包含 $G(z)$ 的全部零点，不仅包括单位圆上或圆外的零点，还包括单位圆内的零点，即

$$\Phi(z)=P(z)A(z) \tag{5-44}$$

式中，$A(z)$ 是关于 z^{-1} 的多项式。

最少拍无纹波系统的设计要求除了满足最少拍有纹波系统的一切设计条件外，还必须使 $\Phi(z)$ 包含 $G(z)$ 的全部零点。这样，才能消除控制量 $u(k)$ 的 Z 变换式中引起振荡的非零极点。相比有纹波系统设计，无纹波系统设计会增加 $\Phi(z)$ 中的 z^{-1} 的幂次，也就是增加了调节时间，增加的拍数等于 $G(z)$ 中包含的单位圆内零点的个数。因此，无纹波系统设计是在调节时间上做出有限让步而取得更好的设计性能。

2. 最少拍无纹波控制器设计方法

由上面分析可知最少拍无纹波系统设计的必要条件是：被控对象 $G_c(z)$ 中含有无纹波系统所需的积分环节数。要消除系统的纹波，就必须使 $u(k)$ 的过渡过程在有限拍内结束，

也就是 $\Phi(z)$ 的零点中包含 $G(z)$ 的所有零点。因此，可选择闭环脉冲传递函数 $\Phi(z)$ 为

$$\Phi(z) = z^{-d} \prod_{i=1}^{m} (1 - z_i z^{-1}) \cdot F_2(z) \tag{5-45}$$

式中：d 为广义被控对象 $G(z)$ 的滞后环节；m 为 $G(z)$ 的零点个数。进行最少拍无纹波系统设计时 $\Phi(z)$ 应包含 $G(z)$ 的全部零点，而进行有纹波系统设计时，$\Phi(z)$ 只包含 $G(z)$ 的圆外零点。这是两者唯一的区别，其他准则均与最少拍有纹波系统设计相同。

【例 5-8】 设最少拍系统如图 5.31 所示，$G(s) = \dfrac{10}{s(s+1)}$，采样周期 $T=1\text{ s}$，输入为单位阶跃输入函数，试设计无纹波 $D(z)$ 并检查 $U(z)$。

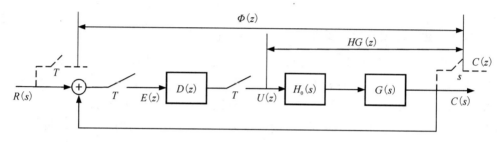

图 5.31　最少拍系统

解　广义对象的脉冲传递函数为

$$HG(z) = \frac{3.68 z^{-1}(1 + 0.718 z^{-1})}{(1 - z^{-1})(1 - 0.368 z^{-1})}$$

由上式可知，$HG(z)$ 式中包含有 z^{-1} 因子、一个圆内零点（$z = -0.718$）和单位圆上极点。根据前面的分析，闭环脉冲传递函数 $\Phi(z)$ 应包含 z^{-1} 因子和 $HG(z)$ 的全部零点，且 $W_e(z)$ 应由输入形式、$HG(z)$ 的不稳定极点和 $\Phi(z)$ 的阶次决定。故可得输入阶跃信号时有

$$\begin{cases} \Phi(z) = f_{21} z^{-1}(1 + 0.718 z^{-1}) \\ W_e(z) = (1 - z^{-1})(1 + f_{11} z^{-1}) \end{cases}$$

利用 $\Phi(z) = 1 - W_e(z)$，可求得 $f_{21} = 0.582$，$f_{11} = 0.418$，则

$$D(z) = \frac{\Phi(z)}{HG(z) W_e(z)} = \frac{0.158(1 - 0.368 z^{-1})}{1 + 0.418 z^{-1}}$$

$$U(z) = D(z) W_e(z) R(z) = 0.158 - 0.058 z^{-1}$$

$$C(z) = R(z)\Phi(z) = \frac{1}{1 - z^{-1}}(0.582 z^{-1} + 0.418 z^{-2}) = 0.582 z^{-1} + z^{-2} + z^{-3} + \cdots$$

由此可知，从第 2 拍起，$u(k)$ 恒为零，因此输出量稳定在稳态值，而不会有纹波了。无纹波系统设计比有纹波系统设计的调节时间延长了一拍，也就是说无纹波是靠牺牲时间来换取的。

输入单位速度信号时有

$$\begin{cases} \Phi(z) = (f_{21} z^{-1} + f_{22} z^{-2})(1 + 0.718 z^{-1}) \\ W_e(z) = (1 - z^{-1})^2 (1 + f_{11} z^{-1}) \end{cases}$$

利用 $\Phi(z) = 1 - W_e(z)$ 得

$$\begin{cases} f_{21}=2f_{11} \\ 0.718f_{21}+f_{22}=2f_{11}-1 \\ 0.718f_{22}=-f_{11} \end{cases}$$

求得 $f_{21}=1.021$，$f_{22}=-0.711$，$f_{11}=0.511$，则

$$D(z)=\frac{\Phi(z)}{HG(z)W_e(z)}=\frac{0.277(1-0.696z^{-1})(1-0.368z^{-1})}{(1-z^{-1})(1+0.511z^{-1})}$$

$$U(z)=D(z)W_e(z)R(z)=0.277z^{-1}-0.018z^{-2}+0.053z^{-3}+\cdots$$

$$C(z)=R(z)\Phi(z)=\frac{z^{-1}}{1-z^{-2}}(1.021z^{-1}-0.711z^{-2})(1+0.718z^{-1})$$

$$=1.021z^{-2}+2.064z^{-3}+2.596z^{-4}+3.128z^{-5}\cdots$$

图 5.32 所示为所设计的无纹波系统输出序列波形图。

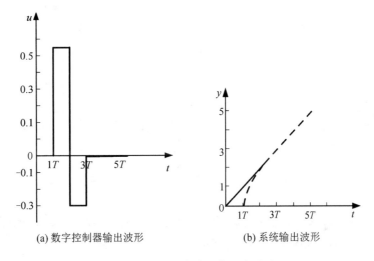

(a) 数字控制器输出波形　　　(b) 系统输出波形

图 5.32　例 5-8 输出序列波形图

　　有限拍无纹波系统设计能消除系统采样点之间的纹波，而且还在一定程度上减少了控制能量，降低了对参数的灵敏度。但它仍然是针对某一特定输入设计的，对其他输入的适应性仍然不好。

　　【例 5-9】　在图 5.28 所示计算机控制系统中，已知被控对象传递函数为

$$G(s)=\frac{4}{s(s+2)}$$

采样周期 $T=0.5$ s，采用 MATLAB 按不同输入设计最小拍无纹波系统数字控制器 $D(z)$，并比较系统在不同输入时，系统的控制变量、输出、误差。

　　解　MATLAB 程序如下：

```
clc, clear;
close all;
Ts=0.5;
H=tf(2,[0.5 1 0]);
%零阶保持器下的脉冲传递函数
Gz=c2d(H, Ts, 'zoh');
```

```
%按单位阶跃输入，设计无纹波最小拍系统
fai1=0.582*tf([1 0.7183],[1 0 0],Ts);        %闭环传递函数 fai1
We1=1-fai1;                                    %误差脉冲传递函数 We1
D1=minreal(fai1/(We1*Gz));                     %数字控制器 D1
%按单位速度输入，设计无纹波最小拍系统
fai2=tf([1.4072 -0.8253+0.7183*1.4072...
        0.7183*-0.8253],[1 0 0 0],Ts);        %闭环传递函数 fai2
We2=1-fai2;                                     %误差脉冲传递函数 We2
D2=minreal((1-We2)/(We2*Gz));                  %数字控制器 D2
%按单位加速度输入，设计无纹波最小拍系统
fai3=tf([2.3342 -2.6792+0.7183*2.3342 0.9269+0.7183*-2.6792...
        0.7183*0.9269],[1 0 0 0 0],Ts);       %闭环传递函数 fai3
We3=1-fai3;                                     %误差脉冲传递函数 We3
D3=minreal(fai3/(We3*Gz));                     %最少拍数字控制器 D3
%输入信号
%单位阶跃输入
R1=1/tf([1 -1],[1 0],Ts);
%单位速度输入
R2=minreal(tf(Ts,[1 0],Ts)/tf(conv([1 -1],[1 -1]),conv([1 0],[1 0]),Ts));
%单位加速度输入
R3=minreal(Ts^2/2*tf([1 1],[1 0 0],Ts)/...
        tf(conv(conv([1 -1],[1 -1]),[1 -1]),[1 0 0 0],Ts));


%各最小拍无纹波系统在3种输入下的输入曲线、输出曲线、误差曲线、控制曲线
%按单位阶跃输入设计最小拍无纹波系统
figure;
%单位阶跃输入信号
subplot(1,3,1);
%输出值
C=minreal(fai1*R1);
[num,den]=tfdata(C,'v');
output=longdiv(num,den);
n=length(output);
plot(0:Ts:(n-1)*Ts,output,'--o',0:Ts:(n-1)*Ts,ones(1,n),'-*');
%误差值
hold on;
E=minreal(We1*R1);
[num,den]=tfdata(E,'v');
err=longdiv(num,den);
plot(0:Ts:(n-1)*Ts,err,'m--^');
%控制值
U=minreal(C/Gz);
```

```
[num, den]=tfdata(U, 'v');
u=longdiv(num, den);
stairs(0:Ts:(n-1) * Ts, u);
title('单位阶跃输入');
legend('输出\itc\rm(\itKT\rm)', '输入\itr\rm(\itKT\rm)', ...
       '误差\ite\rm(\itK\rm%)', '控制\itu\rm(\itKT\rm)');
%单位速度输入信号
subplot(1, 3, 2);
%输出值
C=minreal(fai1 * R2);
[num, den]=tfdata(C, 'v');
output=longdiv(num, den); n=length(output);
plot(0:Ts:(n-1) * Ts, output, '--o', 0:Ts:(n-1) * Ts, 0:Ts:(n-1) * Ts, '-*');
%误差值
hold on;
E=minreal(We1 * R2);
[num, den]=tfdata(E, 'v');
err=longdiv(num, den);
plot(0:Ts:(n-1) * Ts, err, 'm--^ ')
%控制值
U=minreal(C/Gz); [num, den]=tfdata(U, 'v');
u=longdiv(num, den);
stairs(0:Ts:(n-1) * Ts, u);
title('单位速度输入');
axis([ 0 4 -0.5 4]);
legend('输出\itc\rm(\itKT\rm)', '输入\itr\rm(\itKT\rm)', ...
       '误差\ite\rm(\itK\rm%)', '控制\itu\rm(\itKT\rm)');
%单位加速度输入信号
subplot(1, 3, 3);
%输出值
C=minreal(fai1 * R3);
[num, den]=tfdata(C, 'v');
output=longdiv(num, den);
n=length(output);
x=0:Ts:(n-1) * Ts;
y=0.5 * x. ^ 2;
plot(0:Ts:(n-1) * Ts, output, '--o', x, y, '-*');
%误差值
hold on;
E=minreal(We1 * R3);
[num, den]=tfdata(E, 'v');
err=longdiv(num, den);
```

```
plot(0:Ts:(n-1) * Ts, err, 'm--^')
%控制值
U=minreal(C/Gz);
[num, den]=tfdata(U, 'v');
u=longdiv(num, den);
n=length(u);
stairs(0:Ts:(n-1) * Ts, u);
title('单位加速度输入');
legend('输出\itc\rm(\itKT\rm)', '输入\itr\rm(\itKT\rm)', ...
        '误差\ite\rm(\itK\rm%)', '控制\itu\rm(\itKT\rm)');


%按单位速度输入设计最小拍无纹波系统
figure;
%单位阶跃输入信号
subplot(1, 3, 1);
%输出值
C=minreal(fai2 * R1);
[num, den]=tfdata(C, 'v');
output=longdiv(num, den);
n=length(output);
plot(0:Ts:(n-1) * Ts, output, '--o', 0:Ts:(n-1) * Ts, ones(1, n), '- *');
%误差值
hold on;
E=minreal(We2 * R1);
[num, den]=tfdata(E, 'v');
err=longdiv(num, den);
plot(0:Ts:(n-1) * Ts, err, 'm--^')
%控制值
U=minreal(C/Gz);
[num, den]=tfdata(U, 'v');
u=longdiv(num, den);
stairs(0:Ts:(n-1) * Ts, u);
title('单位阶跃输入');
legend('输出\itc\rm(\itKT\rm)', '输入\itr\rm(\itKT\rm)', ...
        '误差\ite\rm(\itK\rm%)', '控制\itu\rm(\itKT\rm)');
%单位速度输入信号
subplot(1, 3, 2);
%输出值
C=minreal(fai2 * R2);
[num, den]=tfdata(C, 'v');
output=longdiv(num, den);
n=length(output);
```

```
plot(0:Ts:(n-1) * Ts, output, '--o', 0:Ts:(n-1) * Ts, 0:Ts:(n-1) * Ts, '-*');
%误差值
hold on;
E=minreal(We2 * R2);
[num, den]=tfdata(E, 'v');
err=longdiv(num, den);
plot(0:Ts:(n-1) * Ts, err, 'm--^');
%控制值
U=minreal(C/Gz);
[num, den]=tfdata(U, 'v');
u=longdiv(num, den);
stairs(0:Ts:(n-1) * Ts, u);
title('单位速度输入');
legend('输出\itc\rm(\itKT\rm)', '输入\itr\rm(\itKT\rm)', ...
        '误差\ite\rm(\itK\rm%)', '控制\itu\rm(\itKT\rm)');
%单位加速度输入信号
subplot(1, 3, 3);
%输出值
C=minreal(fai2 * R3);
[num, den]=tfdata(C, 'v');
output=longdiv(num, den);
n=length(output);
x=0:Ts:(n-1) * Ts;
y=0.5 * x. ^ 2;
plot(0:Ts:(n-1) * Ts, output, '--o', x, y, '-*');
%误差值
hold on;
E=minreal(We2 * R3);
[num, den]=tfdata(E, 'v');
err=longdiv(num, den);
plot(0:Ts:(n-1) * Ts, err, 'm--^');
%控制值
U=minreal(C/Gz);
[num, den]=tfdata(U, 'v');
u=longdiv(num, den);
n=length(u);
stairs(0:Ts:(n-1) * Ts, u);
title('单位加速度输入');
legend('输出\itc\rm(\itKT\rm)', '输入\itr\rm(\itKT\rm)', ...
        '误差\ite\rm(\itK\rm%)', '控制\itu\rm(\itKT\rm)');


%按单位加速度输入，设计最小拍无纹波系统
```

```
figure;
%单位阶跃输入信号
subplot(1, 3, 1);
%输出值
C=minreal(fai3 * R1);
[num, den]=tfdata(C, 'v');
output=longdiv(num, den);
n=length(output);
plot(0:Ts:(n-1) * Ts, output, '--o', 0:Ts:(n-1) * Ts, ones(1, n), '-*');
%误差值
hold on;
E=minreal(We3 * R1);
[num, den]=tfdata(E, 'v');
err-longdiv(num, den);
plot(0:Ts:(n-1) * Ts, err, 'm--^');
%控制值
U=minreal(C/Gz);
[num, den]=tfdata(U, 'v');
u=longdiv(num, den);
stairs(0:Ts:(n-1) * Ts, u);
title('单位阶跃输入');
legend('输出\itc\rm(\itKT\rm)', '输入\itr\rm(\itKT\rm)', ...
       '误差\ite\rm(\itK\rm%)', '控制\itu\rm(\itKT\rm)');
%单位速度输入信号
subplot(1, 3, 2);
%输出值
C=minreal(fai3 * R2);
[num, den]=tfdata(C, 'v');
output=longdiv(num, den);
n=length(output);
plot(0:Ts:(n-1) * Ts, output, '--o', 0:Ts:(n-1) * Ts, 0:Ts:(n-1) * Ts, '-*');
%误差值
hold on
E=minreal(We3 * R2);
[num, den]=tfdata(E, 'v');
err=longdiv(num, den);
plot(0:Ts:(n-1) * Ts, err, 'm--^');
%控制值
U=minreal(C/Gz);
[num, den]=tfdata(U, 'v');
u=longdiv(num, den);
stairs(0:Ts:(n-1) * Ts, u);
```

```
title('单位速度输入')
legend('输出\itc\rm(\itKT\rm)','输入\itr\rm(\itKT\rm)',...
       '误差\ite\rm(\itK\rm%)','控制\itu\rm(\itKT\rm)');
%单位加速度输入信号
subplot(1,3,3);
%输出值
C=minreal(fai3 * R3);
[num,den]=tfdata(C,'v');
output=longdiv(num,den);
n=length(output);
x=0:Ts:(n-1) * Ts;
y=0.5 * x.^2;
plot(0:Ts:(n-1) * Ts,output,'--o',x,y,'-*');
%误差值
hold on
E=minreal(We3 * R3);
[num,den]=tfdata(E,'v');
err=longdiv(num,den);
plot(0:Ts:(n-1) * Ts,err,'m--^');
%控制值
U=minreal(C/Gz);
[num,den]=tfdata(U,'v');
u=longdiv(num,den);
n=length(u);
stairs(0:Ts:(n-1) * Ts,u);
title('单位加速度输入');
legend('输出\itc\rm(\itKT\rm)','输入\itr\rm(\itKT\rm)',...
       '误差\ite\rm(\itK\rm%)','控制\itu\rm(\itKT\rm)');
%子函数 longdiv,功能:实现长除法
function res=longdiv(nom,den,bit)
    if nargin < 3
        bit=length(den) * 2;
    end
    if length(den) < length(nom)
        disp('error z transform');
        return;
    end
    if length(den)~=length(nom)
        nom=[zeros(1,length(den) - length(nom)),nom];
    end
    res=[];
    m=nom;
    for i=1:bit
```

```
tempRes=m(1)/den(1);
m=m — tempRes * den;
m=[m(2:length(m)),0];
res=[res tempRes];
    end
End
```

运行程序，仿真结果如图 5.33 所示。

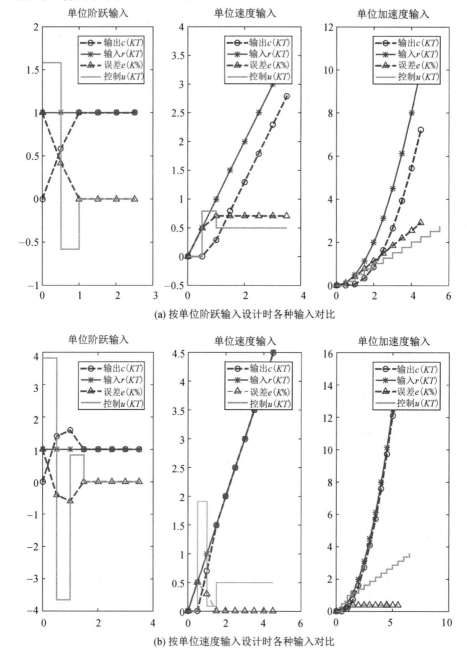

(a) 按单位阶跃输入设计时各种输入对比

(b) 按单位速度输入设计时各种输入对比

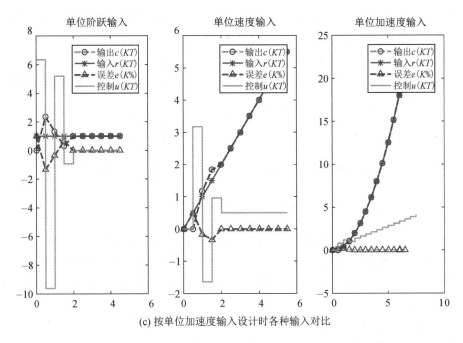

(c) 按单位加速度输入设计时各种输入对比

图 5.33　仿真结果

5.3　纯滞后控制技术

5.3.1　大林算法

在一些实际生产过程(如热工、化工过程)中,被控对象具有较大的纯滞后时间。被控对象的纯滞后时间 τ 对系统的控制性能极为不利。当被控对象的纯滞后时间 τ 与时间常数 T 之比 $\tau/T \geqslant 0.5$ 时,被称为大纯滞后过程。采用常规的比例积分微分(PID)控制来克服大纯滞后比较困难,通常难以得到满意的控制效果。长期以来,人们对纯滞后对象的控制进行了大量的研究。一般来说,对具有纯滞后特性的被控对象,快速性的要求是次要的,而对稳定性、超调量的要求是主要的。1968 年,美国 IBM 公司的大林(Dahlin)提出了解决这类对象控制问题的一种方法,称为大林算法。目前,对纯滞后系统的控制比较有代表性的方法有大林算法和史密斯预估控制。

大林算法属于离散化设计方法,其设计目的是根据纯滞后系统的主要控制要求,设计一个合适的数字控制器 $D(z)$,使期望的闭环脉冲传递函数 $\Phi(z)$ 设计成为一个带有纯滞后的一阶惯性环节,且纯滞后时间与被控对象的纯滞后时间相同,即

$$\Phi(s) = \frac{C(s)}{R(s)} = \frac{\mathrm{e}^{-\tau s}}{T_\tau s + 1} \tag{5-46}$$

式中:τ 为被控对象的纯滞后时间(设 $\tau = NT$,N 是正整数);T_τ 为期望闭环传递函数的时间常数,其值由设计者用试凑法给出。

大林算法是一种极点配置方法，适用于广义对象含有滞后环节且要求等效系统没有超调的控制系统(等效系统为一阶惯性环节，且无超调量)。

大林算法控制器 $D(z)$ 的基本形式推导过程如下：

(1) 对式(5-46)表示的闭环系统离散化，求取闭环系统的脉冲传递函数。它可等效为零阶保持器与闭环系统传递函数串联后的 Z 变换，即有

$$\Phi(z) = \frac{C(z)}{R(z)} = Z\left[\frac{1-e^{-Ts}}{s}\frac{e^{-NTs}}{T_\tau s+1}\right] = \frac{z^{-(N+1)}(1-e^{-T/T_\tau})}{1-e^{-T/T_\tau}z^{-1}} \quad (5-47)$$

(2) 由典型的计算机控制系统结构图，可得大林算法控制器 $D(z)$ 为

$$D(z) = \frac{\Phi(z)}{G(z)[1-\Phi(z)]} = \frac{z^{-(N+1)}(1-e^{-T/T_\tau})}{G(z)[1-e^{-T/T_\tau}z^{-1}-(1-e^{-T/T_\tau})z^{-(N+1)}]} \quad (5-48)$$

从式(5-48)可以看出，控制器由不同形式的被控对象确定，要获得同样性能的系统，应采用不同的数字控制器 $D(z)$。大多数工业过程对象都可以用带有纯滞后特性 $e^{-\tau s}$ 的一阶或二阶惯性环节来近似。下面对一阶和二阶带有纯滞后特性的被控对象，求出相应的大林算法控制器 $D(z)$。

① 被控对象为带纯滞后的一阶惯性环节。

带纯滞后的一阶被控对象的传递函数为

$$G_P(s) = \frac{Ke^{-\tau s}}{T_1 s+1}, \ \tau = NT \quad (5-49)$$

广义被控对象的脉冲传递函数为

$$G(z) = Z\left[\frac{1-e^{-Ts}}{s}\frac{Ke^{-NTs}}{T_1 s+1}\right] = K(1-z^{-1})z^{-N}Z\left[\frac{1}{s}-\frac{T_1}{T_1 s+1}\right]$$
$$= \frac{Kz^{-(N+1)}(1-e^{-T/T_1})}{1-e^{-T/T_1}z^{-1}} \quad (5-50)$$

将式(5-50)代入式(5-48)，得

$$D(z) = \frac{(1-e^{-T/T_\tau})(1-e^{-T/T_1}z^{-1})}{K(1-e^{-T/T_1})[1-e^{-T/T_\tau}z^{-1}-(1-e^{-T/T_\tau})z^{-(N+1)}]} \quad (5-51)$$

② 被控对象为带纯滞后的二阶惯性环节[43]。

带有纯滞后的二阶被控对象的传递函数为

$$G_P(s) = \frac{Ke^{-\tau s}}{(T_1 s+1)(T_2 s+1)}, \quad \tau = NT \quad (5-52)$$

广义被控对象的脉冲传递函数为

$$G(z) = Z\left[\frac{1-e^{-Ts}}{s}\frac{Ke^{-NTs}}{(T_1 s+1)(T_2 s+1)}\right] = K(1-z^{-1})z^{-N}Z\left[\frac{1}{s(T_1 s+1)(T_2 s+1)}\right]$$
$$= \frac{K(C_1+C_2 z^{-1})z^{-(N+1)}}{(1-e^{-T/T_1}z^{-1})(1-e^{-T/T_2}z^{-1})} \quad (5-53)$$

式中：

$$C_1 = 1 + \frac{1}{T_2-T_1}(T_1 e^{-T/T_1}-T_2 e^{-T/T_2})$$

$$C_2 = \mathrm{e}^{-T(1/T_1 + 1/T_2)} + \frac{1}{T_2 - T_1}(T_1 \mathrm{e}^{-T/T_2} - T_2 \mathrm{e}^{-T/T_1})$$

将式(5-53)代入式(5-48)得

$$D(z) = \frac{(1 - \mathrm{e}^{-T/T_\tau})(1 - \mathrm{e}^{-T/T_1} z^{-1})(1 - \mathrm{e}^{-T/T_2} z^{-1})}{K(C_1 + C_2 z^{-1})[1 - \mathrm{e}^{-T/T_\tau} z^{-1} - (1 - \mathrm{e}^{-T/T_\tau}) z^{-(N+1)}]} \tag{5-54}$$

【例 5-10】 设被控对象为

$$G(s) = \frac{\mathrm{e}^{-0.76s}}{0.4s + 1}$$

采样时间为 0.5 s，期望的闭环传递函数为

$$\Phi(s) = \frac{Y(s)}{R(s)} = \frac{\mathrm{e}^{-0.76s}}{0.15s + 1}$$

解 加零阶保持器后，被控对象及闭环传递函数分别为

$$G(z) = \frac{0.4512 z^{-2} + 0.2623 z^{-3}}{1 - 0.2865 z^{-1}}$$

$$\Phi(z) = \frac{0.7982 z^{-2} + 0.1662 z^{-3}}{1 - 0.035\,67 z^{-1}}$$

则大林控制器

$$D(z) = \frac{0.7981 + 0.090\,91 z^{-1} - 0.0454 z^{-2} + 0.0017 z^{-3}}{0.4512 + 0.2301 z^{-1} - 0.3782 z^{-2} - 0.2712 z^{-3} - 0.033\,46^{-4} + 0.00155 z^{-5}}$$

MATLAB 仿真程序如下：

```
clc; clearall; close all;
ts=0.5;
%对象的传递函数
sys1=tf([1], [0.4, 1], 'inputdelay', 0.76);
dsys1=c2d(sys1, ts, 'zoh');
[num1, den1]=tfdata(dsys1, 'v');
%期望的闭环系统传递函数
sys2=tf([1], [0.15, 1], 'inputdelay', 0.76);
dsys2=c2d(sys2, ts, 'zoh');
Z=[0; 0; 0.2865];
P=[-0.5813];
G=zpk(Z, P, 1/0.4512, 'ts', 0.5);
%大林控制器设计
dsys=G * dsys2/(1-dsys2);
[num, den]=tfdata(dsys, 'v');
u_1=0.0; u_2=0.0; u_3=0.0; u_4=0.0; u_5=0.0;
y_1=0.0;
error_1=0.0; error_2=0.0; error_3=0.0;
ei=0;
for k=1: 1: 50
    time(k)=k * ts;
    rin(k)=1.0;                  %跟踪阶跃信号
```

```
yout(k)=−den1(2) * y_1+num1(1) * u_2+num1(2) * u_3;
error(k)=rin(k)−yout(k);
M=1;
if M==1                    %采用大林算法
    u(k)=num(1) * error(k)+num(2) * error_1+num(3) * error_2+num(4) * error_3...
        −den(4) * u_1−den(5) * u_2−den(6) * u_3−den(7) * u_4−den(8) * u_5;
elseif M==2                %采用常规的 PID 控制
    ei=ei+error(k) * ts;
    u(k)=1.0 * error(k)+0.10 * (error(k)−error_1)/ts+0.50 * ei;
end
%数据存储
u_5=u_4; u_4=u_3; u_3=u_2; u_2=u_1; u_1=u(k);
y_1=yout(k);
error_3=error_2; error_2=error_1; error_1=error(k);
end
plot(time, rin, 'b', time, yout, 'r−−', 'LineWidth', 1.2);
xlabel('时间/s', 'FontSize', 14); ylabel('幅度', 'FontSize', 14);
set(gca, 'FontSize', 14);
legend('输入', '输出', 'FontSize', 14);
```

运行程序，仿真结果如图 5.34 所示。其中图 5.34(a)为常规 PID 控制的仿真结果，由图可见受控系统的波动大，过渡过程时间长，动态和静态特性都较差。图 5.34(b)所示为大林算法控制的仿真结果，由图可见系统输出响应的过渡过程比较平滑，很快进入稳态，具有较好的动态、静态特性。

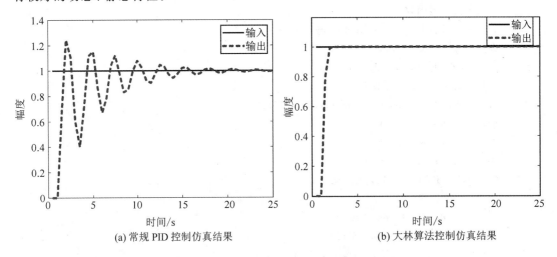

(a) 常规 PID 控制仿真结果　　　　　　　　(b) 大林算法控制仿真结果

图 5.34　具有纯滞后的系统仿真结果

5.3.2　振铃现象的消除

先看下面的例子。

【例 5-11】　已知被控对象的传递函数为

$$G(s) = \frac{\mathrm{e}^{-1.46s}}{3.34s + 1}$$

采样周期 $T=1$ s，期望的闭环系统时间常数为 $T_\tau = 1$ s，试用大林算法求数字控制器 $D(z)$。

解　系统的广义对象的脉冲传递函数为

$$G(z) = \frac{0.1493z^{-2}(1 + 0.733z^{-1})}{1 - 0.7413z^{-1}}$$

系统的闭环脉冲传递函数为

$$\Phi(z) = \frac{0.3935z^{-2}}{1 - 0.6065z^{-1}}$$

数字控制器的脉冲传递函数为

$$D(z) = \frac{2.6356(1 - 0.7413z^{-1})}{(1 + 0.733z^{-1})(1 - z^{-1})(1 + 0.3935z^{-1})}$$

当输入为单位阶跃信号时，输出为

$$C(z) = \Phi(z)R(z) = \frac{0.3935z^{-2}}{(1 - 0.6065z^{-1})(1 - z^{-1})}$$

$$= 0.3935z^{-2} - 0.6322z^{-3} + 0.7769z^{-4} + 0.8647z^{-5} + \cdots$$

控制量的输出为

$$U(z) = \frac{C(z)}{G(z)} = \frac{2.6356(1 - 0.7423z^{-1})}{(1 - 0.6065z^{-1})(1 - z^{-1})((1 + 0.733z^{-1}))}$$

$$= 2.6356 + 0.3484z^{-1} + 1.8096z^{-2} + 0.6078z^{-3} + 1.4093z^{-4} + \cdots$$

以上表达式用图表示，如图 5.35 所示，这就是振铃现象。

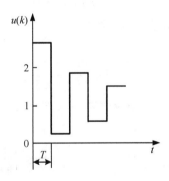

图 5.35　数字控制器的振铃现象

由图 5.35 看出，系统输出在采样点上按指数形式跟随给定值，但控制量有大幅度的摆动，其振荡频率为采样频率的 1/2。大林算法把这种控制量以 1/2 的采样频率振荡的现象称为振铃。引起振铃的根源是控制量 $U(z)$ 中有 $z = -1$ 附近的极点。极点离 $z = -1$ 越近，振铃振幅越大，振铃现象越严重；极点离 $z = -1$ 越远，振铃现象就越弱。被控对象在单位圆内右半平面上有零点时，会加剧振铃现象；而右半平面有极点时，则会减轻振铃现象。

振铃现象并不是大林算法中所特有的现象，它与前面所述的最少拍控制中的纹波现象实质上是一致的。振铃现象会引起在采样点之间系统输出纹波，可导致执行器件磨损，使回路动态性能变坏。因此在系统设计中，必须将它消除。

衡量振铃的强烈程度是振铃幅度 RA(Ringing Amplitude)。振铃幅度 RA 定义为：控制器在单位阶跃输入作用下，第 0 次输出幅度减去第 1 次输出幅度所得的差值，如图 5.36 所示。

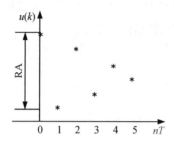

图 5.36　振铃幅度定义示意图

大林算法的数字控制器 $D(z)$ 的基本形式可写成

$$D(z) = Kz^{-m} \frac{1 + b_1 z^{-1} + b_2 z^{-2} + \cdots}{1 + a_1 z^{-1} + a_2 z^{-2} + \cdots} = Kz^{-m} Q(z)$$

由此可知控制器的输出幅度的变化主要取决于 $Q(z)$。

消除振铃的方法：先找出数字控制器中产生振铃现象的极点，令其中的一个极点 $z=1$，这样就可消除这个极点，也可消除振铃现象。并且由终值定理知道，$t \to \infty$ 时，对于 $z \to 1$，因此，这样处理并不影响系统输出的稳态值。

在例 5-11 中，大林算法控制器为

$$D(z) = \frac{2.6356(1 - 0.7413z^{-1})}{(1 + 0.733z^{-1})(1 - z^{-1})(1 + 0.3935z^{-1})}$$

显然存在 $z = -0.733$ 和 $z = -0.3935$ 两个 $z = -1$ 附近的极点，其中第一极点离 $z = -1$ 最近，应设法消除它。用以上消除振铃方法，令 $z = 1$，即用 $1 + 0.733 = 1.733$ 代替 $1 + 0.733z^{-1}$ 项，可得如下算式，即

$$D(z) = \frac{1.5208(1 - 0.7413z^{-1})}{(1 - z^{-1})(1 + 0.3935z^{-1})}$$

由于控制器 $D(z)$ 发生了变化，相应的闭环系统的脉冲传递函数也不再是设计时的传递函数，而是应修改为

$$\Phi(z) = \frac{D(z)G(z)}{1 + D(z)G(z)} = \frac{0.2271z^{-2}(1 + 0.733z^{-1})}{1 - 0.6065z^{-1} - 0.1664z^{-2} + 0.1664z^{-3}}$$

在单位阶跃输入时，系统输出为

$$C(z) = \Phi(z)R(z) = \frac{0.2271z^{-2}(1 + 0.733z^{-1})}{(1 - z^{-1})(1 - 0.6065z^{-1} - 0.1664z^{-2} + 0.1664z^{-3})}$$

$$= 0.2271z^{-2} + 0.5312z^{-3} + 0.7534z^{-4} + 0.9009z^{-5} + \cdots$$

控制量为

$$U(z) = \frac{C(z)}{G(z)} = \frac{1.521(1 - 0.7413z^{-1})}{(1 - z^{-1})(1 - 0.6065z^{-1} - 0.1664z^{-2} + 0.1664z^{-3})}$$

$$= 1.521 + 1.3161z^{-1} + 1.445z^{-2} + 1.2351z^{-3} + 1.1634z^{-4} + 1.063z^{-5} + \cdots$$

由以上计算结果可见，振铃现象和输出值的纹波已经减小很多，可以认为基本已被消除。

大林算法只适用于控制器稳定的情况。此外,对于有单位圆外零点的情况,其零点将变成控制器的极点,会引起不稳定的控制。在这种情况下,也可采用消除系统振铃极点的办法来处理。

5.3.3　Smith 预估控制

史密斯(Smith)预估控制是具有较大纯滞后被控对象中使用较为广泛的一种纯滞后补偿控制方法。

设带纯滞后环节的控制系统如图 5.37 所示。

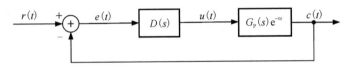

图 5.37　带纯滞后环节的控制系统

被控对象传递函数为

$$G(s) = G_P(s)e^{-\tau s}$$

其中,$G_P(s)$ 为被控对象中不包含纯滞后部分的传递函数;$e^{-\tau s}$ 为被控对象纯滞后部分的传递函数。系统闭环传递函数为

$$\Phi(s) = \frac{C(s)}{R(s)} = \frac{D(s)G_P(s)e^{-7s}}{1 + D(s)G_P(s)e^{-\tau s}}$$

系统特征方程为

$$1 + D(s)G_P(s)e^{-\tau s} = 0$$

由于滞后因子 $e^{-\tau s}$ 的存在,尤其是当滞后时间 τ 比较大时,常规控制律 $D(s)$ 很难使闭环系统获得满意的控制性能。史密斯预估控制的基本思想是:引入一个与被控对象并联的补偿环节,用来补偿被控对象中的纯滞后部分。带史密斯补偿器的控制系统结构如图 5.38 所示。

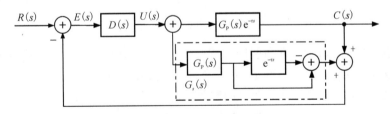

图 5.38　带史密斯补偿器的控制系统结构图

图中 $G_P(s)$ 为被控对象中不含纯滞后环节的传递函数。点画线框中部分是史密斯补偿器,其等效传递函数 $G_s(s)$ 为

$$G_s(s) = G_P(s)(1 - e^{-\tau s}) \tag{5-55}$$

经推导含史密斯补偿器的控制系统闭环传递函数为

$$\Phi(s) = \frac{D(s)G_P(s)}{1 + D(s)G_P(s)}e^{-\tau s} \tag{5-56}$$

补偿后系统特征方程为

$$1 + D(s)G_P(s) = 0$$

这说明,补偿后,控制系统将纯滞后环节 $e^{-\tau s}$ 排除在闭环控制回路之外,它将不会影响系统的稳定性,只是将控制作用在时间坐标上向后推移了一个时间 τ,控制系统的过渡过程及其他性能指标都与被控对象特性为 $G_P(s)$(即没有纯滞后环节)时完全相同。经过这样的补偿,控制系统性能就可以按无纯滞后的对象进行设计了。

史密斯补偿器实现时是关联在负反馈调节器 $D(s)$ 上的,因此,图 5.38 可以等效转换成图 5.39 所示形式。因为采用计算机实现,所以图中增加了零阶保持器环节。

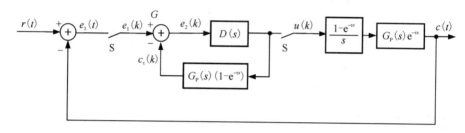

图 5.39　等效转换后的系统结构图

史密斯预估器是实现这种补偿控制方案的关键,其传递函数为

$$G_s(s) = \frac{C_\tau(s)}{U(s)} = G_P(s)(1 - e^{-\tau s}) = \frac{K}{T_c s + 1}(1 - e^{-\tau s}) \qquad (5-57)$$

史密斯预估器输出可按图 5.40 所示的顺序计算。图中,$u(k)$ 是数字控制器 $D(z)$ 的输出,$c_\tau(k)$ 是史密斯预估器的输出。

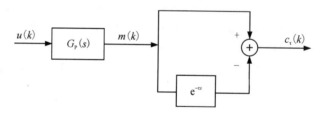

图 5.40　史密斯预估器框图

设采样周期为 T,由于纯滞后时间 τ 的存在,信号要延迟 $N(N = \tau/T)$ 个周期。为此,采用计算机编程实现时,要专门设定 N 个单元存放信号 $m(k)$ 的历史数据。具体设计方法为:在每个采样周期,先将 $N-1$ 号单元的数据移到 N 号单元,将 $N-2$ 号单元的数据移到 $N-1$ 号单元,…,依次类推,将 0 号单元的数据移到 1 号单元,再将新得到的 $m(k)$ 存入 0 号单元。这样 N 号单元里的内容即为 $m(k)$ 滞后 N 个采样周期后的信号 $q(q = m(k-N))$。纯滞后补偿控制算法步骤如下:

(1) 计算反馈回路的偏差 $e_1(k)$,即有

$$e_1(k) = r(k) - c(k)$$

(2) 计算纯滞后补偿器的输出 $c_\tau(k)$。将式(5-57)转化成微分方程式,则可写成

$$T_c \frac{\mathrm{d}c_\tau(t)}{\mathrm{d}t} + c_\tau(t) = K[u(t) - u(t - NT)]$$

相应的差分方程为

$$c_\tau(k)=\mathrm{e}^{-T/T_c}c_\tau(k-1)+K(1-\mathrm{e}^{-T/T_c})\left[u(k-1)-u(k-N-1)\right]$$

此式为史密斯预估控制算式。

（3）计算偏差 $e_2(k)$，即有

$$e_2(k)=e_1(k)-c_\tau(k)$$

（4）计算控制器的输出 $u(k)$。

史密斯补偿器是一种重要的纯滞后控制方法，但在应用中应注意下列情况：一是史密斯补偿器对系统受到的负荷干扰无补偿作用；二是史密斯补偿器的控制效果严重依赖于被控对象动态模型的精度，特别是纯滞后时间 τ，因此，在模型不匹配或运行条件改变时，史密斯补偿器的控制效果会受到影响。针对这些问题，许多学者又在史密斯补偿器的基础上提出了不少改进方案。

【**例 5 - 12**】　设被控对象为

$$G(s)=\frac{\mathrm{e}^{-80s}}{60s+1}$$

采样时间为 20 s，设计史密斯预估控制器。

解　MATLAB 仿真程序如下：

```
clearall;
close all;
Ts=20;
%具有时滞的对象
kp=1；Tp=60；tol=80；
sys=tf([kp], [Tp, 1], 'inputdelay', tol);
dsys=c2d(sys, Ts, 'zoh');
[num, den]=tfdata(dsys, 'v');
M=2;                        %模型选择：1 模型不精确；2 模型精确；3 PI 控制
if M==1               %模型不精确
    kpl=kp * 1.10；
    Tpl=Tp * 1.10；
    tol1=tol * 1.0；
elseif M==2 | M==3     %模型精确
    kpl=kp；
    Tpl=Tp；
    tol1=tol；
end
sys1=tf([kpl], [Tpl, 1], 'inputdelay', tol1);
dsys1=c2d(sys1, Ts, 'zoh');
[numl, denl]=tfdata(dsys1, 'v');
u_1=0.0；u_2=0.0；u_3=0.0；u_4=0.0；u_5=0.0；
el_1=0；e2=0.0；e2_1=0.0；ei=0；
xm_1=0.0；
```

```
ym_1=0.0; y_1=0.0;
for k=1:1:600
    time(k)=k * Ts;
    S=2;                        %输入波形选择：1 阶跃；2 方波
    if S==1                     %阶跃输入信号
        rin(k)=1.0;
    end
    if S==2                     %方波输入信号
        rin(k)=sign(sin(0.0002 * 2 * pi * k * Ts));
    end
    xm(k)=-denl(2) * xm_1+numl(2) * u_1;        %没有时滞的模型系统输出
    ym(k)=-denl(2) * ym_1 + numl(2) * u_5;      %有时滞的模型系统输出
    yout(k)=-den(2) * y_1+num(2) * u_5;         %有时滞的实际系统输出
    if M==1                                     %模型不精确：PI + Smith
        e1(k)=rin(k) - yout(k);
        e2(k)=e1(k)- xm(k) +ym(k);
        ei=ei +Ts * e2(k);
        u(k)=0.50 * e2(k) +0.010 * ei;
        e1_1=e1(k);
    elseif M==2                                 %模型精确：PI + Smith
        e2(k)=rin(k) - xm(k);
        ei=ei + Ts * e2(k);
        u(k)=0.50 * e2(k) +0.010 * ei;
        e2_1=e2(k);
    elseif M==3                                 %PI 控制
        e1(k)=rin(k) - yout(k);
        ei=ei+Ts * e1(k);
        u(k)=0.50 * e1(k) +0.010 * ei;
        e1_1=e1(k);
    end
    xm_1=xm(k);
    ym_1=ym(k);
    u_5=u_4; u_4=u_3; u_3=u_2; u_2=u_1; u_1=u(k);
    y_1=yout(k);
end
plot(time, rin, 'b', time, yout, 'r--', 'LineWidth', 1.5);
xlabel(时间/s', 'FontSize', 14);
ylabel('幅度', 'FontSize', 14);
set(gca, 'FontSize', 14);
legend('输入', '输出', 'FontSize', 14);
```

说明：仿真程序中，"M==1"表示模型不精确，并采用史密斯预估补偿器＋PI 控制器；"M==2"表示模型精确，采用史密斯预估补偿器＋PI 控制器；"M==3"表示采用 PI 控制器。另外，"S==1"表示输入信号为阶跃信号，"S==2"表示输入信号为方波信号。

　　运行程序,仿真结果如图 5.41 和图 5.42 所示。其中图 5.41 为史密斯预估控制系统仿真结果,输入分别是方波信号、阶跃信号,分模型不精确和模型精确两种情况。由仿真结果可见,模型精确时控制系统有更好的动态性能。图 5.42 是 PI 控制系统仿真结果,由图可见系统的动态、静态性能均比史密斯预估控制系统差。

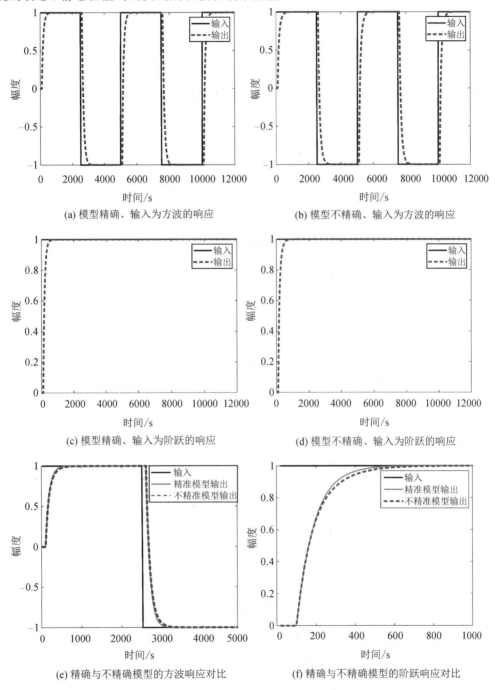

图 5.41　史密斯预估补偿器控制系统仿真结果

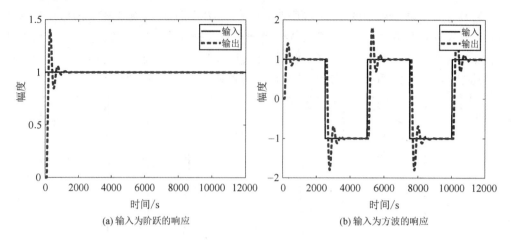

图 5.42　PI 控制系统仿真结果

5.4　数字控制器的程序实现

5.4.1　直接实现法

在计算机控制系统中，计算机的主要作用是将数据采集装置得到反馈输入信号与给定输入信号进行比较，然后应用合适的控制策略得到控制输出信号。控制器是控制系统工作的核心，而控制策略是决定一个计算机控制系统工作性能的关键。

前面几节介绍了几种数字控制器的设计方法，下面介绍采用计算机编程实现数字控制器 $D(z)$ 的方法。

数字控制器通常可以表示成

$$D(z) = \frac{U(z)}{E(z)} = \frac{b_0 + b_1 z^{-1} + \cdots + b_m z^{-m}}{1 + a_1 z^{-1} + \cdots + a_n z^{-n}} = \frac{\sum\limits_{j=0}^{m} b_j z^{-j}}{1 + \sum\limits_{i=1}^{n} a_i z^{-i}} \quad (m \leqslant n) \quad (5-58)$$

式中：$U(z)$ 是数字控制器的输出信号；$E(z)$ 是数字控制器的输入信号。

由式(5-58)可以得到数字控制器 $D(z)$ 输出信号 $U(z)$ 的 Z 变换为

$$U(z) = (b_0 + b_1 z^{-1} + \cdots + b_m z^{-m}) E(z) - (a_1 z^{-1} + \cdots + a_n z^{-n}) U(z)$$

$$= \sum_{j=0}^{m} b_j z^{-j} E(z) - \sum_{i=1}^{n} a_i z^{-i} U(z) \quad (5-59)$$

对式(5-59)进行 Z 反变换，得到差分方程为

$$u(kT) = \sum_{j=0}^{m} b_j e(kT - jT) - \sum_{i=1}^{n} a_i u(kT - iT) \quad (5-60)$$

式(5-60)很容易通过计算机程序实现。由式(5-60)可以看出，计算机程序每计算一

次 $u(kT)$，需要做 $(m+n+2)$ 次加减法运算、$(m+n+1)$ 次乘法运算和 $(m+n)$ 次数据传递运算。本次采样周期的 $u(k)$、$e(k)$，在下一个采样周期就变为 $u(k-1)$、$e(k-1)$。同理，$u(k-i)$ 与 $e(k-j)$ 在下一个采样周期就变为 $u(k-i-1)$、$e(k-j-1)$。存储数据需要单元数为 $(m+n+2)$，分别为 $u(k-i)(i=0,1,2,3,\cdots,n)$、$e(k-j)(j=0,1,2,3,\cdots,m)$。

【**例 5 - 13**】　设数字控制器 $D(z)=\dfrac{2z^3+3z^2+4z}{z^3+2z^2+3z+4}$，按直接实现法写出实现 $D(z)$ 的表达式。

解　将 $D(z)$ 做如下变换，即

$$D(z)=\frac{U(z)}{E(z)}=\frac{2+3z^{-1}+4z^{-2}}{1+2z^{-1}+3z^{-2}+4z^{-3}}$$

从而得到直接法实现时相应的差分方程表达式为

$$u(kT)=2e(kT)+3e(kT-T)+4e(kT-2T)-2u(kT-T)-$$
$$3u(kT-2T)-4u(kT-3T)$$

直接实现法方法简单，不需做任何变换。但是当控制器中任一系数存在误差时，则会使控制器所有的零极点产生相应的变化。直接实现法的结构图如图 5.43 所示。

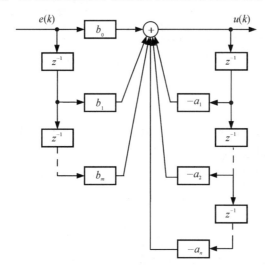

图 5.43　直接实现法结构图

5.4.2　串接实现法

当数字控制器 $D(z)$ 具有较高阶次时，可以把 $D(z)$ 化作为一些简单的一阶或二阶环节的串联，即

$$D(z)=d_0\prod_{i=1}^{l}D_i(z)\quad(l<n)\tag{5-61}$$

式中，$D_i(z)$ 为简单一阶或二阶环节，可表示为

$$D_i(z)=\frac{U_i(z)}{E_i(z)}=\frac{1+\beta_i z^{-1}}{1+\alpha_i z^{-1}}\tag{5-62}$$

或

$$D_i(z) = \frac{U_i(z)}{E_i(z)} = \frac{1 + \beta_{i1}z^{-1} + \beta_{i2}z^{-2}}{1 + \alpha_{i1}z^{-1} + a_{i2}z^{-2}} \quad\quad (5-63)$$

这些简单的一阶、二阶环节可以采用直接法实现。串接实现法的结构图如图 5.44 所示。

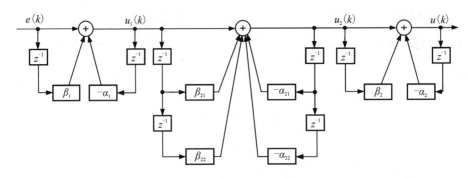

图 5.44   串接实现法结构图

为了计算 $u(k)$，可先求出 $u_1(k)$，然后依次求出 $u_2(k)$，$u_3(k)$，…，最后求出 $u(k)$。具体计算方法如下：

为简单起见，假设 $D_i(z)$ 为一阶环节（二阶环节原理相同），由

$$D_1(z) = \frac{U_1(z)}{E_1(z)} = \frac{1 + \beta_1 z^{-1}}{1 + \alpha_1 z^{-1}}$$

得到

$$(1 + \alpha_1 z^{-1})U_1(z) = (1 + \beta_1 z^{-1})E_1(z)$$

进行 Z 反变换，并整理得

$$u_1(k) = e(k) + \beta_1 e(k-1) - \alpha_1 u_1(k-1) \quad\quad (5-64)$$

依次类推，可得到下列表达式，即

$$u_1(k) = e(k) + \beta_1 e(k-1) - \alpha_1 u_1(k-1)$$
$$u_2(k) = u_1(k) + \beta_2 u_1(k-1) - \alpha_2 u_2(k-1)$$
$$\vdots \quad\quad\quad\quad (5-65)$$
$$u(k) = d_0 u_{l-1}(k-1) + \beta_l u_{l-1}(k-1) - \alpha_l u(k-1)$$

串接实现法的优点是：当低阶控制器中某一系数存在误差或发生变化时，只会影响到其对应环节的零极点，而不会使整个系统的零极点都受到影响。

【例 5-14】 设数字控制器 $D(z) = \dfrac{z^2 + 3z - 4}{z^2 + 5z + 6}$，试用串接实现法写出实现 $D(z)$ 的表达式。

解 $$D(z) = \frac{(z+4)(z-1)}{(z+2)(z+3)} = \frac{(1 + 4z^{-1})(1 - z^{-1})}{(1 + 2z^{-1})(1 + 3z^{-1})}$$

令

$$D_1(z) = \frac{U_1(z)}{E(z)} = \frac{(1 + 4z^{-1})}{(1 + 2z^{-1})}, \quad D_2(z) = \frac{U(z)}{U_1(z)} = \frac{(1 - z^{-1})}{(1 + 3z^{-1})}$$

将 $D_1(z)$、$D_2(z)$ 进行 Z 反变换，并整理得

$$u_1(k) = e(k) + 4e(k-1) - 2u_1(k-1)$$
$$u(k) = u_1(k) - u_1(k-1) - 3u(k-1)$$

5.4.3 并接实现法

对于较高阶次的 $D(z)$，可采用部分分式法将其化简为多个一阶或二阶环节相加的形式，即

$$D(z) = \frac{U(z)}{E(z)} = D_1(z) + D_2(z) + \cdots + D_i(z) \qquad (5-66)$$

式中，$D_i(z)$ 为简单一阶或二阶环节，可表示为

$$D_i(z) = \frac{U_i(z)}{E_i(z)} = \frac{\gamma_i}{1 + \alpha_i z^{-1}} \qquad (5-67)$$

或

$$D_i(z) = \frac{U_i(z)}{E_i(z)} = \frac{\gamma_{i0} + \gamma_{i1} z^{-1}}{1 + \alpha_{i1} z^{-1} + \alpha_{i2} z^{-2}} \qquad (5-68)$$

一阶、二阶环节采用直接法实现，求出 $u_1(k)$，$u_2(k)$，$\cdots$，$u_i(k)$ 后，便可得到

$$u(k) = u_1(k) + u_2(k) + \cdots + u_i(k) \qquad (5-69)$$

并接实现法的结构图如图 5.45 所示。

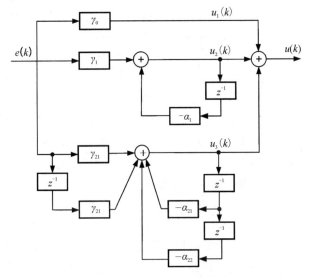

图 5.45　并接实现法结构图

【例 5-15】　设数字控制器 $D(z) = \dfrac{3 + 3.6 z^{-1} + 0.6 z^{-2}}{1 + 0.1 z^{-1} - 0.2 z^{-2}}$，试用并接实现法写出实现 $D(z)$ 的表达式。

解　　$D(z) = \dfrac{U(z)}{E(z)} = -3 - \dfrac{1}{1 + 0.5 z^{-1}} + \dfrac{7}{1 - 0.4 z^{-1}}$

$$D_1(z) = \frac{U_1(z)}{E(z)} = -3$$

$$D_2(z) = \frac{U_2(z)}{E(z)} = -\frac{1}{1 + 0.5 z^{-1}}, \qquad D_3(z) = \frac{U_3(z)}{E(z)} = \frac{7}{(1 + 3 z^{-1})}$$

将 $D_1(z)$、$D_2(z)$、$D_3(z)$ 进行 Z 反变换，并整理得

$$u_1(k) = -3e(k), \quad u_2(k) = -e(k) - 0.5u_2(k-1)$$
$$u_3(k) = 7e(k) - 3u_3(k-1)$$

从而得到 $u(k) = u_1(k) + u_2(k) + \cdots + u_i(k)$。

并接实现法的优点与串接实现法类似,当低阶控制器中某一系数存在误差或发生变化时,也只会影响到与其对应环节的零极点。但是采用串接实现法和并接实现法进行程序实现时,需要将高阶函数分解成一阶或二阶环节,直接实现法则无需进行分解,实现方法简单。

5.5 前馈控制系统设计

5.5.1 前馈控制系统

控制规律的特点是被控制量在干扰的作用下必须先偏离设定值,然后通过对偏差进行测量,产生相应的控制作用,去抵消干扰的影响。显然,控制作用往往落后于干扰的作用,如果干扰不断出现,则系统总是被动跟在干扰作用的后面。此外,一般工业控制对象总存在一定的容量滞后或纯滞后,从干扰产生到被控参数发生变化需要一定的时间,而从控制量的改变到被控参数的变化,也需一定的时间。所以,干扰产生以后,要使被控参数恢复到给定值需要相当长的时间,滞后越大,被控参数的波动幅度也越大,偏差持续的时间也越长。对于有大幅度干扰出现的被控对象,一般反馈控制往往满足不了生产的要求。

前馈控制实质上是一种直接按照扰动量而不是按偏差进行校正的控制方式,即当影响被控参数的干扰一出现,控制器就直接根据所测的扰动的大小和方向按一定规律去控制,以抵消该扰动量对被控参数的影响。当控制模型及参数选择恰当时,可以使被控参数不会因干扰作用而产生偏差,所以它比反馈控制要及时得多。

在前馈控制系统中,为了便于分析,扰动 $f(t)$ 的作用通道可以看作有两条:一条是扰动通道,扰动作用 $N(s)$ 通过被控对象的扰动通道 $G_f(s)$ 引起输出的变化为 $C_{f1}(s)$;另一条是控制通道,扰动作用 $N(s)$ 通过前馈控制器 $D_f(s)$ 和被控对象的控制通道 $G(s)$ 引起的变化为 $C_{f2}(s)$。前馈控制系统的结构图如图 5.46 所示。

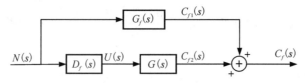

图 5.46 前馈控制系统结构图

图中,$G_f(s)$ 为干扰通道的传递函数,$G(s)$ 为控制通道的传递函数,$D_f(s)$ 为前馈控制补偿器的传递函数。

假设扰动变量 $N(s)$ 及控制变量 $U(s)$ 对被控变量 $C_f(s)$ 的作用可以线性叠加(一般工业被控对象均符合这一假设),则可获得系统对扰动 $N(s)$ 完全补偿的前馈算式 $D_f(s)$。$D_f(s)$ 可由下列方程求得,即

$$C_f(s) = C_{f1}(s) + C_{f2}(s) = G_f(s)N(s) + D_f(s)G(s)N(s)$$
$$= [G_f(s) + D_f(s)G(s)]N(s)$$

显然，完全补偿的条件为：当 $N(s) \neq 0$ 时 $C_f(s) = 0$，即

$$G_f(s) + D_f(s)G(s) = 0$$

前馈控制补偿器的传递函数应为

$$D_f(s) = -\frac{G_f(s)}{G(s)}$$

这就是理想的前馈控制模型，它是扰动通道与控制通道的传递函数之比，式中负号表示控制作用方向与干扰作用方向相反。

在应用前馈控制时，关键是必须了解被控对象各个通道的动态特性。通常它们需要用高阶微分方程或差分方程来描述，处理起来较复杂。目前工程上结合其他措施大都采用一个具有纯滞后的一阶或二阶惯性环节来近似描述被控对象各个通道的动态特性。实践证明，这种近似处理的方法是可行的。

设被控对象的干扰通道和控制通道的传递函数分别为

$$G_f(s) = -\frac{k_1}{T_1 s + 1}\mathrm{e}^{-\tau_1 s}, \ G(s) = -\frac{k_2}{T_2 s + 1}\mathrm{e}^{-\tau_2 s}$$

式中 τ_1、τ_2 为相应通道的滞后时间。则对应的前馈控制器为

$$D_f(s) = \frac{U(s)}{N(s)} = \frac{k_1(T_2 s + 1)}{k_2(T_1 s + 1)}\mathrm{e}^{-(\tau_1 - \tau_2)s} = k_f\,\frac{T_2 s + 1}{T_1 s + 1}\mathrm{e}^{-\tau s}$$

式中

$$k_f = \frac{k_1}{k_2}, \ \tau = \tau_1 - \tau_2$$

对应的微分方程为

$$T_1\frac{\mathrm{d}u(t)}{\mathrm{d}t} + \frac{\mathrm{d}u(t)}{\mathrm{d}t} = k_f\left\{T_2\frac{\mathrm{d}f(t-\tau)}{\mathrm{d}t} + f(t-\tau)\right\}$$

如果采样频率足够高，可对微分方程进行离散化得到差分方程。设纯滞后时间 τ 为采样周期 T 的整数倍，即 $\tau = NT$，则离散化得到差分方程为

$$T_1\frac{u(k) - u(k-1)}{T} + u(k) = k_f\left\{T_2\frac{f(k-N) - f(k-N-1)}{T} + f(k-N)\right\}$$

整理后得到

$$u(k) = \frac{T_1}{T + T_1}u(k-1) + k_f\frac{T + T_2}{T + T_1}f(k-N) + k_f\frac{T_2}{T + T_1}f(k-N-1)$$

5.5.2　前馈-反馈复合控制系统的结构

在前馈控制系统中，不存在受控变量的反馈，即对于补偿的效果没有检验的手段。因此，如果控制的效果无法消除受控变量的偏差，则系统也无法获得这一信息而进行进一步的校正。在前馈控制的基础上设置反馈控制，如果前馈控制不是很理想，不能做到完全补偿干扰对被控参数的影响时，则可依靠负反馈予以克服，同时还可降低对前馈控制算式精度的要求，有利于工程实现。

典型的前馈-反馈控制系统的结构图如图 5.47 所示。

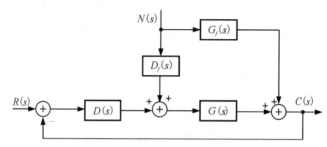

图 5.47　前馈-反馈控制系统结构图

假设 $R(s)=0$ 时，图 5.47 所示前馈-反馈控制系统对干扰 $N(s)$ 的传递函数为

$$\frac{C(s)}{N(s)}=\frac{G_f(s)+D_f(s)G(s)}{1+D(s)G(s)} \qquad (5-70)$$

当完全补偿时，即 $N(s)\neq0$ 时，要求 $C(s)=0$，代入式(5-70)，可推导出前馈控制器的传递函数为

$$D_f(s)=-\frac{G_f(s)}{G(s)} \qquad (5-71)$$

由此可见，前馈-反馈控制与纯前馈控制实现全补偿的算式是相同的。

前馈-反馈系统具有如下优点：由于增加了反馈控制，降低了对前馈控制模型的精度要求，既保证了控制精度又简化了系统，并能对未选作前馈信号的干扰产生校正作用；前馈控制具有控制及时，负反馈控制具有控制精确的特点，两者结合使得前馈-反馈控制具有控制及时而又精确的特点。

5.5.3　前馈-反馈控制算法

计算机进行前馈-反馈控制算法步骤如下：

(1) 计算反馈控制的偏差 $e(k)$。

(2) 计算反馈控制器(PID)的输出 $u_P(k)$。

(3) 计算前馈控制器 $G_f(s)$ 的输出 $u_n(k)$。

(4) 计算前馈-反馈控制器的输出 $u(k)$。

(5) 基于 MATLAB 实现前馈补偿的 PID 控制算法及其仿真。

在高精度伺服控制系统中，前馈控制可用来提高系统的跟踪性能。经典控制理论中的前馈控制设计基于复合控制思想，即当闭环系统为连续系统时，使前馈环节与闭环系统的传递函数之积为 1，从而实现输出完全复现输入。前馈控制针对 PID 控制设计了前馈补偿，以提高系统的跟踪性能，其结构如图 5.48 所示。

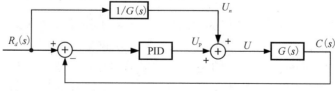

图 5.48　前馈控制结构图

设计前馈控制器为

$$U_n = R_d(s) \frac{1}{G(s)} \tag{5-72}$$

总控制输出为 PID 控制输出＋前馈控制输出，即有

$$U = U_P + U_n \tag{5-73}$$

写成离散形式为

$$u(k) = u_P(k) + u_n(k) \tag{5-74}$$

MATLAB 仿真程序代码如下：

```
clear all; close all;
ts=0.001;
sys=tf(133,[1,25,0]); dsys=c2d(sys,ts,'z');
[num,den]=tfdata(dsys,'v');
u_1=0; u_2=0; y_1=0; y_2=0;
error_1=0; ei=0;
A=0.5; F=3.0;
for k=1:1:500
    time(k)=k*ts;
    yd(k)=A*sin(F*2*pi*k*ts);
    dyd(k)=A*F*2*pi*cos(F*2*pi*k*ts);              %一次微分
    ddyd(k)=-A*F*2*pi*F*2*pi*sin(F*2*pi*k*ts);     %二次微分
    %Linear model  线性模型
    y(k)=-den(2)*y_1-den(3)*y_2+num(2)*u_1+num(3)*u_2;
    error(k)=yd(k)-y(k);                           %误差
    ei=ei+error(k)*ts;                             %积分误差
    up(k)=80*error(k)+20*ei+2.0*(error(k)-error_1)/ts;  %PID 的 u 输出
    un(k)=25/133*dyd(k)+1/133*ddyd(k);
    M=1;
    if M==1              %只用 PID
        u(k)=up(k);
    elseif M==2         %PID+前馈控制
        u(k)=up(k)+un(k);  %总控制输出为 PID 控制输出＋前馈控制输出
    end
    if u(k)>=10
        u(k)=10;
    end
    if u(k)<=-10
        u(k)=-10;
    end
    u_2=u_1; u_1=u(k);
    y_2=y_1; y_1=y(k);
    error_1=error(k);
end
figure(1);
```

```
subplot(211);
plot(time, yd, 'r', time, y, 'b:', 'linewidth', 1.2);
xlabel('时间/s', 'Fontsize', 14); ylabel('幅度', 'Fontsize', 14);
legend('理想位置信号', '跟踪信号', 'Fontsize', 14);
set(gca, 'Fontsize', 14); subplot(212);
plot(time, error, 'r', 'linewidth', 1.2);
xlabel('时间/s', 'Fontsize', 14); ylabel('偏差', 'Fontsize', 14);
set(gca, 'Fontsize', 14);
figure(2);
plot(time, up, 'm:', time, un, 'b——', time, u, 'r—.', 'linewidth', 1.2);
xlabel('时间/s)', 'Fontsize', 14); ylabel('偏差', 'Fontsize', 14);
legend('up', 'un', 'u', 'Fontsize', 14);
set(gca, 'Fontsize', 14);
```

运行程序,仿真结果如图 5.49 和图 5.50 所示。

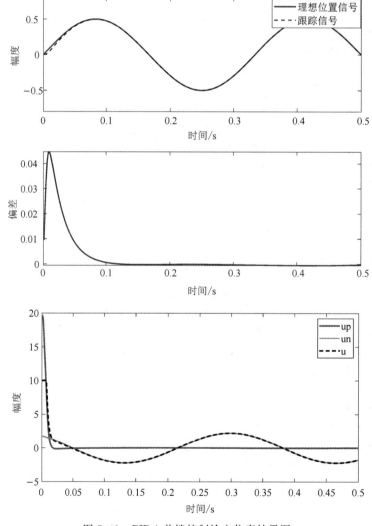

图 5.49　PID+前馈控制输出仿真结果图

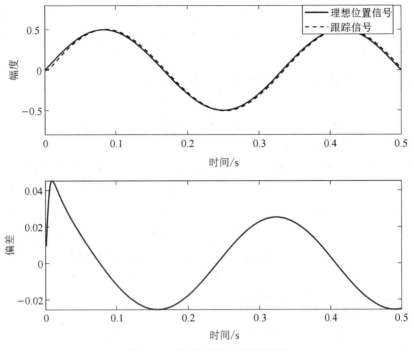

图 5.50 仅有 PID 仿真结果图

5.6 线性系统的能控性与能观性

5.6.1 基本概念

线性系统的能控性和能观性是现代控制理论中两个极为重要的概念,是卡尔曼(Kalman)在 20 世纪 60 年代初提出的。

能控性是指系统所有状态能否被输入向量控制,能观性是指系统所有状态能否由输出向量的观测值所反映,也分别称可控性和可观性问题。如果系统所有状态的运动都受输入的影响和控制,能由任意的初态到达终点,就称系统是状态能控的,否则称系统不完全能控或不能控;类似地,如果系统所有状态的运动都能由输出反映出来,就称系统是能观的或状态是能观的,反之就称系统不完全能观或不能观。状态方程描述的是系统输入对系统状态的控制能力,输出方程描述的是系统输出对系统状态的反应能力。

为了进行离散系统的状态空间分析,需引入离散系统的状态空间模型。在状态空间法中,采用以下的离散状态方程和离散输出方程所组成的线性定常离散系统状态空间模型对离散系统进行描述,即

$$\begin{cases} \boldsymbol{x}((k+1)T) = \boldsymbol{G}(T)\boldsymbol{x}(kT) + \boldsymbol{H}(T)\boldsymbol{u}(kT) \\ \boldsymbol{y}(kT) = \boldsymbol{C}(T)\boldsymbol{x}(kT) + \boldsymbol{D}(T)\boldsymbol{u}(kT) \end{cases} \qquad (5-75)$$

其中 $x(kT)$、$u(kT)$ 和 $y(kT)$ 分别为 n 维的状态向量、r 维的输入向量和 m 维的输出向量。$G(T)$、$H(T)$、$C(T)$ 和 $D(T)$ 分别为 $n \times n$ 维的系统矩阵、$n \times r$ 维的输入矩阵、$m \times n$ 维的输出矩阵和 $m \times r$ 维的直联矩阵。

为书写简便，将离散系统状态空间模型中的 T 省去，得到

$$\begin{cases} x(k+1) = Gx(k) + Hu(k) \\ y(k) = Cx(k) + Du(k) \end{cases} \qquad (5-76)$$

离散系统状态空间模型的意义如下：

(1) 状态方程为一阶差分方程组，它表示了在 $(k+1)T$ 采样时刻的状态 $x((k+1)T)$ 与在 kT 采样时刻的状态 $x(kT)$ 和输入 $u(kT)$ 之间的关系。描述的是系统动态特性，其决定系统状态变量的动态变化。

(2) 输出方程为代数方程组，它表示了在 kT 采样时刻，系统输出 $y(kT)$ 与状态 $x(kT)$ 和输入 $u(kT)$ 之间的关系。描述的是输出与系统内部的状态变量的关系。

线性离散系统状态空间模型中的各矩阵的意义与连续系统一致。图 5.51 所示是线性定常离散系统状态空间模型的结构图。

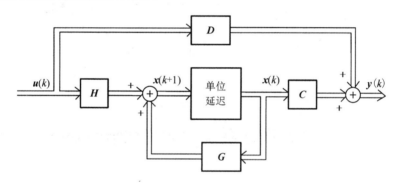

图 5.51　线性定常离散系统状态空间模型的结构图

5.6.2　离散系统的能控性

【定义 5.1】　设 n 阶线性定常离散系统的状态空间表达式为

$$\begin{cases} x(k+1) = Gx(k) + Hu(k); \ x(0) = x_0 \\ y(k) = Cx(k) + Du(k) \end{cases} \qquad (5-77)$$

若存在有限个输入向量序列 $u(k)$，$k = 0, 1, 2, \cdots, n-1$，能在有限时间 NT 内驱动系统从任意初始状态 $x(0)$ 转移到期望状态 $x(N) = 0$，则称该系统是状态完全可控的(简称可控)。

【定义 5.2】　对于线性定常离散系统，如果存在一组无约束的控制序列 $u(k)$，$k = 0, 1, 2, \cdots, n-1$，能把任意的初始输出值 $y(0)$，在有限时间 NT 内转移到任意的终值输出值 $y(N)$，则称该系统是输出完全能控的。

【定理 5.3】　由式(5-77)描述的线性定常离散系统，其状态完全能控的充要条件是能控性矩阵 $W_c = [H \quad GH \ \cdots \ G^{n-1}H]$ 的秩为 n(即满秩)。

【定理 5.4】　由式(5-77)描述的线性定常离散系统，其输出完全能控的充要条件是

$$\text{rank}[C \quad CH \quad CGH \cdots CG^{n-1}H \; D]=m \tag{5-78}$$

【例 5-16】　设线性离散控制系统的动态方程为

$$\begin{bmatrix} x_1(k+1) \\ x_2(k+1) \end{bmatrix} = \begin{bmatrix} -4 & 5 \\ 1 & 0 \end{bmatrix}\begin{bmatrix} x_1(k) \\ x_2(k) \end{bmatrix} + \begin{bmatrix} -5 \\ 1 \end{bmatrix} u(k)$$

$$y(k)=\begin{bmatrix} 1 & -1 \end{bmatrix}\begin{bmatrix} x_1(k) \\ x_2(k) \end{bmatrix}+u(k)$$

试确定该系统输出是否完全可控。

解　该系统是单输出系统，则 $n=2$，$m=1$。

由于

$$\text{rank}[CH \; CGH \; \cdots \; CG^{n-1}H \; D]=\text{rank}[-6 \; 30 \; 1]=1=m$$

因此，该系统是输出完全可控的。

由于

$$\text{rank}W_c=\text{rank}[H \quad GH \quad \cdots \quad G^{n-1}H]=\text{rank}\begin{bmatrix} -5 & 25 \\ 1 & -5 \end{bmatrix}=1\neq n$$

所以，该系统是状态不完全可控的。

由此可知，系统的输出可控性和状态可控性不是完全等价的。

【例 5-17】　设离散系统的状态方程为

$$x(k+1)=\begin{bmatrix} 1 & 0 & 0 \\ 0 & 2 & -2 \\ -1 & 1 & 0 \end{bmatrix}x(k)+\begin{bmatrix} 1 \\ 2 \\ 1 \end{bmatrix}u(k)$$

试判断其状态可控性。

解　　　　$$W_c=\begin{bmatrix} H & GH & G^2H \end{bmatrix}=\begin{bmatrix} 1 & 1 & 1 \\ 2 & 2 & 2 \\ 1 & 1 & 0 \end{bmatrix}$$

$$\text{rank}W_c=1<n=3$$

所以系统是状态不可控的。

【例 5-18】　设离散系统的状态方程为

$$x(k+1)=\begin{bmatrix} 1 & 0 & 0 \\ 0 & 2 & -2 \\ -1 & 1 & 0 \end{bmatrix}x(k)+\begin{bmatrix} 1 \\ 0 \\ 1 \end{bmatrix}u(k)$$

试判断其可控性；若初始状态 $x(0)=[2 \quad 1 \quad 0]T$，确定使 $x(3)=0$ 的控制序列 $u(0)$，$u(1)$，$u(2)$；研究使 $x(2)=0$ 的可能性。

解　由于

$$W_c=\begin{bmatrix} H & GH & G^2H \end{bmatrix}=\begin{bmatrix} 1 & 1 & 1 \\ 0 & -2 & -2 \\ 1 & -1 & -3 \end{bmatrix}, \text{rank}W_c=3=n$$

因此，离散系统是状态完全可控的。

$k=0$ 时有

$$x(1)=Gx(0)+Hu(0)=\begin{bmatrix}2\\2\\-1\end{bmatrix}+\begin{bmatrix}1\\0\\1\end{bmatrix}u(0)$$

$k=1$ 时有

$$x(2)=G^2x(0)+GHu(0)+Hu(1)=\begin{bmatrix}2\\6\\0\end{bmatrix}+\begin{bmatrix}1\\-2\\-1\end{bmatrix}u(0)+\begin{bmatrix}1\\0\\1\end{bmatrix}u(1)$$

$k=2$ 时有

$$x(3)=G^3x(0)+G^2Hu(0)+GHu(1)+Hu(2)$$

$$=\begin{bmatrix}2\\12\\4\end{bmatrix}+\begin{bmatrix}1\\-2\\-3\end{bmatrix}u(0)+\begin{bmatrix}1\\-2\\-1\end{bmatrix}u(1)+\begin{bmatrix}1\\0\\1\end{bmatrix}u(2)$$

令 $x(3)=0$，即

$$\begin{bmatrix}1&1&1\\-2&-2&0\\-3&-1&1\end{bmatrix}\begin{bmatrix}u(0)\\u(1)\\u(2)\end{bmatrix}=\begin{bmatrix}-2\\-12\\-4\end{bmatrix}$$

解该齐次方程，得

$$\begin{bmatrix}u(0)\\u(1)\\u(2)\end{bmatrix}=\begin{bmatrix}-5\\11\\-8\end{bmatrix}$$

令 $x(2)=0$，即

$$\begin{bmatrix}1&1\\-2&0\\-1&1\end{bmatrix}\begin{bmatrix}u(0)\\u(1)\end{bmatrix}=\begin{bmatrix}-2\\-6\\0\end{bmatrix}$$

该方程组无解，表明在第二个采样周期内不能使给定状态转移到原点。

5.6.3 离散系统的可观测性

设 n 阶线性定常离散系统的状态空间表达式为

$$\begin{cases}x(k+1)=Gx(k)+Hu(k); x(0)=x_0\\y(k)=Cx(k)+Du(k)\end{cases} \quad (5-79)$$

若系统可以通过有限次的测量值 $y(k)$，$k=0,1,2,\cdots,n-1$，能唯一确定系统的初始状态 $x(0)$，则称系统是完全能观的(简称能观)。

【定理 5.5】 由式(5-79)描述的线性定常离散系统，其状态完全能观的充要条件是能观性矩阵 $W_g=[C\ \ CH\ \ \cdots\ \ C^{n-1}H]$ 的秩为 n(即满秩)。

【例 5-19】 已知某系统离散状态空间表达式为

$$\begin{bmatrix}x_1(k+1)\\x_2(k+1)\end{bmatrix}=\begin{bmatrix}1.1&-0.3\\1&0\end{bmatrix}\begin{bmatrix}x_1(k)\\x_2(k)\end{bmatrix}+\begin{bmatrix}-0.5\\1\end{bmatrix}u(k)$$

$$y(k) = \begin{bmatrix} 1 & 0 \end{bmatrix} \begin{bmatrix} x_1(k) \\ x_2(k) \end{bmatrix}$$

试分析该系统的能观性。

解　由状态矩阵 A 得到 $n=2$，则该系统的能观性矩阵为

$$\mathrm{rank}W_g = \mathrm{rank}\begin{bmatrix} C & CH & \cdots & C^{n-1}H \end{bmatrix} = \begin{bmatrix} 0 & 1 \\ 1 & 0 \end{bmatrix} = 2 = n$$

所以，该系统状态完全能观。

5.6.4　对偶原理

定义：给定的两个线性定常连续系统

$$\begin{cases} \dot{x}_1(t) = Ax_1(t) + Bu_1(t) \\ y_1(t) = Cx_1(t) \end{cases}$$

$$\begin{cases} \dot{x}_2(t) = A^T x_2(t) + C^T u_2(t) \\ y_2(t) = B^T x_2(t) \end{cases}$$

称系统 $\Sigma(A, B, C)$ 和 $\Sigma(A^T, B^T, C^T)$ 互为对偶。

显然，若系统 $\Sigma(A, B, C)$ 是一个 r 维输入、m 维输出的 n 阶系统，则其对偶系统 $\Sigma(A^T, B^T, C^T)$ 是一个 m 维输入、r 维输出的 n 阶系统。

对偶系统有以下性质：

(1) 对偶的两个系统特征值、特征向量相同。

(2) 对偶的两个系统传递函数矩阵互为转置

$$G_1(s) = C(sI-A)^{-1}B \leftrightarrow G_2(s) = B^T(sI-A)^{-1}C^T$$

(3) 系统 $\Sigma(A, B, C)$ 的能控性等价于系统 $\Sigma(A^T, B^T, C^T)$ 的能观测性；而系统 $\Sigma(A, B, C)$ 的能观测性与系统 $\Sigma(A^T, B^T, C^T)$ 的能控性等价。

5.6.5　坐标变换与标准型

1. 坐标变换

设有如下系统：

$$x(k+1) = Gx(k) + Hu(k) \tag{5-80}$$

$$y(k) = Cx(k) \tag{5-81}$$

设 P 为任意 $n \times n$ 维奇异矩阵，定义坐标变换为

$$\dot{x}(k) = P^{-1}x(k) \text{ 或 } x(k) = P\dot{x}(k) \tag{5-82}$$

代入式(5-80)有

$$P\dot{x}(k+1) = GP\dot{x}(k) + Hu(k) \tag{5-83}$$

即

$$\dot{x}(k+1) = P^{-1}GP\dot{x}(k) + P^{-1}Hu(k) \tag{5-84}$$

而输出方程为

$$y(k) = CP\dot{x}(k) \tag{5-85}$$

因此经坐标变换后系统的状态方程为

$$\dot{x}(k+1) = \dot{G}\dot{x}(k) + \dot{H}u(k) \tag{5-86}$$

$$y(k) = \dot{C}\dot{x}(k) \tag{5-87}$$

其中，$\dot{G} = P^{-1}GP$，$\dot{H} = P^{-1}H$，$\dot{C} = CP$ 分别为变换后系统的系统矩阵、输入矩阵和输出矩阵。

下面分析式(5-86)和式(5-87)所表示的脉冲传递函数矩阵，即有

$$\begin{aligned}
G(z) &= \dot{C}(zI - \dot{G})^{-1}\dot{H} = CP(zI - P^{-1}GP)^{-1}P^{-1}H \\
&= CP[P^{-1}(zI - G)P]^{-1}P^{-1}H \\
&= CPP^{-1}(zI - G)^{-1}PP^{-1}H \\
&= C(zI - G)^{-1}H
\end{aligned}$$

它与变换前的状态方程式(5-80)和式(5-81)所对应的脉冲传递函数矩阵完全一致。由此我们可以得出结论：坐标变换不改变系统的脉冲传递函数矩阵，即它不改变系统的输入输出特性。

正因为坐标变换具有这样一个重要的特性，在实际应用中，我们经常通过坐标变换将系统状态方程化成一些标准形式，使系统的某些性质在这些标准形式下一目了然，便于对系统进行分析与设计。

2. 能控标准型

考虑单输入单输出线性离散系统状态方程可描述为

$$x(k+1) = Gx(k) + Hu(k) \tag{5-88}$$

$$y(k) = Cx(k) \tag{5-89}$$

式中：$x(k)$ 为 n 维状态向量；$u(k)$ 和 $y(k)$ 分别为输入和输出向量；G 是 $n \times n$ 维方阵；H 是 n 维列向量；C 是 n 维行向量。

则 G 的特征方程为

$$\det(zI - G) = z^n + a_{n-1}z^{n-1} + \cdots + a_1z + a_0 = 0 \tag{5-90}$$

系统方程式(5-88)的能控性矩阵为

$$W_c = (H, GH, \cdots, G^{n-1}H) \tag{5-91}$$

假定该系统是完全能控的，因此 W_c 为非奇异方阵，取坐标变换阵

$$P = W_c M \tag{5-92}$$

其中

$$M = \begin{bmatrix}
a_1 & a_2 & \cdots & a_{n-1} & 1 \\
a_2 & a_3 & \cdots & 1 & 0 \\
\vdots & \vdots & & \vdots & \vdots \\
a_{n-1} & 1 & \cdots & 0 & 0 \\
1 & 0 & \cdots & 0 & 0
\end{bmatrix} \tag{5-93}$$

显然 M 为一奇异方阵，因而 $P = W_c M$ 为非奇异方阵。取坐标变换

$$\dot{x}(k) = P^{-1}x(k)$$

$$x(k) = P\dot{x}(k)$$

则变换后的系统状态方程具有以下形式，即

$$\dot{x}(k+1) = G_c x(k) + H_c u(k) \tag{5-94}$$

$$y(k) = C_c \dot{x}(k) \tag{5-95}$$

其中

$$G_c = P^{-1} G P = \begin{bmatrix} 0 & 1 & 0 & \cdots & 0 & 0 \\ 0 & 0 & 1 & \cdots & 0 & 0 \\ \vdots & \vdots & \vdots & & \vdots & \vdots \\ 0 & 0 & 0 & \cdots & 0 & 1 \\ -a_0 & -a_1 & -a_2 & \cdots & -a_{n-2} & -a_{n-1} \end{bmatrix} \tag{5-96}$$

$$H_c = P^{-1} H = \begin{bmatrix} 0 \\ 0 \\ \vdots \\ 0 \\ 1 \end{bmatrix} \tag{5-97}$$

$C_c = CP$ 不具有特殊的形式。

我们称具有式(5-94)、(5-95)形式的状态方程为能控标准型。以上推导过程表明，完全能控的单输入单输出系统，可以通过式(5-92)所定义的坐标变换矩阵进行坐标变换而变成能控标准型系统。

3. 能观测标准型

设式(5-88)、(5-89)所示的单输入单输出系统为完全能观测，则可以采用坐标变换把它变成能观测标准型。式(5-88)、(5-89)所示系统的特征方程如式(5-90)所示，其能观测性矩阵为

$$W_o = \begin{bmatrix} C \\ CG \\ \vdots \\ CG^{n-1} \end{bmatrix} \tag{5-98}$$

令坐标变换矩阵

$$Q^{-1} = W_o M \tag{5-99}$$

其中，M 由式(5-93)定义，则坐标变换 $\dot{x}(k) = Q^{-1} x(k)$，变换后的系统状态方程具有以下形式，即

$$\dot{x}(k+1) = G_o \dot{x}(k) + H_o u(k) \tag{5-100}$$

$$y(k) = C_o \dot{x}(k) \tag{5-101}$$

其中

$$G_o = Q^{-1} G Q = \begin{bmatrix} 0 & 0 & \cdots & 0 & -a_0 \\ 1 & 0 & \cdots & 0 & -a_1 \\ 0 & 1 & \cdots & 0 & -a_2 \\ \vdots & \vdots & & \vdots & \vdots \\ 0 & 0 & \cdots & 1 & -a_{n-1} \end{bmatrix} \tag{5-102}$$

$H_o = Q^{-1} H$ 无特殊形式；$C_o = CQ = (0 \ 0 \ \cdots \ 0 \ 1)$。

称具有式(5-100)和(5-101)形式的状态方程为能观测标准型。

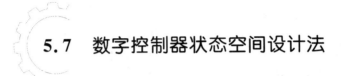

5.7　数字控制器状态空间设计法

5.7.1　状态反馈极点配置控制系统的设计

以图 5.52 所示的状态反馈数字控制系统的示意图为例。分以下两种情况介绍状态反馈极点配置控制系统的设计。

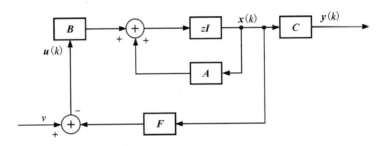

图 5.52　状态反馈数字控制系统示意图

1. 单输入系统状态反馈极点配置

设单输入系统状态方程为

$$\boldsymbol{x}(k+1)=\boldsymbol{A}\boldsymbol{x}(k)+\boldsymbol{B}\boldsymbol{u}(k) \tag{5-103}$$

式中，$\boldsymbol{x}(k)$ 为 n 维状态向量；$\boldsymbol{u}(k)$ 为控制输入向量；$\boldsymbol{A}$ 为 $n\times n$ 维方阵；$\boldsymbol{B}$ 为 n 维列向量。若选择控制输入为状态反馈，则有

$$\boldsymbol{u}(k)=-\boldsymbol{F}^{\mathrm{T}}\boldsymbol{x}(k)+v \tag{5-104}$$

式中，v 为参考输入标量；$\boldsymbol{F}^{\mathrm{T}}$ 是 n 维状态反馈增益行向量，它是待求的量，并设 $\boldsymbol{F}^{\mathrm{T}}=(f_1,$ $f_2,\cdots,f_n)$。

被控对象在控制律式(5-104)的作用下，闭环系统的状态方程为

$$\boldsymbol{x}(k+1)=(\boldsymbol{A}-\boldsymbol{B}\boldsymbol{F})^{\mathrm{T}}\boldsymbol{x}(k)+\boldsymbol{B}_0 \tag{5-105}$$

由此可以写出闭环系统的特征多项式为

$$\det(z\boldsymbol{I}-\boldsymbol{A}+\boldsymbol{B}\boldsymbol{F}^{\mathrm{T}})=\Psi(z,f_1,f_2,\cdots,f_n) \tag{5-106}$$

其中 $\boldsymbol{F}^{\mathrm{T}}$ 是各元素 $f_1,f_2,\cdots,f_n$ 的函数。

设要求闭环系统公式(5-105)的极点为 $\{\lambda_1,\lambda_2,\lambda_3,\cdots,\lambda_n\}$ 则待配置的闭环特征多项式 $P(z)$ 为

$$P(z)=(z-\lambda_1)(z-\lambda_2)\cdots(z-\lambda_n)=z^n+p_{n-1}z^{n-1}+\cdots+p_0 \tag{5-107}$$

通过适当选择状态反馈增益行向量 $\boldsymbol{F}^{\mathrm{T}}$，使 $\Psi(z,f_1,f_2,\cdots,f_n)$ 与 $P(z)$ 的系数完全一致，就可将系统的闭环极点设置在期望的极点上。这就是极点配置的基本原理。

图 5.53 所示为具有状态反馈的数字控制系统结构框图。

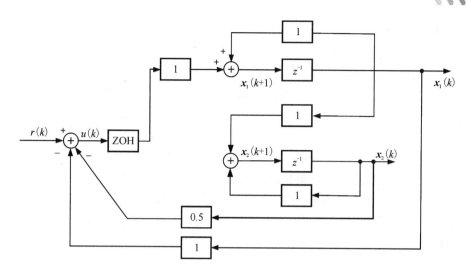

图 5.53 具有状态反馈的数字控制系统结构框图

【例 5-20】 已知二阶系统为

$$\begin{bmatrix} x_1(k+1) \\ x_2(k+1) \end{bmatrix} = \begin{bmatrix} 1 & 0.1 \\ 0 & 1 \end{bmatrix}\begin{bmatrix} x_1(k) \\ x_2(k) \end{bmatrix} + \begin{bmatrix} 0.005 \\ 0.1 \end{bmatrix}u(k)$$

要求系统闭环极点为 $\lambda_1 = 0.6$，$\lambda_2 = 0.8$，试求状态反馈增益向量 $\boldsymbol{F}^{\mathrm{T}}$。

解 待配置的特征多项式为

$$P(z) = (z-0.6)(z-0.8) = z^2 - 1.4z + 0.48$$

令 $\boldsymbol{F}^{\mathrm{T}} = [f_1, f_2]$，则系统的闭环特征多项式为

$$\boldsymbol{\Psi}(z, f_1, f_2) = \det(z\boldsymbol{I} - \boldsymbol{A} + \boldsymbol{B}\boldsymbol{F}^{\mathrm{T}})$$

$$= \det\begin{bmatrix} z-1+0.005f_1 & -0.1+0.005f_2 \\ 0.1f_1 & z-1+0.1f_2 \end{bmatrix}$$

$$= z^2 - (2-0.005f_1-0.1f_2) + (1+0.005f_1-0.1f_2)$$

由 $P(z)$ 和 $\boldsymbol{\Psi}(z, f_1, f_2)$ 同次幂系数相等，得

$$2-0.005f_1-0.1f_2 = 1.4$$
$$1+0.005f_1-0.1f_2 = 0.48$$

解得

$$f_1 = 8, \quad f_2 = 5.6$$

即

$$\boldsymbol{F}^{\mathrm{T}} = [8 \quad 5.6]$$

2. 多输入系统状态反馈极点配置

多输入系统状态反馈极点配置步骤如下：

（1）对多输入系统选择 $\boldsymbol{W}$，使得多输入系统为完全可控。

（2）对多输入系统选择极点配置状态反馈向量 $\boldsymbol{F}^*$，使得 $(\boldsymbol{A} - \boldsymbol{B}^* \boldsymbol{F}^*)$ 的极点为待配置的理想极点。

（3）令 $\boldsymbol{F} = \boldsymbol{W}\boldsymbol{F}^*$，则 $\boldsymbol{F}$ 即为所求的实现极点配置的状态反馈增益矩阵。

3. 极点配置方法注意事项

极点配置时应注意以下事项：

(1) 实现任意极点配置的前提是 (A,B) 为完全能控的。

(2) 对单输入系统，实现一组特定极点配置所需的状态反馈增益是唯一的，这一点可以从单输入系统极点配置方法二，即利用能控标准型的方法中看出。

(3) 待配置的 n 个闭环极点位置的选择是一个确定控制系统综合目标的问题。

① 对 n 维系统，应当指定而且只应当指定 n 个待配置的闭环极点。

② 待配置的闭环极点可以是实数，也可以是以共轭复数形式出现的一对复数极点。

③ 为保证闭环系统的稳定，所有的待配置闭环极点必须位于复平面上的单位圆内。具体位置的选择需要考虑极点和零点在复平面上的分布，应从工程实际出发加以解决。

④ 可以通过一些最优化的算法来选择待配置的闭环极点位置，以使得某种性能指标最优。

5.7.2 状态观测器的设计

在前面所论述的利用状态反馈实现闭环系统的极点配置过程中，需要系统的全部状态变量。系统的状态变量是一内部变量，在实际工程系统中，通常并不是所有的状态 $x(k)$ 都可以直接量测到的，可以直接量测的往往只有系统输出 $y(k)$ 和输入 $u(k)$。为了能利用状态反馈的设计方法，可以先构造状态观测器，再利用 $y(k)$ 及 $u(k)$ 构造系统的状态 $x(k)$，然后应用状态反馈实现系统的闭环控制。

考虑被控对象的状态方程 S_1 为

$$x(k+1) = Ax(k) + Bu(k) \tag{5-108}$$

$$y(k) = Cx(k) \tag{5-109}$$

其中 $x(0)$ 已知。

为了能量测 S_1 中的状态 $x(k)$，可以人为地构造一个与之相同的量测系统 S_2，即有

$$x(k+1) = Ax(k) + Bu(k) \tag{5-110}$$

$$y(k) = Cx(k) \tag{5-111}$$

其中 $x(0)$ 已知。

因为量测系统 S_2 是人为构造的，所以其中的状态 $\hat{x}(k)$ 是可以直接量测的。系统 S_1 和 S_2 的动态特性完全一致，只要 $x(0)$ 与 $\hat{x}(0)$ 一致，则 S_2 的状态 $\hat{x}(k)$ 与 S_1 的状态 $x(k)$ 将完全一致。但由于各种原因，例如被控对象的建模误差、$x(0)$ 与 $\hat{x}(0)$ 的差异等，使得在实际运用中，S_1 和 S_2 的状态不可能完全一致，从而造成 S_1 的输出 $y(k)$ 和 S_2 的输出 $\hat{y}(k)$ 两者有差异。

根据自动控制原理我们知道，适当应用误差反馈，可以使闭环系统沿着误差减少的方向运动。如果我们采用 $x(k)$ 与 $\hat{x}(k)$ 之差即状态重构误差进行反馈，则可以使得两者之差越来越小，最终将消失。由于 $x(k)$ 不能直接量测，我们取 S_1 和 S_2 的输出之差进行反馈，即引入误差反馈项 $L(Cx(k) - C\hat{x}(k))$，将量测系统 S_2 变成以下系统 S_3，即

$$\hat{x}(k+1) = A\hat{x}(k) + Bu(k) + L(Cx(k) - C\hat{x}(k))$$

$$= (A - LC)\hat{x}(k) + Bu(k) + Ly(k) \tag{5-112}$$

其中，L 是一个待设计的反馈增益矩阵。式(5-112)即为系统 S_1 的状态观测器的状态方程。图 5.54 所示为系统 S_1 和它的状态观测器 S_3。

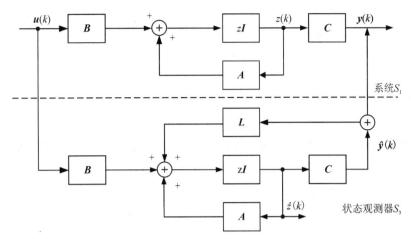

图 5.54　系统 S_1 和它的状态观测器 S_3

因为 $x(k)$ 与 $\hat{x}(k)$ 不可能完全一致，所以我们通常采用渐近等价指标，即

$$\lim_{k\to\infty}\widetilde{x}(k)=\lim_{k\to\infty}[x(k)-\hat{x}(k)]=0 \qquad (5-113)$$

其中，$\widetilde{x}(k)=x(k)-\hat{x}(k)$ 叫作观测误差，用来判定状态观测器的有效性。满足式(5-105)的观测器在 $k\to\infty$ 时其重构的状态 $\hat{x}(k)$ 将与实际状态 $x(k)$ 一致。实际上，只要经过一段不长的过渡过程之后，$\hat{x}(k)$ 与 $x(k)$ 就一致了。

由式(5-100)和式(5-104)，可得式(5-104)所示的状态观测器的观测误差 $\widetilde{x}(k)$ 满足

$$\widetilde{x}(k+1)=x(k+1)-\hat{x}(k+1)$$
$$=Ax(k)+Bu(k)-(A-LC)\hat{x}(k)-Bu(k)-LCx(k)$$
$$=(A-LC)\widetilde{x}(k) \qquad (5-114)$$

显然，只要式(5-114)所表示的关于观测误差 $\widetilde{x}(k)$ 的系统为渐近稳定，换句话说，只要 $(A-LC)$ 的所有特征值都在单位圆内，则式(5-113)所定义的渐近等价指标即可得到满足。因为 L 是一个待选择的反馈增益矩阵，所以可以选择适当的 L，将 $(A-LC)$ 的极点配置到 Z 平面的适当位置，使 $\widetilde{x}(k)$ 很快地趋向于零。

根据前面分析可知，若 (A,B) 完全能控，则可选择适当的反馈增益矩阵 F，使闭环系统矩阵 $(A-BF)$ 具有任意指定的极点。与此相比，因为 $(A-LC)$ 与 $(A-LC)^{\mathrm{T}}=(A^{\mathrm{T}}-C^{\mathrm{T}}L^{\mathrm{T}})$ 的特征值完全一致，所以，若 $(A^{\mathrm{T}},C^{\mathrm{T}})$ 完全能控，则 $(A-LC)$ 的极点也可以任意配置。根据对偶原理，$(A^{\mathrm{T}},C^{\mathrm{T}})$ 的能控性矩阵

$$W'_e=\begin{bmatrix} C^{\mathrm{T}} & A^{\mathrm{T}}C^{\mathrm{T}} & \cdots & (A^{\mathrm{T}})^{n-1}C^{\mathrm{T}} \end{bmatrix} \qquad (5-115)$$

恰好为 (A,C) 的能观测性矩阵

$$W_o=\begin{bmatrix} C \\ CA \\ \vdots \\ CA^{n-1} \end{bmatrix} \qquad (5-116)$$

的转置，两者的秩也完全一致。由此可以得出结论，若(A, C)为能观测，则可以用类似前面极点配置的方法，选择适当的反馈增益L，使$(A-LC)$的极点可任意指定。例如，选择$(A-LC)$的所有极点都在Z平面上的单位圆内，就可以保证式(5-114)所表示的误差系统渐近趋向稳定，从而保证式(5-112)所给出的状态观测器的状态$\hat{x}(k)$渐近地趋向原系统式(5-108)的状态$x(k)$。

具体设计步骤如下：

(1) 构造(A, C)的对偶系统$(A^{\mathrm{T}}, C^{\mathrm{T}})$，求此对偶系统的能控性矩阵

$$W_c' = [C^{\mathrm{T}} \quad A^{\mathrm{T}}C^{\mathrm{T}} \quad \cdots \quad (A^{\mathrm{T}})^{n-1}C^{\mathrm{T}}]$$

并通过W_c'的秩，判定(A, C)的能观测性(即$(A^{\mathrm{T}}, C^{\mathrm{T}})$的能控性)，选定待配置的闭环极点$\{\lambda_1, \lambda_2, \lambda_3, \cdots, \lambda_n\}$。

(2) 求A的特征多项式

$$\varPsi(z) = \det(zI - A) = z^n + a_{n-1}z^{n-1} + \cdots + a_1 z + a_0$$

和待配置的闭环极点对应的特征多项式

$$P(z) = (z-\lambda_1)\cdots(z-\lambda_n) = z^n + p_{n-1}z^{n-1} + \cdots + p_1 z + p_0$$

(3) 构造使$(A^{\mathrm{T}}, C^{\mathrm{T}})$为能控标准型的坐标变换矩阵

$$P = W_c'M$$

其中

$$M = \begin{bmatrix} a_1 & a_2 & \cdots & a_{n-1} & 1 \\ a_2 & a_3 & \cdots & 1 & 0 \\ \vdots & \vdots & & \vdots & \vdots \\ a_{n-1} & 1 & \cdots & 0 & 0 \\ 1 & 0 & \cdots & 0 & 0 \end{bmatrix}$$

(4) 由公式[46]

$$L^{\mathrm{T}} = [p_0 - a_0, \ p_1 - a_1, \ \cdots, \ p_{n-1} - a_{n-1}]P^{-1}$$

得出L^{T}，则$(L^{\mathrm{T}})^{\mathrm{T}} = L$。

【例5-21】 给定被控对象的状态方程为

$$\begin{bmatrix} x_1(k+1) \\ x_2(k+1) \\ x_3(k+1) \end{bmatrix} = \begin{bmatrix} 0 & 3 & 0 \\ 0 & 2 & 1 \\ 1 & 1 & 0 \end{bmatrix} \begin{bmatrix} x_1(k) \\ x_2(k) \\ x_3(k) \end{bmatrix} + \begin{bmatrix} 2 \\ 1 \\ -1 \end{bmatrix} u(k)$$

$$y(k) = \begin{bmatrix} 0 & 2 & 1 \end{bmatrix} \begin{bmatrix} x_1(k) \\ x_2(k) \\ x_3(k) \end{bmatrix}$$

试设计该系统的状态观测器，并将观测器的极点配置到$\lambda_1 = \lambda_2 = \lambda_3 = 0$。

解 被控对象的能观测性矩阵为

$$W_o = \begin{bmatrix} C \\ CA \\ CA^2 \end{bmatrix} = \begin{bmatrix} 0 & 2 & 1 \\ 1 & 5 & 2 \\ 2 & 15 & 5 \end{bmatrix}$$

显然该系统是完全能观测的。其对偶系统能控性矩阵为

$$W'_c = \begin{bmatrix} C^T & A^T C^T & (A^T)^2 C^T \end{bmatrix} = \begin{bmatrix} 0 & 1 & 2 \\ 2 & 5 & 15 \\ 1 & 2 & 5 \end{bmatrix}$$

系统的开环持征多项式为

$$\det[zI - A] = \det \begin{bmatrix} z & -3 & 0 \\ 0 & z-2 & -1 \\ -1 & -1 & z \end{bmatrix} = z^3 - 2z^2 - z - 3$$

将对偶系统转变为能控标准型的坐标变换矩阵为

$$P = W'_c M = \begin{bmatrix} 0 & 1 & 2 \\ 2 & 5 & 15 \\ 1 & 2 & 5 \end{bmatrix} \begin{bmatrix} -1 & -2 & 1 \\ -2 & 1 & 0 \\ 1 & 0 & 0 \end{bmatrix} = \begin{bmatrix} 0 & 1 & 0 \\ 3 & 1 & 2 \\ 0 & 0 & 0 \end{bmatrix}$$

$$P^{-1} = \begin{bmatrix} 0 & 0 & 1 \\ 1 & 0 & 0 \\ -\dfrac{1}{2} & \dfrac{1}{2} & -\dfrac{3}{2} \end{bmatrix}$$

理想闭环极点 $\lambda_1 = \lambda_2 = \lambda_3 = 0$ 所对应的闭环特征多项式为 z^3，故反馈增益矩阵 L^T 可通过下式计算得出，即

$$L^T = \begin{bmatrix} 0-(-3), & 0-(-1), & 0-(-2) \end{bmatrix} \begin{bmatrix} 0 & 0 & 1 \\ 1 & 0 & 0 \\ -\dfrac{1}{2} & \dfrac{1}{2} & -\dfrac{3}{2} \end{bmatrix} = \begin{bmatrix} 0 & 1 & 0 \end{bmatrix}$$

因此，给定被控对象的状态观测器为

$$\hat{x}(k+1) = (A - LC)\hat{x}(k) + Bu(k) + Ly(k)$$

$$= \left(\begin{bmatrix} 0 & 3 & 0 \\ 0 & 2 & 1 \\ 1 & 1 & 0 \end{bmatrix} - \begin{bmatrix} 0 \\ 1 \\ 0 \end{bmatrix} \begin{bmatrix} 0 & 2 & 1 \end{bmatrix} \right) x(k) + \begin{bmatrix} 2 \\ 1 \\ -1 \end{bmatrix} u(k) + \begin{bmatrix} 0 \\ 1 \\ 0 \end{bmatrix} y(k)$$

$$= \begin{bmatrix} 0 & 3 & 0 \\ 0 & 0 & 0 \\ 1 & 1 & 0 \end{bmatrix} x(k) + \begin{bmatrix} 2 \\ 1 \\ -1 \end{bmatrix} u(k) + \begin{bmatrix} 0 \\ 1 \\ 0 \end{bmatrix} y(k)$$

5.7.3 具有状态观测器的极点配置

通过状态观测器解决了被控对象状态不能直接量测的问题，使状态反馈方法成为一种能实现的控制方式。前面所讨论的利用状态反馈配置闭环极点的控制方法，当被控对象的状态不能直接量测时，可以利用状态观测器，将被控对象状态的重构值代替被控对象的实际状态，实现状态反馈。整个系统的结构图如图 5.55 所示，其中被控对象状态方程为

$$x(k+1) = Ax(k)Bu(k) \tag{5-117}$$

$$y(k) = Cx(k) \tag{5-118}$$

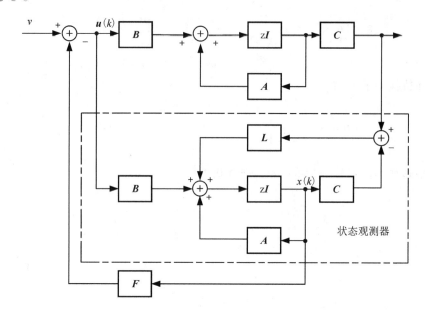

图 5.55　具有状态观测器的极点配置控制器

假定被控对象是完全能控和完全能观的，则它的状态观测器具有以下形式，即

$$\hat{x}(k+1) = (A - LC)\hat{x}(k) + Bu(k) + Ly(k) \tag{5-119}$$

具有状态观测器的状态反馈控制律为

$$u(k) = -F\hat{x}(k) + v \tag{5-120}$$

为了能了解式(5-120)所示的控制规律，与直接采用状态反馈 $u(k) = -Fx(k) = vp$ 相比，对闭环系统动态特性有何影响，我们利用扩充状态的方法，得出以上系统的闭环状态方程为

$$\begin{bmatrix} x(k+1) \\ \hat{x}(k+1) \end{bmatrix} = \begin{bmatrix} A & -BF \\ LC & A - LC - BF \end{bmatrix} \begin{bmatrix} x(k) \\ \hat{x}(k) \end{bmatrix} + \begin{bmatrix} B \\ B \end{bmatrix} v \tag{5-121}$$

$$y(k) = \begin{bmatrix} C & 0 \end{bmatrix} \begin{bmatrix} x(k) \\ \hat{x}(k) \end{bmatrix} \tag{5-122}$$

显然，与采用直接状态反馈后的闭环系统只有 m 维不同，当采用具有状态观测器的状态反馈控制系统后，闭环系统是一个 $2n$ 维的系统。即它的维数等于被控对象的维数（这里是 n 维）加上状态观测器的维数（这里是 n 维）。为了看清楚以上闭环系统的特征值情况，对状态方程式(5-121)进行如下坐标变换，即

$$\begin{bmatrix} x(k) \\ \tilde{x}(k) \end{bmatrix} = \begin{bmatrix} I_n & 0 \\ I_n & -I_n \end{bmatrix} \begin{bmatrix} x(k) \\ \hat{x}(k) \end{bmatrix} = \begin{bmatrix} x(k) \\ x(k) - \hat{x}(k) \end{bmatrix} \tag{5-123}$$

其中 $\tilde{x}(k) = x(k) - \hat{x}(k)$ 即为前面已定义的观测误差向量。变换后系统的状态方程为

$$\begin{bmatrix} x(k) \\ \tilde{x}(k) \end{bmatrix} = \begin{bmatrix} A - BF & BF \\ 0 & A - LC \end{bmatrix} \begin{bmatrix} x(k) \\ \tilde{x}(k) \end{bmatrix} + \begin{bmatrix} B \\ 0 \end{bmatrix} v \tag{5-124}$$

由式(5-124)显然可以看出，具有状态观测器的状态反馈控制系统的闭环极点具有分离性质。$2n$ 维的闭环系统的 $2n$ 个极点可以分成两部分：一部分是特征多项式 $\det(zI - A + BF)$ 的 n 个根，它对应着采用直接状态反馈时闭环系统的 n 个极点；另一部分是观测

器的特征多项式 $\det(z\boldsymbol{I}-\boldsymbol{A}+\boldsymbol{LC})$ 的 n 个根。

具有状态观测器的状态反馈控制系统的这种闭环极点分离性的性质称为分离原理。分离原理给这类控制系统的设计带来了很大的方便。利用这种闭环极点分离性的原理可以将控制系统的设计分成两步进行。第一步,先按闭环系统性能的要求,确定 $(\boldsymbol{A}-\boldsymbol{BF})$ 的极点,然后根据极点配置的方法,求出为实现这一极点配置所需的状态反馈增益矩阵 $\boldsymbol{F}$。第二步,当系统所有的状态不是全部可直接量测时,设计状态观测器,即按对观测误差 $\tilde{\boldsymbol{x}}(k)$ 衰减速度的要求,确定 $(\boldsymbol{A}-\boldsymbol{LC})$ 的极点,从而利用上一节的方法确定 $\boldsymbol{L}$。通常我们希望 $\tilde{\boldsymbol{x}}(k)$ 的衰减速度应当比 $\boldsymbol{x}(k)$ 的收敛较快一些。因此在选择 $(\boldsymbol{A}-\boldsymbol{LC})$ 的极点时,应注意把它的极点的模选择得比 $(\boldsymbol{A}-\boldsymbol{BF})$ 的极点的模要小得多。

为了便于在计算机上实现具有观测器的状态反馈极点配置控制系统,应在作为控制系统描述的方程式(5-119)和式(5-120)中,消去中间变量 $\hat{\boldsymbol{x}}(k)$。为此,设 $\hat{\boldsymbol{x}}(k)$ 的初始条件等于零,对式(5-119)和式(5-120)两边分别取 Z 变换得

$$z\hat{\boldsymbol{X}}(z)=(\boldsymbol{A}-\boldsymbol{LC})\hat{\boldsymbol{X}}(z)+\boldsymbol{BU}(z)+\boldsymbol{LY}(z) \tag{5-125}$$

$$\boldsymbol{U}(z)=-\boldsymbol{F}\hat{\boldsymbol{X}}(z)+v \tag{5-126}$$

将式(5-126)代入式(5-125),并进行化简可得

$$\hat{\boldsymbol{X}}(z)=(z\boldsymbol{I}-\boldsymbol{A}+\boldsymbol{LC}+\boldsymbol{BF})^{-1}(\boldsymbol{LY}(z)+\boldsymbol{B}v) \tag{5-127}$$

代入式(5-126)有

$$\boldsymbol{U}(z)=-\boldsymbol{F}(z\boldsymbol{I}-\boldsymbol{A}+\boldsymbol{LC}+\boldsymbol{BF})^{-1}(\boldsymbol{LY}(z)+\boldsymbol{B}v) \tag{5-128}$$

式(5-128)即为可在计算机中直接实现的具有观测器的状态反馈极点配置控制系统。它与式(5-119)和式(5-120)表示的控制系统等价,但由于省略了中间变量 $\hat{\boldsymbol{x}}(k)$,它的在线计算工作量要少一些。

总结前面的论述,可以得到具有观测器的状态反馈极点配置控制器的控制系统步骤为:

(1) 判定被控对象的能控性和能观测性。如果被控对象不是完全能控的,或不是完全能观测的,则在下一步的极点配置中不能实现任意的极点配置(即被控对象不能控或不能观测的模态是不能通过极点配置而改变的)。

(2) 根据对闭环系统的性能要求,确定待配置的闭环系统极点 $\{\lambda_1,\lambda_2,\lambda_3,\cdots,\lambda_n\}$ 和观测器的极点 $\{r_1,r_2,r_3,\cdots,r_n\}$。

(3) 利用极点配置的方法,选择反馈增益阵 $\boldsymbol{F}$ 和 $\boldsymbol{L}$,分别将闭环系统和观测器的极点配置到指定的位置. 即使

$$\det(z\boldsymbol{I}-\boldsymbol{A}+\boldsymbol{BF})=(z-\lambda_1)\cdots(z-\lambda_n)$$

$$\det(z\boldsymbol{I}-\boldsymbol{A}+\boldsymbol{LC})=(z-r_1)\cdots(z-r_n)$$

(4) 利用式(5-128)或式(5-119)与式(5-120)实现相应的控制器[7]。

【例 5-22】　设被控对象的状态方程描述为

$$\boldsymbol{x}(k+1)=\begin{bmatrix}1 & 0.1\\ 0 & 1\end{bmatrix}\boldsymbol{x}(k)+\begin{bmatrix}0.005\\ 0.1\end{bmatrix}\boldsymbol{u}(k)$$

$$\boldsymbol{y}(k)=\begin{bmatrix}1 & 0\end{bmatrix}\boldsymbol{x}(k)$$

假定系统的状态不可直接量测,试设计它的具有观测器的状态反馈极点配置控制器,使闭

环系统的极点为$\{0.6,0.8\}$，观测器的极点为$\{0.9\pm j0.1\}$。

解   假定系统的外加输入$\nu=0$，则系统的能控性矩阵为

$$\boldsymbol{W}_c=\begin{bmatrix}\boldsymbol{B} & \boldsymbol{AB}\end{bmatrix}=\begin{bmatrix}0.005 & 0.015\\ 0.1 & 0.1\end{bmatrix}$$

由此可知系统是完全能控的。系统的能观测性矩阵为

$$\boldsymbol{W}_o=\begin{bmatrix}\boldsymbol{C}\\ \boldsymbol{CA}\end{bmatrix}=\begin{bmatrix}1 & 0\\ 1 & 0.1\end{bmatrix}$$

由此可知系统是完全能观测的。

设状态反馈矩阵

$$\boldsymbol{F}=\begin{bmatrix}f_1 & f_2\end{bmatrix},\ \boldsymbol{L}=\begin{bmatrix}l_1\\ l_2\end{bmatrix}$$

对于闭环系统极点，由

$$\begin{aligned}\det(z\boldsymbol{I}-\boldsymbol{A}+\boldsymbol{BF})&=\det\begin{bmatrix}z-1+0.005f_1 & -0.1+0.005f_2\\ 0.1f_1 & z-1+0.1f_2\end{bmatrix}\\ &=z^2+(0.1f_2+0.005f_1-2)z+(0.005f_1-0.1f_2+1)\end{aligned}$$

和相应的闭环特征多项式

$$(z-0.6)(z-0.8)=z^2-1.4z+0.48$$

中z的同次幂系数相等得

$$\begin{cases}-1.4=0.1f_2+0.005f_1-2\\ 0.48=0.005f_1-0.1f_2+1\end{cases}$$

解得$f_1=8$，$f_2=5.6$。

对于状态观测器，由

$$\begin{aligned}\det(z\boldsymbol{I}-\boldsymbol{A}+\boldsymbol{LC})&=\det\begin{bmatrix}z-1+l_1 & -0.1\\ l_2 & z-1\end{bmatrix}\\ &=z^2-(2-l_1)z+(1-l_1+0.1l_2)\end{aligned}$$

和相应的闭环特征多项式

$$(z-0.9+j0.1)(z-0.9-j0.1)=z^2-1.8z+0.82$$

中z的同次幂系数相等得

$$\begin{cases}2-l_1=1.8\\ 1-l_1+0.1l_2=0.82\end{cases}$$

解得$l_1=0.2$，$l_2=0.2$，即

$$\boldsymbol{F}=\begin{bmatrix}8 & 5.6\end{bmatrix}\quad \boldsymbol{L}=\begin{bmatrix}0.2\\ 0.2\end{bmatrix}$$

则所设计的控制器为

$$\begin{aligned}\hat{\boldsymbol{x}}(k+1)&=(\boldsymbol{A}-\boldsymbol{LC})\boldsymbol{x}(k)+\boldsymbol{Bu}(k)+\boldsymbol{Ly}(k)\\ &=\begin{bmatrix}0.8 & 0.1\\ -0.2 & 1\end{bmatrix}\boldsymbol{x}(k)+\begin{bmatrix}0.005\\ 0.1\end{bmatrix}\boldsymbol{u}(k)+\begin{bmatrix}0.2\\ 0.2\end{bmatrix}\boldsymbol{y}(k)\end{aligned}$$

或

$$u(k) = -\begin{bmatrix} 8 & 5.6 \end{bmatrix} \boldsymbol{x}(k)$$

$$\boldsymbol{U}(z) = -\boldsymbol{F}(z\boldsymbol{I} - \boldsymbol{A} + \boldsymbol{LC} + \boldsymbol{BF})^{-1} \boldsymbol{LY}(z)$$

$$= -\begin{bmatrix} 8 & 5.6 \end{bmatrix} \begin{bmatrix} z - 0.76 & -0.072 \\ 1 & z - 0.44 \end{bmatrix}^{-1} \begin{bmatrix} 0.2 \\ 0.2 \end{bmatrix} \boldsymbol{Y}(z)$$

$$= \frac{-2.72z^{-1} + 2.56z^{-2}}{1 - 1.2z^{-1} + 0.406z^{-2}} \boldsymbol{Y}(z)$$

思 考 与 练 习

5.1　数字 PID 位置型控制算法和数字 PID 增量型控制算法各有些什么样的特点?

5.2　试描述 PID 调节器中比例系数 K_P、积分时间常数 T_I 和微分时间常数 T_D 的变化对闭环系统控制性能的影响。

5.3　PID 参数整定有哪些方法? 它们各自的特点和适应范围是什么?

5.4　数字控制器的离散化设计步骤是什么?

5.5　什么是最少拍数字控制系统? 在最少拍数字控制系统的设计中应当考虑哪些因素?

5.6　振铃现象是如何产生的? 它有什么危害? 怎样克服?

5.7　什么叫作状态方程的坐标变换? 坐标变换有哪些重要特性?

5.8　利用坐标变换将下述系统转换成能控标准型。

$$\boldsymbol{x}(k+1) = \begin{bmatrix} -2 & 1 & 1 \\ 0 & 2 & -1 \\ 0 & 1 & 3 \end{bmatrix} \boldsymbol{x}(k) + \begin{bmatrix} 1 \\ 0 \\ -1 \end{bmatrix} \boldsymbol{u}(k)$$

5.9　给定被控对象

$$\boldsymbol{x}(k+1) = \begin{bmatrix} 1 & 1 \\ -1 & 1 \end{bmatrix} \boldsymbol{x}(k) + \begin{bmatrix} 0 \\ 1 \end{bmatrix} \boldsymbol{u}(k)$$

试确定状态反馈增益矩阵 $\boldsymbol{f}^T$,使经状态反馈后所得的闭环系统的极点为 $\lambda_1 = 0.1$, $\lambda_2 = 0.5$。

5.10　已知被控对象的状态方程为

$$\boldsymbol{x}(k+1) = \begin{bmatrix} 0 & 0.1 \\ 0.2 & 0.3 \end{bmatrix} \boldsymbol{x}(k) + \begin{bmatrix} 0 \\ 1 \end{bmatrix} \boldsymbol{u}(k)$$

$$\boldsymbol{y}(k) = \begin{bmatrix} 1 & 1 \end{bmatrix} \boldsymbol{x}(k)$$

试设计它的状态观测器,并将观测器的极点配置到 $\lambda_{1,2} = 0.1 \pm \mathrm{j}0.2$。

第 6 章　物联网控制技术

6.1　基本概念

物联网控制技术就是把所有物品通过射频识别(RFID)、蓝牙、WiFi、红外感应器、全球定位系统、激光扫描仪等信息传感设备与互联网连接起来,进行信息交换,实现智能化识别、定位、跟踪、监控和管理。

6.2　数据传输模式

6.2.1　以太网

以太网(Ethernet)是由 Xerox 公司创建并由 Xerox、Intel 和 DEC 公司联合开发的,通用的以太网标准于 1980 年 9 月 30 日出台,是现有局域网广泛采用的通用通信协议标准。

以太网络使用 CSMA/CD(载波监听多路访问及冲突检测)技术,并以 10 Mb/s 的速率运行在多种类型的电缆上。以太网与 IEEE802.3 系列标准相类似,标准的以太网(10 Mb/s)、快速以太网(100 Mb/s)和 10G(10 Gb/s)以太网都符合 IEEE802.3 标准。

IEEE802.3 标准规定了物理层的连线、电信号和介质访问层协议的内容。以太网是当前应用最普遍的局域网技术,它的标准很大程度上取代了其他局域网标准。

以太网可以采用多种连接介质,包括同轴电缆、双绞线和光纤等。其中双绞线多用于从主机到集线器或交换机的连接,而光纤则主要用于交换机间的级联和交换机到路由器间的点到点连接。同轴电缆作为早期的主要连接介质已经逐渐趋于淘汰。

6.2.2　IoT 网络

物联网(Internet of Things,IoT)是基于互联网、传统电信网等信息承载体,让所有能行使独立功能的普通物体实现互联互通的网络。其应用领域主要包括运输和物流、工业制造、健康医疗、智能环境(家庭、办公、工厂)等，具有十分广阔的市场前景。

6.2.3　PLC 的无线总线系统

在 PLC 的无线总线系统中，比较常用的无线技术有基于 GPRS(General Packet Radio Service)无线网络技术和无线网桥技术。

1. GPRS 无线网络技术

1) GPRS 简介

通用分组无线业务简称 GPRS，是在一种基于 GSM 系统基础上发展出来的一种新的网络业务。GPRS 采用分组交换技术，每个用户可同时占用多个无线信道，同一个无线信道又可以由多个用户共享，实现资源有效利用，从而实现高速率数据传输。GPRS 具有全双工的工作方式，间隙收发，永远在线，只有在收发数据时才占用系统资源，计费方式以数据传输量为准，不用考虑通信时间。由于 GPRS 的核心层采用了 IP 技术，因此底层可使用多种传输技术，这使得它较容易实现端到端及广域的无线 IP 连接，以实现某种特定功能。

2) 基于 GPRS 无线网络技术的 PLC 的工作过程

在建立 GPRS 与 PLC 连接之前，必须向 Internet 服务提供商申请固定 IP，将开通了 GPRS 服务的 SIM 卡插入设备，计算机获得固定 IP，与 Internet 建立连接后，进行设备设置，实现与远程站的 GPRS 连接。如图 6.1 所示为基于 GPRS 无线网络技术的 PLC 结构示意图，其工作过程如下：

(1) PLC 将采集到的现场设备的信号读取到其内部的存储区。

(2) PLC 将数据进行处理后转化为 GPRS 的数据包格式，通过 GPRS 转发到移动服务提供商。

(3) 移动服务提供商进一步把数据转发到 Internet 互联网上。

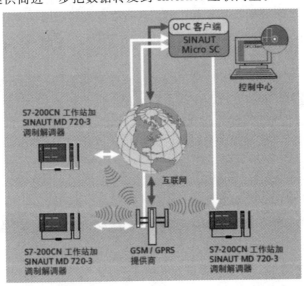

图 6.1　基于 GPRS 无线网络技术的 PLC 结构示意图

（4）Internet 互联网通过路由器把数据转发到 Internet 网络服务提供商的服务器上。

（5）该服务器把数据继续转发到控制中心的 OPC 的客户端供其使用。

（6）当控制中心成功接收数据后，通过 GPRS 网络发送一个确认信息给 PLC。PLC 通过功能块接收此确认信息，接着发送一个发送完成的信息给用户程序。

（7）控制中心将采集到的数据进行保存、处理。

以上工作过程实现了 PLC 将现场采集到的数据通过 GPRS 无线网络技术传到上位机。同理，上位机也可以通过 GPRS 无线网络技术，将数据发送到 PLC 中，从而控制现场设备的动作。

2. 无线网桥技术

无线网桥是利用无线通信技术，以空气作为媒介，在链路层上实现局域网互联的存储转发设备。目前，常见的无线网桥是基于 IEEE802.11 系列无线局域网协议的无线网桥。根据无线网桥采用的协议不同，无线网桥分为采用 2.4 GHz 频段的 IEEE802.11b 或 IEEE802.11g 无线网桥以及采用 5.8 GHz 频段的 IEEE802.11a 无线网桥。无线网桥主要由无线网桥主设备（无线收发器）和天线组成。无线收发器由发射机和接收机组成。发射机将从局域网获得的数据编码转换成特定的频率信号，通过天线发送出去；接收机则相反，将从天线获取的频率信号解码，还原成数据，再发送到局域网中。

无线网桥的连接方式有点对点（PTP）、点对多点（PTMP）、中继 3 种方式。

（1）点对点方式。点对点方式适用于两点之间可视，视野空旷，物理设备之间没有障碍物阻挡、没有电磁干扰或者干扰比较小，且距离不是太远，符合网桥设备通信距离的连接。一般由一对无线网桥、一对无线网卡和一对天线组成。天线与网桥之间用馈线相连，网桥通过双绞线或同轴电缆等与局域网的交换机相连，接入上位机中。在点对点连接方式中，一个网桥设置为 Base，一个网桥设置为 Slave。

（2）点对多点方式。当 3 个或 3 个以上的局域网之间采用光纤或双绞线等有线方式难以连接时，可采用点对多点的无线连接方式。点对多点方式适用于多个局域网之间的连接，结构较为复杂，设备比较多。在点对多点连接方式中，一个网桥设置为 Master，其他网桥则全部设置为 Slave。

（3）中继方式。当两个局域网之间相距太远或者两局域网物理设备之间有障碍物且影响到局域网之间的连接，而第 3 点与这两个局域网之间均可通过无线网桥正常连接时，就需要在第 3 点接入一个无线网桥，起到信号中继的作用，这种连接方式就称为中继方式。利用无线网桥中继方式可以加强无线信号，增加传输距离，保证网络传输质量。

6.3　HC‑05 嵌入式蓝牙串口通信模块

HC‑05 嵌入式蓝牙串口通信模块（也称为 HC‑05 蓝牙模块）具有命令响应工作模式和自动连接工作模式两种，在自动连接工作模式下又可分为主（Master）、从（Slave）和回环

(Loopback)3 种工作角色。当该模块处于自动连接工作模式时，将自动根据事先设定的方式连接并传输数据；当模块处于命令响应工作模式时能执行后面介绍的 AT 命令，用户可向模块发送各种 AT 指令，为模块设定控制参数或发布控制命令。通过 HC-05 蓝牙模块外部引脚(PIO11)输入电平，可以实现模块工作状态的动态转换。HC-05 蓝牙模块实物如图6.2所示。

图 6.2　HC-05 蓝牙模块实物图

6.3.1　HC-05 蓝牙模块主要引脚定义

HC-05 蓝牙模块原理图如图 6.3 所示。该模块主要引脚功能如下：

(1) PIO8 引脚连接指示模块工作状态的发光二极管，模块上电后发光二极管闪烁，模块处于不同的状态时发光二极管闪烁间隔不同。

(2) PIO9 引脚连接指示模块连接状态的发光二极管，连接成功后，发光二极管长亮。

(3) PIO11 为模块状态切换引脚，高电平时模块为 AT 命令响应工作状态，低电平或悬空时模块为蓝牙常规工作状态。

模块上已带有复位电路，重新上电即可完成复位。

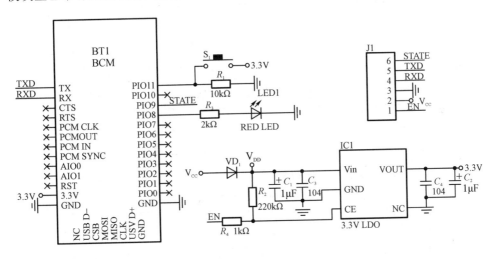

图 6.3　HC-05 蓝牙模块原理图

6.3.2　设置 HC-05 蓝牙模块为主模块的步骤

(1) PIO11 引脚置高电平。

(2) 上电，模块进入 AT 命令响应工作状态。

(3) 设置超级终端或其他串口工具，设置波特率为 38400，数据位为 8 位，停止位为 1 位，无校验位，无流控制。

（4）串口发送字符"AT＋ROLE＝1\r\n"，成功返回"OK\r\n"，其中"\r\n"为回车换行字符。

（5）PIO11 置低电平，重新上电，则模块成为主模块，自动搜索从模块，并建立连接。

6.3.3 AT 配置指令

AT 配置指令分为以下 4 种类型，如表 6.1 所示。

表 6.1　AT 配置指令的 4 种类型

类　　型	指令格式	描　　述
测试指令	AT＋＜x＞＝？	该命令用于查询设置命令或内部程序设置的参数以及其取值范围
查询指令	AT＋＜x＞？	该命令用于返回参数的当前值
设置指令	AT＋＜x＞＝＜..＞	该命令用于设置用户自定义的参数值
执行指令	AT＋＜x＞	该命令用于执行受模块内部程序控制的变参数不可变的功能

AT 指令不区分大小写，均以回车、换行字符(\r\n)结尾。常用 AT 指令如下：

（1）测试指令。其指令如表 6.2 所示。

表 6.2　测 试 指 令

指令	响应	参数
AT	OK	无

（2）模块复位指令。其指令如表 6.3 所示。

表 6.3　模块复位指令

指令	响应	参数
AT＋RESET	OK	无

（3）恢复默认状态指令。其指令如表 6.4 所示。

表 6.4　恢复默认状态指令

指令	响应	参数
AT＋ORGL	OK	无

模块出厂默认状态：

① 设备类：0。

② 查询码：0x009e8b33。

③ 模块工作角色：Slave Mode。

④ 连接模式：指定专用蓝牙设备连接模式。

⑤ 串口参数：波特率为 38400 b/s；停止位为 1 位；校验位为无。

⑥ 配对码：1234。

⑦ 设备名称："H－C－2010－06－01"。

（4）获取模块蓝牙地址指令。其指令如表 6.5 所示。

表 6.5　获取模块蓝牙地址指令

指　令	响　应	参　数
AT＋ADDR？	（1）＋ADDR：<Param> （2）OK	Param：模块蓝牙地址 蓝牙地址表示方法为 NAP：UAP：LAP（十六进制）

【例 6-1】

模块蓝牙设备地址为 12：34：56：ab：cd：ef。

发送：at＋addr？\r\n。

响应为＋ADDR：1234：56：abcdef。

响应：OK。

（5）设置/查询设备名称指令。其指令如表 6.6 所示。

表 6.6　设置/查询设备名称指令

指　令	响　应	参　数
AT＋NAME＝<Param>	OK	Param：蓝牙设备名称 默认名称：HC-05
AT＋NAME？	（1）＋NAME：<Param> 　OK：成功 （2）FAIL：失败	

【例 6-2】

发送：AT＋NAME＝"Beijin"\r\n（设置模块设备名为："Beijin"）。

响应：OK。

发送：AT＋NAME？\r\n。

响应为＋NAME：Beijin。

响应：OK。

（6）设置/查询模块角色指令。其指令如表 6.7 所示。

表 6.7　设置/查询模块角色指令

指　令	响　应	参　数
AT＋ROLE＝<Param>	OK	Param 取值如下： 0：从角色（Slave） 1：主角色（Master） 2：回环角色（Slave-Loop） 默认值：0
AT＋ROLE？	（1）＋ROLE：<Param> （2）OK	

模块角色说明：

Slave（从角色）：被动连接。

Slave-Loop（回环角色）：被动连接，接收远程蓝牙主设备数据并将数据原样返回给远程蓝牙主设备。

Master（主角色）：查询周围 SPP 蓝牙从设备，并主动发起连接，从而建立主、从蓝牙设备间的透明数据传输通道。

（7）设置/查询配对码指令。其指令如表 6.8 所示。

表 6.8　设置/查询配对码指令

指　　令	响　　应	参　　数
AT＋PSWD＝＜Param＞	OK	Param：配对码 默认名称：1234
AT＋PSWD?	(1) ＋PSWD：＜Param＞ (2) OK	

（8）设置/查询串口参数指令。其指令如表 6.9 所示。

表 6.9　设置/查询串口参数指令

指　　令	响　　应	参　　数
AT＋UART＝＜Param＞, ＜Param2＞,＜Param3＞	OK	Param1：波特率(b/s) 取值如下(十进制)： 　　4800 　　9600 　　19200 　　38400 　　57600 　　115200 　　23400 　　460800 　　921600 　　1382400
AT＋UART?	(1) ＋UART＝＜Param1＞, ＜Param2＞,＜Param3＞ (2) OK	Param2：停止位 0：1 位 1：2 位 Param3：校验位 0：None 1：Odd 2：Even 默认设置：9600,0,0

【例 6-3】　设置串口波特率为 115200，2 位停止位，Even 校验。

发送：AT＋UART＝115200，1,2,\r\n。

响应：OK。

发送：AT＋UART? \r\n。

响应为＋UART：115200,1,2。

响应：OK。

（9）设置/查询连接模式指令。其指令如表 6.10 所示。

表 6.10　设置/查询连接模式指令

指　　令	响　　应	参　　数
AT＋CMODE=<Param>	OK	Param： 0：指定蓝牙地址连接模式 （指定蓝牙地址由绑定指令设置）
AT＋CMODE?	(1) ＋CMODE： <Param> (2) OK	1：任意蓝牙地址连接模式 （不受绑定指令设置地址的约束） 2：回环角色（Slave-Loop） 默认连接模式：0

（10）设置/查询绑定蓝牙地址指令。其指令如表 6.11 所示。

表 6.11　设置/查询绑定蓝牙地址指令

指　　令	响　　应	参　　数
AT＋BIND=<Param>	OK	Param：绑定蓝牙地址 默认绑定蓝牙地址： 　　00：00：00：00：00：00
AT＋ BIND?	(1) ＋ BIND：<Param> (2) OK	蓝牙地址表示方法： NAP：UAP：LAP（十六进制）

绑定蓝牙指令只有模块处于在指定蓝牙地址连接模式时有效！

【例 6-4】　在指定蓝牙地址连接模式下，绑定蓝牙设备地址（12：34：56：ab：cd：ef）。

命令及响应如下：

发送：AT＋BIND=1234,56,abcdef\r\n。

响应：OK。

发送：AT＋BIND? \r\n。

响应为＋BIND：1234：56：abcdef。

响应：OK。

（11）查询蓝牙设备指令。其指令如表 6.12 所示。

表 6.12　查询蓝牙设备指令

指令	响　　应	参　　数
AT＋INQ	(1) ＋INQ：<Param1>，<Param2>，<Param3>，… (2) OK	Param1：蓝牙地址 Param2：设备类 Param3：RSSI 信号强度

【例 6-5】　过滤、查询周边蓝牙设备。

发送：At＋INQ\r\n。

响应为＋INQ：1234：56：ABCDEF,1F1F,FFC2。

响应：OK。

（12）设置 PIO 单端口输出指令。其指令如表 6.13 所示。

表 6.13　设置 PIO 单端口输出指令

指　　令	响应	参　　数
AT＋PIO＝＜Param1＞，＜Param2＞	OK	Param1：PIO 端口序号（十进制数） Param2：PIO 端口输出状态 　0：低电平 　1：高电平

HC－05 蓝牙模块为用户提供 PIO 端口资源 PIO0～PIO7 和 PIO10，用户可用来扩展输入、输出端口。

【例 6－6】

① PIO10 端口输出高电平。

发送：AT＋PIO＝10，1\r\n；响应：OK。

② PIO10 端口输出低电平。

发送：AT＋PIO＝10，0\r\n；响应：OK。

6.3.4　利用 51 单片机与 HC－05 蓝牙模块实现手机控制 LED

HC－05 蓝牙模块具有两种工作模式，即配置模式和正常工作模式。如果共用单片机与计算机通信串口，两种工作模式的接线规则如表 6.14 所示。也可以单独使用 USB 接口转 TTL 串口与 HC－05 连接，连接方式为正常工作模式即可。

表 6.14　HC－05 蓝牙模块两种工作模式连线规则

配置模式		正常工作模式	
HC－05 模块引脚	单片机引脚	HC－05 模块引脚	单片机引脚
V_cc	5 V	V_cc	5 V
GND	GND	GND	GND
RXD	RXD	RXD	TXD
TXD	TXD	TXD	RXD

按配置模式连线后，HC－05 模块通过 USB 接口转 TTL 串口与单片机连接，模块上电后，模块上的指示灯快速闪烁，大概 1 s 闪两次，此时还未进入配置模式。在单片机为下电状态时，一直按住 HC－05 蓝牙模块上的按钮，引导单片机上电后松开按钮，HC－05 蓝牙模块上的指示灯首先会快速闪烁，然后在 1 s 后进入慢闪状态，大约 2 s 闪烁一次，此时 HC－05 蓝牙模块成功进入配置模式。

首先通过串口助手设置波特率为 38 400 b/s，对 HC－05 蓝牙模块进行 AT 指令配置，发送以下指令：

　　　　AT＋ROLE＝0\r\n（蓝牙模块设为从机，此时只可以被搜索）

　　　　AT＋CMODE＝1\r\n（蓝牙模块可以和任意设备连接）

　　　　AT＋UART＝9600,0,0\r\n（设置波特率为 9600）

　　　　AT＋NAME＝HC05\r\n（设置蓝牙设备的名字为 HC05，手机蓝牙搜索名字）

　　　　AT＋PSWD＝1234\r\n（设置配对密码，手机 APP 连接蓝牙模块时要输入的密码）

到此，HC－05 蓝牙模块的配置完成，具备了串口透明传输功能。最后将 HC－05 蓝牙模块与单片机连接。

利用手机通过蓝牙控制 LED 的亮灭，单片机 C 语言程序如下：

```c
#include <REGX52.H>
unsigned char Rdata;
void UART_init(){                    //9600b/s@11.0592MHz
    PCON |= 0x80;                    //使能波特率倍速位 SMOD
    SCON = 0x50;                     //8 位数据，可变波特率
    TMOD &= 0x0F;                    //清除定时器 1 模式位
    TMOD |= 0x20;                    //设定定时器 1 为 8 位自动重装方式
    TL1 = 0xFA;                      //设定定时初值
    TH1 = 0xFA;                      //设定定时器重装值
    ET1 = 0;                         //禁止定时器 1 中断
    TR1 = 1;                         //启动定时器 1
    ES=1;
    EA=1;
}
//主程序
void main(){
    UART_init();
    P2=0x00;                         //P2.7 驱动 LED，高电平 LED 亮
    while(1)
    {
    }
}

void UART_Routine() interrupt 4{
    if (RI==1){
        Rdata=SBUF;                  //将 SBUF 值赋值给 Rdata
        if (Rdata==0x01){
            P2=0x80;                 //P2.7 为 1LED 亮
            RI=0;
        }
        else if (Rdata==0x02)
        {
            P2=0x00;                 //P2.7 为 0 灯灭
            RI=0;
        }
    }
}
```

在手机上安装蓝牙串口助手并打开，查找蓝牙设备名称 HC05 并配对连接，连接选择界面如图 6.4 所示，连接成功后 HC - 05 蓝牙模块进入慢闪(大约 5 s 快速闪两次)。连接成功后选择键盘模式，并选择配置键盘值，界面如图 6.5 所示。

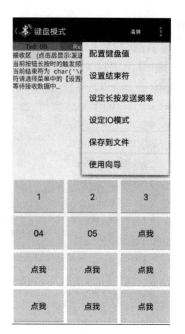

图 6.4　蓝牙串口助手连接界面　　　　图 6.5　选择键盘模式界面

将键盘 1 配置为发送 0x01，键盘 2 配置为发送 0x02，配置界面分别如图 6.6 和图 6.7 所示。

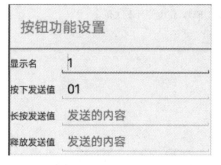

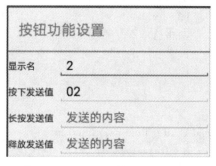

图 6.6　键盘 1 配置发送 0x01 界面　　　图 6.7　键盘 2 配置发送 0x02 界面

设定 IO 模式并选择数据为 hex 模式。配置结束后保存键盘配置。

完成上述所有工作后，在手机的蓝牙串口助手界面按下键 1，LED 亮，按下键 2，LED 灭。

6.4　ESP8266 WiFi 模块

ESP8266 WiFi 模块是安信可科技公司自主研发设计的 WiFi SoC 模块。该模块支持标准的 IEEE802.11 b/g/n 协议，内置完整的 TCP/IP 协议栈。可以使用该模块为现有的设备添加互联网功能，也可以构建独立的网络控制器。

ESP8266 WiFi 模块主要特性为：采用低功率 32 位 CPU，可兼作应用处理器，主频最高可达 160 MHz，内置 10 bit 高精度 ADC，支持 UART/GPIO/IIC/PWM/ADC/HSPI 等

接口，集成 WiFi MAC/ BB/RF/PA/LNA，支持多种休眠模式，深度睡眠电流低至 $20~\mu\mathrm{A}$，内嵌 Lwip 协议栈，支持 STA/AP/STA＋AP 工作模式，支持 Smart Config/AirKiss 一键配网，串口速率最高可达 4 Mb/s，通用 AT 指令，支持 SDK 二次开发，支持串口本地升级和远程固件升级(FOTA)。

　　其典型连接图如图 6.8 所示。

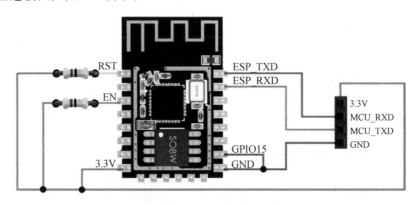

图 6.8　ESP8266 WiFi 模块典型接线图

　　连接电路时，注意将 GPIO0 引脚悬空，电路连接好后用串口调试助手发送 AT 指令，默认波特率为 115 200 b/s，设置好之后才可以进行正常通信。实际上，ESP8266 WiFi 模块在上电过程中首先是在波特率 74 880 b/s 时打印输出系统日志信息，随后切换到波特率 115 200 b/s 时完成初始化。当输出"ready"字样的字符串后，则表明初始化完成，此时可以发送 AT 指令去调试模块。

　　ESP8266 WiFi 模块串口在波特率 115 200 b/s 时首先输出一段乱码，随后输出 "Ai-Thinker Technology Co. Ltd. Ready"字符串，如图 6.9 所示。此时固件启动完成。这

图 6.9　波特率为 115 200 b/s 时开机信息

一串乱码是系统日志信息,可以在波特率为 74 880 b/s 时查看。图 6.10 所示为波特率为 74 880 b/s 时系统日志信息。

图 6.10　波特率为 74 880 b/s 时系统日志信息

在图 6.10 中:"rst cause"为 1 时上电,为 2 时外部复位,为 4 时硬件看门狗复位;"Boot mode"(启动模式)后面有两个参数,只看第一个参数即可,当其为 1 时为下载模式,为 3 时为运行模式;"chksum"与"csum"值相等,表明启动过程中 Flash 读值正确。

6.4.1　ESP8266 WiFi 模块 AT 指令

ESP8266 WiFi 模块 AT 指令集主要分为基础 AT 指令、WiFi 功能 AT 指令、TCP/IP 工具箱 AT 指令。

1. 基础 AT 指令

(1) AT:测试 AT 启动,返回 OK。

(2) AT+RST:重启模块,返回 OK。

(3) AT+GMR:查看版本信息,返回 OK,为 8 位版本号。

2. WiFi 功能 AT 指令

(1) AT+CWMODE?:查询 WiFi 应用模式,返回+CWMODE:<mode>　OK。

参数说明:mode 为 1 时 Station 模式;为 2 时 AP 模式;为 3 时 AP+Station 兼容模式。

备注:Station 表示客户端;AP 表示服务器。

(2) AT+CWMODE=<mode>:设置 WiFi 应用模式,返回 OK。指令重启后生效,<mode>参数与上述一致。

(3) AT+CWJAP?:查询当前已连接 AP,返回+CWJAP:<ssid>,<bssid>,

<channel>,<rssi>　OK。

参数说明：

<ssid>：接入点名称；<bssid>：目标 AP 的 MAC 地址；<rssi>：信号强度。

（4）AT+CWJAP=<"ssid">,<"pwd">：加入 AP，返回 OK 或 ERROR。

参数说明：

字符串<"ssid">：接入点名称；字符串<"pwd">：密码，长度 8～64 字节 ASCII。

（5）AT+CWLAP：列出当前可用 AP，返回+CWLAP：<ecn>,<ssid>,<rssi>,<mac>,<ch>,<freq offset>,<freq calibration>　OK/ERROR。

参数说明：

<ecn>：加密方式(0：OPEN；1：WEP；2：WPA_PSK；3：WPA2_PSK；4：WPA_WPA2_PSK)；字符串<ssid>：接入点名称；<rssi>：信号强度；<mac>：接入点的 MAC 地址；<ch>：热点通道；<freq offset>：AP 频偏，单位为 kHz，此数值除以 2.4 得到 ppm 值；<freq calibration>：频偏校准值。

（6）AT+CWQAP：退出与 AP 的连接，返回 OK。

（7）AT+CWSAP?：查询当前 AP 模式下的参数，返回+CWSAP：<ssid>,<"pwd">,<chl>,<ecn>,<max conn>,<ssid hidden>。

参数说明：

字符串<ssid>：接入点名称；字符串<"pwd">：密码，长度 8～64 字节 ASCII；<chl>通道号；<ecn>：加密方式，同上述；<max conn>：选填参数，允许接入最多 station 数目，取值 1～4；<ssid hidden>：选填参数，默认为 0，开启广播 ESP8266 soft-AP SSID，参数 1 时为不广播 SSID。

（8）AT+CWSAP=<"ssid">,<"pwd">,<chl>,<ecn>,<max conn>,<ssid hidden>：设置 AP 参数，返回 OK/ERROR。

参数含义同上。

（9）AT+CWLIF：查看已接入设备的 IP，返回：OK。

注意：以上命令中，(2)、(3)、(4)、(5)命令是 Station 模式下命令，(6)、(7)、(8)命令是 AP 模式下命令。

3. TCP/IP 工具箱 AT 指令

（1）AT+CIPSTATUS：获得连接状态和连接参数。

返回：

    STATUS：<stat>
    +CIPSTATUS：<ID>,<"type">,<"IP">,<remote port>,<local port>,<tetype>
    OK

参数说明：

<stat>：ESP station 的状态。(0：ESP station 为未初始化状态；1：ESP station 为已初始化状态，但还未开始 WiFi 连接；2：ESP station 已连接 AP，获得 IP 地址；3：ESP station 已建立 TCP、UDP 或 SSL 传输；4：ESP 设备所有的 TCP、UDP 和 SSL 均断开；5：ESP station 开始过 WiFi 连接，但尚未连接上 AP 或从 AP 断开。)

<ID>：网络连接 ID (0 ～ 4)，用于多连接的情况。

<"type">：字符串参数，表示传输类型包括"TCP""UDP""SSL""TCPv6""UDPv6"或"SSLv6"。

<"IP">：字符串参数，表示远端 IPv4 地址或 IPv6 地址。

<remote port>：远端端口值。

<local port>：ESP 本地端口值。

<tetype>：为 0 时本模块作为客户端；为 1 时本模块作为服务器。

（2）建立 TCP 连接指令，分为单连接指令和多连接指令。

① 单连接（AT+CIPMUX=0)指令：

AT+CIPSTART=<"type">,<"remote host">,<remote port>[,<keep alive>][,<"local IP">]

② 多连接（AT+CIPMUX=1)指令：

AT+CIPSTART=<link ID>,<"type">,<"remote host">,<remote port>[,<keep alive>][,<"local IP">]

返回：CONNECT OK/ERROR。

参数说明：

<link ID>：网络连接 ID（0～4)，用于多连接的情况。

<"type">：字符串参数，表示网络连接类型，"TCP"或"TCPv6"，默认值为"TCP"。

<"remote host">：字符串参数，表示远端 IPv4 地址、IPv6 地址或域名。

<remote port>：远端端口值。

<keep alive>：TCP keep-alive 间隔，默认值为 0(0：禁用 TCP keep-alive 功能；1～7200：检测间隔，单位为 s)。

<"local IP">：连接绑定的本机 IPv4 地址或 IPv6 地址，该参数在本地多网络接口时和本地多 IP 地址时非常有用，默认为禁用，如果用户想使用，需自行设置，空值也为有效值。

（3）建立 UDP 连接指令，分为单连接指令和多连接指令。

① 单连接（AT+CIPMUX=0)指令：

AT+CIPSTART=<"type">,<"remote host">,<remote port>[,<local port>,<mode>,<"local IP">]

② 多连接（AT+CIPMUX=1)指令：

AT+CIPSTART=<link ID>,<"type">,<"remote host">,<remote port>[,<local port>,<mode>,<"local IP">]

参数说明：

<link ID>：网络连接 ID（0～4)，用于多连接的情况。

<"type">：字符串参数，表示网络连接类型，"UDP"或"UDPv6"，默认值为"TCP"。

<"remote host">：字符串参数，表示远端 IPv4 地址、IPv6 地址或域名。

<remote port>：远端端口值。

<local port>：ESP 设备的 UDP 端口值。

<mode>：在 UDP WiFi 透传模式下，本参数的值必须设为 0(0：接收到 UDP 数据后，不改变对端 UDP 地址信息(默认)；1：仅第一次接收到与初始设置不同的对端 UDP 数据时，改变对端 UDP 地址信息为发送数据设备的 IP 地址和端口；2：每次接收到 UDP 数

据时，都改变对端 UDP 地址信息为发送数据的设备的 IP 地址和端口）。

<"local IP">：连接绑定的本机 IPv4 地址或 IPv6 地址，该参数在本地多网络接口时和本地多 IP 地址时非常有用，默认为禁用，如果用户想使用，需自行设置，空值也为有效值。

（4）在普通传输模式或 WiFi 透传模式下发送数据指令，分为单连接指令和多连接指令。

① 单连接（AT+CIPMUX=0)指令：

AT+CIPSEND=<length>

② 多连接（AT+CIPMUX=1)指令：

AT+CIPSEND=<link ID>,<length>：UDP 传输时可指定对端主机和端口。

AT+CIPSEND=[<link ID>,]<length>[,<"remote host">,<remote port>]：进入 WiFi 透传模式。

返回：OK 代表 AT 已准备好接收串行数据，当 AT 接收到的数据长度达到<length>后，数据传输开始；ERROR 代表未建立连接或数据传输时连接被断开；SEND OK 代表数据传输成功。

参数说明：<length>为发送数据长度；其他参数说明同上。

ESP8266 WiFi 模块进入 WiFi 透传模式，每次最大接收 2048 字节，最大发送 1460 字节；ESP8266 WiFi 模块进入其他传输模式时每次最大接收 8192 字节，最大发送 2920 字节。如果当前接收的数据长度大于最大发送字节数，AT 将立即发送；否则，接收的数据将在 20 ms 内发送。本指令必须在透传模式以及单连接时使用。若 ESP8266 WiFi 模块为 WiFi UDP 透传模式，则 AT+CIPSTART 命令的参数 <mode> 必须设置为 0。

（5）关闭 TCP/UDP /SSL 连接指令，分为单路连接指令和多路连接指令。

① 多路连接指令：

AT+CIPCLOSE=<link ID>：关闭 TCP/UDP，返回 OK/Link is not。

参数说明：<link ID>：需要关闭的连接 ID，ID=5 时关闭所有连接（开启 server 后 ID=5 无效）。

② 单路连接令：

AT+CIPCLOSE：关闭 TCP/UDP，返回 OK/ERROR/unlink。

（6）AT+CIFSR：获取本地 IP 地址。

返回：+CIFSR：<type>，<addr>OK/ERROR。

参数说明：<type>：连接类型；<addr>：地址

（7）AT+CIPMUX=<mode>：设置连接模式。

返回：OK/Link is builded。

参数说明：<mode>为 0 时单路连接模式；为 1 时多路连接模式。

备注：只有当连接都断开后才能更改，如果开启过 server 需要重启模块；只有为普通传输模式（AT+CIPMODE=0)时，才能设置为多连接。

（8）AT+CIPSERVER=<mode>[,<param2>]：配置为服务器。

返回：OK。

参数说明：

<mode>：为 0 时关闭 server 模式；为 1 时开启 server 模式。

<param2>：参数 <mode> 不同，则此参数意义不同。如果 <mode> 是 1，则 <param2> 代表端口号，默认值为 333；如果<mode>是 0，则<param2>代表服务器是否关闭所有客户端，默认值为 0（0：关闭服务器并保留现有客户端连接；1：关闭服务器并关闭所有连接）。

备注：开启 server 后会自动建立 server 监听，当有 client 接入会自动按顺序占用一个连接，多连接模式才能开启服务器。

（9）AT＋CIPMODE＝<mode>：设置模块传输模式。

返回：OK/Link is builded。

参数说明：

<mode>：为 0 时非透传模式；为 1 时透传模式，仅支持 TCP 单连接、UDP 固定通信对端、SSL 单连接的情况。

（10）AT＋CIPSTO＝<time>：设置服务器超时时间。

返回：OK。

参数说明：<time>为服务器超时时间范围为 0～7200，单位为 s。

上述是 ESP8266 WiFi 模块常用的 AT 指令，详细的指令集可通过乐鑫科技官网进行查询。

6.4.2　利用手机通过 WiFi 实现 LED 亮灭控制

利用手机连接 ESP8266 WiFi 模块的 ESP-01 接口模块可实现 LED 亮灭控制。ESP-01 接口模块采用 3.3 V 供电，其串口与单片机连接采用三极管进行电压匹配，具体电路原理图如图 6.11 所示。

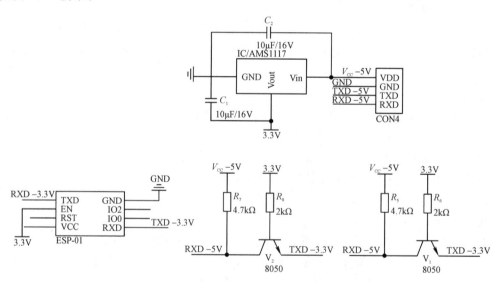

图 6.11　ESP-01 接口电路原理图

ESP-01 接口模块在与单片机模块连接前应完成配置工作，可用 USB-TTL 模块接到计算机，通过串口助手发送 AT 指令进行配置。指令如下：

    AT＋CWMODE＝2　　//模块工作在 AP 模式

　　AT＋CWSAP＝"ESP8266","666666",11,3　　//WiFi 设备名称，密码，通道号，3 是 WPA2 PSK 加密。

　　AT＋RSTI　//重启模块

　　AT＋UART ＝ 9600,8,1,0.0 //9600 波特率，8bit 数据，1bit 停止位，无校验位，不使能流控。

手机先通过 TCP 助手连上 ESP8266 WiFi 模块，然后通过串口助手发送以下两条指令：

　　AT＋CIPMUX＝1　　//开启多连接

　　AT＋CIPSERVER＝1,8080　　//建立服务器，端口号 8080

注意：这两条指令在每次模块重启之后都要设置一遍，否则无法远程连接到 ESP8266 WiFi 模块。

可由串口助手发送 AT＋CIFSR 指令查询模块的 IP 地址，模块的 IP 地址一般为 192. 168.4.1。手机端打开 TCP 助手，建立一个连接，如图 6.12 所示，端口号设置为 8080，发送数据后，计算机中的串口助手就可以收到"＋IPD.0.3:111"这样的信息。

图 6.12　TCP 助手界面

单片机程序代码如下：

```
#include<reg52.h>
typedef unsigned char uint8;
typedef unsigned int uint16;
uint8 count,temp;
uint8 receive[4];
uint8 code table[]="AT+CIPMUX=1\r\n";
uint8 code table1[]="AT+CIPSERVER=1,8080\r\n";
```

```
void shortdelay(uint16 n)                    //短延时
{
    uint16 i,j;
    for(i=n; i>0; i--){
       for(j=110; j>0; j--){; }
    }
}


void esp_init()
{
  uint8 a=0,b=0;
  while(table[a]! ='\0')
  {
    SBUF=table[a];                           //写入要发送的字符
    while(!TI);                              //等待发送完成
    TI=0;                                    //发送
    a++;
  }
  shortdelay(50);                            //延时函数
  while(table1[b]! ='\0')
  {
    SBUF=table1[b];
    while(!TI);                              //等待发送完成
    TI=0;
    b++;
  }
}


void int_init()                              //开启定时器 1，产生 9600 波特率
{
  TMOD = 0x20;                               //定时器 1 工作在方式 2，即 8 位自动重装模式
  TH1 = 0xfd;
  TL1 = 0xfd;
  TR1 = 1;                                   //开启定时器 1

  PCON = 0x00;                               //波特率不加倍
  SM0 = 0;                                   //串口工作方式
  SM1 = 1;
  REN = 1;                                   //串口接收允许
  EA = 1;                                    //打开全局中断
  ES = 1;                                    //允许串口中断
}
```

```
void UART() interrupt 4
{
    temp＝SBUF；                            //取出接收到的数据
    RI＝0；//清除接收中断标志位
    if(temp＝＝'＊' || count＞0)
    {
        receive[count]＝temp；
        count＋＋；
        if(temp＝＝'\n')
        {       count＝0；       }
    }
}


void main()
{
    int_init()；                            //中断初始化，定时器初始化
    esp_init_init()；                       //模块初始化，发送那两条指令
    while(1)
    {
        if(receive[1]＝＝1)                 //收到 1 点亮 LED
        {           P2＝0x80；       }       //P2.7 为 1LED 亮
        else if (receive[1]＝＝0)
        {P2 ＝ 0x00；             }          //熄灭 LED
    }
}
```

通过 TCP 助手发送"＊1"可点亮 LED，发送"＊0"则熄灭 LED。

6.5　物联网控制系统设计实例

物联网控制系统由于信息采集来源众多以及网络具有时延的特性，使该控制系统的设计比其他的控制系统更为复杂。下面以门禁系统的设计来简单介绍物联网控制系统是如何设计的。

6.5.1　门禁系统硬件架构设计

1. 门禁系统硬件设计的原则

门禁系统硬件设计应遵循以下原则：

（1）性能高。本系统需要运行人脸识别算法，图像处理的运算量比较大，因此对系统的

响应时间有较高的要求。为了提高系统的响应速度,在硬件选型时,要采用性能和主频较高的处理器。另外,系统还需要有存储用户信息的数据库,对存储器容量和读写速度也有较高要求,在选型和设计时,要采用较大容量和访问速度更快的外部存储器。

(2)稳定性高。系统的稳定性首先取决于硬件工作的稳定性。采用成熟的硬件模块能有效地提高硬件系统的稳定性。另外,合理的电源设计和系统信号规划也决定了系统的稳定性。

(3)模块化。在设计门禁系统硬件架构时,可采用模块化的设计思想,将系统设计成多块电路板叠加的形式。核心板为主处理器的最小系统,底板负责电源管理和提供处理器与外设之间的转接口,主板上集成人机交互的各种外设,多块电路板之间使用稳定的接插件连接在一起,组成一个完整的硬件系统。模块化的设计方便各子模块独立调试、维护、升级。

(4)方便调试。软件调试比较方便、成本低、容易修改,而硬件调试需要设备(万用表、示波器,信号发生器等)来测试信号,需要焊接设备来修改电路(飞线、焊接器件等),需要时间和资金来多次制板。因此,在硬件设计阶段一定要为硬件的调试做好准备。常用的调试方法有:为关键的信号引出测试点,使用 LED 显示各个模块的工作状态,使用跳线来隔离各个模块或者使能、复用某些功能等。

2. 门禁控制器硬件架构设计

门禁系统是基于 ARM11(S3C6410)和多重识别技术实现的一种新型嵌入式门禁。其中门禁控制器的硬件设计方案采用了多板模块化的设计,主要分成核心板、底板、主板 3 个部分。

门禁控制器的硬件架构示意如图 6.13 所示。

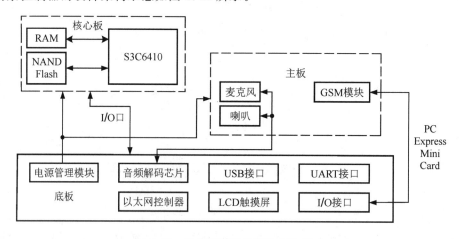

图 6.13 门禁控制器的硬件架构示意

(1)核心板:采用 ARM11 芯片(三星 S3C6410)作为主处理器;采用了 256M DDR RAM、MLC NAND Flash(2 GB)存储器;电源管理模块由 5 V 供电,在板上可实现 CPU 必需的各种核心电压转换;使用了专用的复位芯片。

(2)底板:核心板通过排针直接插在底板上;底板上具有电源管理模块,为整个硬件系统供电,包括核心板、主板和底板;具有音频接口、USB 接口,UART 接口、I/O 接口、LCD 触摸屏四线接口、以太网接口;可将门禁系统所需的核心板接口资源通过各个接口电路实现具体所需的接口。

（3）主板：集成了系统外设，包括摄像头、指纹采集器、RFID 读卡器、继电器、麦克风、喇叭等，这些外设通过连接线连到底板的接口上，其中摄像头连到 USB 接口，指纹采集器和 RFID 读卡器连到串口，继电器连到 I/O 接口，麦克风和喇叭连到音频输入/输出接口。

3. 室内控制器硬件架构设计

室内控制器的硬件架构与门禁控制器相同，也是采用了核心板、底板、主板的设计。核心板和底板与门禁控制器的核心板、底板相同，这里不再赘述。室内控制器需要 GSM 模块，因此室内控制器的主板集成了 GSM 模块，通过 PCI Express Mini Card 接口连接到底板的 I/O 接口上。室内控制器硬件架构图如图 6.14 所示。

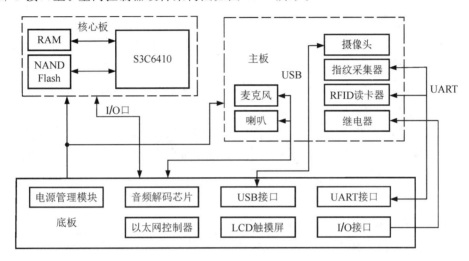

图 6.14　室内控制器硬件架构

6.5.2　门禁系统硬件选型

1. 主处理器的选型

在选择主处理器时主要应考虑所选主处理器能满足系统人机交互、实时控制、图像算法处理的需求。如果仅仅处理图像算法，那么数字信号处理器（Digital Signal Processing，DSP）是最佳的选择。它的特点是数字信号处理能力强，适合算法运算和多媒体信息的处理。但是它的寻址范围有限，I/O 接口功能少，不适用于实时控制，更不适合作为人机交互的主处理器。

在嵌入式设备中，ARM 处理器是常用的处理器。

根据门禁系统的实际需求，在进行 ARM 处理器的具体选型时，出于以下几方面的考虑，选择 ARM11 三星 S3C6410 处理器作为主处理器。

（1）内核。ARM11 系列处理器是基于 ARMv6 架构设计的，架构是决定性能的基础。ARMv6 架构是根据嵌入式设备的需求而制定的。因此 ARM11 的媒体处理能力强，功耗低，体积小，并且数据吞吐量高，性能强。同时，它的实时性能和浮点处理能力也很优秀，因此 ARM11 可以用于算法运算。

（2）工作频率。ARM 处理器的系统工作频率决定了它的处理能力。三星 S3C6410 处理器主频可以达到 667 MHz，内核和 Cache 及协处理器之间的数据通路是 64 位的，这使处理器可以每周期读入两条指令或存放两个连续的数据，提高了数据访问和处理的速度。

（3）存储器容量。S3C6410 处理器的存储器系统具有 FLASH/ROM/DRAM 和 DRAM 端口、双重外部存储器端口，其核心板集成了 256M DDR RAM 和 2 GB MLC NAND Flash 存储器。

（4）外部设备接口。S3C6410 包括许多硬件外设和接口，方便连接各种外部设备，如 USB 主设备、4 通道 UART、4 通道定时器，32 通道 DMA，通用的 I/O 端口，IIC 总线接口，IIS 总线接口。

2. 主要外设的选型

1）摄像头选型

嵌入式设备设计常用的摄像头有 CMOS 摄像头和 USB 摄像头两种。CMOS 摄像头体积小，成本低，但是安装方式固定；USB 摄像头安装方式灵活，通用性强，维修替换方便。因此本门禁系统采用 USB 摄像头。

现在市场上应用最广泛的是 ZC301 芯片的 USB 摄像头。ZC301 芯片采用 JPEG 硬件压缩方式，截取到的图片直接就是 JPEG 格式，这样可以大大缩小软件压缩图片耗费的时间，便于网络多媒体的应用。

2）指纹采集器选型

市面上指纹采集器很多，本门禁系统采用 TFS-M61 指纹识别模块。该模块是具有指收录入、图像处理、特征值提取、模板生成、模板存储、指纹比对和搜索等功能的智能型模块。

TFS-M61 指纹识别模块相比于其他指纹识别模块具有以下几个优点：

（1）该指纹识别模块采用高精度光路和成像元件，指纹识别速度快。

（2）该指纹识别模块采用 TI 的 DSP 作为处理器，比其他的平台芯片稳定性至少提高 30%。

（3）该指纹识别模块采用模块化设计，包括指纹传感器、处理主板、算法平台三大结构，模块系统稳定性高。

（4）主处理器使用串口 UART 操作控制该指纹识别模块工作，开发方便，可供学习参考的资料也很丰富。

（5）该指纹识别模块提供开放的协议，用户可以获得指纹图片、指纹特征值等文件。

3）RFID 读卡器和 GSM 模块选型

RFID 读卡器采用 M106BSNL-19200、125KB 的 RFID 射频读卡器。该读卡器完全支持 EM、TK 及其 125KB 兼容 ID 卡片的操作，自带看门狗。目前，其广泛应用于门禁考勤、汽车电子感应锁配件、办公/商场/洗浴中心储物箱的安全控制、各种防伪系统及生产过程控制。

GSM 模块采用的是 MF210。它是一款支持 GSM/GPRS/EDGE 850/900/1800/1900 多频段 HSUPA 的 3G 模块，可以提供移动环境下的 WCDMA、GSM/CPRS、EGE（EGPRS）和 HSUPA 高速数据接入服务。MF210 与 S3C6410 之间采用 PCI Epress Mini Card 接口。虽然门禁系统目前只需要具有收、发短信的功能，但采用 3G 模块可以方便以后的功能扩展和升级。

6.5.3　门禁系统嵌入式软件设计

对于功能复杂，具有人机交互界面的嵌入式设备，需要采用嵌入式操作系统来负责系统中的软、硬件资源分配，对需要处理的任务进行调度，以及对并发任务进行协理和控制。目前，可供选择使用的嵌入式操作系统有 VxWorks、Windows CE、μC/OS-Ⅱ、嵌入式 Linux 等。

（1）VxWorks 是一种嵌入式实时操作系统。它的优点有：用户开发环境良好，优秀的实时性，内核性能优良，在军事、航空航天等领域被广泛地应用。它的缺点是：没有开放源代码，需要购买相关的开发许可，经过专门的培训之后才能进行开发和维护，开发成本较高。

（2）Windows CE 是微软公司的嵌入式操作系统。它的优点有：强大的多媒体功能，丰富的软、硬件资源，开发流程类似 PC 上的 Windows 程序。它的缺点是：只有部分开放源代码，也需要购买授权许可，占用系统资源较多。

（3）μC/OS-Ⅱ 是一款基于优先级的抢占多任务实时操作系统。它的优点有：实时性比较高，支持的处理器很多。它的缺点是：虽然可以获得其全部代码，但是用于商业目的时需要购买授权，而且功能不够完善。

（4）嵌入式 Linux 是一种对标准 Linux 系统经过小型化裁剪处理后，能够在嵌入式计算机上运行的操作系统。它支持多种文件系统和图形系统，适合开发具有人机交互界面的设备，并具有大量的硬件驱动功能，支持各种常见外设。同时，它具有很多优秀的、免费的开发工具和开发环境[39]。其优点有：源代码完全开放，无需授权购买，而且还可以根据实际情况进行定制裁剪，可利用的开发资料也比较多。它的缺点是：实时性还要进一步提高。

每一个嵌入式操作系统都有自身的优、缺点，要根据项目的实际情况选择合适的操作系统。本节设计的是基于 ARM 处理器的门禁系统，需要运行图像算法，拥有人机交互界面，且属于网络型，是一种软、硬件资源都比较紧张的嵌入式设备。由于嵌入式 Linux 操作系统源代码开源，具有大量的软件资源，能够得到丰富的技术支持，其内核功能完善，高效稳定，具有强大的运算处理能力，并且易于裁剪，适合软、硬件资源紧张的嵌入式设备的开发，而且其支持的体系结构很多，尤其是 ARM 体系结构，因此选择嵌入式 Linux 作为操作系统。嵌入式 Linux 的网络通信功能完善，常用于网络型设备的开发。

思 考 与 练 习

6.1　什么是以太网？

6.2　什么是 IoT？

6.3　无线网桥由哪几部分组成？无线桥接的方式有几种？分别是什么？

6.4　嵌入式操作系统的优缺点分别是什么？

第 7 章　计算机控制系统的软件设计技术

7.1　计算机控制系统软件概述

7.1.1　软件设计的方法

软件的设计原则是用较少的资源开销和较短的时间设计出功能正确、易于阅读及便于修改的程序。为了能达到这几项要求，必须采取科学的软件设计方法。常用的软件设计方法有模块化程序设计、结构化程序设计、集成化程序设计等方法。

1. 模块化程序设计

模块化程序设计是把一个较长的、复杂的程序分成若干个功能模块或子程序，每个功能模块执行单一的功能，每个模块单独设计、编程、调试后最终组合在一起，连接成整个系统的程序。程序模块通常按功能划分。

模块化程序设计的优点是单个模块的程序要比一个完整程序更容易编写、查错和调试，并能为其他程序所用；其缺点是在把模块组合成一个大程序时，要对各模块进行连接，以完成模块之间的信息传送，另外模块化程序设计占用的内存容量较多。

模块化程序设计可以按照自底向上和自顶向下两种思路进行设计。

（1）自底向上进行程序设计。

自底向上进行程序设计时，首先对最低层模块进行编程、测试，这些模块工作正常后，再用它们开发较高层次的模块。例如，在编写主程序之前，先开发各个子程序，然后用一个测试版的主程序来测试每一个子程序。这是汇编语言程序设计常用的方法。自底向上进行程序设计的缺点是高层模块中的根本性错误也许会很晚才会被发现。

（2）自顶向下进行程序设计。

自顶向下进行程序设计是在程序设计时，先从系统一级的管理程序（或者主程序）开始设计，从属的程序或者子程序用一些程序标志来代替，如编写一些空函数等，当系统一级程序编写好后，再将各标志扩展成从属程序或子程序，最后完成整个系统的设计。自顶向下进行程序设计大致分为以下几步：

① 写出管理程序并进行测试。尚未确定的子程序用程序标志来代替，但必须在特定的

测试条件下（如人为设置标志或给定数据等）产生与原定程序相同的结果。

② 对每个程序标志进行程序设计，使它成为实际的工作程序。这个过程是和设计与查错同时进行的。

③ 对最终的整个程序进行测试。

自顶向下进行程序设计是将程序设计、程序编写和测试几步结合在一起的设计方法。它的优点是设计、测试和连接按同一个线索进行，矛盾和问题可以及早发现和解决，而且，测试能够完全按真实的系统环境来进行，不需要依赖于测试程序。它的缺点主要是上一级的错误将对整个程序产生严重的影响，修改一处有可能牵动全局，引起对整个程序的修改。

实际进行程序设计时，必须规划和组织好软件的结构，最好是两种方法结合起来，先设计高层模块和底层关键性模块，再设计其他模块。

2. 结构化程序设计

结构化程序设计的概念最早是由 Dijkstra E W 提出的。1965 年他在一次会议上指出："可以从高级语言中取消 GOTO 语句""程序的质量与程序中所包含的 GOTO 语句的数量成反比。"1966 年，Bohm C 和 Jacopini G 证明了只用 3 种基本的结构就能实现任何单入口单出口的程序。这 3 种基本的控制结构就是"顺序""选择"和"循环"。

软件结构化设计的基本原理是：首先将复杂的软件纵向分解成多层结构，然后将每层横向分解成多个模块，如图 7.1 所示，纵向分为 4 层，横向最多分为 5 个模块。这种自上向下的层次结构和从左到右的模块结构的设计法，其目的是将复杂的软件分解成既彼此独立又互相联系的多个层和多个模块，再将这些模块按照一定的调用关系连接起来。层次结构的关系实际上是一种从属关系，呈树状结构，即上层模块调用下层模块，而且只能调用本分支的下层模块。模块的内部结构对外界而言如同一个"黑匣子"，其内部结构的变化并不影响模块的外部接口。

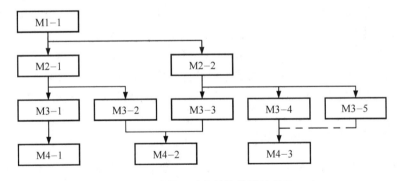

图 7.1　软件的层次结构化设计结构

这种层次结构化设计法的特点是先分解后连接，既彼此独立又互相联系。优点是软件的开发工程化，可以以层为单元或以模块为单位进行开发，软件的层次关系十分明确，模块的执行流程一目了然。

上述层次结构化分解的模块可能不是最小单位，依据模块的功能还可以继续分解成更小的模块或更为具体的编程模块。这些模块之间的连接关系有顺序型、分支型和循环型 3 种基本结构方式，如图 7.2 所示。

（1）顺序型结构方式。从第一个模块开始顺序执行，直到最后一个模块为止，每个模块有一个输入口和一个输出口。

（2）分支型结构方式。执行过程中伴随有逻辑判断，由判断结果决定下一步应执行的模块。逻辑判断有真或假（是或非）两种结果，自然也就有两个执行分支。

（3）循环型结构方式。循环执行一个或几个模块，可分为条件循环和计数循环两种。条件循环时，如果条件满足，则循环；否则，不循环。计数循环是累加循环次数，如果达到预定次数，则停止循环；否则，继续循环。

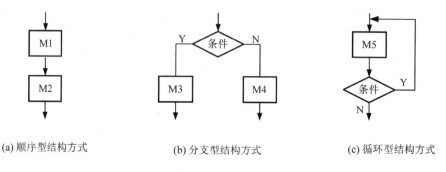

(a) 顺序型结构方式   (b) 分支型结构方式   (c) 循环型结构方式

图 7.2   软件模块的基本结构方式

3. 集成化程序设计

集成化程序设计有两种含义，一种是设计者集成软件模块，另一种是用户集成功能模块。前者是按上述层次结构化设计法将软件分解成多个软件模块，再逐个模块开发，最后将这些模块集成在一起，构成完整的软件系统。后者是按控制系统的设计原理，选取所需的功能模块进行集成或组态，构成完整的控制方案，满足被控对象的控制要求。

软件的集成化设计还有一种含义是多种软件的集成。目前市场上有多种商品化软件可供软件集成者选取，这些软件是专业软件商开发的，性能更好，品质更优。例如，工业 PC 的系统软件可以选取 Windows XP/7/10/11 操作系统及其配套软件，控制软件设计者就不需再自行开发操作系统。另外市场上还有用于工业 PC 的监控组态软件，如 Wonderware 公司的 InTouch 和 InControl 软件，这些组态软件不仅可以和多种输入输出设备连接，而且可以形成实时数据库。软件集成者通过集成系统软件和应用软件，就可以形成完整的软件系统，或者商品化软件的集成占主体，再开发少量的接口软件或特殊软件，也可以满足设计要求[25]。

7.1.2   计算机控制系统应用软件

计算机控制系统应用软件主要包括以下几个主要软件：系统输入/输出软件、系统运算控制软件、系统操作显示软件等。

随着计算机控制应用范围的不断扩大，软件技术也得到了很大的发展。在工业过程控制系统中，最常用的软件设计语言有汇编语言、C 语言、Visual C++语言及工业控制组态软件。汇编语言编程灵活，实时性好，便于实现控制，是一种功能很强的语言；C 语言是一种面向对象的语言，用它编写程序非常方便，而且还能很方便地与汇编语言进行接口；Visual C++语言也是一种面向对象的语言，可以进行以继承和多态为特点的面向对象的程序设计；工业控制组态软件是专门为工业过程控制开发的软件，工业控制组态软件采用模块化的设计方法，给程序设计者带来极大的方便。通常，在智能化仪器或小型控制系统中大多数都采用汇编语言,在使用工业计算机的大型控制系统中多使用 Visual C++语言开发;在某些专用大型工业控制系统中,常常采用工业控制组态软件。

1. 系统输入/输出软件

计算机控制系统的输入/输出单元由各种类型的 I/O 模板或模块组成。它是主控单元与生产过程之间 I/O 信号连接的通道。与输入/输出单元配套的输入/输出软件有 I/O 接口程序、I/O 驱动程序和实时数据库(Real-Time Data Base,RTDB),如图 7.3 所示。

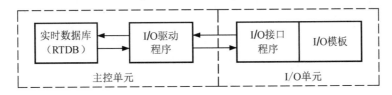

图 7.3　输入/输出软件结构

1) I/O 接口程序

I/O 接口程序是针对 I/O 模板或模块编写的程序。常用的 I/O 模板有 AI 板、AO 板、DI 板和 DO 板,每类模板中按照信号类型的不同又可以分为几种不同的信号模板。例如,AI 模板中又分成大信号(0~10 mA/0~5 V、4~20 mA/0~5 V)、小信号(mV)、热电偶和热电阻模板。不同信号类型的 I/O 模板所对应的 I/O 接口程序则不一样,即使是同一种信号类型的模板所选用的元器件及结构原理也可能不同,它所对应的 I/O 接口程序也不一样。I/O 接口程序是用汇编语言或指令编写的最初级的程序,位于 I/O 单元内。

2) I/O 驱动程序

I/O 驱动程序是针对 I/O 单元与主控单元之间的数据交换或通信而编写的程序,位于主控单元内。I/O 驱动程序的主要功能有以下 3 点。

(1) 接收来自 I/O 单元的原始数据,并对数据进行有效性检查(如有无超出测量上、下限),同时将数据转换成实时数据库(RTDB)所需的数据格式或数据类型(如实型、整型、字符型)。

(2) 向 I/O 单元发送控制命令或操作参数的数据格式。

(3) 与实时数据库(RTDB)进行无缝连接,两者之间连接一般采用进程间通信、直接内存映像、动态数据交换(Dynamic Data Exchange,DDE)、对象链接嵌入(Object Link Embedding,OLE)等方式。

I/O 单元与主控单元之间的通信方式主要有板卡方式、串行通信方式、OPC(OLE for Proccss Control)方式、用于过程控制的(OLE)方式等。

3) 实时数据库

实时数据库(RTDB)的数据既有时间性也有时限性。所谓时间性,是指某时刻的数据值;所谓的时限性,是指数据值在一定的时间内有效。

I/O 驱动程序接收来自 I/O 单元的原始数据,进行有效性检查及处理后,再送到实时数据库建立数据点,每个数据点有多个点参数,读写方式为"点名.点参数"。另外还有量程下限、量程上限、工程单位和采样时间等点参数。I/O 单元的原始数据没有实用价值,即使可用也十分麻烦，只有将原始数据变换成实时数据库的数据，其他程序或软件才能方便地使用。

实时数据库中不仅有来自 I/O 单元的数据，也有发送到 I/O 单元的数据，如控制命令或操作参数。这些数据都是运算控制的结果，如 PID 控制器的控制量、逻辑运算的开关量。

实时数据库位于主控单元内，它的主要功能是建立数据点、输入处理、输出处理、报警处理、累计处理、统计处理、历史数据存储、数据服务请求和开放数据库连接（Open Data Base Connectivity，ODBC）。

输入/输出单元的数据经过上述输入/输出软件处理之后，呈现在用户面前的方式有变量名和功能块两种方式。

（1）变量名方式。用户读写数据的方式是"点名.点参数"，这种变量名方式便于编程语言使用，如用 Visual C++语言编写程序时可调用实时参数。

（2）功能块方式。在监控组态软件的支持下，实时数据点用功能块图形方式显示在显示器屏幕上，I/O 单元中的每个数据点对应一个功能块，并有相应的输出端或输入端供用户组态连线。

2. 系统运算控制软件

系统运算控制软件包括连续控制、逻辑控制、顺序控制和批量控制等软件。软件设计者的任务就是在计算机上实现这些控制软件，软件设计者需要在一定的硬件和软件环境或平台（如工业 PC）上开发这些控制软件，并给用户提供使用这些控制软件的界面。常用的工业 PC 的系统软件、算法语言及配套的开发软件很多，为软件设计者提供了开发手段。

3. 系统操作显示软件

系统操作显示单元的主要硬件是显示器、键盘、鼠标和打印机，这些都是人机接口的工具。人机接口的主要界面用于显示画面，图文并茂、形象直观的画面为操作人员提供了简便的操作显示环境。另外，系统还要打印各种报表和文档。因此，计算机控制系统必须有相应的操作显示软件支持，才会有友好的操作显示环境。

7.1.3 监控组态软件

组态的概念最早来自英文 Configuration，它的含义是使用工具软件对计算机及软件的各种资源进行配置，使计算机或软件自动执行特定的任务。

监控组态软件是数据采集与过程控制的专用软件，在自动控制系统监控层一级的软件平台和开发环境，能以灵活多样的组态方式（而不是编程方式）提供良好的用户开发界面，其预设置的各种软件模块可以非常容易地实现和完成监控层的各项功能，并能同时支持各种硬件厂家的计算机和 I/O 产品，与工控计算机和网络系统结合，可向控制层和管理层提供软、硬件的全部接口，进行系统集成。

目前世界上的监控组态软件有近百种之多。国际上知名的监控组态软件有美国商业组态软件公司 Wonderware 公司的 Intouch、Inte11utlon 公司的 FIX、Nema Soft 公司的 Paragon、Rock-Well 公司的 Rsview32、德国西门子公司的 WinCC 等。国内的监控组态软件起步也比较早，目前实际工业过程中运行可靠的有北京昆仑通态自动化软件科技有限公司的 MCGS、北京三维力控科技有限公司的力控、北京亚控科技发展有限公司的组态王，以及台湾研华的 GFNIE 等。

1. 监控组态软件的基本组成

　　监控组态软件包括组态环境和运行环境两个部分，组态环境相当于一套完整的工具软件，用户可以利用它设计和开发自己的应用系统。用户组态生成的结果是一个数据库文件，即组态结果数据库。运行环境是一个独立的运行系统，它按照组态结果数据库中用户指定的方式进行各种处理，完成用户组态设计的目标和功能。组态环境和运行环境互相独立，又密切相关，如图 7.4 所示。

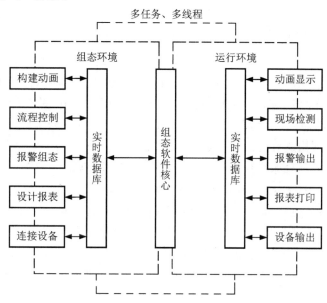

图 7.4　组态环境和运行环境的关系

2. 监控组态软件的功能

监控组态软件的功能如下：

　　(1) 强大的画面显示组态功能。目前，监控组态软件大部分运行于 Windows 环境下，充分利用 Windows 的图表功能完备、界面美观的特点，给用户提供丰富的作图工具，用户可随心所欲地绘制出各种工业画面，并可任意编辑，从而将用户从繁重的画面设计中解放出来。其丰富的动画连接方式，如隐含、闪烁、移动等，使画面生动、形象、直观。

　　(2) 良好的开放性。社会化的大生产，使构成控制系统的全部硬件不可能是一家公司的产品，因此"异构"是当今控制系统的主要特点之一。开放性是指监控组态软件能与多种通信协议互连，支持多种硬件设备。开放性是衡量一个监控组态软件好坏的重要指标。监控组态软件向下应能与底层的数据设备通信，向上应能与管理层通信，实现上位机与下位机的双向通信。利用监控组态软件，用户只需要通过简单的组态就可构造自己的应用系统，从而将用户从烦琐的编程中解脱出来，使用户在编程时更加得心应手。

　　(3) 丰富的功能模块。监控组态软件能提供丰富的控制功能库，满足用户的测控要求和现场要求，同时用各种功能模块，完成实时监控，产生报表，显示历史曲线、实时曲线，提供报警等功能，使系统具有良好的人机界面，易于操作。

（4）强大的数据库。监控组态软件配有实时数据库，可存储各种数据，如模拟型、字符型等，实现与外部设备的数据交换。

（5）可编程的命令语言。监控组态软件有可编程的命令语言（一般称为脚本语言），使用户可根据自己的需要编写程序，增强图形界面。

（6）周密的系统安全防范。监控组态软件对不同的操作者，赋予不同的操作权限，保证整个系统的安全、可靠运行。

（7）仿真功能。监控组态软件提供强大的仿真功能，使系统可并行设计，从而缩短开发周期。

3. MCGS 监控组态软件

MCGS(Monitor and Control Generated System)监控组态软件是北京昆仑通态自动化软件科技有限公司研发的一套基于 Windows 平台的、用于快速构造和生成上位机监控系统的监控组态软件系统（可简称为 MCGS）。MCGS 可运行于 Microsoft Windows XP/7/10/11 等操作系统，具有功能完善、操作简便、可视性好、可维护性强的特点，用户只需要通过简单的模块化组态就可构造自己的应用系统。

MCGS 监控组态软件系统由主控窗口、设备窗口、用户窗口、实时数据库和运行策略组成，每一部分分别进行组态，完成不同的工作。

（1）主控窗口。它是工程的主窗口，负责调度和管理这些窗口的打开或关闭。

（2）设备窗口。它是连接和驱动外部设备的工作环境。其主要功能是：在本窗口内配置数据采集和控制输出设备；注册设备驱动程序；定义连接与驱动设备用的数据变量。

（3）用户窗口。它主要用于设置控制系统中人机交互界面，如系统流程图、曲线图、动画等。

（4）实时数据库。它是控制系统中各个部分数据交换和处理的中心，将 MCGS 监控组态软件系统的各个部分连成有机的整体。

（5）运行策略。它主要完成控制系统运行流程的控制，如编写控制程序、选用各种功能构件等。

4. 控制系统的组建过程

（1）控制系统分析。对控制系统进行分析，首先要了解整个控制系统的构成和工艺流程，弄清测控对象的特征，明确主要的监控要求和技术要求等问题。在此基础上，拟定组建控制系统的总体规划和设想，主要包括系统应实现哪些功能、控制流程如何实现、需要什么样的用户窗口界面、实现何种动画效果，以及如何在实时数据库中定义数据变量等环节，同时还要分析控制系统中设备的采集及输出通道与实时数据库中定义的变量的对应关系，分清哪些变量是要求与设备连接的，哪些变量是软件内部用来传递数据及用于实现动画显示的。在此基础上，构建控制系统，构造实时数据库。做好控制系统的整体规划，在控制系统的组态过程中能够尽量避免一些无谓的工作，快速、有效地完成控制系统的组建。

（2）设计用户操作菜单。在控制系统运行的过程中，为了便于画面的切换和变量的提取，用户通常要建立自己的菜单。用户建立自己的菜单分两步，第一步是建立菜单的框架，第二步是对菜单进行功能组态。在组态过程中，用户可以根据实际的需要，随时对菜单的内容进行增加和删减，最终确定菜单。

（3）制作动态监控画面。制作动态监控画面是监控组态软件的最终目的，动态监控画面一般的设计过程是先建立静态画面（所谓静态画面，就是利用系统提供的绘图工具画出效果图，也可以是一些通过数码相机、扫描仪、专用绘图软件等手段创建的图片），然后对一些图形或图片进行动画设计，如颜色的变化、形状大小的变化、位置的变化等。所有的动画效果均应和数据库变量一一对应，达到内外结合的效果。

（4）编写控制流程程序。在动态画面制作过程中，除了一些简单的动画是由图形语言定义外，大部分较复杂的动画效果和数据之间的链接，都是通过一些程序命令来实现的。MCGS 软件为用户提供了大量的系统内部命令，其语句的形式兼容于 Visual Basic、Visual C++语言的格式。另外 MCGS 监控组态软件还为用户提供了编程用的功能构件（称之为脚本程序），这样就可以通过简单的编程语言来编写控制程序。

（5）完善菜单按钮功能。虽然用户在控制系统中建立了自己的操作菜单，但对于一些功能比较强大、关联比较多的控制系统，有时还需要通过制定一些按钮或文字来链接其他的变量和画面，其中按钮的作用既要可以用来执行某些命令，还要可以输入数据给某些变量。当控制系统和外部的一些智能仪表、可编程序控制器、工业总线单元、计算机 PCI 接口进行连接时，会大大增加其数据传输的简捷性。

（6）调试控制系统。控制系统中的用户程序编写好后，要进行在线的调试。在进行在线调试过程中，可以借助于一些模拟的手段进行初调，MCGS 监控组态软件就为用户提供了较好的模拟手段。在线调试的目的是对现场的数据进行模拟，检查动画效果和控制流程是否正确，从而和外部设备进行可靠连接。

（7）连接设备驱动程序。利用 MCGS 监控组态软件编写好的设备驱动程序，最终要实现和外部设备的连接。在进行连连之前，装入正确的驱动程序和定义通信协议是很重要的。有时设备驱动程序不能与设备进行可靠的连接，往往就是由通信协议的设置有问题而造成的。另外合理地指定内部变量和外部变量之间的隶属关系也很重要，此项工作在设备窗口中进行。

（8）控制系统完工综合测试。经过上述的分步调试后，就可以对控制系统进行整体的连续调试了，一个好的控制系统要能够经得起考验，验收合格后才可以进行交工使用。

7.2　测量数据预处理技术

7.2.1　系统误差的自动校准

系统误差是指在相同条件下，经过多次测量，数值（包括大小、符号）保持恒定或按某种已知规律变化的误差。这种误差的特点是：在一定的测量条件下，其变化规律是可以掌握的，产生误差的原因一般也是知道的。因此，从原则上讲，系统误差是可以通过适当的技术途径来确定并加以校正的。在系统的输入测量通道中，一般均存在零点偏移和漂移，放大电路的增益误差及器件参数的不稳定等现象都会影响测量数据的准确性。这些误差都属于系统误差。有时必须对这些系统误差进行校准，实际中一般通过全自动校准和人工自动校准两种方法实现。

1. 全自动校准

全自动校准的特点是由系统自动完成校准。全自动校准系统结构如图 7.5 所示。

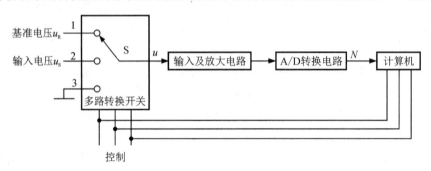

图 7.5　全自动校准系统结构

全自动校准系统由多路转换开关（可以用 CD4051、MAX4634 实现）、输入及放大电路、A/D 转换电路、计算机组成。可以在刚通电或每隔一定时间，自动进行一次校准，找到 A/D 输出 N 与测量电压 u 之间的关系，以后求测量电压时则按照该修正后的公式计算。全自动校准步骤如下：

（1）计算机控制多路转换开关使 S 与 3 接通（称为零信号），则输入电压 $u=0$，测出此时的 A/D 转换电路输出值 N_0。

（2）计算机控制多路开关使 S 与 1 接通，则输入电压 $u=u_R$，测出此时的 A/D 转换电路输出值 N_R。

设测量电压 u 与 N 之间为线性关系，表达式为 $u=aN+b$，则上述测量结果满足

$$\begin{cases} u_R=aN_R+b \\ 0=aN_0+b \end{cases} \tag{7-1}$$

联立求解式(7-1)得

$$\begin{cases} a=\dfrac{u_R}{N_R-N_0} \\ b=\dfrac{u_R N_0}{N_0-N_R} \end{cases} \tag{7-2}$$

从而，得到校正后的公式为

$$u=\frac{u_R}{N_R-N_0}N+\frac{u_R N_0}{N_0-N_R}=\frac{u_R}{N_R-N_0}(N-N_0)=k(N-N_0) \tag{7-3}$$

其中 $k=\dfrac{u_R}{N_R-N_0}$。因此这时的 u 与放大器的漂移和增益变化无关，与 u_R 的精度也无关，可大大提高测量精度，降低对电路器件的要求。

程序设计时，每次校准后根据 u_R、N_R、N_0，计算出 k，将 k 与 N_0 放在内存单元中，

按式(7-3)则可以计算出 u 值。

如果只校准零信号时，实际的测量值则为 $u=a(N-N_0)+b$。

2. 人工自动校准

全自动校准只适合于基准参数是电信号的场合，且不能校正由传感器引入的误差，为此，可采用人工自动校准的方法。人工自动校准不是自动定时校准，而是由人工在需要时接入标准的参数进行校准测量，并将测量的参数存储起来以备以后使用。人工自动校准一般只测一个标准输入信号 y_R，零信号的补偿由数字调零来完成。设数字调零(即 $N_0=0$)后，输入 y_R 则输出为 N_R，输入 y 则输出为 N，则可得

$$y=\frac{y_R}{N_R}N \qquad (7-4)$$

计算 $\dfrac{y_R}{N_R}$ 的比值，并将其输入计算机中，则可实现人工自动校准。

进行人工自动校准时，当校准信号不容易得到时，可采用当前的输入信号。校准时，给系统加上输入信号 y_i，计算机测出对应的 N_i，然后采用其他的高精度仪器测出这时的 y_i，将当前的输入信号当成标准信号，则式(7-4)变为

$$y=\frac{y_i}{N_i}N \qquad (7-5)$$

人工自动校准特别适合于传感器特性随时间发生变化的场合。如电容式湿敏传感器，一般使用一年以上其特性会超过精度允许值，这时可采用人工自动校准方法校准系统误差。即每隔一段时间(一个月或三个月)用高精度的仪器测出当前的湿度值，然后把它作为校准值输入计算机测量系统，以后测量时，就可以自动用该值来校准测量值。

7.2.2　线性化处理

许多常见的测温元件，其输出与被测量温度之间呈非线性关系，因而需要进行线性化处理和非线性补偿。

1. 铂热电阻的阻值与温度的关系

Pt100 铂热电阻适用于测量 $-200℃\sim850℃$ 全部或部分范围温度，其主要特性是测温精度高，稳定性好。Pt100 铂热电阻阻值与温度的关系分为两段，即 $-200\sim0℃$ 和 $0\sim850℃$，其对应关系如下：

(1) $-200\sim0℃$ 范围内，有

$$R_T=R_0[1+AT+BT^2+C(T-100)T^3] \qquad (7-6)$$

(2) $0\sim850℃$ 范围内，有

$$R_T=R_0[1+AT+BT^2] \qquad (7-7)$$

其中，$A=3.908\,02\times10^{-3}℃^{-1}$，$B=-5.802\times10^{-7}℃^{-2}$，$C=-4.273\,50\times10^{-12}℃^{-4}$，$R_0=100\Omega$(0℃时的电阻值)，$R_T$ 为对应测量温度的电阻值，T 为检测温度。

已知 Pt100 铂热电阻的阻值(一般通过加恒流源测量电压得到)，计算温度 T 时涉及平方运算，计算量较大。因此一般先根据公式，离线计算出所测量温度范围内温度与 Pt100 铂热电阻阻值的对应关系表即分度表，然后将分度表输入计算机中，利用查表的方法得到

T 值；或者根据式(7-6)和(7-7)画出对应的曲线，然后分段进行线性化，即用多段折线代替曲线，从而得到 T 值。

2. 热电偶热电势与温度的关系

热电偶热电势与温度之间也是非线性关系。下面先介绍几种热电偶热电势与温度的关系，然后找到通用公式进行线性化。

(1) 铜-康铜热电偶热电势与温度的关系。

以 T 表示检测温度，E 表示热电偶产生的热电势(下同)，则按下式计算温度，即

$$T = a_8 E^8 + a_7 E^7 + a_6 E^6 + a_5 E^5 + a_4 E^4 + a_3 E^3 + a_2 E^2 + a_1 E \tag{7-8}$$

其中，$a_1 = 3.874\ 077\ 384\ 0 \times 10^{-2}$，$a_2 = 3.319\ 019\ 809\ 2 \times 10^{-5}$，$a_3 = 2.071\ 418\ 364\ 5 \times 10^{-7}$，$a_4 = -2.194\ 583\ 482\ 3 \times 10^{-9}$，$a_5 = 1.103\ 190\ 055\ 0 \times 10^{-11}$，$a_6 = -3.092\ 758\ 189\ 0 \times 10^{-4}$，$a_7 = 4.565\ 333\ 716\ 0 \times 10^{-17}$，$a_8 = -2.761\ 687\ 804\ 0 \times 10^{-20}$。

当误差规定小于 $\pm 0.2℃$ 时，在 $0 \sim 400℃$ 范围内仅取如下 4 项计算温度，即

$$T = b_4 E^4 + b_3 E^3 + b_2 E^2 + b_1 E \tag{7-9}$$

其中，$b_1 = 2.566\ 129\ 7 \times 10$，$b_2 = -6.195\ 486\ 0 \times 10^{-1}$，$b_3 = 2.218\ 164\ 4 \times 10^{-2}$，$b_4 = -3.550\ 090\ 0 \times 10^{-4}$。

(2) 铁-康铜热电偶热电势与温度的关系。

当误差规定小于 $\pm 1℃$ 时，在 $0 \sim 400℃$ 范围内，按下式计算温度，即

$$T = b_4 E^4 + b_3 E^3 + b_2 E^2 + b_1 E \tag{7-10}$$

其中，$b_1 = 1.975\ 095\ 3 \times 10$，$b_2 = -1.854\ 260\ 0 \times 10^{-1}$，$b_3 = 8.368\ 395\ 8 \times 10^{-2}$，$b_4 = -1.328\ 568\ 0 \times 10^{-4}$。

(3) 镍铬-镍铝热电偶热电势与温度的关系。

在 $400 \sim 1000℃$ 范围内，按下式计算温度，即

$$T = b_4 E^4 + b_3 E^3 + b_2 E^2 + b_1 E + b_0 \tag{7-11}$$

其中 $b_0 = -2.470\ 711\ 2 \times 10$，$b_1 = 2.946\ 563\ 3 \times 10$，$b_2 = -3.133\ 262\ 0 \times 10^{-1}$，$b_3 = 6.507\ 571\ 7 \times 10^{-3}$，$b_4 = -3.966\ 383\ 4 \times 10^{-5}$。

综上所述，常见的测温元件热电势与温度的关系可以用下式表示，即

$$T = c_4 E^4 + c_3 E^3 + c_2 E^2 + c_1 E + c_0 \tag{7-12}$$

式(7-12)又可变形为

$$T = ((((c_4 E + c_3) E + c_2) E + c_1) E + c_0 \tag{7-13}$$

编程时利用式(7-13)计算温度，较式(7-12)省去了四次方、三次方、平方等运算，简化了计算过程。也可以利用如热电阻计算温度方法计算温度，即利用查表或线性化处理的方法计算温度。热电偶线性化处理程序流程图如图 7.6 所示。

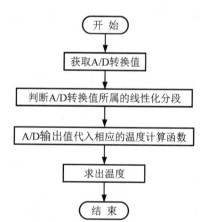

图 7.6　热电偶线性化处理程序流程图

7.2.3　标度变换

生产中的各个参数都有着不同的量纲（或单位）。如测温元件参数用热电偶或热电阻表示，温度单位为摄氏度。又如测量压力用的弹性元件膜片、膜盒及弹簧管等压力范围从几帕到几十兆帕。而测量流量则用节流装置，其单位为 m^3/h 等。在测量过程中，所有这些参数都要先经过变送器或传感器，再利用相应的信号调理电路，将非电量转换成电量并进一步转换成 A/D 转换器所能接收的统一电压信号，又由 A/D 转换器将其转换成数字量送到计算机进行显示、打印等相关操作。而 A/D 转换后的这些数字量并不一定等于原来带量纲的参数值，它仅仅与被测参数的幅值有一定的函数关系，所以必须把这些数字量转换为带有量纲的数据，以便显示、记录、打印、报警及操作人员对生产过程进行监视和管理。将A/D 转换后的数字量转换成与实际被测量相同量纲的过程称为标度变换，也称为工程量转换。如热电偶测温标度变换说明如图 7.7 所示，要求显示被测温度值。热电偶电压输出与温度之间的关系表示为 $u_1=f(T)$，温度与电压值存在一一对应的关系；经过放大倍数为 k_1 的线性放大电路处理后，$u_2=k_1 f(T)$，再经过 A/D 转换后输出为数字量 D_1，D_1 数字量与模拟量呈正比，其系数为 k_2，则 $D_1=k_1 k_2 f(T)$，这即为计算机接收到的数据，该数据只是与被测温度有一定函数关系的数字量，并不是被测温度，所以不能显示该数值。要显示的被测温度值需要利用计算机对其进行标度变换，即需推导出 T 与 D_1 的关系，再经过计算得到实际温度值。

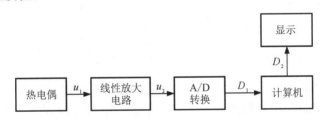

图 7.7　热电偶测温标度变换说明

标度变换有各种不同方法，它主要取决于被测参数测量传感器的类型，设计时应根据实际情况选择适当的标度变换方法。

1. 线性参数标度变换

线性参数标度变换是最常用的标度变换，其前提条件是被测参数值与 A/D 转换结果为线性关系。设 A/D 转换结果 N 与被测参数 A 之间的关系如图 7.8 所示，则可得到其线性

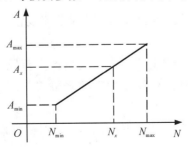

图 7.8　A/D 转换结果 N 与被测参数 A 的关系

参数标度变换的公式为

$$A_x = \frac{A_{\max} - A_{\min}}{N_{\max} - N_{\min}}(N_x - N_{\min}) + A_{\min} \tag{7-14}$$

式中：$A_{\min}$ 为被测参数量程的最小值；$A_{\max}$ 为被测参数量程的最大值；A_x 为被测参数值；$N_{\max}$ 为 $A_{\max}$ 对应的 A/D 转换后的数值；$N_{\min}$ 为 $A_{\min}$ 对应的 A/D 转换后的数值；N_x 为被测量 A_x 对应的 A/D 转换后的数值。

当 $N_{\min} = 0$ 时，式(7-14)可以写成

$$A_x = \frac{A_{\max} - A_{\min}}{N_{\max}} N_x + A_{\min} \tag{7-15}$$

在许多测量系统中，当被测参数量程的最小值 $A_{\min} = 0$ 时，对应的 $N_{\min} = 0$，则式(7-14)可以写成

$$A_x = \frac{A_{\max}}{N_{\max}} N_x \tag{7-16}$$

根据上述标度变换公式编写的程序称为标度变换程序。编写标度变换程序时，当 $A_{\min}$、$A_{\max}$、$N_{\max}$、$N_{\min}$ 为已知值时，可将式(7-14)变换为 $A_x = A(N_x - N_{\min}) + A_{\min}$，若事先计算出 $A = (A_{\max} - A_{\min})/(N_{\max} - N_{\min})$ 的值，则计算过程包括一次减法、一次乘法和一次加法，相对于按式(7-14)直接计算要简单。标度变换子程序流程图如图 7.9 所示。

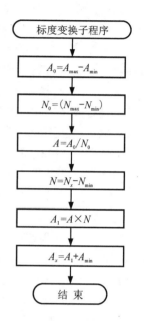

图 7.9　标度变换子程序流程图

2. 非线性参数标度变换

前面的标度变换公式，只适用于 A/D 转换结果与被测量为线性关系的系统。但实际中有些传感器测得的数据与被测物理量之间不是线性关系，存在着由传感器测量方法所决定的函数关系，并且这些函数关系可以用解析式表示。一般而言，非线性参数的变化规律各不相同，故其标度变换公式亦需根据各自的具体情况建立。这时可以采用直接解析式进行标度变换。

1) 公式标度变换法

例如，在流量测量中，流量与差压间的关系为

$$Q = K\sqrt{\Delta P} \tag{7-17}$$

式中：Q 为流量；K 为刻度系数，与流体的性质及节流装置的尺寸相关；ΔP 为节流装置的差压。

可见流体的流量与被测流体流过节流装置前后产生差压的平方根呈正比。如果后续的信号处理及 A/D 转换为线性转换，则 A/D 数字量输出与差压信号呈正比，因此流量值与 A/D 转换后的结果也呈正比。

根据式(7-15)及式(7-17)可以推导出流量计算时的标度变换公式为

$$Q_x = \frac{Q_{\max} - Q_{\min}}{\sqrt{N_{\max}} - \sqrt{N_{\min}}}(\sqrt{N_x} - \sqrt{N_{\min}}) + Q_{\min} \tag{7-18}$$

式中：Q_{min} 为被测流量量程的最小值；Q_{max} 为被测流量量程的最大值；Q_x 为被测流体流量值。

实际测量中，因为一般流量量程的最小值为 0，所以式(7-18)可以简化为

$$Q_x = \frac{Q_{max}}{\sqrt{N_{max}} - \sqrt{N_{min}}}(\sqrt{N_x} - \sqrt{N_{min}}) \qquad (7-19)$$

若流量量程的最小值对应的数字量 $N_{min}=0$，则式(7-19)可进一步简化为

$$Q_x = Q_{max}\frac{\sqrt{N_x}}{\sqrt{N_{max}}} = \frac{Q_{max}}{\sqrt{N_{max}}}\sqrt{N_x} \qquad (7-20)$$

根据上述公式编写标度变换程序时，若 Q_{min}、Q_{max}、N_{max}、N_{min} 为已知值，则可将式(7-18)~式(7-20)分别变换为

$$Q_x = A_1(\sqrt{N_x} - \sqrt{N_{min}}) + Q_{min} \qquad (7-21)$$

$$Q_x = A_2(\sqrt{N_x} - \sqrt{N_{min}}) \qquad (7-22)$$

$$Q_x = A_3\sqrt{N_x} \qquad (7-23)$$

式(7-21)~(7-23)则为常用的不同条件下的流量计算公式。编程时先计算出 A_1、A_2、A_3 值，再按上述公式进行标度变换。

2) 其他标度变换法

许多非线性传感器并不像上面讲的流量传感器那样，可以写出一个简单的公式，或者虽然能够写出，但计算相当困难，这时可采用多项式插值法，也可以用线性插值法或查表法进行标度变换。

7.2.4　插值算法

在实际系统中，一些被测参数往往是非线性参数，常常不便于计算和处理，有时甚至很难找出明确的数学表达式，需要根据实际检测值或采用一些特殊的方法来确定其与自变量之间的函数关系。在某些时候，即使有较明确的解析表达式，但计算起来也相当麻烦。例如：在温度测量中，热电阻及热电偶与温度之间为非线性关系，很难用一个简单的解析式来表达；在流量测量中，流量孔板的差压信号与流量之间也是非线性关系，即使能够用公式 $Q = K\sqrt{\Delta P}$ 计算，但开方运算不但复杂，而且计算误差也比较大。另外，在一些精度及实时性要求比较高的仪表及测量系统中，传感器的分散性、温度的漂移，以及机械滞后等引起的误差在很大程度上都是不能允许的。诸如此类的问题，在模拟仪表及测量系统中，解决起来相当麻烦，甚至是不可能的。而在实际测量和控制系统中，都允许有一定范围的误差。因此，在实际系统中可以利用计算机处理这些问题，用软件补偿的办法进行校正。这样，不仅能节省大量的硬件开支，而且计算精度也大为提高。

1. 线性插值算法

线性插值法是代数插值法中最简单的形式。假设变量 y 和自变量 x 的关系如图 7.10 所示，为了计算出现自变量 x 所对应的变量 y 的数值，用直线 AB(方程为 $f(x)$)代替弧线 AB(方程为 $g(x)$)，由此可得直线方程

$$f(x) = ax + b \qquad (7-24)$$

根据插值条件，应满足

$$\begin{cases} y_0 = ax_0 + b \\ y_1 = ax_1 + b \end{cases} \qquad (7-25)$$

解方程组(7-25)，可求出直线方程的参数，得到直线方程的表达式为

$$f(x) = \frac{y_1 - y_0}{x_1 - x_0}(x - x_0) + y_0 = k(x - x_0) + y_0 \qquad (7-26)$$

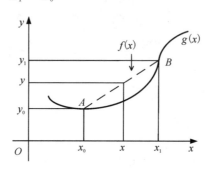

图 7.10 线性插值法示意图

由图 7.10 可以看出，插值点 x_0 与 x_1 之间的间距越小，则在这一区间内 $f(x)$ 与 $g(x)$ 之间的误差越小。利用式(7-26)编写程序时，只需进行一次减法、一次乘法和一次加法运算即可。

2. 分段插值算法

在实际应用中，为了提高精度，经常采用几条直线来代替曲线，此方法称为分段插值算法。分段插值算法的基本思想是将被逼近的函数(或测量结果)根据其变化情况分成几段，为了提高精度及缩短运算时间，各段可根据精度要求采用不同的逼近公式。分段插值算法最常用的是线性分段插值和抛物线分段插值。分段插值的分段点的选取可按实际曲线的情况及精度的要求灵活决定。

分段插值算法程序设计步骤如下。

(1)用实验法测量出传感器的输出变化曲线 $y = g(x)$(或各插值节点的值(x_i, y_i)，$i = 0, 1, 2, \cdots, n$)。为使测量结果更接近实际值，要反复进行测量，以便求出一个比较精确的输入输出曲线。

(2)将上述曲线进行分段，选取各插值基点。曲线分段的方法主要有等距分段法和非等距分段法两种。

等距分段法即沿 x 轴等距离地选取插值基点。这种方法的主要优点是 $x_{i+1} - x_i$ 为常数，可简化计算过程。但是，当函数的曲率和斜率变化比较大时，将会产生一定的误差。要想减小误差，必须把基点分得很细，这样，势必占用更多的内存，并使计算机的计算量加大。

非等距分段法的特点是函数基点的分段不是等距的，而是根据函数曲线形状的变化率的大小来修正插值间的距离。曲率变化大的函数曲线，其插值距离应小一点，也可以使常用刻度范围插值距离小一点，而曲线比较平缓和非常用刻度区域距离取大一点。所以非等

距分段法的插值基点的选取比等距分段法麻烦。

（3）根据各插值基点的$(x_i，y_i)$值，使用相应的插值公式，求出实际曲线 $g(x)$ 每一段的近似表达式 $f_n(x)$。

（4）根据 $f_n(x)$ 编写应用程序。

编写程序时，必须首先判断输入值 x 处于哪一段，即将 x 与各插值基点的数值 x_i 进行比较，以便判断出该点所在的区间，然后，根据对应段的近似公式进行计算。

需要说明的是，分段插值算法总的来讲光滑度都不太高，这对于某些应用是存有缺陷的。但是，就大多数工程要求而言，也能基本满足需要。在这种局部化的方法中，要提高光滑度，就必须采用更高阶的导数值，多项式的次数亦需相应增高。为了只用函数值本身，并在尽可能低的次数下达到较高的精度，可以采用样条插值法。

C 语言编写的分段插值算法程序如下：

```c
int linear_x8_y8(uint8_t xn, uint8_t x1, uint8_t x2, uint8_t y1, uint8_t y2)
{
    int yn;
    uint8_t tmp;
    if(xn<x1)
        { yn=y1; }
    else if(xn>x2)
        { yn=y2; }
    else
    {   if(y1<y2)
        {
            yn=y2-y1;
            tmp=xn-x1;
            yn=yn*tmp;
            tmp=x2-x1;
            yn=yn+(tmp/2);
            yn=yn/tmp;
            yn=y1+yn;
        }
        else
        {
            yn=y1-y2;
            tmp=xn-x1;
            yn=yn*tmp;
            tmp=x2-x1;
            yn=yn+(tmp/2);
            yn=yn/tmp;
            yn=y1-yn;
        }
    }
    return(yn);
```

```
    }
    int lin_clac_x8_y8(uint8_t xn, uint8_t * queue_x, uint8_t * queue_y, uint8_t n)
    {
        uint8_t i;
        int yn;
        for(i=1; i<(n-1); i++)
            {if(xn<=queue_x[i]) break; }
        yn=linear_x8_y8(xn, queue_x[i-1], queue_x[i], queue_y[i-1], queue_y[i]);
        return (yn);
    }
```

调用示例:

```
    uint8_tx[15]={0, 52, 58, 66, 72, 80, 87, 92, 99, 115, 139, 150, 168, 186, 214, 248},
    y[15]={0, 68, 73, 81, 87, 94, 101, 108, 114, 131, 153, 166, 183, 202, 229, 263};
    Rcsul=lin_clac_x8_y8(resul, (uint8_t *)x, (uint8_t *)y, 15);
```

MATLAB 分段插值算法程序如下:

```
    function fenduan(L, b1, b2)
    %当在区间内取 i 个等距节点时对应的小区间的中点值 Si 并绘制出图形
    %b1 代表左边界,b2 代表右边界
    %L 代表分段数,可以是一个数组,也可以是一个数字
    n=length(L);
    for i=1: n
        s=L(i);
        L1=linspace(b1, b2, s+1);
        for j=2: s+1
            X(j-1)=(L1(j-1)+L1(j))/2;    %寻找两端点中点值
            Sn(j-1)=(((X(j-1)-L1(j))/(L1(j-1)-L1(j)))/(1+25 * L1(j-1)^2))+…
                    (((X(j-1)-L1(j-1))/(L1(j)-L1(j-1)))/(1+25 * L1(j)^2)); %中点
                    值函数值
        end
        plot(X, Sn, 'LineWidth', 1.2);
        hold on
    end
    %绘制 f=1/(1+25 * x^2)图形
    symx;
    hs='1/(1+25 * x^2)';
    h=ezplot(hs, [b1, b2]);
    set(h, 'color', 'b', 'LineStyle', '--');    %设置原函数曲线颜色为红
    gridon    %添加网格
    xlabel('x', 'FontSize', 12), ylabel('幅度', 'FontSize', 12);
    set(gca, 'FontSize', 12);
    legend('10 个区间', '20 个区间', '40 个区间', '连续图形', 'FontSize', 12);
```

在命令行中输入 fenduan([10, 20, 40], -1, 1)得到的结果如图 7.11 所示。

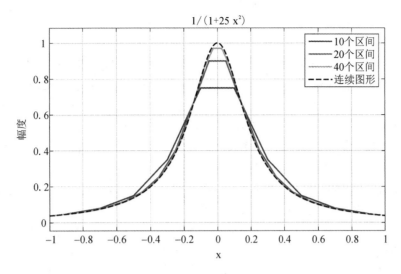

图 7.11 运算结果

7.2.5 越限报警处理

在计算机控制系统中，被测参数经上述数据处理后送至显示单元。但为了安全生产，对于一些重要的参数要判断是否超出了工艺参数的规定范围，如果超越了规定的数值，则要进行报警处理，以便操作人员及时采取相应的措施。

越限报警是工业控制过程常见而又实用的一种报警形式，它分为上限报警、下限报警和上下限报警。如果需要判断的报警参数是 x_n，该参数的上下限约束值分别为 x_{max} 和 x_{min}，则上下限报警的物理意义如下：

（1）上限报警。若 $x_n > x_{max}$，则上限报警，否则执行原定操作。

（2）下限报警。若 $x_n < x_{min}$，则下限报警，否则执行原定操作。

（3）上下限报警。若 $x_n > x_{max}$，则上限报警，否则继续判断 $x_n < x_{min}$ 是否成立，若成立，则下限报警；否则继续执行原定操作。

根据上述规定，编写程序可以实现对被控参数、偏差、控制量等进行上下限报警[25]。

7.3 软件抗干扰技术

软件抗干扰技术是当计算机控制系统受干扰后使系统恢复正常运行或输入信号受干扰后去伪求真的一种辅助方法。所以软件抗干扰是被动措施，而硬件抗干扰是主动措施。但由于软件设计灵活，节省硬件资源，所以软件抗干扰技术越来越引起人们的重视。在计算机控制系统中，只要认真分析系统所处环境的干扰来源及传播途径，采用硬件、软件相结合的抗干扰措施，就能保证系统长期稳定可靠地运行。

7.3.1 数字滤波技术

在工业过程控制系统中，由于被控对象所处环境比较恶劣，常存在干扰，如环境温度、电场、磁场等，使采样值偏离真实值。干扰有两大类，周期性干扰和不规则的干扰。周期性的干扰如 50 Hz 的工频干扰，而不规则的干扰为随机信号。对于各种随机出现的干扰信号，可以通过数字滤波的方法加以削弱或滤除，从而保证计算机控制系统工作的可靠性。所谓数字滤波，就是通过一定的计算程序或判断程序减少干扰在有用信号中的比重。数字滤波器与模拟滤波器相比，具有如下优点：

(1) 由于数字滤波采用程序实现，所以数字滤波器无需增加任何硬件设备，可以实现多个通道共享一个数字滤波程序，从而降低了成本。

(2) 由于数字滤波器不需增加硬件设备，因此系统可靠性高，稳定性好，各回路间不存在阻抗匹配问题。

(3) 可以对频率很低(如 0.01 Hz)的信号实现滤波，克服了模拟滤波器的缺陷。

(4) 根据需要选择不同的滤波方法或改变滤波器的参数，比改变模拟滤波器的硬件电路或元件参数灵活、方便。

正因为数字滤波器具有上述优点，所以其相当受重视，并得到了广泛的应用。数字滤波的方法有很多种，可以根据不同的测量参数进行选择。下面介绍几种常用的数字滤波方法及如何用 C 语言或 MATLAB 来实现相应的程序设计。

1. 平均值滤波

1) 算术平均值滤波

算术平均值滤波是要寻找一个 Y 值，使该值与各采样值间误差的平方和为最小，即

$$E = \min\left[\sum_{i=1}^{N} e_i^2\right] = \min\left[\sum_{i=1}^{N} (Y - x_i)^2\right] \tag{7-27}$$

由一元函数求极值原理得

$$Y = \frac{1}{N}\sum_{i=1}^{N} x_i \tag{7-28}$$

式中，Y 为 N 个采样值的算术平均值，x_i 为第 i 次采样值，N 为采样次数。

式(7-28)是算术平均值滤波公式。由此可见，算术平均值滤波的实质是把 N 次采样值相加，然后再除以采样次数 N，得到接近于真值的采样值。算术平均值滤波的程序流程图如图 7.12 所示，其程序设计较简单，用 C 语言编写的算术平均值滤波程序如下：

```
int filter(int num)
{
    unsigned int result, i;
    result=0;
    num=12;
    for(i=0; i<num; i++)
```

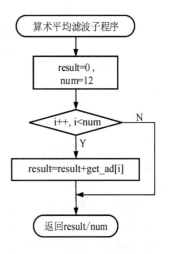

图 7.12 算术平均值滤波的
程序流程图

```
    result＝result＋get_ad[i];          /＊计算平均值，get_ad[]为采样值＊/
    return(result/num);                 /＊返回平均结果值＊/
}
```

算术平均值滤波主要用于对压力、流量等周期信号的参数采样值进行平滑加工。这种周期信号的特点是有一个平均值，信号在某一数值范围附近上下波动，这种情况下取一个采样值作为依据显然是准确的。但算术平均值滤波对脉冲性干扰的平滑作用尚不理想，因而它不适用于脉冲性干扰比较严重的场合。采样次数 N 取决于对参数平滑度和灵敏度的要求。随着 N 值的增大，平滑度将提高，灵敏度降低；N 较小时，平滑度低，但灵敏度高。应视具体情况选取 N，以便既少占用计算时间，又达到最佳效果。对流量参数进行滤波时通常 $N＝12$，对压力参数进行滤波时则 $N＝4$。

2）加权平均值滤波

由式(7-29)可以看出，算术平均值滤波对每次采样值给出相同的加权系数，即 $1/N$。但实际上有些场合各采样值对结果的贡献不同。有时为了提高滤波效果，提高系统对当前所受干扰的灵敏度，将各采样值取不同的比例，然后再相加，此方法称为加权平均值滤波法。

N 次采样的加权平均公式为

$$Y＝a_0 x_0＋a_1 x_1＋\cdots＋a_N x_N \qquad (7-29)$$

式中，a_0、a_1、a_2、$\cdots$、a_N 为各次采样值的加权系数，它体现了各次采样值在平均值中所占的比例，可根据具体情况确定。一般采样次数愈靠后，其加权系数取的比例愈大。这样可增加新的采样值在平均值中的比例。这种滤波方法可以根据需要突出信号的某一部分，而抑制信号的另一部分。

C 语言编写的加权算术平均值滤波核心程序如下：

```
//coe 数组为加权系数表，存在程序存储区。//
＃define N 10
char code coe[N]＝{1, 2, 3, 4, 5, 6, 7, 8, 9, 10};
char code sum_coe＝1＋2＋3＋4＋5＋6＋7＋8＋9＋10;
char filter()
{
    char count; char value_buf[N];
    int sum＝0;
    for(count＝0, count＜N; count＋＋)
    { value_buf[count]＝get_ad(); }
    for(count＝0; count＜N; count＋＋)
    sum＋＝value_buf[count] ＊ coe[count];
    return(char)(sum/sum_coe);
}
```

【例 7-1】　对两种典型信号采用加权平均值滤波法进行滤波，MATLAB 程序如下：

```
%创建信号 Mix_Signal_1 和信号 Mix_Signal_2
Fs＝1000;                    %采样率
N ＝1000;                    %采样点数
n ＝0：N-1;
t ＝0：1/Fs：1-1/Fs;         %时间序列
```

```
Signal_Original_1＝sin(2 * pi * 10 * t)＋sin(2 * pi * 20 * t)＋sin(2 * pi * 30 * t)；
%前 500 点高斯分布白噪声，后 500 点均匀分布白噪声
Noise_White_1     ＝[0.3 * randn(1, 500), rand(1, 500)]；
Mix_Signal_1    ＝Signal_Original_1 ＋ Noise_White_1；  %构造的混合信号

Signal_Original_2    ＝[zeros(1, 100), 20 * ones(1, 20), −2 * ones(1, 30), …
    5 * ones(1, 80), −5 * ones(1, 30), 9 * ones(1, 140), −4 * ones(1, 40), 3 * ones(1, 220), …
    12 * ones(1, 100), 5 * ones(1, 20), 25 * ones(1, 30), 7 * ones(1, 190)]；
Noise_White_2＝0.5 * randn(1, 1000)；                   %高斯白噪声
Mix_Signal_2    ＝Signal_Original_2 ＋ Noise_White_2；   %构造的混合信号
% ************************************************************
%      信号 Mix_Signal_1 和 Mix_Signal_2   分别作加权平均值滤波
% ************************************************************
%混合信号 Mix_Signal_1   加权算术平均值滤波
c＝[1, 2, 3, 4, 5, 6, 7, 8, 9, 10]；                    %加权系数
sum_coe＝sum(c)；                                      %加权系数和
S1＝Mix_Signal_1；
for i＝1：1000−10
    Signal_Filter(i)＝(c(1) * S1(i)＋c(2) * S1(i＋1)＋c(3) * S1(i＋2)＋c(4) * S1(i＋3)＋
    c(5) * S1(i＋4)…＋c(6) * S1(i＋5)＋c(7) * S1(i＋6)＋c(8) * S1(i＋8)＋c(9) * S1(i＋8)
    ＋c(10) * S1(i＋9))/sum_coe；
end
figure(3)；
subplot(4, 1, 1)；                                    %Mix_Signal_1 原始信号
plot(Mix_Signal_1)；
axis([0, 1000, −4, 4])；
title('信号 1 原始信号')；
subplot(4, 1, 2)；                                    %Mix_Signal_1 加权平均值滤波后信号
plot(Signal_Filter)；
axis([0, 1000, −4, 4])；
title('加权平均值滤波后的信号 1')；

%混合信号 Mix_Signal_2   加权平均值滤波
c＝[1, 1, 1, 2, 2, 2, 3, 4, 10, 100]；                 %加权系数
sum_coe＝sum(c)；                                     %加权系数和
S2＝Mix_Signal_2；
for i＝1：1000−10
    Signal_Filter(i)＝(c(1) * S2(i)＋c(2) * S2(i＋1)＋c(3) * S2(i＋2)＋c(4) * S2(i＋3)＋
    c(5) * S2(i＋4)… ＋c(6) * S2(i＋5)＋c(7) * S2(i＋6)＋c(8) * S2(i＋8)＋c(9) * S2(i＋8)
    ＋c(10) * S2(i＋9))/sum_coe；
end
subplot(4, 1, 3)；                                    %Mix_Signal_2 原始信号
plot(Mix_Signal_2)；
```

axis([0，1000，－10，30])；

title('信号 2 原始信号 ')；

subplot(4，1，4)；　　　　　　　　　　　　　　　　　　%Mix_Signal_2 移动平均值滤波后信号

plot(Signal_Filter)；

axis([0，1000，－10，30])；

title('加权平均值滤波后的信号 2')；

运行程序，信号经加权平均值滤波后的波形如图 7.13 所示。

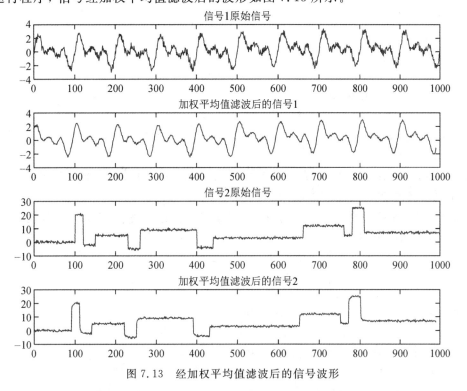

图 7.13　经加权平均值滤波后的信号波形

3) 滑动平均值滤波

不管是算术平均值滤波，还是加权平均值滤波，都需连续采样 N 个数据，然后求算术平均值。这种方法适合于有脉冲性干扰的场合。但由于必须采样 N 次，需要时间较长，因此检测速度慢。这种方法对采样速度较慢而又要求快速计算结果的实时系统就无法应用。为了克服这一缺点，可采用滑动平均值滤波。

滑动平均值滤波器(Moving Average Filter)基于统计规律，将连续的采样数据看成一个长度固定为 N 的队列，在新的一次测量后，将上述队列的首数据去掉，其余 N－1 个数据依次前移，并将新的采样数据插入，作为新队列的尾；然后对这个队列进行算术运算，并将其结果作为本次测量的结果。滑动平均值滤波程序设计的关键是，每采样一次，移动一次数据块，然后求出新一组数据之和，再求平均值。需要说明的是，在滑动平均值滤波过程中，开始时要先把数据采样 N 次，再实现滑动平均值滤波。这样，每进行一次采样，就可计算出一个新的平均值，从而加快了数据处理的速度。

滑动平均值滤波器是一个低通滤波器，比起模拟滤波器有更好的滤波效果，是对模拟滤波器的补充，只要采样率足够高，就能得到较为理想的测量结果，用于实时的检测。滑动

平均值滤波实现 C 语言程序如下：

```
#define N 12
char value_buf[N];                    //全局变量
char i=0;                             //全局变量

char filter()
{
    char count;
    int sum=0;
    value_buf[i++]=get_ad();          //覆盖最旧的数据
    if(i==N) i=0;                      //循环存储
    for(count=0; count<N, count++)
    {sum=value_buf[count]; }
    return(char)(sum/N);
}
```

由于模拟采集信号时要减少随机干扰的影响，因此除了采用硬件滤波方法外还可以采用数字滤波，其中滑动平均值滤波便是有效的方式之一。

【例 7-2】 对两种典型信号采用滑动平均值滤波法进行滤波，MATLAB 程序如下：

```
%创建信号 Mix_Signal_1 和信号 Mix_Signal_2
Fs=1000;                    %采样率
N  =1000;                   %采样点数
n  =0: N-1;
t  =0: 1/Fs: 1-1/Fs;       %时间序列
Signal_Original_1=sin(2*pi*10*t)+sin(2*pi*20*t)+sin(2*pi*30*t);
%前 500 点高斯分布白噪声，后 500 点均匀分布白噪声
Noise_White_1    =[0.3*randn(1, 500), rand(1, 500)];
Mix_Signal_1    =Signal_Original_1 + Noise_White_1;   %构造的混合信号

Signal_Original_2  =[zeros(1, 100), 20*ones(1, 20), -2*ones(1, 30), …
    5*ones(1, 80), -5*ones(1, 30), 9*ones(1, 140), -4*ones(1, 40), 3*ones(1,
    220), …12*ones(1, 100), 5*ones(1, 20), 25*ones(1, 30), 7 *ones(1, 190)];
Noise_White_2=0.5*randn(1, 1000);                    %高斯白噪声
Mix_Signal_2   =Signal_Original_2 + Noise_White_2;   %构造的混合信号
%******************************************************
%      对信号 Mix_Signal_1 和 Mix_Signal_2 分别做滑动平均值滤波
%******************************************************
%混合信号 Mix_Signal_1   滑动平均值滤波
figure(3);
b  =  [1 1 1 1 1 1]/6;
Signal_Filter=filter(b, 1, Mix_Signal_1);

subplot(4, 1, 1);               %Mix_Signal_1 原始信号
```

```
plot(Mix_Signal_1);
axis([0, 1000, -4, 4]);
title('信号 1 原始信号');

subplot(4, 1, 2);              %Mix_Signal_1 滑动平均值滤波后信号
plot(Signal_Filter);
axis([0, 1000, -4, 4]);
title('滑动平均值滤波后的信号 1');

%混合信号 Mix_Signal_2  滑动平均值滤波
b  =  [1 1 1 1 1 1]/6;
Signal_Filter=filter(b, 1, Mix_Signal_2);
subplot(4, 1, 3);              %Mix_Signal_2 原始信号
plot(Mix_Signal_2);
axis([0, 1000, -10, 30]);
title('信号 2 原始信号');

subplot(4, 1, 4);              %Mix_Signal_2 滑动平均值滤波后的信号
plot(Signal_Filter);
axis([0, 1000, -10, 30]);
title('滑动平均值滤波后的信号 2');
```

运行程序,信号经滑动平均值滤波后的波形如图 7.14 所示。

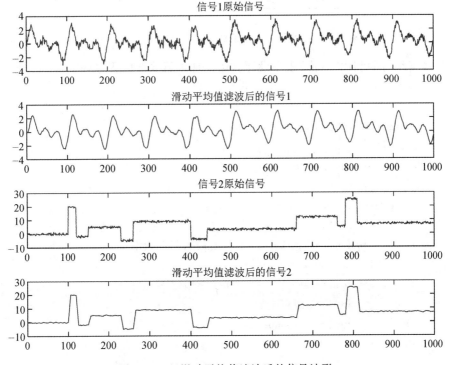

图 7.14　经滑动平均值滤波后的信号波形

2. 中值滤波

中值滤波就是先对某一个被测参数连续采样 N 次，然后把 N 次的采样值从大到小（或从小到大）排队，再取中间值为本次采样值。图 7.15 所示为中值滤波程序流程图。

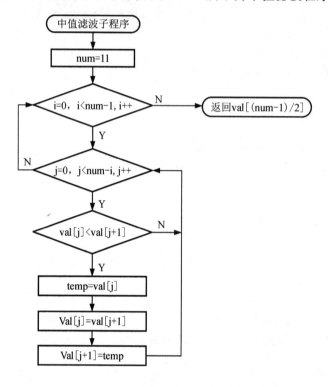

图 7.15　中值滤波程序流程图

用 C 语言编写的利用"冒泡"程序设计算法实现中值滤波的程序如下：

```
int filter(int num)
{
    unsigned int temp, i, j;
    num=11;
    for(i=0; i<num-1; i++)
    {
        for(j=0; j<num-i; j++)
        {
            if(val[j]<vsl[j+1])          //比较 A/D 值大小
            {
                temp=val[j];             //反序则做"冒泡"处理
                val[j]=val[j+1];
                val[j+1]=temp;
            }
        }
    }
```

```
        return(val[(num-1)/2]);               //返回中值结果
    }
```

【例 7-3】　对两种典型信号采用中值滤波法进行滤波，MATLAB 程序如下：

```
%创建信号 Mix_Signal_1 和信号 Mix_Signal_2
Fs=1000;                              %采样率
N=1000;                              %采样点数
n=0: N-1;
t=0: 1/Fs: 1-1/Fs;                    %时间序列
Signal_Original_1=sin(2 * pi * 10 * t)+sin(2 * pi * 20 * t)+sin(2 * pi * 30 * t);
%前 500 点高斯分布白噪声，后 500 点均匀分布白噪声
Noise_White_1=[0.3 * randn(1, 500), rand(1, 500)];
Mix_Signal_1=Signal_Original_1 + Noise_White_1;    %构造的混合信号
Signal_Original_2=[zeros(1, 100), 20 * ones(1, 20), -2 * ones(1, 30), 5 * ones(1, 80), …
      -5 * ones(1, 30), 9 * ones(1, 140), -4 * ones(1, 40), 3 * ones(1, 220), 12 * ones(1, 100), …
      5 * ones(1, 20), 25 * ones(1, 30), 7 * ones(1, 190)];
Noise_White_2  =0.5 * randn(1, 1000);                %高斯白噪声
Mix_Signal_2=Signal_Original_2 + Noise_White_2;    %构造的混合信号
% * * * * * * * * * * * * * * * * * * * * * * * * * * * * * * * * * * * * * * * * * * * * * *
%      对信号 Mix_Signal_1 和 Mix_Signal_2　分别做中值滤波
% * * * * * * * * * * * * * * * * * * * * * * * * * * * * * * * * * * * * * * * * * * * * * *
figure;
Signal_Filter=medfilt1(Mix_Signal_1, 10);
subplot(4, 1, 1);                              %Mix_Signal_1 原始信号
plot(Mix_Signal_1);
axis([0, 1000, -5, 5]);
title('原始信号 1');
subplot(4, 1, 2);                              %Mix_Signal_1 中值滤波后信号
plot(Signal_Filter);
axis([0, 1000, -5, 5]);
title('中值滤波后的信号 1');
%混合信号 Mix_Signal_2　中值滤波
Signal_Filter=medfilt1(Mix_Signal_2, 10);
subplot(4, 1, 3);                              %Mix_Signal_2 原始信号
plot(Mix_Signal_2);
axis([0, 1000, -10, 30]);
title('原始信号 2');
subplot(4, 1, 4);                              %Mix_Signal_2 中值滤波后信号
plot(Signal_Filter);
axis([0, 1000, -10, 30]);
title('中值滤波后的信号 2');
```

运行程序，信号经中值滤波后的波形如图 7.16 所示。

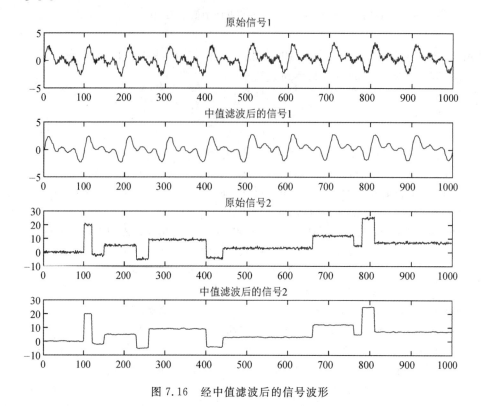

图 7.16   经中值滤波后的信号波形

中值滤波对于去掉偶然因素引起的干扰或传感器不稳定而造成的误差所引起的脉冲干扰比较合适。对缓慢变化的过程变量采用中值滤波效果比较好,但对快速变化的过程变量,如流量,则不宜采用。中值滤波对于采样点小于 3 次的情况也不宜采用。

3. RC 低通数字滤波

常用的一阶 RC 低通模拟滤波器电路如图 7.17 所示。在模拟电路常用其滤掉较高频率信号,保留较低频率信号。当要实现低频干扰的滤波时,即通频带要进一步变窄时,则需要增加电路的时间常数。而时间常数越大,必然要求 R 值或 C 值增大,C 值增大其漏电流也随之增大,从而使 RC 网络的误差增大。为了提高滤波效果,可以仿照 RC 低通滤波器,用数字形式实现低通滤波。

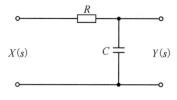

图 7.17   RC 低通模拟滤波器

由图 7.17 不难写出模拟低通滤波器的传递函数,即

$$G(s) = \frac{Y(s)}{X(s)} = \frac{1}{\tau_f s + 1} \tag{7-30}$$

其中,τ_f 为 RC 滤波器的时间常数,$\tau_f = RC$。由公式(7-30)可以看出,RC 低通滤波器实

际上是一个一阶惯性环节，所以 RC 低通数字滤波也称为惯性滤波。

为了将式(7-30)的算法利用计算机实现，必须将其转换成离散的表达式。首先将式(7-30)转换成微分方程的形式，然后利用后向差分法将微分方程离散化，过程如下：

$$\frac{\mathrm{d}y(t)}{\mathrm{d}t}\tau_f + y(t) = x(t) \tag{7-31}$$

$$\frac{y(k) - y(k-1)}{T}\tau_f + y(k) = x(k) \tag{7-32}$$

式中，$x(k)$ 为第 k 次输入值，$y(k-1)$ 为第 $k-1$ 次滤波结果输出值，T 为采样周期。

整理式(7-32)可得

$$y(k) = \frac{T}{T + \tau_f}x(k) + \frac{\tau_f}{T + \tau_f}y(k-1) = (1-\alpha)x(k) + \alpha y(k-1) \tag{7-33}$$

式中，$\alpha = \dfrac{\tau_f}{T + \tau_f}$ 为滤波平滑系数，且 $0 < \alpha < 1$。

RC 低通数字滤波对周期性干扰具有良好的抑制作用，适用于波动频率较高参数的滤波。其不足之处是引入了相位滞后，灵敏度低。引入的相位滞后程度取决于 α 值的大小。同时，它不能滤除掉频率高于采样频率二分之一（称为香农频率）以上的干扰信号。例如，当采样频率为 100 Hz 时，则它不能滤去 50 Hz 以上的干扰信号。对于高于香农频率的干扰信号，应采用模拟滤波器。

【例 7-4】 对叠加有高频信号的正弦信号采用 RC 低通数字滤波器进行滤波，MATLAB 程序如下：

```
Serial=0：0.1：100；
Fs=1；
Phase=0；
Amp=1；
%高频信号
N0=2 * pi * Fs * Serial − Phase；
X0=Amp * sin(N0)；
subplot(4，1，1)；
plot(X0)；
xlim([0，1000])；
title('高频信号')；
%低频信号
Fs=0.02；
N1=2 * pi * Fs * Serial − Phase；
X1=Amp * sin(N1)；
subplot(4，1，2)；
plot(X1)；
xlim([0，1000])；
title('低频信号')；
%高频低频叠加的信号
X2=X0+X1；
```

```
subplot(4,1,3);
plot(X2);
xlim([0,1000]);
title('高频低频叠加的信号');
%Xi-Yi=RC*(Yi - Yi-1)/DetalT
len=length(X2);
X3=X2;
p=0.05;
%一阶 RC 滤波得到 X3
for i=2:len
    X3(i)=p*X2(i)+(1-p)*X3(i-1);
end
subplot(4,1,4);
plot(X3);
xlim([0,1000]);
title('一阶 RC 滤波得到的信号');
```

运行程序,结果如图 7.18 所示。

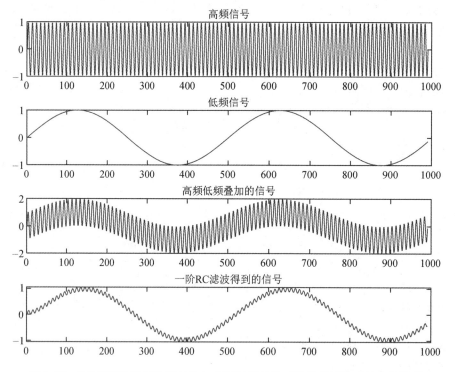

图 7.18　RC 低通数字滤波器对叠加有高频信号的正弦信号滤波后的信号波形

【例 7-5】　对两种典型信号采用一阶 RC 滤波法进行滤波,MATLAB 程序如下:

```
%创建信号 Mix_Signal_1 和信号 Mix_Signal_2
Fs=1000;                        %采样率
N=1000;                         %采样点数
n=0:N-1;
```

```
t=0：1/Fs：1-1/Fs；                    %时间序列
Signal_Original_1=sin(2 * pi * 10 * t)+sin(2 * pi * 20 * t)+sin(2 * pi * 30 * t)；
%前 500 点高斯分布白噪声，后 500 点均匀分布白噪声
Noise_White_1=[0.3 * randn(1，500)，rand(1，500)]；
Mix_Signal_1=Signal_Original_1 + Noise_White_1；      %构造的混合信号
Signal_Original_2=[zeros(1，100)，20 * ones(1，20)，-2 * ones(1，30)，5 * ones(1，80)，…
    -5 * ones(1，30)，9 * ones(1，140)，-4 * ones(1，40)，3 * ones(1，220)，1
    2 * ones(1，100)，…
    5 * ones(1，20)，25 * ones(1，30)，7 * ones(1，190)]；
Noise_White_2  =0.5 * randn(1，1000)；                 %高斯白噪声
Mix_Signal_2=Signal_Original_2 + Noise_White_2；       %构造的混合信号
% * * * * * * * * * * * * * * * * * * * * * * * * * * * * * * * * * * * * * * * * * *
%     对信号 Mix_Signal_1 和 Mix_Signal_2   分别做一阶 RC 滤波
% * * * * * * * * * * * * * * * * * * * * * * * * * * * * * * * * * * * * * * * * * *
figure；
%Xi-Yi=RC * (Yi - Yi-1)/DetalT
len=length(Mix_Signal_1)；
X1=Mix_Signal_1；
p=0.2；
%一阶 RC 滤波得到 X3
for i=2：len
    X2(i)=p * X1(i)+(1-p) * X2(i-1)；
end
subplot(4，1，1)；             %Mix_Signal_1 原始信号
plot(Mix_Signal_1)；
axis([0，1000，-5，5])；
title('原始信号 1')；
subplot(4，1，2)；             %Mix_Signal_1 一阶 RC 滤波后信号
plot( X2)；
axis([0，1000，-5，5])；
title('一阶 RC 滤波后的信号 1')；
%混合信号 Mix_Signal_2 中值滤波
len=length(Mix_Signal_2)；
X1=Mix_Signal_2；
p=0.2；
%一阶 RC 滤波得到 X3
for i=2：len
    X2(i)=p * X1(i)+(1-p) * X2(i-1)；
end
subplot(4，1，3)；             %Mix_Signal_2 原始信号
plot(Mix_Signal_2)；
axis([0，1000，-10，30])；
title('原始信号 2')；
```

```
subplot(4,1,4);            %Mix_Signal_2一阶RC滤波后信号
plot(X2);
axis([0,1000,-10,30]);
title('一阶RC滤波后的信号2');
```

运行程序，信号经一阶 RC 滤波后的波形如图 7.19 所示。

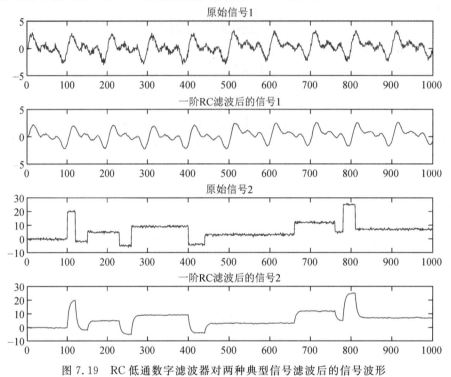

图 7.19　RC 低通数字滤波器对两种典型信号滤波后的信号波形

4. 巴特沃斯低通滤波

巴特沃斯滤波器的特点是通频带内的频率响应曲线最大限度平坦，没有起伏，而在阻频带则逐渐下降为零。在振幅的对数对角频率的波特图上，从某一边界角频率开始，振幅随着角频率的增加而逐步减少，趋向负无穷大。

巴特沃斯低通滤波器可用如下振幅的平方对频率的公式表示，即

$$|H(\omega)|^2 = \frac{1}{1+\left(\dfrac{\omega}{\omega_c}\right)^{2n}} = \frac{1}{1+\varepsilon^2\left(\dfrac{\omega}{\omega_p}\right)^{2n}} \tag{7-34}$$

其中：n＝滤波器的阶数；ω_c＝截止频率＝振幅下减为-3 dB 时的频率；ω_p＝通频带边缘频率；$\dfrac{1}{1+\varepsilon^2}$等于$|H(\omega)|^2$在通频带边缘数值。

由脉冲响应不变化对模拟滤波器进行变换，得到离散数字滤波器的表达式为

$$a(1)y(k)=b(1)x(k)+\cdots+b(k+1)x(1)-a(2)y(k-1)-a(3)y(k-2)-\cdots-a(k)y(1)$$

当离散表达式为$a(1)y(k)=b(1)x(k)+b(2)x(k-1)-a(2)y(k-1)-a(3)y(k-2)$时，C 语言程序如下：

```
const float b[2]={0,0.128580115806658};        //分子
```

```
const float a[3]={1，－1.42252474659021，0.553007125840971}；    //分母
float Data_Output[DATA_LENTH]；                //输出数据
float * but_filter(unsigned int len，float * x)         //len 为数组长度，x 为数组指针
{
    unsigned int i=2；
    static float init[2]={0，0}；              //初值，一开始设为 0
    if(len<2)  return Data_Output；            //如果长度小于 2，直接返回
    Data_Output[0]=init[0]；                  //赋初值
    Data_Output[1]=init[1]；
    for(i=2；i < len；i++)
    {
    Data_Output[i]=b[0] * x[i]+ b[1] * x[i-1]－a[1] * Data_Output[i-1]－
                a[2] * Data_Output[i-2]；
    /* 算法为 a1 * y(k)=b1 * x(k) + b2 * x(k-1) － a(2) * y(k-1) － a(3) * y(k-2) */
    /* 由于 a1=1，故不做除法 */
    }
    init[0]=Data_Output[len-2]；    //考虑到会被连续调用，此次的终值作为下次的初值
    init[1]=Data_Output[len-1]；
    return Data_Output；
}
```

【例 7 - 6】　对两种典型信号采用巴特沃斯低通滤波法进行滤波，MATLAB 程序如下：

```
%创建信号 Mix_Signal_1 和信号 Mix_Signal_2
Fs=1000；                    %采样率
N  =1000；                   %采样点数
n  =0：N-1；
t  =0：1/Fs：1-1/Fs；          %时间序列
Signal_Original_1=sin(2 * pi * 10 * t)+sin(2 * pi * 20 * t)+sin(2 * pi * 30 * t)；
%前 500 点高斯分布白噪声，后 500 点均匀分布白噪声
Noise_White_1=[0.3 * randn(1，500)，rand(1，500)]；
Mix_Signal_1=Signal_Original_1 + Noise_White_1；           %构造的混合信号

Signal_Original_2  =  [zeros(1，100)，20 * ones(1，20)，-2 * ones(1，30)，…
    5 * ones(1，80)，-5 * ones(1，30)，9 * ones(1，140)，-4 * ones(1，40)，3 * ones(1，220)，…
    12 * ones(1，100)，5 * ones(1，20)，25 * ones(1，30)，7 * ones(1，190)]；
Noise_White_2    =  0.5 * randn(1，1000)；                %高斯白噪声
Mix_Signal_2    =  Signal_Original_2 +Noise_White_2；      %构造的混合信号
% * * * * * * * * * * * * * * * * * * * * * * * * * * * * * * * * * * * * * * * * *
%    对信号 Mix_Signal_1 和 Mix_Signal_2 分别做巴特沃斯低通滤波
% * * * * * * * * * * * * * * * * * * * * * * * * * * * * * * * * * * * * * * * * *
%混合信号 Mix_Signal_1 巴特沃斯低通滤波
figure(1)；
Wc=2 * 50/Fs；                        %截止频率 50Hz
[b，a]=butter(4，Wc)；
```

```
Signal_Filter=filter(b, a, Mix_Signal_1);
subplot(4, 1, 1);                                    %Mix_Signal_1 原始信号
plot(Mix_Signal_1);
axis([0, 1000, -4, 4]);
title('原始信号 1');
subplot(4, 1, 2);                                    %Mix_Signal_1 低通滤波后信号
plot(Signal_Filter);
axis([0, 1000, -4, 4]);
title('巴特沃斯低通滤波后信号 1');
%混合信号 Mix_Signal_2  巴特沃斯低通滤波
Wc=2 * 100/Fs;                                        %截止频率 100Hz
[b, a]=butter(4, Wc);
Signal_Filter=filter(b, a, Mix_Signal_2);
subplot(4, 1, 3);                                    %Mix_Signal_2 原始信号
plot(Mix_Signal_2);
axis([0, 1000, -10, 30]);
title('原始信号 2 ');
subplot(4, 1, 4);                                    %Mix_Signal_2 低通滤波后信号
plot(Signal_Filter);
axis([0, 1000, -10, 30]);
title('巴特沃斯低通滤波后信号 2');
```

运行程序，信号经巴特沃斯低通滤波后的波形如图 7.20 所示。

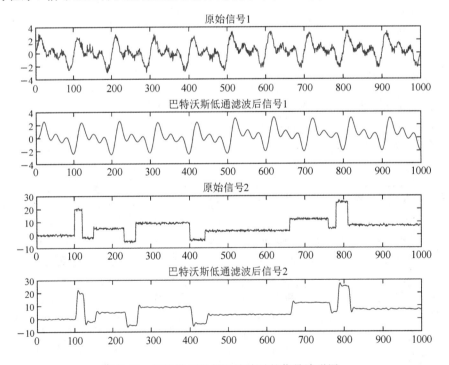

图 7.20　经巴特沃斯低通滤波后的信号波形图

5. FIR(Finite Impulse Response)滤波

FIR 滤波器是一种有限长单位冲激响应滤波器，又称为非递归型滤波器，是数字信号处理系统中最基本的元件，它可以在保证任意幅频特性的同时具有严格的线性相频特性，同时其单位抽样响应也是有限长的，因而是稳定的系统。因此，FIR 滤波器在通信、图像处理、模式识别等领域都有着广泛的应用。

有限长单位冲激响应滤波器有以下特点：

(1) 系统的单位冲激响应 $h(n)$ 在有限个 n 值处不为零。

(2) 系统函数 $H(z)$ 在 $|z|>0$ 处收敛，极点全部在 $z=0$ 处(因果系统)。

(3) 结构上主要是非递归结构，没有输出到输入的反馈，但有些结构中(例如频率抽样结构)包含有反馈的递归部分。

设 FIR 滤波器的单位冲激响应 $h(n)$ 为一个 N 点序列，$0 \leqslant n \leqslant N-1$，则滤波器的系统函数为

$$H(z) = \sum h(n)z^{-k}$$

就是说，它有 $(N-1)$ 阶极点在 $z=0$ 处，有 $(N-1)$ 个零点位于有限 Z 平面的任何位置。

【例 7 - 7】　对两种典型信号采用 FIR 滤波器进行滤波，MATLAB 程序如下：

```
%创建两个信号 Mix_Signal_1 和信号 Mix_Signal_2
Fs=1000;                                    %采样率
N  =1000;                                   %采样点数
n  =0：N-1;
t  =0：1/Fs：1-1/Fs;                        %时间序列
Signal_Original_1=sin(2 * pi * 10 * t)+sin(2 * pi * 20 * t)+sin(2 * pi * 30 * t);
%前 500 点高斯分布白噪声，后 500 点均匀分布白噪声
Noise_White_1=[0.3 * randn(1, 500), rand(1, 500)];
Mix_Signal_1=Signal_Original_1 + Noise_White_1;      %构造的混合信号

Signal_Original_2  = [zeros(1, 100), 20 * ones(1, 20), -2 * ones(1, 30), …
    5 * ones(1, 80), -5 * ones(1, 30), 9 * ones(1, 140), -4 * ones(1, 40), 3 * ones(1, 220), …
    12 * ones(1, 100), 5 * ones(1, 20), 25 * ones(1, 30), 7 * ones(1, 190)];
Noise_White_2=0.5 * randn(1, 1000);                  %高斯白噪声
Mix_Signal_2=Signal_Original_2 + Noise_White_2;      %构造的混合信号
% ************************************************************
%     对信号 Mix_Signal_1 和 Mix_Signal_2   分别做 FIR 滤波
% ************************************************************
%混合信号 Mix_Signal_1 FIR 滤波
figure;
F  = [0：0.05：0.95];
A  = [1, 1, 0, 0, 0, 0, 0, 0, 0, 0, 0, 0, 0, 0, 0, 0, 0, 0, 0, 0];
b  = firls(20, F, A);
Signal_Filter=filter(b, 1, Mix_Signal_1);
```

```
subplot(4, 1, 1);                      %Mix_Signal_1 原始信号 1
plot(Mix_Signal_1);
axis([0, 1000, -4, 4]);
title('原始信号 1');
subplot(4, 1, 2);                      %Mix_Signal_1 FIR 滤波后的信号 1
plot(Signal_Filter);
axis([0, 1000, -5, 5]);
title('FIR 滤波后的信号 1');

%混合信号 Mix_Signal_2FIR 低通滤波
F   =  [0:0.05:0.95];
A   =  [1, 1, 1, 1, 1, 0, 0, 0, 0, 0, 0, 0, 0, 0, 0, 0, 0, 0, 0, 0];
b   =  firls(20, F, A);
Signal_Filter=filter(b, 1, Mix_Signal_2);
subplot(4, 1, 3);                      %Mix_Signal_2 原始信号 2
plot(Mix_Signal_2);
axis([0, 1000, -10, 30]);
title('原始信号 2');
subplot(4, 1, 4);                      %Mix_Signal_2 FIR 滤波后的信号 2
plot(Signal_Filter);
axis([0, 1000, -10, 30]);
title('FIR 低通滤波后的信号 2');
```

运行程序，信号经 FIR 滤波后的波形如图 7.21 所示。

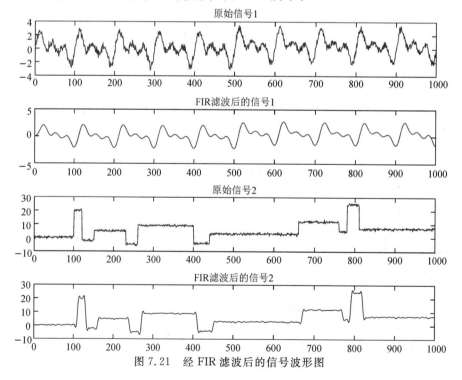

图 7.21　经 FIR 滤波后的信号波形图

6. 维纳滤波

维纳滤波(Wiener Filtering)器是一种基于最小均方误差准则，对平稳过程进行估计的最优估计器。这种滤波器的输出与期望输出之间的均方误差最小，因此，它是一个最佳滤波系统。它可用于提取被平稳噪声污染的信号。

维纳滤波的基本原理是：设观察信号 $y(t)$ 含有彼此统计独立的期望信号 $x(t)$ 和白噪声 $\omega(t)$，可用维纳滤波从观察信号 $y(t)$ 中恢复出期望信号 $x(t)$。设线性滤波器的冲激响应为 $h(t)$，此时其输入 $y(t)=x(t)+\omega(t)$，输出 $\hat{x}(t)=\int_0^\infty h(\tau)y(t-\tau)\,\mathrm{d}\tau$，从而可以得到输出 $\hat{x}(t)$ 对 $x(t)$ 期望信号的误差为

$$\varepsilon(t)=\hat{x}(t)-x(t) \tag{7-35}$$

其均方误差为

$$\overline{\varepsilon^2(t)}=E\left[\hat{x}(t)-x(t)\right] \tag{7-36}$$

式中 $E[\ ]$ 表示数学期望。由应用数学方法求最小均方误差时的线性滤波器的冲激响应 $h_{\mathrm{opt}}(t)$ 可得

$$R_{yx}(\tau)=\int_0^\infty R_{yy}(\tau-\sigma)h_{\mathrm{opt}}(\sigma)\,\mathrm{d}\sigma,\ \tau\geqslant 0 \tag{7-37}$$

式中，$R_{yx}(\tau)$ 为 $y(t)$ 与 $x(t)$ 的互相关函数，$R_{yy}(\tau-\sigma)$ 为 $y(t)$ 的自相关函数。上述方程称为维纳-霍夫(Wiener-Hopf)方程。求解维纳-霍夫方程可以得到最佳滤波器的冲激响应 $h_{\mathrm{opt}}(t)$。在一般情况下，求解上述方程是有一定困难的，因此这在一定程度上限制了这一滤波理论的应用。然而，维纳滤波对滤波和预测理论的开拓，影响着这一领域以后的发展。

【例 7-8】 对两种典型信号采用维纳滤波器进行滤波，MATLAB 程序如下：

```
%创建信号 Mix_Signal_1 和信号 Mix_Signal_2
Fs=1000;                                    %采样率
N  =1000;                                    %采样点数
n  =0：N−1;
t  =0：1/Fs：1−1/Fs;                          %时间序列
Signal_Original_1=sin(2*pi*10*t)+sin(2*pi*20*t)+sin(2*pi*30*t);
%前 500 点高斯分布白噪声，后 500 点均匀分布白噪声
Noise_White_1=[0.3*randn(1，500)，rand(1，500)];
Mix_Signal_1=Signal_Original_1 + Noise_White_1;   %构造的混合信号
Signal_Original_2  = [zeros(1，100)，20*ones(1，20)，−2*ones(1，30)，…
    5*ones(1，80)，−5*ones(1，30)，9*ones(1，140)，−4*ones(1，40)，3*ones(1，220)，…
    12*ones(1，100)，5*ones(1，20)，25*ones(1，30)，7*ones(1，190)];
Noise_White_2=0.5*randn(1，1000);                %高斯白噪声
Mix_Signal_2=Signal_Original_2 + Noise_White_2;  %构造的混合信号
%*********************************************************
%    对信号 Mix_Signal_1 和 Mix_Signal_2 分别做维纳滤波
%*********************************************************
%混合信号 Mix_Signal_1 维纳滤波
figure(5);
Rxx=xcorr(Mix_Signal_1，Mix_Signal_1);          %得到混合信号的自相关函数
```

```
M=100;                                      %维纳滤波器阶数
for i=1: M                                  %得到混合信号的自相关矩阵
    for j=1: M
        rxx(i, j)=Rxx(abs(j-i)+N);
    end
end
Rxy=xcorr(Mix_Signal_1, Signal_Original_1);  %得到混合信号和原信号的互相关函数
for i=1: M
    rxy(i)=Rxy(i+N-1);
end                                          %得到混合信号和原信号的互相关向量
h=inv(rxx) * rxy';                           %得到所要涉及的 Wiener-Hopf 滤波器系数
Signal_Filter=filter(h, 1, Mix_Signal_1);    %将输入信号通过维纳滤波器
subplot(4, 1, 1);                            %Mix_Signal_1 原始信号
plot(Mix_Signal_1);
axis([0, 1000, -5, 5]);
title('原始信号 1');
subplot(4, 1, 2);                            %Mix_Signal_1 维纳滤波后信号
plot(Signal_Filter);
axis([0, 1000, -5, 5]);
title('维纳滤波后的信号 1');


%混合信号 Mix_Signal_2   维纳滤波
Rxx=xcorr(Mix_Signal_2, Mix_Signal_2);       %得到混合信号的自相关函数
M=500;                                       %维纳滤波器阶数
for i=1: M                                   %混合信号的自相关矩阵
    for j=1: M
        rxx(i, j)=Rxx(abs(j-i)+N);
    end
end
Rxy=xcorr(Mix_Signal_2, Signal_Original_2);  %混合信号和原信号的互相关函数
for i=1: M
    rxy(i)=Rxy(i+N-1);
end                                          %得到混合信号和原信号的互相关向量
h=inv(rxx) * rxy';                           %得到所要涉及的 wiener 滤波器系数
Signal_Filter=filter(h, 1, Mix_Signal_2);    %将输入信号通过维纳滤波器
subplot(4, 1, 3);                            %Mix_Signal_2 原始信号
plot(Mix_Signal_2);
axis([0, 1000, -10, 30]);
title('原始信号 2');
subplot(4, 1, 4);                            %Mix_Signal_2 维纳滤波后信号
plot(Signal_Filter);
axis([0, 1000, -10, 30]);
title('维纳滤波后的信号 2');
```

运行程序，信号经维纳滤波后的波形如图 7.22 所示。

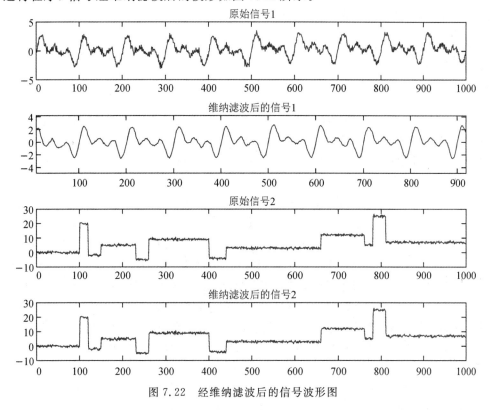

图 7.22　经维纳滤波后的信号波形图

7. Kalman 滤波

Kalman(也称为卡尔曼)滤波是一种时域滤波方法，它把状态空间的概念引入随机估计理论中，把信号过程视为白噪声作用下的一个线性系统的输出，用状态方程来描述这种输入-输出关系，估计过程中利用系统状态方程、观测方程和白噪声激励(即系统过程噪声(Q)和观测噪声)，将它们的统计特性形成滤波算法。基本思想是：采用信号、噪声、状态空间模型，利用前一时刻的状态最优估计值及其误差方差估计和现时刻的量测值来更新对状态变量的估计，求出现在时刻的最优估计值。Kalman 滤波不但可以对平稳的一维随机过程进行估计，也可以对非平稳的多维随机过程进行估计。

Kalman 滤波的基本假设条件如下：

(1) 后验概率分布 $p(x_{k-1}|y_{1:k-1})$ 为高斯分布。

(2) 动态系统是线性的，即

$$x_k = Ax_{k-1} + Bu_{k-1} + q_{k-1} \tag{7-38}$$

$$y_k = Hx_k + r_k \tag{7-39}$$

式中：x_k 为系统 k 时刻的状态；u_{k-1} 为系统 $k-1$ 时刻输入的控制量；A 为状态转移矩阵；B 为控制输入矩阵；q_{k-1} 为系统 $k-1$ 时刻的状态噪声，即白噪声($\omega \sim N(0, Q)$)；y_k 为系统 k 时刻的观测值，即传感器获得的带有噪声的数据；H 是状态变量到量测(观测)值的转换矩阵，表示将状态变量和观测值连接起来的关系，它在 Kalman 滤波器中为线性关系，负责将 m 维的量测值转换为 n 维矩阵，使之符合状态变量的数学形式，是 Kalman 滤波的前提条件之一(比如,状态变量为位移 s、速度 v;观测值为位移 s,则 $\boldsymbol{H}$ 为 1×2 矩阵);r_k 为观测噪声,服从高斯分布,即 $r_k\sim N(0,R)$。

Kalman 滤波算法的 5 个核心公式如下:

(1) 预测公式(两个):

$$\hat{\boldsymbol{x}}'_k=\boldsymbol{A}\hat{\boldsymbol{x}}_{k-1}+\boldsymbol{B}\boldsymbol{u}_k \tag{7-40}$$

$$\boldsymbol{P}'_k=\boldsymbol{A}\boldsymbol{P}_{k-1}\boldsymbol{A}^{\mathrm{T}}+\boldsymbol{Q} \tag{7-41}$$

式(7-40)根据 $k-1$ 时刻的状态去估计 k 时刻的状态,获得 k 时刻状态的先验信息。式中 $\boldsymbol{u}_k$ 为模型的修正向量,用于对建立的模型进行修正,该项在 Kalman 滤波算法中不是必备的。

式(7-41)根据运动方程计算 k 时刻状态先验信息的协方差矩阵。

(2) 更新公式(3 个):

$$\boldsymbol{K}=\boldsymbol{P}'_k\boldsymbol{H}^{T}(\boldsymbol{H}\boldsymbol{P}'_k\boldsymbol{H}^{T}+\boldsymbol{R})^{-1} \tag{7-42}$$

$$\hat{\boldsymbol{x}}_k=\hat{\boldsymbol{x}}'+\boldsymbol{K}(\boldsymbol{y}_k-\boldsymbol{H}\hat{\boldsymbol{x}}') \tag{7-43}$$

$$\boldsymbol{P}_k=\boldsymbol{P}'_h-\boldsymbol{K}\boldsymbol{H}\boldsymbol{P}'_k=(\boldsymbol{I}-\boldsymbol{K}\boldsymbol{H})\boldsymbol{P}'_k \tag{7-44}$$

式中:$\boldsymbol{A}$ 称为状态转移矩阵,其描述了系统的状态方程模型;$\boldsymbol{Q}$ 为过程噪声,描述了建立系统的模型准确度;$\boldsymbol{P}'_k$ 为协方差矩阵,描述了各状态量之间的相关性;$\boldsymbol{P}_k$ 为经过修正的协方差矩阵;$\hat{\boldsymbol{x}}'_k$ 为状态变量估计值;$\hat{\boldsymbol{x}}_k$ 为经过量测方程修正的状态变量估计值;$\boldsymbol{K}$ 为 Kalman 增益,描述的是量测值对于状态变量的修正权重;$\boldsymbol{y}_k$ 为观测值,多为传感器量测值或其等价值;$\boldsymbol{H}$ 为测量矩阵,描述量测值与状态变量之间的关系;$\boldsymbol{R}_k$ 为测量噪声矩阵,描述传感器的测量噪声。

Kalman 滤波算法的流程如下:

(1) 确定系统的状态转移矩阵 $\boldsymbol{A}$ 与测量矩阵 $\boldsymbol{H}$。

(2) 确定协方差矩阵初值 $\boldsymbol{P}_0$ 与状态量初值 x_0。

(3) 更新 Kalman 增益 $\boldsymbol{K}$。

(4) 根据测量向量 $\boldsymbol{H}$、Kalman 增益 $\boldsymbol{K}$、量测值 z_k 以及修正状态量 $\hat{\boldsymbol{x}}'_k$,得到更新的状态估计值 $\hat{\boldsymbol{x}}_k$。

(5) 更新协方差矩阵,得到 $\boldsymbol{P}_k$。

(6) 根据状态转移矩阵,递推状态方程,预测下一周期状态量 $\hat{\boldsymbol{x}}'_k$。

(7) 根据状态转移矩阵,递推协方差矩阵,预测下一周期协方差阵 $\boldsymbol{P}'_k$。

【例 7-9】 编写 ADC 采样信号的 Kalman 滤波单片机 C 语言程序。

解 假设 ADC 采样的值已经为稳定状态,设 $k+1$ 时刻 ADC 采样值为 X_{k+1},则 k 时刻 ADC 实际值为 X_k,并设 $k+1$ 时刻的采样值为 Y_{k+1},则有:

$$\begin{cases}\boldsymbol{X}_{k+1}=\boldsymbol{X}_k+\delta_1\\\boldsymbol{Y}_{k+1}=\boldsymbol{X}_{k+1}+\delta_2\end{cases}$$

式中,δ_1 为系统噪声,δ_2 为测量噪声。

C 语言程序如下:

```
unsigned long kalman_filter( unsigned long ADC_Value )
{
    float LastData;
    float NowData;
    float kalman_adc;
```

```
        static float kalman_adc_old＝0;
        static float P1;
        static float Q＝0.00001;
        static float R＝0.00001;
        static float K＝0;
        static float P＝1;
        NowData＝ADC_Value;
        LastData＝kalman_adc_old;
        P＝P1 ＋ Q;
        K＝P / ( P ＋ R );
        kalman_adc＝LastData ＋ K ＊ ( NowData － kalman_adc_old );
        P1＝( 1 － K ) ＊ P;
        P＝P1;
        kalman_adc_old＝kalman_adc;
        return ( kalman_adc );
    }
//主程序
while(1)
{    KEY_Process();
     Read_adc();                  //读取数据存入 dat
     dat＝kalman_filter(dat);      //调用 Kalman 滤波函数
     Volt＝dat/4095.0 ＊ 3.3;
}
```

【例 7 - 10】 匀速直线运动的 MATLAB Kalman 滤波估计实例。

解　假设物体以 2.5 m/s 的速度匀速运动，初速度为 0，初始位置在 6 m 处，叠加幅值为 5 m 的随机噪声，Q 取值为 0，测量噪声 R 取 25，采样间隔为 1 s，采用 Kalman 滤波对采集数据进行 MATLAB 仿真。

建立对应的运动方程，即

$$p(t)=2.5v(t)+6$$

对该线性系统，其观测状态为位置和速度，其状态变量为

$$x_k=\begin{bmatrix} p_k \\ v_k \end{bmatrix}$$

根据运动学方程，可得

$$\begin{bmatrix} p_k \\ v_k \end{bmatrix}=\begin{bmatrix} 1 & \Delta t \\ 0 & 1 \end{bmatrix}\begin{bmatrix} p_{k-1} \\ v_{k-1} \end{bmatrix}$$

因此，状态转移矩阵为

$$A=\begin{bmatrix} 1 & \Delta t \\ 0 & 1 \end{bmatrix}$$

测量方程为

$$y_k=Hx_k+V_k$$

观测量为位置，则有

$$\begin{bmatrix} \hat{p}_k \\ \hat{v}_k \end{bmatrix} = \begin{bmatrix} 1 & 0 \end{bmatrix} \begin{bmatrix} p_k \\ v_k \end{bmatrix}$$

其测量矩阵 $\boldsymbol{H}$ 为

$$\boldsymbol{H} = \begin{bmatrix} 1 & 0 \end{bmatrix}$$

协方差矩阵的初值取一个较大值，本例取值为

$$\boldsymbol{P}_0 = \begin{bmatrix} 100 & 0 \\ 0 & 100 \end{bmatrix}$$

状态量初值为

$$\boldsymbol{x}_0 = \begin{bmatrix} 6 \\ 0 \end{bmatrix}$$

MATLAB 程序如下：

```
close all; clear; clc;
A=[1, 1; 0, 1]; H=[1, 0; 0, 1];
x0=[6, 0]'; p0=[100, 0; 0, 100];
Q=[0, 0; 0, 0]; R=[25, 0; 0, 1];
t=1: 1: 100;
x_real_in. Data=2.5 * t+6;                    %理想数据
x_in. Time=t;
x_in. Data=2.5 * t+6+5 * randn(1, 100);   %采集数据
length=size(x_in. Time);
length=length(1, 2);
x_k=[]; p_k=[];
k_k=[];
plot_x=[];
x_k=x0; p_k=p0;
for i=1 : length
    %状态方程更新
    x_k=A * x_k;
    p_k=A * p_k * A' + Q;
    %测量方程更新
    k_k=(p_k * H') * inv(H * p_k * H' + R);
    y=[x_in. Data(i), 2.5]';
    x_k=x_k + k_k * (y - H * x_k);
    p_k=p_k - k_k * H * p_k;
    plot_x(i)=x_k(1);
end
plot(x_in. Data, 'r', 'linewidth', 1.2);
hold on;
plot(plot_x, 'g', 'linewidth', 1.2);
plot(x_real_in. Data, 'b--', 'linewidth', 0.8);
legend('观测值', '滤波后输出的估计值', '理想数据')
gridon; hold off;
```

运行程序，Kalman 滤波仿真效果如图 7.23 所示，其中蓝色曲线为系统模型输出的理想数据，绿色为 Kalman 滤波后输出的估计值，红色为叠加测量噪声之后的观测值。当测量噪声取值合适时，Kalman 滤波的估计值能够较好地跟踪匀速直线运动这类线性系统的模型输出。

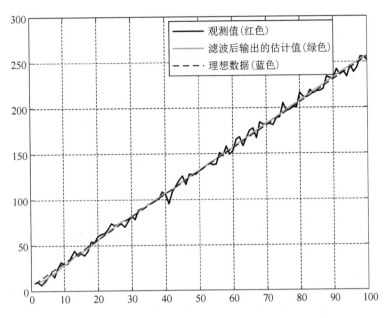

图 7.23　Kalman 滤波仿真效果

【**例 7 - 11**】　创建 200 个均值为 25 的随机数，X(0|0)＝1，P(0|0)＝10。用 MATLAB 对 Kalman 滤波和平滑滤波结果进行对比。

MATLAB 程序如下：

```
clear
clc;
N=300; CON=25;
%%%%%%%%%%%%%%%kalman filter%%%%%%%%%%%%%%%%%%%
x=zeros(1, N);
y=2^0.5 * randn(1, N) * 0.5 + CON;        %加过程噪声的状态输出
x(1)=1; p=10;
cov(randn(1, N));
Q=cov(randn(1, N));                       %过程噪声协方差
R=cov(randn(1, N));                       %观测噪声协方差
for k=2 : N
    x(k)=x(k - 1);                        %预估计 k 时刻状态变量的值
    p=p + Q;                              %对应于预估值的协方差
    kg=p / (p + R);                       %kalman 增益
    x(k)=x(k) + kg * (y(k) - x(k));
    p=(1 - kg) * p;
end
```

```
%%%%%%%%%%%SmoothnessFilter%%%%%%%%%%%%%%%%%%%%
Filter_Wid＝10；
smooth_res＝zeros(1，N)；
for i＝Filter_Wid ＋ 1 ：N
    tempsum＝0；
    for j＝i － Filter_Wid ：i － 1
        tempsum＝tempsum ＋ y(j)；
    end
    smooth_res(i)＝tempsum / Filter_Wid；
end
t＝1：N；
figure(1)；
expValue＝zeros(1，N)；
for i＝1：N
    expValue(i)＝CON；
end
subplot(2，2，1)，plot(t，expValue)；title('期望结果')；axis([0，N，0，30])；
subplot(2，2，2)，plot(t，x)；    title('卡尔曼滤波结果')；axis([0，N，0，30])；
subplot(2，2，3)，plot(t，y)；    title('加过程噪声结果')；axis([0，N，0，30])；
subplot(2，2，4)，plot(t，smooth_res)；title('平滑滤波结果')；axis([0，N，0，30])；
```

运行程序，Kalman 滤波与平滑滤波结果比较如图 7.24 所示。

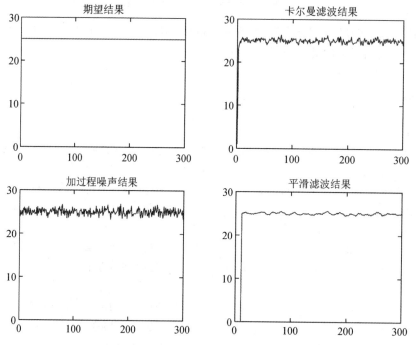

图 7.24　Kalman 滤波与平滑滤波结果比较

8. 自适应滤波

自适应滤波是近年来在维纳滤波，Kalman 滤波等线性滤波基础上发展起来的一种最佳滤波方法。自适应滤波通常用于去噪，广泛应用于信号处理、控制、图像处理等许多不同领域。它具有更强的适应性和更优的滤波性能，是一种更智能更有针对性的滤波方法。

对自适应滤波算法的研究是当今自适应信号处理中最为活跃的研究课题之一。自适应滤波算法广泛应用于系统辨识、回波消除、自适应谱线增强、自适应信道均衡、语音线性预测、自适应天线阵等诸多领域中。总之，寻求收敛速度快、计算复杂性低、数值稳定性好的自适应滤波算法是研究人员不断努力追求的目标。虽然线性自适应滤波器和相应的算法具有结构简单、计算复杂性低的优点而广泛应用于实际，但由于其对信号的处理能力有限而在应用中受到了限制。由于非线性自适应滤波器，如 Voletrra 滤波器和基于神经网络的自适应滤波器，具有更强的信号处理能力，因此已成为自适应信号处理的一个研究热点。自适应滤波较典型的几种算法包括：

(1) LMS 自适应滤波算法。

(2) RLS 自适应滤波算法。

(3) 变换域自适应滤波算法。

(4) 仿射投影算法。

(5) 共轭梯度算法。

(6) 基于子带分解的自适应滤波算法。

(7) 基于 QR 分解的自适应滤波算法。

【例 7 - 12】 对两种典型信号进行 LMS 自适应滤波，MATLAB 程序如下：

```
%创建信号 Mix_Signal_1 和信号 Mix_Signal_2
Fs＝1000；                                        %采样率
N＝1000；                                         %采样点数
n＝0：N－1；
t＝0：1/Fs：1－1/Fs；                              %时间序列
Signal_Original_1＝sin(2 * pi * 10 * t)＋sin(2 * pi * 20 * t)＋sin(2 * pi * 30 * t)；
%前 500 点高斯分布白噪声，后 500 点均匀分布白噪声
Noise_White_1＝[0.3 * randn(1, 500), rand(1, 500)]；
Mix_Signal_1＝Signal_Original_1 ＋ Noise_White_1；        %构造的混合信号

Signal_Original_2  ＝ [zeros(1, 100), 20 * ones(1, 20), －2 * ones(1, 30), ….
    5 * ones(1, 80), －5 * ones(1, 30), 9 * ones(1, 140), －4 * ones(1, 40), 3 * ones(1, 220),
    12 * ones(1, 100), 5 * ones(1, 20), 25 * ones(1, 30), 7 * ones(1, 190)]；
Noise_White_2＝  0.5 * randn(1, 1000)；               %高斯白噪声
Mix_Signal_2＝  Signal_Original_2 ＋ Noise_White_2；    %构造的混合信号
%******************************************************
%     对信号 Mix_Signal_1 和 Mix_Signal_2 分别做自适应滤波
%******************************************************
% 混合信号 Mix_Signal_1 自适应滤波
figure；
```

```
N=1000;                              %输入信号抽样点数 N
k=100;                               %时域抽头 LMS 算法滤波器阶数
u=0.001;                             %步长因子
%设置初值
yn_1=zeros(1, N);                    %输出 signal
yn_1(1: k)=Mix_Signal_1(1: k);      %将输入信号 SignalAddNoise 的前 k 个值作为输出 yn_1 的
                                     %前 k 个值
w=zeros(1, k);                       %设置抽头加权初值
e=zeros(1, N);                       %误差信号


%用 LMS 算法迭代滤波
for i=(k+1): N
    XN=Mix_Signal_1((i-k+1): (i));
    yn_1(i)=w * XN';
    e(i)=Signal_Original_1(i)-yn_1(i);
    w=w+2 * u * e(i) * XN;
end
subplot(4, 1, 1);
plot(Mix_Signal_1);                  %Mix_Signal_1 原始信号
axis([k+1, 1000, -4, 4]);
title('原始信号 1');
subplot(4, 1, 2);
plot(yn_1);                          %Mix_Signal_1 自适应滤波后信号
axis([k+1, 1000, -4, 4]);
title('自适应滤波后信号 1');


%混合信号 Mix_Signal_2 自适应滤波
N=1000;                              %输入信号抽样点数 N
k=500;                               %时域抽头 LMS 算法滤波器阶数
u=0.000011;                          %步长因子
%设置初值
yn_1=zeros(1, N);                    %输出信号
yn_1(1: k)=Mix_Signal_2(1: k);      %将输入信号的前 k 个值作为输出的前 k 个值
w=zeros(1, k);                       %设置抽头加权初值
e=zeros(1, N);                       %误差信号


%用 LMS 算法迭代滤波
for i=(k+1): N
    XN=Mix_Signal_2((i-k+1): (i));
    yn_1(i)=w * XN';
    e(i)=Signal_Original_2(i)-yn_1(i);
    w=w+2 * u * e(i) * XN;
end
```

```
subplot(4，1，3)；
plot(Mix_Signal_2)；                    ％Mix_Signal_2 原始信号
axis([k+1，1000，−10，30])；
title('原始信号 2')；


subplot(4，1，4)；
plot(yn_1)；                            ％Mix_Signal_2 自适应滤波后信号
axis([k+1，1000，−10，30])；
title('自适应滤波后信号 2')；
```

运行程序，信号经自适应滤波后的波形如图 7.25 所示。

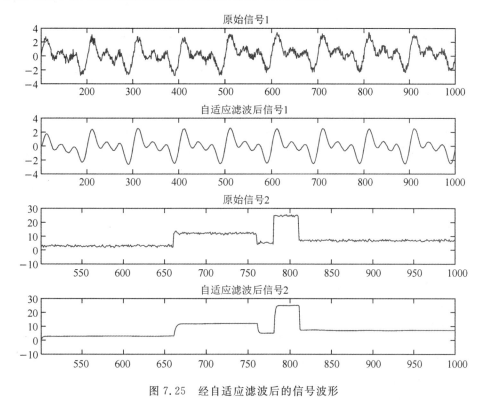

图 7.25　经自适应滤波后的信号波形

9. 小波滤波

小波滤波是对时间(空间)频率的局部化分析，它通过伸缩平移运算对信号(函数)逐步进行多尺度细化，最终达到高频处时间细化，低频处频率细化，能自动适应时频信号分析的要求，从而可聚焦到信号的任意细节。

小波滤波主要是利用其特有的多分辨率性、去相关性和选基灵活性的特点，使它在去噪方面大有可为。信号经过小波滤波后，在不同的分辨率下呈现出不同规律，设定阈值门限和调整小波系数，就可以达到小波滤波去噪的目的。

这种方法保留了大部分包含信号的小波系数，因此可以较好地保持信号的细节。利用小波滤波进行去噪主要有 3 个步骤：(1)对信号进行小波分解；(2)对经过层次分解后的高频系数进行阈值量化；(3)利用二维小波重构信号。

【例 7 - 13】　对两种典型信号进行小波滤波，MATLAB 程序如下：

```
%创建信号 Mix_Signal_1 和信号 Mix_Signal_2
Fs=1000;                                    %采样率
N  =1000;                                    %采样点数
n  =0：N-1;
t  =0：1/Fs：1-1/Fs;                         %时间序列
Signal_Original_1=sin(2 * pi * 10 * t)+sin(2 * pi * 20 * t)+sin(2 * pi * 30 * t);
%前 500 点高斯分布白噪声，后 500 点均匀分布白噪声
Noise_White_1=[0.3 * randn(1, 500), rand(1, 500)];
Mix_Signal_1=Signal_Original_1 + Noise_White_1;      %构造的混合信号

Signal_Original_2   =  [zeros(1, 100), 20 * ones(1, 20), -2 * ones(1, 30), …
    5 * ones(1, 80), -5 * ones(1, 30), 9 * ones(1, 140), -4 * ones(1, 40), 3 * ones(1, 220), …
    12 * ones(1, 100), 5 * ones(1, 20), 25 * ones(1, 30), 7 * ones(1, 190)];
Noise_White_2=  0.5 * randn(1, 1000);                         %高斯白噪声
Mix_Signal_2=  Signal_Original_2 + Noise_White_2;    %构造的混合信号
% **************************************************************
%     对信号 Mix_Signal_1 和 Mix_Signal_2 分别做小波滤波
% **************************************************************
%混合信号 Mix_Signal_1 小波滤波
figure;
subplot(4, 1, 1);
plot(Mix_Signal_1);                                 %Mix_Signal_1 原始信号
axis([0, 1000, -5, 5]);
title('原始信号 1');
subplot(4, 1, 2);
[xd, cxd, lxd]=wden(Mix_Signal_1, 'sqtwolog', 's', 'one', 2, 'db3');
plot(xd);                                           %Mix_Signal_1 小波滤波后信号
axis([0, 1000, -5, 5]);
title('小波滤波后信号 1');

%混合信号 Mix_Signal_2 小波滤波
subplot(4, 1, 3);
plot(Mix_Signal_2);                                 %Mix_Signal_2 原始信号
axis([0, 1000, -10, 30]);
title('原始信号 2');
subplot(4, 1, 4);
[xd, cxd, lxd]=wden(Mix_Signal_2, 'sqtwolog', 'h', 'sln', 3, 'db3');
plot(xd);                                           %Mix_Signal_2 小波滤波后信号
axis([0, 1000, -10, 30]);
title('小波滤波后信号 2');
```

运行程序，信号经小波滤波后的波形如图 7.26 所示。

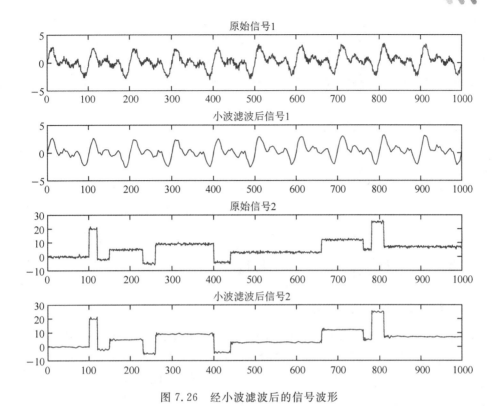

图 7.26　经小波滤波后的信号波形

10. 复合数字滤波

为了进一步提高滤波效果，有时可以把具有两种或两种以上不同滤波功能的数字滤波器组合起来，组成复合数字滤波器（或称多级数字滤波器）。例如，前边讲的算术平均值滤波或加权平均值滤波，都只能对周期性的脉动采样值进行平滑加工，但对于随机的脉冲干扰，如电网的波动、变送器的临时故障等，则无法消除。然而，中值滤波却可以解决这个问题。因此，我们可以将它们组合起来，形成多功能的复合滤波。即把采样值先按从小到大的顺序排列起来，然后将最大值和最小值去掉，再把余下的部分求和并取其平均值。这种滤波方法的原理可由下式表示，即有

若 $x(1) \leqslant x(2) \leqslant \cdots \leqslant x(N)$，$3 \leqslant N \leqslant 14$，则

$$y(k) = \frac{[x(2) + x(3) + \cdots + x(N-1)]}{N-2} = \frac{1}{N-2} \sum_{i=2}^{N-1} x(i) \qquad (7-45)$$

式(7-45)也称作防脉冲干扰平均值滤波。该方法兼容了算术平均值滤波和中值滤波的优点。当采样点数不多时，它的优点尚不够明显，但在快、慢速系统中，它却都能削弱干扰，提高控制质量。当采样点数为 3 时，则为中值滤波。

11. 数字滤波性能的选用

以上介绍了数字滤波方法，每种滤波方法都有其各自的特点，可根据具体的测量参数进行合理的选用。

（1）根据滤波效果选用滤波方法。

一般来说，对于变化比较慢的参数，如温度，可选用中值滤波及一阶 RC 低通滤波方

法。对那些变化比较快的脉冲参数，如压力、流量等，则可选择算术平均值滤波和加权平均值滤波法，选用加权平均值滤波法会更好。至于要求比较高的系统，则需要用复合滤波法。当选用算术平均值滤波法和加权平均值滤波法时，其滤波效果与所选择的采样次数 N 有关。N 越大，则滤波效果越好，但花费的时间也愈长。高通及低通滤波方法是比较特殊的滤波方法，使用时一定要根据其特点选用。

（2）根据滤波时间选用滤波方法。

在考虑滤波效果的前提下，应尽量采用执行时间比较短的程序，若计算机时间允许，应采用效果更好的复合滤波方法。

注意，数字滤波在热工和化工过程控制系统中并非一定需要，需根据具体情况，经过分析、实验加以选用。不适当地应用数字滤波（例如，可能将待控制的信号滤掉），反而会降低控制效果，以至失控，因此必须给予注意。

7.3.2　输入/输出数字量的软件抗干扰技术

1. 输入数字量的软件抗干扰技术

干扰信号多呈毛刺状，作用时间短，利用这一特点，对于输入的数字信号，可以通过重复采集的方法，将随机干扰引起的虚假输入状态信号滤除掉。若多次数据采集后，信号总是变化不定，则应停止数据采集并报警；或者在一定采集时间内计算出出现高电平、低电平的次数，将出现次数高的电平作为实际采集数据。对每次采集的最高次数限额或连续采样次数可按照实际情况适当调整。

2. 输出数字量的软件抗干扰技术

当系统受到干扰后，往往使可编程的输出端口状态发生变化，因此可以通过反复对这些端口定期重写控制字、输出状态字来维持既定的输出端口状态。只要有可能，其重复周期应尽可能短。这样外部设备受到一个被干扰的错误信息后，还来不及做出有效的反应，一个正确的输出信息又来到了，就可及时防止错误动作的发生。对于重要的输出设备，最好建立反馈检测通道，CPU 通过检测输出信号来确定输出结果的正确性，如果检测到错误，则应及时修正。

7.3.3　指令冗余技术

在计算机控制器的指令系统中，有单字节指令、双字节指令、三字节指令等，CPU 的取指过程是先取操作码，后取操作数。当 CPU 受到干扰后，程序便会脱离正常运行轨道，而出现"飞车"现象，出现操作数数值改变，以及将操作数当作操作码的错误。因单字节指令中仅含有操作码，其中隐含有操作数，所以当程序跑飞到单字节指令时，便自动回归轨道。但当跑飞到某一双字节指令时，有可能落在操作数上，从而继续出错。当程序跑飞到三字节指令时，因其有两个操作数，继续出错的机会就更大。

为了使跑飞的程序在程序区内迅速回归正轨，应该多用单字节指令，并在关键地方人为地插入一些单字节指令如 NOP，或将有效单字节指令重复书写（称之为指令冗余）。指令冗余显然会降低系统的效率，但随着科技的进步，指令的执行时间越来越短，所以一般对控制系统的影响可以不用考虑，因此该方法得到了广泛的应用。具体编程时，可从以下两方面考虑进行指令冗余。

（1）在一些对程序流向起决定作用的指令和某些对工作状态起重要作用的指令之前插入两条 NOP 指令，以保证跑飞的程序能迅速地回归正常轨道。

（2）在一些对程序流向起决定作用的指令和某些对工作状态起重要作用的指令的后面重复书写这些指令，以确保这些指令的正确执行。

由以上可以看出，指令冗余技术可以减少程序跑飞的次数，使其很快回归正常程序轨道。采用指令冗余技术使程序回归正常轨道的条件是：跑飞的程序必须在程序运行区，并且必须能执行到冗余指令。

7.3.4　软件陷阱技术

当跑飞的程序进入非程序区（如 EPROM 未使用的空间）或表格区时，采用指令冗余技术使程序回归正常轨道的条件便不能满足。此时就不能再采用指令冗余技术，可以利用软件陷阱技术拦截跑飞程序。

软件陷阱技术就是一条软件引导指令，强行将捕获的程序引向一个指定的地址，在指定地址的地方有一段专门对程序出错进行处理的程序。如果把出错处理程序的入口地址标记为 ERR 的话，软件陷阱即为一条无条件转移指令。为了加强其捕获效果，一般还在无条件转移指令前面加两条 NOP 指令。因此真正的软件陷阱程序如下：

　　　NOP
　　　NOP
　　　JMP ERR

软件陷阱一般安排在以下 5 种地方：

（1）未使用的中断向量区。

（2）未使用的大片 ROM 区。

（3）表格。

（4）运行程序区。

（5）中断服务程序区。

因软件陷阱都安排在正常程序执行不到的地方，故不影响程序执行效率，在 EPROM 容量允许的情况下，多多益善[25]。

7.4　数字 PID 控制器的工程实现

数字 PID 控制器由于具有参数整定方便、结构改变灵活（如 PI、PD、PID 结构）、控制效果较佳的优点，而获得广泛的应用。数字 PID 控制器就是按 PID 控制算法编制的一段应用程序，在设计 PID 控制程序时，必须考虑各种工程实际情况，并含有一些必要的功能以便用户选择。数字 PID 控制器可分为 6 个控制模块，如图 7.27 所示。

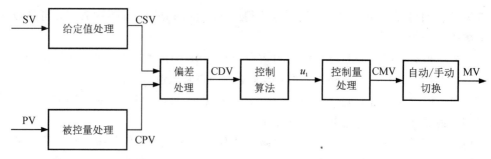

图 7.27　数字 PID 控制器的控制模块

7.4.1　给定值处理模块的实现

给定值包括选样给定值 SV 和给定值变化率限制 SR 两部分，如图 7.28 所示。通过选择软开关 CL/CR，可构成内给定状态或外给定状态；通过选择软开关 CAS/SCC 可以构成串级控制或监督控制(SCC)。

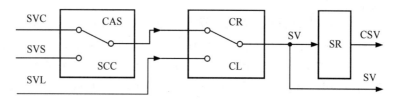

图 7.28　给定值处理模块

1. 内给定状态

当软开关 CL/CR 切向 CL 位置时，选择本级控制回路设置的给定位 SVL。这时系统处于单回路控制的内部给定状态。利用给定值键可以修改给定值。

2. 外给定状态

当软开关 CL/CR 切向 CR 位置时，给定值来自上位计算机、主回路或运算模块，系统处于外给定状态。在此状态下，可以实现以下两种控制方式。

(1) SCC 控制：当软开关 CAS/SCC 切向 SCC 位置时，接收来自上位计算机的给定值 SVS，以便实现二级计算机控制。

(2) 串级控制：当软开关 CAS/SCC 切向 CAS 位置时，给定值 SVS 来自主调节模块，实现串级控制。

3. 给定值变化率限制

为了减少给定值突变对控制系统的扰动，防止比例、积分饱和，以实现平稳控制，需要对给定值的变化率 SR 加以限制。变化率的选取要适中，过小会使响应变慢，过大则达不到限制的目的。

综上所述，当给定位处理模块如图 7.28 所示时，有 3 个输入量(SVL、SVC、SVS)，两个输出量(SV、CSV)，两个开关量(CL/CR、CAS/SCC)，1 个变化率(SR)。为了便于 PID 控制程序调用这些参数，需要给这些参数在计算机内存分配存储单元。

7.4.2　被控量处理模块的实现

为了控制系统安全运行，需要对被控量 PV 进行上下限报警处理，其原理如图 7.29 所示。

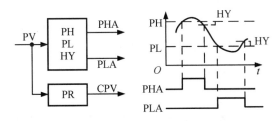

图 7.29　被控量处理模块原理图

当 PV>PH(上限值)时，则上限报警状态(PHA)为"1"。

当 PV<PH(下限值)时，则下限报警状态(PLA)为"1"。

当出现上、下限报警状态(PHA、PLA)时，被控量处理模块通过驱动电路发出声光报警，以便提醒操作人员注意。为了不使 PHA/PLA 的状态频繁改变，可以设置一定的报警死区(HY)。

为了实现平稳控制，需要对参与控制的被控量的变化率 PR 加以限制。被控量的变化率的选取要适中，过小会使响应变慢，过大则达不到限制的目的。

被控量处理模块数据区存放了 1 个输入量 PV，3 个输出量 PHA、PLA 和 CPV，4 个参数 PH、PL、HY 和 PR。

7.4.3　偏差处理模块的实现

偏差处理模块分为计算偏差、偏差报警、非线性特性和输入补偿 4 部分，如图 7.30 所示。

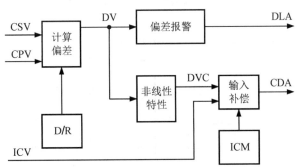

图 7.30　偏差处理模块

1. 计算偏差

可根据正反作用方式(D/R)计算偏差 DV，即有：

当 D/R=0，代表正作用，偏差 DV=CPV−CSV。

当 D/R=1，代表反作用，偏差 DV=CSV−CPV。

2. 偏差报警

对于控制要求较高的对象，不仅要设置被控制量 PV 的上、下限报警，而且要设置偏差报警，当偏差绝对值大于某个极限值 DL 时，则偏差报警状态 DLA 为"1"。

3. 输入补偿

根据输入补偿方式 ICM 状态，可决定偏差 DVC 与输入补偿 ICV 之间的关系，即有：

当 ICM＝0 时，代表无补偿，此时 CDV＝DVC。

当 ICM＝1 时，代表加补偿，此时 CDV＝ICV＋DVC。

4. 非线性特性

为了实现非线性 PID 控制或带死区的 PID 控制，设置了非线性区－A 至＋A 和非线性增益 K，非线性特性曲线如图 7.31 所示，即当 $K＝0$ 时，则为带死区的 PID 控制；当 $10 \ll K$ 时，则为非线性 PID 控制。

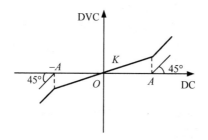

图 7.31　非线性特性曲线

7.4.4　控制算法模块的实现

在自动状态下，数字 PID 控制器需要进行控制计算，即按照 PID 控制的各种差分方程，计算控制量 U，并进行上、下限限幅处理，如图 7.32 所示。

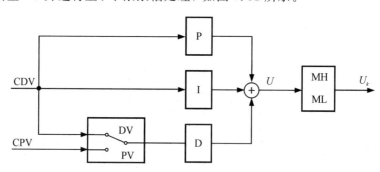

图 7.32　PID 控制计算示意图

当软开关 DV/PV 切向 DV 时，则选用偏差微分方式；当软开关 DV/PV 切向 PV 时，则选用测量（即被控量）微分方式。

在 PID 计算数据区，不仅要存放 PID 参数（K_P、T_I、T_D）和采样周期 T，还要存放微分方式 DV/PV、积分分离阈值 ε、控制量上限限制值 MH 和下限限制值 ML，以及控制量 U_k。为了进行递推运算，还应保存历史数据 $e(k-1)$、$e(k-2)$ 和 $u(k-1)$。

7.4.5　控制量处理模块的实现

一般情况下，在数字 PID 控制器输出控制量 U_k 以前，还应经过如图 7.33 所示的各项处理，以便扩展控制功能，实现安全平稳操作。

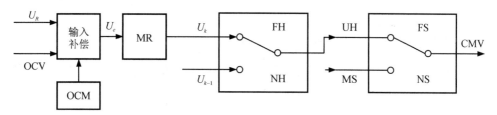

图 7.33　控制量处理模块

1. 输出补偿

根据输出补偿方式 OCM 的状态，可决定控制量 U_k 与输出补偿量 OCV 之间的关系，即

当 OCM＝0 时，代表无补偿，此时 $U_c = U_k$。

当 OCM＝1 时，代表加补偿，此时 $U_c = U_k + \text{OCV}$。

当 OCM＝2 时，代表减补偿，此时 $U_c = U_k - \text{OCV}$。

当 OCM＝3 时，代表置换补偿，此时 $U_c = \text{OCV}$。

利用输出和输入补偿，可以扩大数字 PID 控制器实际应用范围，灵活组成复杂的数字控制器，以便组成复杂的自动控制系统。

2. 变化率限制

为了平稳操作，需要对控制量的变化率 MR 加以限制。变换率的选取要适中，过小会使操作变慢，过大则达不到限制的目的。

3. 输出保持

当软开关 FH/NH 切向 NH 位置时，现在时刻的控制量 $u(k)$ 等于前一时刻的控制量 $u(k-1)$，即控制量保持不变。当软开关 FH/NH 切向 FH 位置时，又恢复正常输出方式。软开关 FH/NH 状态一般来自系统安全报警开关。

4. 安全输出

当软开关 FS/NS 切向 NS 位置时，现在时刻的控制量等于预置的安全输出量 MS。当软开关 FS/NS 切向 FS 位置时，又恢复正常输出方式。软开关 FS/NS 状态一般来自系统安全报警开关。

控制器处理数据区需要存放输出补偿量 OCV、补偿方式 OCM、变化率限制值 MR、软开关 FH/NH 和软开关 FS/NS、安全输出量 MS，以及控制量 CMV。

7.4.6　自动/手动切换模块的实现

控制器正常运行时，系统处于自动状态；而在调试阶段或出现故障时，系统处于手动状态。如图 7.34 所示为自动/手动切换示意图。

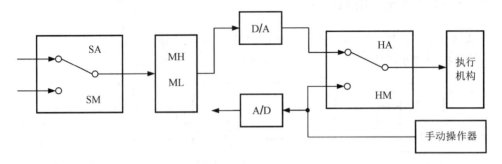

图 7.34 自动/手动切换示意图

1. 软自动/软手动

当软开关 SA/SM 切向 SA 位置时,系统处于正常的自动状态,称为软自动(SA);反之,切向 SM 位置时,控制量来自操作键盘或上位计算机,此时系统处于计算机手动状态,称为软手动(SM)。在调试阶段,一般采用软手动(SM)方式。

2. 控制量限幅

为了保证执行机构工作在有效范围内,需要对控制量 U_k 进行上、下限限幅处理,使得 ML≤MV≤MH,再经 D/A 转换器输出 0~10 mA(DC)或 4~20 mA(DC)信号。

3. 自动/手动

对于一般的计算机控制系统,可采用手动操作器作为计算机的后援操作。当切换开关处于 HA 位置时,控制量 MV 通过 D/A 输出,此时系统处于正常的计算机控制方式,称为自动状态(HA 状态);反之,若切向 HM 位置,则计算机不再承担控制任务,由操作人员通过手动操作器输出 0~10 mA(DC)或 4~20 mA(DC)信号,对执行机构进行远程操作,这时系统称为手动状态(HM 状态)。

4. 无扰动切换

无扰动切换是指在进行手动到自动或自动到手动的切换之前,不必由人工进行手动输出控制信号与自动输出控制信号之间的对位平衡操作,就可以保证切换时不会对执行机构的现行位置产生扰动。为此,应采取以下措施:

(1) 为了实现从手动到自动的无扰动切换,在手动(SM 或 HM)状态下,尽管并不进行 PID 计算,但应使给定值(CSV)跟踪被控量(CPV),同时也要把历史数据,如 $e(k-1)$、$e(k-2)$ 清零,还要使 $u(k-1)$ 跟踪手动控制量(MV 或 VM)。这样,一旦切向自动(SA 或 HA)状态时,由于 CSV=CPV,因而偏差 $e(k)=0$,而 $u(k-1)$ 又等于切换瞬间的手动控制量,这就保证了 PID 控制量的连续性。当然,这一切要有相应的硬件电路配合。

(2) 当从自动(SA 或 HA)切向软手动(SM)时,只要计算机应用程序工作正常,就能自动保证无扰动切换。当从自动(SA 或 HA)切向硬手动(HM)时,通过手动操作器也能保证无扰动切换。

从输出保持状态或安全输出状态切向正常的自动工作状态时,同样需要进行无扰动切换,为此可采取类似的措施。

　　自动手动切换数据区需要存放软手动控制量 SMV、软开关 SA/SM 状态、控制量上限限位(MH)和下限限值(ML)、控制量 MV、切换开关 HA/HM 状态，以及手动操作器输出 VM。

　　以上讨论了数字 PID 控制器的各部分模块功能及相应的数据区。完整的数字 PID 控制器各模块数据区除了上述各部分外，还有被控量量程上限 RH 和量程下限 RL、工程单位代码、采样(控制)周期等。这些数据区是数字 PID 控制器各模块存在的标志，可把它们看成是数字 PID 控制器的实体。只有正确填写 PID 数据区后，才能实现 PID 控制系统。

　　采用上述数字 PID 控制器各模块，不仅可以组成单回路控制系统，而且还可以组成串级、前馈、纯滞后补偿(Smith)等复杂控制系统。对于前馈、纯滞后补偿控制系统，还应增加补偿运算模块。利用数字 PID 控制器各模块和各种功能运算模块的组合，可以实现各种控制系统来满足生产过程控制的要求[25]。

思 考 与 练 习

7.1　测量数据预处理技术包含哪些技术？

7.2　系统误差如何产生？如何实现系统误差的全自动校准？

7.3　什么叫作线性化处理？线性化处理的方法有几种？各有什么特点？

7.4　什么是越限报警处理？

7.5　常用数字滤波方法有几种？各有什么特点？

7.6　什么是指令冗余？如何实现？

7.7　什么是软件陷阱技术？如何实现？

第8章 计算机控制系统的设计与实现

8.1 系统设计的原则与步骤

尽管计算机控制系统需要控制的对象各不相同，其设计方案和具体技术指标也千变万化，但在系统的设计与实施过程中还是有许多共同的设计原则与步骤，这些共同的原则和步骤在设计前或设计过程中都必须予以很好的考虑[14]。

8.1.1 系统设计的原则

1. 满足工艺要求

在设计计算机控制系统时，首先应满足生产过程所提出的各种要求及性能指标。因为计算机控制系统是为生产过程自动化服务的，所以设计之前必须对工艺过程有一定的熟悉和了解，系统设计人员应该和工艺人员密切配合，才能设计出符合生产工艺要求和性能指标的控制系统。设计的计算机控制系统所达到的性能指标不应低于生产工艺要求，但片面追求过高的性能指标而忽视设计成本和实现上的可能性也是不可取的。

2. 安全可靠

对用于工业控制的计算机控制系统最基本的要求是可靠性高。否则，一旦系统出现故障，将造成整个控制过程的混乱，引起严重的后果，由此造成的损失往往大大超出计算机控制系统本身的价值。在工业生产过程中，特别是在一些具有连续生产过程的企业中，是不允许故障率高的设备存在的。

系统的可靠性是指系统在规定的条件下和规定的时间内完成规定功能的能力。在计算机控制系统中，可靠性指标一般用系统的平均无故障时间(MTBF)和平均维修时间(MTTR)来表示。MTBF反映了系统可靠工作的能力，MTTR则表示系统出现故障后立即恢复工作的能力，一般希望MTBF要大于某个规定值，而MTTR则越短越好。从计算机控制系统安全可靠性方面考虑，设计其系统时应注意以下几点：

(1) 要选用高性能的工业控制计算机或其他模式的主机，保证其在恶劣的工业现场环境下仍能正常运行。

（2）在设计控制方案时要考虑各种安全保护措施，使系统具有异常报警、事故预测、故障诊断与处理、安全联锁、不间断电源等功能。

（3）控制系统要有完善的抗干扰措施。硬件抗干扰措施有屏蔽、隔离、滤波和接地等；软件抗干扰方法有数字滤波、软件陷阱和看门狗技术等。另外还要考虑电源的抗干扰问题。

（4）采用双机系统和多机集散控制。

3. 操作性能好，维护与维修方便

对一个计算机控制系统来说，所谓操作性能好，就是指系统的人机界面要友好，操作起来要简单、方便和便于维护。为此，在设计整个系统的硬件和软件时都应处处为用户想到这一点。例如：在考虑操作先进性的同时要兼顾操作人员以往的操作习惯，使操作人员易于掌握；考虑配备何种系统和环境能降低操作人员对某些专业知识的要求；在硬件方面，系统的控制开关不能太多、太复杂，操作顺序要尽量简单，控制台要便于操作人员工作，尽量采用图示与中文操作提示，显示界面颜色要和谐，对重要参数要设置一些保护性措施，增加操作的鲁棒性等。总之，凡是涉及人机工程的问题都应逐一加以考虑。

对于维修的方便性，要从软件与硬件两个方面考虑，目的是易于查找故障并排除故障。硬件上宜采用标准的功能模板式结构，便于及时查找并更换故障模板。模板上还应安装工作状态指示灯和监测点，便于检修人员检查与维修。在软件上应配备检测与诊断程序，用于查找故障源。必要时还应考虑设计容错程序，在出现故障时能保证系统的安全。

4. 通用性好，便于扩展

工业控制的对象千差万别，而计算机控制系统的研制开发又需要有一定的投资和周期。一般来说，不可能为一台装置或一个生产过程研制一台专用计算机，常常是设计或选用通用性好的计算机控制装置灵活地构成系统。当设备和控制对象有所变更或者再设计另外一个控制系统时，通用性好的系统一般稍作更改或扩充就可适应。

计算机控制系统的通用灵活性体现在两个方面。一是在硬件设计方面，首先，应采用标准总线结构，配置各种通用的功能模板或功能模块，以便在需要扩充时只要增加相应板、块就能实现，即便当 CPU 升级时，也只需更换相应的升级芯片及少量相关电路即可实现系统升级的目的；其次，在系统设计时，各设计指标要留有一定的余量，如输入输出通道指标、内存容量、电源功率等。二是在软件方面，应采用标准模块结构，尽量不进行二次开发，按要求选择各种软件功能模块，灵活地进行控制系统的组态。

5. 实时性好

实时性是工业控制系统最主要的特点之一，它要对内部和外部事件都能及时地响应，并在规定的时限内做出相应的处理。控制系统处理的事件一般有两类：一类是定时事件，如定时采样、运算处理、输出控制量到被控制对象等；另一类是随机事件，如出现事故后的报警、安全联锁、打印请求等。对于定时事件，由系统内部设置的时钟保证定时处理。对于随机事件，系统应设置中断，根据故障的轻重缓急，预先分配中断级别，一旦事件发生，根据中断优先级别进行处理，保证最先处理紧急故障。

6. 环境适应性好

在开发计算机控制系统时,一定要考虑到其应用环境,保证其在可能的环境下可靠地工作。例如,有的地方市电波动很大,有的地方环境温度变化剧烈,有的地方湿度很大,有的地方振动很厉害,而有的工作环境有粉尘、烟雾、腐蚀等。这些在计算机控制系统设计中都必须加以考虑,并采用必要的措施保证计算机控制系统安全可靠地工作。

7. 经济效益高

工业过程计算机控制系统除了满足生产工艺所必需的技术质量要求以外,也应该带来良好的经济效益。这主要体现在两个方面:一方面是系统的性能价格比要尽可能高,而投入产出比要尽可能低,回收周期要尽可能短;另一方面还要从提高产品质量与产量、降低能耗、减少污染、改善劳动条件等经济和社会效益各方面进行综合评估。目前科学技术发展非常迅速,各种新的技术和产品不断出现,这就要求所设计的计算机控制系统能跟上形势的发展,要有市场竞争意识,在尽量缩短设计研制周期的同时,要有一定的预见性。

8.1.2 系统设计的步骤

计算机控制系统的设计可分为开发设计和应用设计。

1. 开发设计

开发设计的任务是生产出满足用户所需的硬件和软件。首先要进行充分的市场调查,了解用户的需求;然后进行系统设计,落实具体的技术指标;最后进行制造、调试,检验合格后进行市场销售。开发设计应遵循标准化、模板化、模块化和系列化的原则。

2. 应用设计

应用设计(也称为工程设计)的任务是选择和开发满足控制对象所需的硬件和软件,设计控制方案,并根据系统性能指标要求设计系统硬件和软件,以实现系统功能。

应用设计按顺序可分为 5 个阶段。

(1) 可行性研究。所谓可行性研究,是指在调查的基础上,通过市场分析、技术分析、财务分析和国民经济分析,对项目的技术可行性与经济合理性进行的综合评价。可行性研究必须从系统总体出发,对技术、经济、财务、商业,以至环境保护、法律等多个方面进行分析和论证,以确定建设项目是否可行,为正确进行投资决策提供科学依据。可行性研究的基本任务是对新建或改建项目的主要问题,从技术经济角度进行全面的分析研究,并对其投产后的经济效果进行预测,在既定的范围内进行方案论证和选择,以便最合理地利用资源,达到预定的社会效益和经济效益。项目的可行性研究是对多因素、多目标系统进行的不断的分析研究、评价和决策的过程。

(2) 系统总体方案设计。系统设计工作应该自顶向下地进行。首先设计总体结构,然后再逐层深入,直至进行每一个模块的设计。系统总体方案设计主要是指在系统分析的基础上,对整个系统的划分(子系统)、机器设备(包括软、硬设备)的配置、数据的存储规律以及整个系统实现规划等方面进行合理的安排。

(3) 硬件和软件的细化设计。硬件和软件的细化设计只能在总体方案评审后进行,如果进行得太早会造成资源的浪费和返工。所谓细化设计，就是将方块图中的方块划到最底层，然后进行底层块内的结构细化设计。对硬件设计来说，就是选购模板以及设计制作专用模板；对软件设计来说，就是将一个个功能模块编成一条条程序。

（4）系统调试。实际上，硬件、软件在设计中都需要边设计边调试边修改，往往要经过几个反复过程才能完成。系统调试主要分为离线仿真和调试阶段、在线调试和运行阶段。离线仿真和调试是指在实验室而不是在工业现场进行的仿真和调试。离线仿真和调试试验后，还要进行考机运行。考机的目的是使其在连续不停机的运行中暴露问题并及时解决问题。系统离线仿真和调试后便可进行在线调试和运行。在线调试和运行就是将系统和生产过程连接在一起，从而进行现场调试和运行。不管离线仿真和调试工作多么认真、仔细，现场调试和运行仍可能出现问题，因此必须认真分析并加以解决。系统正常运行后，应再试运行一段时间，如果不出现其他问题即可组织验收。验收是系统项目最终完成的标志，应由甲方主持、乙方参加，双方协同办理。验收完毕应形成文件存档。

（5）组装、投运。完成系统调试之后就可以进行系统的组装。

8.2　系统的工程设计与实现

8.2.1　总体方案设计

总体方案设计就是要了解控制对象，熟悉控制要求，确定总的技术性能指标，确定系统的构成方式，选择现场设备，明确控制规律算法和其他特殊功能要求。总体设计方案中首先要确定整个控制系统的结构和类型，重点是硬件设计与软件设计两大部分，最后形成系统的总体框图。

1. 硬件总体方案设计

计算机控制系统的硬件总体设计主要包括以下几个方面的内容：确定系统的结构和类型，确定系统的构成方式、选择现场设备，以及其他方面的考虑，如确定人机接口方式、系统的机柜或控制机箱的结构、抗干扰措施等。

（1）确定系统的结构和类型。确定系统的结构和类型时，应根据系统要求，确定采用开环还是闭环控制。闭环控制还需进一步确定是单闭环还是多闭环控制。实际可供选择的控制系统类型有数据采集系统（DAS）、直接数字控制（DDC）系统、监督计算机控制（SCC）系统、分级控制系统、分散型分布式控制系统（IPC-DCS、PLC-DCS、DCS）、工业测控网络系统等。

（2）确定系统的构成方式。系统的构成方式应优先选用工控机。工控机具有系列化、模块化、标准化和开放结构等特点，有利于设计者在系统设计时根据要求任意选择，像搭积木般地组建系统。这种方式可提高研制和开发速度，提高系统的技术水平和性能，增加可靠性。当然，也可以采用通用的 PLC 或智能调节器来构成计算机控制系统（如分散型控制系统、分级控制系统、工业网络)的前机(或称下位机)。

(3) 选择现场设备。现场设备主要包括传感器、变送器和执行器件等。这些装置的选择要正确,因为它们是影响系统控制精度的重要因素之一。

(4) 其他方面的考虑。总体方案中还应考虑人机接口方式、系统的机柜或机箱的结构、抗干扰措施等方面的问题。

2. 软件总体方案设计

软件总体方案设计是指依据用户任务的技术要求和已形成的初步方案,进行软件的总体设计。软件总体设计与硬件总体设计一样,也是采用结构化的"黑箱"设计法。即先画出较高一级的方框图,然后将大的方框图分解成小的方框图,直到能表达清楚功能为止。软件总体方案还应确定系统的数学模型、控制策略、控制算法等。如果选择单片机入手来研制控制系统,那么系统的全部硬件、软件均需自行开发研制。

3. 系统总体方案设计

将硬件总体方案和软件总体方案合在一起就构成系统的总体方案。总体方案经论证可行后,要形成文件,建立总体方案文档。系统总体方案文档包括以下内容:

(1) 系统的主要功能、技术指标、原理性方框图及文字说明。

(2) 控制策略与算法。

(3) 系统的硬件结构与配置,主要的软件功能、结构、平台及实现框图。

(4) 方案的比较与选择。

(5) 抗干扰措施与可靠性设计。

(6) 机柜或机箱的结构与外形设计。

(7) 经费和进度计划的安排。

(8) 对现场条件的要求。

系统总体方案完成后,应对所提出的总体设计方案的合理性、经济性、可靠性以及可行性进行论证。论证通过后,便可形成作为系统设计依据的系统总体方案图和设计任务书,用以指导具体的系统设计过程。

8.2.2 硬件的工程设计和实现

1. 选择系统的总线

计算机控制系统采用总线结构,具有很多优点。采用总线,可以简化硬件设计,用户可根据需要直接选用符合总线标准的功能模板,而不必考虑模板插件之间的匹配问题,使系统硬件设计大大简化;系统可扩性好,仅需将按总线标准研制的新的功能模板插在总线槽中即可;系统更新性好,一旦出现新的微处理器、存储器芯片和接口电路,只要将这些新的设备按总线标准研制成各类插件,即可取代原来的模板而升级更新系统。

1) 内部总线的选择

常用的工业控制计算机内部总线有两种,即 PC 总线和 STD 总线,可根据需要选择其中一种。由于 PC 的普及以及其丰富的软硬件资源,基于 PC 总线的工业控制计算机(IPC)

和配套产品在自动控制领域迅速普及，其发展速度、产量增幅都远远超出其他任何一种总线的工控产品，所以一般常选用 PC 总线进行系统的设计，即选用 PC 总线工业控制计算机进行系统设计。

2) 外部总线的选择

随着控制要求的提高和控制内涵的扩展，计算机控制系统中会越来越多地遇到通信的问题。外部总线就是计算机与计算机之间、计算机与智能仪器或智能外设之间进行通信的总线，它包括并行通信总线（如 IEEE-488）和串行通信总线（如 RS-232C、RS-422 和 RS-485）以及以太网卡。具体选择哪一种，要根据通信的速率、距离、系统拓扑结构、通信协议等要求来综合分析才能确定。但需要说明的是，RS-422 和 RS-485 总线在工业控制计算机的主机中没有现成的接口装置，必须另外选择相应的接口模板或协议转换模块。

2. 选择输入/输出通道

典型的计算机控制系统除了有工业控制计算机的主机以外，还必须有各种输入/输出通道模板，其中包括数字量 I/O(DI/DO)模板、模拟量 I/O(AI/AO)模板，以及多通道中断控制模板、以太网通信模板等。

1) 数字量（开关量）输入/输出(DI/DO)模板

计算机总线的并行 I/O 接口模板多种多样，通常可分为 TTL 电平的 DI/DO 模板和带光电隔离的 DI/DO 模板。通常工控计算机共地装置的接口可以采用 TTL 电平，而其他装置与工控计算机之间则采用光电隔离。对于大容量的 DI/DO 系统，往往选用大容量的 TTL 电平的 DI/DO 模板，而将光电隔离及驱动功能安排在工业控制计算机总线之外的非总线模板上，如继电器板（包括固体继电器板）等。

2) 模拟量输入/输出(AI/AO)模板

AI/AO 模板包括 A/D、D/A 板及信号放大与滤波调理电路等。AI 模板的输入信号可能是 $0 \sim \pm 5$ V、$1 \sim 5$ V、$0 \sim 10$ mA、$4 \sim 20$ A 等。AO 模板的输出信号可能是 $0 \sim 5$ V、$1 \sim 5$ V、$0 \sim 10$ A、$4 \sim 20$ mA 等。选择 AI/AO 模板时必须注意分辨率、转换速度、量程范围等技术指标。

计算机控制系统中的输入/输出模板可按需要进行组合，不管哪种类型的系统，其模板的选择与组合均由生产过程的输入参数、输出控制通道的种类和数量来确定。

3. 选择现场设备

1) 选择变送器

变送器是这样一种仪表：它能将被测变量（如温度、压力、物位、流量、电压、电流等）转换为可远距离传输的统一标准信号（$1 \sim 5$ V、$4 \sim 20$ mA 等），且输出信号与被测变量有一定的连续关系。在控制系统中其输出信号被送至工业控制计算机进行处理，并实现数据采集。

常用的变送器有温度变送器、压力变送器、液位变送器、差压变送器、流量变送器、各种电量变送器等。系统设计人员可根据被测参数的种类、量程、被测对象的介质类型和环境来选择变送器的具体型号。

2）选择执行机构

执行机构是控制系统中必不可少的组成部分，它的作用是接收计算机发出的控制信号，并把它转换为调整机构的动作，使生产过程按预先规定的要求正常运行。

执行机构分为气动、电动、液压 3 种类型。气动执行机构的特点是结构简单、价格低、防火防爆；电动执行机构的特点是体积小、种类多、使用方便；液压执行机构的特点是推力大、精度高。

在计算机控制系统中，将 0～10 mA 或 4～20 mA 电信号经电气转换器转换成标准的 0.02～0.1 MPa 气压信号之后，可与液压执行机构（动调节）配套使用。电动执行机构（电动调节阀）直接接收来自工业控制计算机（简称工控机）的输出信号 4～20 mA 或 0～10 mA，实现控制作用。

另外，各种有触点和无触点开关也是执行机构，可实现开关动作。电磁阀作为一种开关阀在工业控制系统中也得到了广泛的应用。

在计算机控制系统中，选择气动调节阀、电动调节阀、电磁阀、有触点和无触点开关之中的哪一种，要根据系统的要求来确定，但要实现连续的精确控制目的，必须选用气动和电动调节阀，而对要求不高的控制系统可选用电磁阀。

3）选择其他现场设备

其他现场设备是指现场控制系统中一些必不可少的辅助设备，可根据需要进行选择。

8.2.3　软件的工程设计和实现

用工控机来组建计算机控制系统不仅能减少系统硬件设计的工作量，而且还能减少系统软件设计的工作量。一般工控机都配有实时操作系统或实时监控程序，以及各种控制软件、运算软件、组态软件等，可使系统设计者在最短的周期内开发出目标系统软件。有些工控机只能提供硬件设计的方便，而应用软件需自行开发；如果选择单片机入手来研制控制系统，那么系统的全部硬件、软件均需自行开发研制。自行开发控制软件时，应先画出程序总体流程图和各功能模块流程图，再选择程序设计语言，然后编写程序。程序编写可先模块后整体，也可先整体后模块。具体程序设计内容包括以下几个方面。

1. 程序结构规划

在系统总体方案设计过程中，系统各个模块之间存在着各种因果关系，相互之间要进行各种信息的传递。各模块之间的关系可体现在程序的流程图上。因此编写程序之前，应做好程序结构规划。

2. 资源分配

完成数据类型和数据结构的规划后，便可开始分配系统的资源了。系统资源包括 FLASH、RAM、定时器/计数器、中断源、ADC、I/O 地址等。FLASH 资源用来存放程序和表格。定时器/计数器、中断源、ADC、I/O 地址在任务分析时已经分配好了。因此，资源分配的主要工作是 RAM 资源的分配。RAM 资源规划好后，应列出一张 RAM 资源的详细分配清单作为编程依据。

3. 实时控制软件设计

实时控制软件是软件设计中的主体部分，包括数据采集及数据处理程序、控制算法程序、控制量输出程序、实时时钟与中断处理程序等。

（1）数据采集及数据处理程序。数据采集程序主要包括信号的采样、输入变换、存储等。数据处理程序主要包括数字滤波、线性化处理和非线性补偿、标度变换、越限报警等。

（2）控制算法程序。控制算法程序主要实现控制规律的计算，产生控制量。其中包括数字 PID 控制算法、Smith 补偿控制算法、最少拍控制算法、串级控制算法、前馈控制算法、解耦控制算法、模糊控制算法、最优控制算法等。实际应用时，可选择合适的一种或几种控制算法来实现控制。

（3）控制量输出程序。控制量输出程序实现对控制量的处理（上下限和变化率处理）、控制量的变换及输出、驱动执行机构或各种电器开关等。

（4）实时时钟和中断处理程序。实时时钟是计算机控制系统中一切与时间有关的过程的运行基础。时钟有绝对时钟和相对时钟两种。绝对时钟与当地的时间同步，有年、月、日、时、分、秒等功能。相对时钟与当地时间无关，一般只要时、分、秒就可以，在某些场合要精确到毫秒甚至微秒。

许多实时任务如采样周期、定时显示或打印、定时数据处理等都必须利用实时时钟来实现，并由定时中断服务程序去执行相应的动作或处理动作状态标志。

另外，事故报警、掉电检测及处理、重要的事件处理等功能的实现常使用中断技术，确保计算机能对事件做出及时处理。事件处理由中断服务程序完成。

8.2.4　系统的调试与运行

系统的调试与运行分为离线仿真与调试和在线调试与运行。

1. 离线仿真与调试

1）硬件调试

硬件调试是指对各种标准功能模块，按照说明书检查主要功能。在调试 A/D 和 D/A 板之前，必须准备好信号源、数字电压表、电流表等。对这两种模板调试时，应首先检查信号的零点和满量程，然后再分挡检查，比如满量程的 25％、50％、75％、100％，并且上行和下行循环调试，以便检查线性度是否符合要求。如果有多路开关板，则应测试各通路是否能正确切换，并利用开关量输入和输出程序来检查开关量输入（DI）和开关量输出（DO）模板。

2）软件调试

软件调试包括对各个子程序、功能模块、主程序的分别调试以及整体程序的联合调试。软件调试的方法一般采取自下而上逐级调试。

软件调试按照子程序、功能模块、主程序的顺序进行。有些程序的调试比较简单，利用开发装置（或仿真器）以及计算机提供的调试程序就可以进行。一般与过程输入/输出通道无关的程序，都可用模拟仿真（仿真器）的调试程序进行调试，不过有时为了能调试某些程序，需要编写临时性的辅助程序。所有的子程序和功能模块调试完毕，就可以用主程序将它们连接在一起，从而进行整体调试。

整体调试的方法是自底向上逐步扩大。首先按分支将模块组合起来以形成模块子集，调试完各模块子集，然后将部分模块子集连接起来进行局部调试，最后进行全局调试。这样经过子集、局部和全局三步调试，便完成了整体调试工作。整体调试是对各模块之间连接关系的检查，有时为了配合整体调试，在调试的各阶段编写了必要的临时性辅助程序，调试完结应删去。通过整体调试能够把设计中存在的问题和隐含的缺陷暴露出来，从而基本上消除程序上的错误，为以后的仿真调试和在线调试及运行打下良好的基础。

3）系统仿真

硬件和软件分别联调结束后，并不意味着系统的设计已经结束，还必须进行全系统的硬件、软件统调实验，就是通常所说的系统仿真（也称为模拟调试）。系统仿真应尽量采用全物理或半物理仿真。试验条件或工作状态越接近真实生产过程，其效果也就越好。

在系统仿真的基础上，控制系统还要进行长时间的运行考验（称为考机），并根据实际运行环境的要求，进行特殊运行条件的考验，例如高温和低温剧变运行试验、震动和抗电磁干扰试验、电源电压剧变和掉电试验等。

2. 在线调试与运行

当所有的准备工作做好后就可以进行在线调试与运行，在此过程中，设计人员与用户要密切配合。在实际在线调试与运行前要制定一系列调试计划、实施方案、安全措施、分工合作细则等。在线调试与运行过程是从小到大、从易到难、从手动到自动、从简单回路到复杂回路的逐步过渡。

计算机控制系统的在线调试与运行是个系统工程，要特别注意到一些容易忽视的问题，如现场仪表与执行机构的安装位置、现场校验，各种接线与导管的正确连接，系统的抗干扰措施，供电与接地，安全防护措施等。在线调试与运行的过程中，往往会出现错综复杂、时隐时现的奇怪现象，一时难以找到问题的根源。此时，计算机控制系统设计者们要认真地共同分析，不要轻易地怀疑别人所做的工作，以免掩盖问题的根源。

8.3 仪器用温箱温度控制系统的设计

8.3.1 控制任务与工艺要求

在实验室进行化学实验、元器件性能测试等实验过程中需要对温度进行检测与控制，因此，温度是实验控制对象中一个比较常见的被控参数。

1. 控制任务

（1）利用单片机 STC89C51 实现对温度的控制，可保持温箱温度在 50～80℃。

（2）可预置温箱温度，烘干过程可恒温控制。

（3）预置时显示设定温度，恒温时显示实时温度。

（4）温度超出预置温度时 LED 闪烁。

（5）对升温过程、降温过程没有线性要求。

（6）温度检测部分采用 DS18B20 数字温度传感器，无需 A/D 转换，可直接与单片机进行数字传输。

（7）人机对话部分由键盘、显示和报警三部分组成。

2. 工艺要求

要求仪器用温箱温度控制系统（简称为温控箱）的箱内温度按图 8.1 所示规律变化。从室温到 a 点为自由升温段（根据温控箱自身约束条件对升温速度没有控制的自然升温过程），当温度到达 a 点（温度为 T_a），就进行系统控制，调节温控箱按设定斜率升温到达 b 点（温度为 T_0）；从 b 点到 c 点为保温段，在系统控制之下保证所需的箱内温度稳定在指标精度；实验结束后，即由 c 到 d 点为自然降温段。箱温变化曲线对各阶段性能指标的要求如下：

（1）过渡过程时间小于等于 100 min，即从升温开始到进入保温段的时间要小于等于 100 min。

（2）超调量 σ 小于等于 10%，即

$$\sigma = \frac{T_m - T_0}{T_0} \times 100\% \leqslant 10\%$$

式中，T_m 为升温过程中的温度最大值；T_0 为保温值。

（3）静态误差 e_v 小于等于 2%，即

$$e_v = \frac{T - T_0}{T_0} \times 100\% \leqslant \pm 2\%$$

式中，T 为进入保温段后的实际温度值，T_0 为保温值。

（4）温控箱保温值的变化范围为 50～80℃。

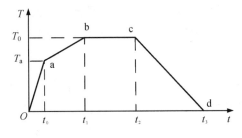

图 8.1　温度变化曲线

8.3.2　系统的组成和基本工作原理

仪器用温箱自动控制系统框图如图 8.2 所示。

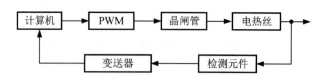

图 8.2　仪器用温箱自动控制系统框图

控制过程为：计算机定时（即按采样周期）对箱控温进行测量和控制，箱内温度由 DS18B20 温度传感器进行测量，测量值由单片机进行读取并进行判别和运算，得到控制电热丝的电功率数（增量值），通过其改变 PWM 的占空比调节电热丝的功率，使其达到箱温变化曲线的要求。

8.3.3　被控对象模型和参数的求取

1. 被控对象模型

根据描述温度这一对象特性所用微分方程阶数的不同，被控对象一般可分为一阶或二阶。对于阶数高于二阶的系统，因分析参数有困难而采用纯滞后的一、二阶方程近似代替。因此被控对象模型的基本形式常有以下两种：

（1）一阶对象的微分方程为

$$T\dot{y}(t) + y(t) = Ku(t)$$

其传递函数为

$$G(s) = \frac{K}{Ts + 1}$$

其飞升曲线如图 8.3 所示。阶跃信号输入时，输出稳态值除以输入幅度值即为放大倍数 K，输出从起始值到达稳定值的 63.2% 所用时间即为时间常数 T。

（2）纯滞后一阶对象的微分方程为

$$T\dot{y}(t) + y(t) = Ku(t - \tau)$$

其传递函数为

$$G(s) = \frac{K e^{-\tau s}}{Ts + 1}$$

式中，K 为放大系数；T 为对象时间常数；τ 为对象滞后时间。

滞后系统飞升曲线如图 8.4 所示，它与一阶惯性飞升曲线的唯一区别在于起始有一段时间滞后。

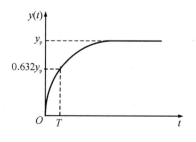

图 8.3　一阶惯性飞升曲线

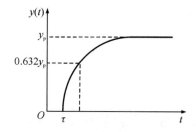

图 8.4　纯滞后一阶惯性飞升曲线

飞升曲线的测量方法为：在给定控制信号作用下得到系统的稳定输出，然后在输入端输入一幅度适当的阶跃控制信号，得到相应的输出飞升曲线。本节所述的温度控制系统得到的飞升曲线如图 8.5 所示。

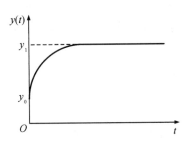

图 8.5　仪器用温箱飞升曲线

测得的飞升曲线与典型传递函数的飞升曲线进行对比，就可以确定本温控箱系统模型为一阶惯性传递函数。

2. 被控对象参数的求取

一阶对象的放大倍数 K 可由输出温带值和输入阶跃信号幅值的比值求得。输出从起始值到达稳态值 63.2% 的时间为对象时间常数。对象滞后时间 τ 可直接从飞升曲线图中测得。

但实测的飞升曲线起始部分有弯曲，不易找到确切的位置来确定滞后时间，这时可用一阶加纯滞后的虚线曲线来逼近，使后面大部分重合，而起始部分则可定出一个等效的滞后的时间 τ，这时可在曲线斜率的转折点（即拐点）处做一切线。该切线与时间轴的交点就是一阶系统的起点，即纯滞后时间 τ。而切线与稳态值的交点时间应为 T，加上纯滞后时间则实测为 $\tau + T$。这样就求出了一阶对象的 3 个参数 K_s、T_s、τ。

这里假设由测得的飞升曲线求取的本温控箱的参数为 $K_s = 330$，$T_s = 72$ min，$\tau = 8$ min。

8.3.4　控制规律的选择和参数的确定

计算机参与控制过程的形式是多种多样的，它取决于控制规律的选择以及被控对象的特性。下面结合本温控箱的要求进行分析。

根据本温控箱温度变化曲线的要求，可将其分为三段来进行控制，即自由升温段、保温段和自然降温段。而真正需要进行控制的是前两个阶段，即自由升温段和保温段。为避免过冲，规定从室温到 80% 额定温度为自由升温段，在 ±20% 额定温度时为保温段。在自由升温段中，希望升温越快越好，需要将加热丝功率全开足，因此自由升温段控制规律为：当 $T \leqslant 0.87T_0$ 时，选 $K_P = 1$；在 $T > 0.87T_0$ 时，已较接近需要保温的值 T_0，为此采用保温段控制算法进行电热丝加热控制。保温控制方法有多种，如用比例控制，因电热丝所加功率 P 的变化和箱温变化之间存在一定时间延迟，因此当以温差来控制输出，即采用比例控制时，系统只有在箱温与给定值（保温温度）相等时才停止输出。这时由于箱温变化有延迟特点，因此箱温并不因输入停止而马上停止上升，而是会超过给定温度值。滞后时间越大，温度超过给定值也越大。箱温上升到一定温度后，才开始下降并继续下降到小于给定温度时，系统才重新输出。同样由于箱温变化滞后于输出，它将继续下降，从而造成温度的上下波动，即所谓的振荡。考虑到滞后的影响，调节规律必须加入微分因素，即采用 PD 或

PID 调节。

连续系统的离散 PD 校正的控制量为

$$u(k) = K_P \left\{ e(k) + T_D \frac{e(k) - e(k-1)}{T} \right\}$$

式中：T 为采样周期；T_D 为微分时间系数；K_P 为比例系数；$e(k) = r(k) - y(k)$ 为误差值，$r(k)$ 为温度给定值，$y(k)$ 为温度输出值。

因此采用离散 PID 增量控制算法，控制量为

$$u(k) = u(k-1) + K_P \left\{ e(k) - e(k-1) + \frac{T}{T_I} e(k) + \frac{T_D}{T} \left[e(k) - 2e(k-1) + e(k-2) \right] \right\}$$

式中：T 为采样周期；K_P 为比例系数；T_I 为积分时间系数；T_D 为微分时间系数；$e(k) = r(k) - y(k)$ 为误差值，$r(k)$ 为温度给定值，$y(k)$ 为温度输出值。

为实现编写程序，对算法进行变化得

$$\begin{cases} e(k) = U_r(k) - U_o(k) \\ y(k) = Ae(k) + u(k-1) + M \\ u(k) = y(k) - Be(k-1) + Ce(k-2) \end{cases}$$

式中：$A = K_P \left[1 + \frac{T}{T_I} + \frac{T_D}{T} \right]$；$B = K_P \left[1 + \frac{2T_D}{T} \right]$；$C = K_P \frac{T_D}{T}$。

初值可以取 $u(k-1) = 0$，$e(k-1) = 0$。算法程序每一步都要计算 $e(k)$、$y(k)$、$u(k)$，其中 M 为常数项，为稳定时所需要的功率。

根据给定的参数和经验公式，为保证低于 10% 超调量，程序选用参数为

$$K_P = 1.2 \times \frac{T_s}{K_s \tau} = 1.2 \times \frac{72}{330 \times 8} \approx 0.0327$$

$$T_D = 0.5\tau = 0.5 \times 8 = 4$$

$$K_D = K_P T_D = 0.0327 \times 4 \approx 0.13$$

$$K_s = 330，T = 1，M = 0.8$$

8.3.5 硬件系统详细设计

1. 时钟电路

图 8.6 所示为自激振荡电路(也称为时钟电路)，振荡频率取决于石英晶体的振荡频率，范围可取 $1.2 \sim 12$ MHz，C_1、C_2 主要起频率微调和稳定作用，电容值可取 $5 \sim 30$ pF。

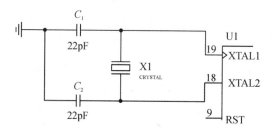

图 8.6 时钟电路

STC 系列绝大部分单片机已经集成了内部 RC 振荡器，随着集成工艺的提升，其内部

时钟稳定性、准确性能满足绝大部分对时钟要求不是很严苛的使用环境。

2. 上电复位电路

STC89C51 单片机的外部上电复位是高电平有效模式,在单片机电源有效后保持一定时间的高电平,使其内部程序在外部电源达到稳定后进入工作状态,保证程序的可靠运行。STC89C51 的上电复位电路如图 8.7 所示。

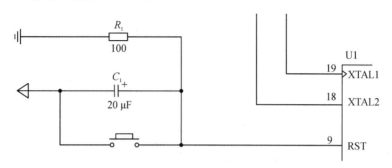

图 8.7　上电复位电路

查阅芯片资料可知:将 RST 复位引脚拉高并维持至少 24 个时钟加 10 μs 后,单片机会进入复位状态;将 RST 复位引脚拉回低电平后,单片机结束复位状态并从用户程序区的 0000H 处开始正常工作。

由上电复位电路可得其关于复位电压的传递函数为

$$G = \frac{R_1 C_1 S}{R_1 C_1 S + 1}$$

当 STC89C51 单片机引脚上的复位电压为电源电压的 70% 以上时,单片机识别为逻辑 1。一般推荐 R_1 为 10 kΩ,电容 C_1 为 10 μF,对其复位时间用 MATLAB 仿真,得到复位时间为 36.8 ms。当使用 12 MHz 晶振时,其复位时间为 $24 \times 1/(12 \times 10^6) + 10 = 12$ μs。因此选择的复位电阻和电容满足复位要求。

MATLAB 求复位时间仿真代码如下:

```
clear all; clc; close all;
RC=0.1; %R=10ko C=10uF   RC=0.1
num=[RC, 0];
den=[RC, 1];
G=tf(num, den);
[y, t]=step(G);
plot(t, y);
x0=get(gca, 'xlim');
xlim([0, x0(2)/5]);
holdon;
[m, n]=find(0.68<=y & y<=0.71);
line([0, t(m)], [y(m), y(m)], 'color', 'r');
line([t(m), t(m)], [0, y(m)], 'color', 'r');
text(t(m)+x0(2)/80, y(m), strcat('复位时间', num2str(t(m)), 's'));
```

运行程序,仿真结果如图 8.8 所示。

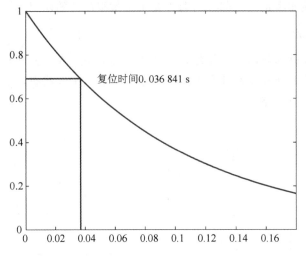

图 8.8　复位时间计算仿真结果

除了硬件复位，STC89C51 还具备软件复位功能。用户应用程序在运行过程当中，有时会有特殊需求，需要实现单片机系统软复位（热启动之一）。传统的 8051 单片机由于硬件上不支持此功能，用户必须用软件模拟实现。STC89C51 为新推出的增强型 8051，增加了 ISP CONTR 特殊功能寄存器，实现了软件复位功能，即只需控制 ISP CONTR 特殊功能寄存器的其中两位 SWBS/SWRST 就可以实现系统复位。

3. 温度采集单元

DS18B20 测温范围为 $-55\sim+125℃$，分辨率最大可达 $0.0625℃$，其在 $-10\sim+85℃$ 范围内精度为 $\pm0.5℃$。DS18B20 采用单总线结构，具有测温系统简单、连接方便、占用 I/O 接口少等优点。

1）供电电路设计

DS18B20 的供电方式有寄生供电和直接供电两种。DS18B20 采用寄生供电方式时，只需要连接信号线和地线两条导线，其与单片机连接如图 8.9 所示。GND 引脚和 V_{DD} 引脚在此供电模式下接地，信号引脚 DQ 接强上拉电阻，建议通过场效应管在非通信状态时直接供电，但要求在通信协议完成后 $10\ \mu s$ 内切换到强上拉状态。

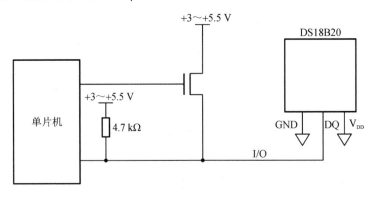

图 8.9　寄生供电方式连接图

DS18B20 采用直接供电方式时，其信号引脚可以不用接强上拉电源。由于其信号引脚是漏极开路结构，可以在单片机总线上连接多个温度传感器，因此在多传感器使用环境下具有减少连接导线的能力。直接供电方式的连接图如图 8.10 所示。

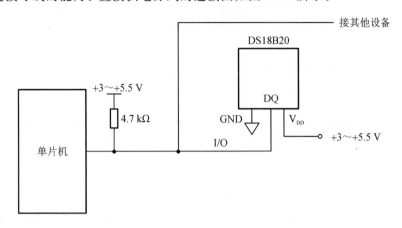

图 8.10　直接供电方式连接图

本温控箱采用直接供电方式，在不增加单片机引脚的情况下，方便扩展多个传感器测量温箱不同位置的温度。

2）温度传感器的存储器资源

DS18B20 共有 3 种形态的存储器资源，具体如下。

(1) ROM：只读存储器，用于存放 DS18B20 ID 编码，其前 8 位是单线系列编码（DS18B20 的编码是 19H），后面 48 位是该芯片唯一的序列号，最后 8 位是以上 56 位的 CRC 码（冗余校验）。数据在出厂时设置，用户不能更改。DS18B20 共有 64 位 ROM。

(2) RAM：数据暂存器，用于内部计算和数据存取，数据在掉电后丢失。DS18B20 共有 9 个字节 RAM，每个字节为 8 位。第 1、第 2 个字节是温度转换后的数据信息，第 3、第 4 个字节是用户 EEPROM（常用于温度报警值储存）的镜像，在上电复位时其值将被刷新。第 5 个字节则是用户第 3 个 EEPROM 的镜像。第 6、第 7、第 8 个字节为计数寄存器，是为了让用户得到更高的温度分辨率而设计的，同时也是内部温度转换、计算的暂存单元。第 9 个字节为前 8 个字节的 CRC 码。

(3) EEPROM：非易失性记忆体，用于存放长期需要保存的数据，如上、下限温度报警值和校验数据。DS18B20 共有 3 位 EEPROM，并在 RAM 中都存在镜像，以方便用户操作。

3）DS18B20 操作流程

(1) 复位：必须对 DS18B20 芯片进行复位，复位时控制器（单片机）给 DS18B20 单总线输入 $480 \sim 960\ \mu s$ 的低电平复位信号，在复位电平结束之后，控制器又将数据单总线拉高。当 DS18B20 接收到此复位信号后，则会在 $15 \sim 60\ \mu s$ 后给控制器回发一个存在脉冲，脉冲宽度为 $60 \sim 240\ \mu s$。具体复位时序如图 8.11 所示。

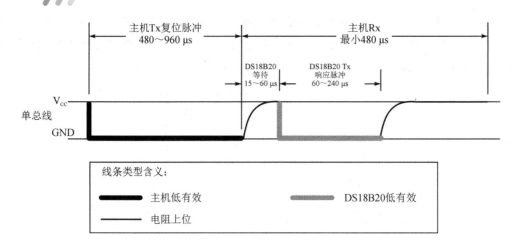

图 8.11　复位时序图

（2）控制器发送 ROM 指令：DS18B20 与控制器完成通信协议后需要读取 ROM 中的信息。ROM 指令共有 5 条，分别是读 ROM 数据［33H］、指定匹配芯片［55H］、跳跃 ROM［CCH］、芯片搜索［F0H］、报警芯片搜索［ECH］指令，每一个工作周期只能发 1 条。ROM 指令长度为 8 位，功能是对片内的 64 位光刻 ROM 进行操作，其主要目的是为了分辨一条单总线上挂接的多个器件并作处理。单总线上可以同时挂接多个器件，并通过每个器件上所独有的 ID 号来区别。单总线上只挂接了单个 DS18B20 时可以跳过 ROM 指令（注意：此处的跳过 ROM 指令并非指不发送 ROM 指令，而是指用特有的一条"Skip ROM［CCH］"指令跳过 ROM 指令）。

（3）控制器发送存储器操作指令：在 ROM 指令发送给 DS18B20 之后，紧接着（不间断）需要发送存储器操作指令。存储器操作指令同样为 8 位，共 6 条，分别是写 RAM 数据［4EH］、读 RAM 数据［BEH］、将 RAM 数据复制到 EEPROM［48H］、温度转换［44H］、将 EEPROM 中的报警值复制到 RAM［B8H］、工作方式切换［B4H］指令。存储器操作指令的功能是控制 DS18B20 完成所要求的工作，是控制器控制 DS18B20 的关键指令。

（4）执行或数据读写指令：1 条存储器操作指令结束后则将进行指令执行或数据的读写，这个操作要视存储器操作指令而定。如果执行温度转换指令，则控制器（单片机）必须等待 DS18B20 执行完其正在执行的指令，温度转换时间一般为 750 ms；如果执行数据读写指令，则需要严格遵循 DS18B20 的读写时序来操作。

根据温控箱的控制要求，该温控箱读出当前的温度数据需要两个工作周期。第一个周期为复位、跳过 ROM 指令、执行温度转换存储器操作指令、等待 750 ms 温度转换时间。第二个周期为复位、跳过 ROM 指令、执行读 RAM 的存储器操作指令、读数据（最多为 9 个字节，中途可停止，只读前 2 个字节温度值）。

字节的读或写是从高位开始的，具体位操作时序如图 8.12 所示。

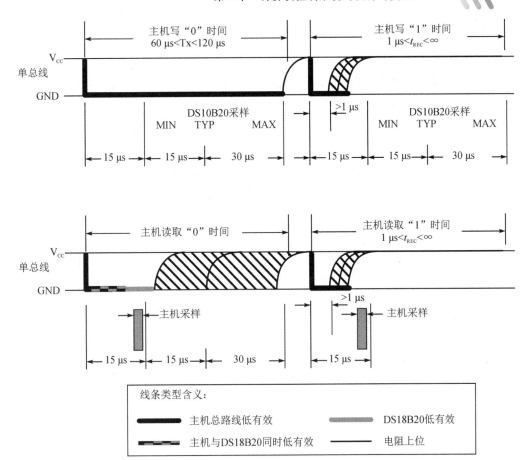

图 8.12　位读写时序图

4. 按键电路

根据温控箱温度控制的要求，该系统需要具有设置温度、保持恒温的时间、报警温度等人机交互功能。因为按键功能相对较少，为了便于直观地显示和减少误操作按键，所以本按键电路采用循环扫描、独立按键模式。单片机用于控制按键的引脚定义如表 8.1 所示。

表 8.1　单片机用于控制按键的引脚定义

引脚	P1.7	P1.6	P1.5	P1.4	P1.3	P1.2	P1.1	P1.0
功能	低温上限减	低温上限加	高温下限减	高温上限加	显示预设温度，可调节	显示当前温度	显示 DS18B20 编号	开始/停止

单片机 P1 接口具有设置上拉电阻的功能，这里选用内部上拉电阻模式，引脚内部状态在无外接器件时保持高电平。独立按键原理如图 8.13 所示，当按键闭合时，引脚与地接通，即引脚以低电平的形式实现按键检测；按键松开后，引脚与地之间恢复到原来的断开状态，即引脚值为高电平。温控箱

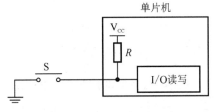

图 8.13　独立按键原理图

选用的按键为自复位结构的按键。

5. 声光报警电路

声光报警电路用于当温控箱温度异常时提醒工作人员，要求其声光报警电路能够适应试验现场的噪声、光线环境。蜂鸣器可选择能产生 100 dB 声压的有源压电式 HYD4216，实物图如图 8.14 所示，参数如表 8.2 所示，其供电电源为 12 V 时与声压关系如图 8.15 所示。

表 8.2　HYD4216 蜂鸣器参数表

产品类型	有源压电式
工作电压	3~24 V
主体直径	30 mm
高度	15 mm
中心孔距	40 mm
额定电压	12 V
额定电流	≤30 mA
声平电压	≥90 dB
谐振频率	3000±500 Hz
工作温度	−30~+80℃

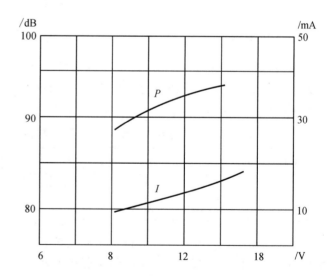

图 8.14　HYD4216 蜂鸣器实物图　　　　图 8.15　HYD4216 蜂鸣器电源与声压关系图

仪器用温箱温度控制系统的控制器采用 5 V 供电电源，为简化供电电源的设计，并降低成本，蜂鸣器也采用 5 V 电源供电。STC89C51 单片机的引脚驱动能力最大为 20 mA，要实现 5 V 供电，且蜂鸣器产生大于 90 dB 的报警声，由图 8.15 可知蜂鸣器需要提供大于

20 mA 的电流。为此，蜂鸣器的电路原理图如图 8.16 所示。采用 NPN 型三极管 WS9014 进行电流放大，其集电极电流最大能达到 100 mA，集电极与基极电压可到 50 V，电流放大倍数 β 为 60～150。设定放大后电流为 30 mA，由三极管 $I_c = I_b \beta$ 可知，当取放大倍数 β 为 100 时，I_b 为 0.3 mA，即 $I_b = (U_{in} - U_{be})/R_b = (5 - 0.7)/R_b = 0.3$，可得 R_b 为 14.3 kΩ，该阻值是常用电阻。该电阻的使用功率为 1.29 mW，因为 0805 封装的电阻额定功率为 1/8 W，所以选定常用的 0805 封装的贴片电阻作为限流电阻。

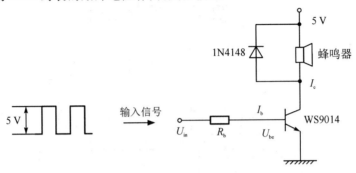

图 8.16　HYD4216 蜂鸣器电路原理图

I_c 断开后，由于蜂鸣器的电感效应和压电效应会产生电动势，为了快速消除这个电动势的影响，在蜂鸣器的两端并联二极管 1N4148 来实现放电功能。

光报警可采用闪烁方式，选用普通发光二极管就可满足要求。一般情况下 3 mm 的发光二极管在压降 2.2 V 条件下流过 10 mA 的电流即可保证一定的亮度。这里通过限流电阻来改变流过二极管的电流。为提高单片机的驱动能力，采用外部电源给二极管供电，单片机引脚为低的时候发光二极管导通发光。

6. 液晶显示电路

液晶显示电路需要显示的内容有设置的温度值、当前温度值、预设的温度上下限信息。这里液晶显示屏选用 1602 液晶屏，该液晶屏具有两行且每行 16 个字符的显示能力，第一行显示文字信息，第二行显示具体温度值。显示当前温度信息的方案如表 8.3 所示，显示 DS18B20 的编号、设置温度的方案分别如表 8.4 和表 8.5 所示。

表 8.3　1602 液晶屏显示当前温度方案

C	u	r	r	e	n	t		T	e	m	p	.			
	+		4	5	.	0	0		°	C					

表 8.4　1602 液晶屏显示 DS18B20 编号方案

S	e	r	i	a	l		N	u	m	b	e	r	:		
1	2	3	4	5	0	0	0	0	0	0	0	0	0	0	0

表 8.5　1602 液晶屏显示设置温度方案

S	E	T		T	E	M	P		H	i			L	o	
				4	5				4	7			4	3	

1602 液晶显示屏与单片机的硬件连接如图 8.17 所示。1602 液晶屏的 8 位数据引脚与单片机的 P0 接口进行连接，由于 STC89C51 单片机的 P0 接口为方便和硬件逻辑进行线与，其输出接口结构为漏极开路形式，不能直接输出高电平，因此需要连接上拉电阻。

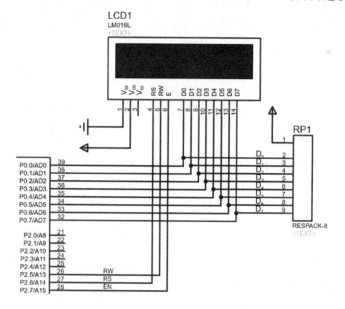

图 8.17　液晶显示屏与单片机连接电路

1602 液晶屏的控制读写引脚 RW 与单片机的 P2.5 引脚相连，数据与命令选择引脚 RS 与单片机的 P2.6 引脚相连，使能引脚 E 与单片机的 P2.7 引脚相连。为方便记忆和连线方便，可以在连线上标注上网络标号，具有相同网络编号的线是相通的。采用网络标号的形式可以减少连线，从而使原理图更加美观。

8.3.6　固件程序设计

单片机固件程序完成的功能有：① 检测各个功能按键，并根据按键执行相应的控制功能和显示；② 检测温度，并将温度信息显示在 1602 液晶屏上；③ 根据设定温度值和测试温度值对温控箱进行温度控制。

固件程序的主程序流程图如图 8.18 所示，初始化完成后循环检测按键，并根据按键值执行相应的操作，检测当前温度并根据按键设定值进行控制。

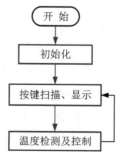

图 8.18　主程序流程图

初始化流程图如图 8.19 所示，按键扫描及相关操作流程图如图 8.20 所示，温度检测及控制流程图如图 8.21 所示。

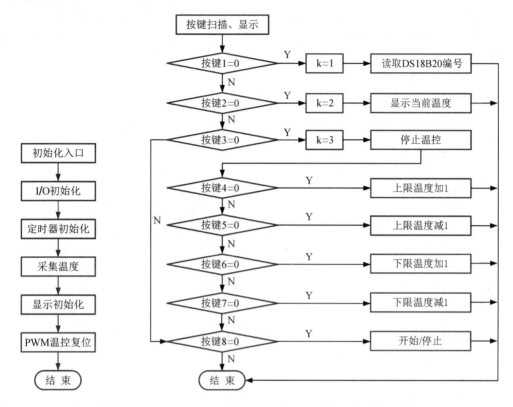

图 8.19　初始化流程图　　　　　　图 8.20　按键扫描及相关操作流程图

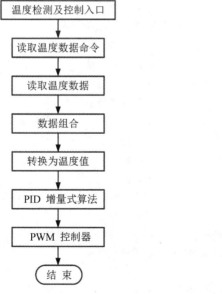

图 8.21　温度检测及控制流程图

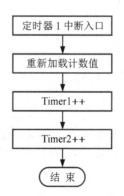

图 8.22　定时器 1 中断流程图

因为 STC89C51 单片机计数器的长度是 16 位，采用 12 MHz 晶振时，其定时最大值为 $65536 \times 1\ \mu s = 65.636\ ms$，所以对大于这个时间的定时采用对定时器中断次数进行计数来完成。定时器 1 的中断程序(流程图如图 8.22 所示)主要完成对计数值的加载以及对 PWM 控制的计数和对 ADC 采集时间间隔的计数。

单片机固件程序如下：

```
#include <reg52. h>
#include <intrins. h>
#include <math. h>
#define uchar unsigned char
#define uint unsigned int
#define TIME 10000                      //定时器 1 计数值
sbit k1=P1^1;                           //显示 DS18B20 编号
sbit k2=P1^2;                           //显示当前温度
sbit k3=P1^3;                           //显示预设温度,可调节
sbit k4=P1^4;                           //温度上限加
sbit k5=P1^5;                           //温度上限减
sbit k6=P1^6;                           //温度下限加
sbit k7=P1^7;                           //温度下限减
sbit k8=P1^0;                           //开始/停止
sbit H=P2^0;                            //高温提示
sbit L=P2^1;                            //低温提示
sbit LS=P2^2;                           //蜂鸣器
sbit PWM_Hot=P2^3;                      //PWM 加热输出口
sbit PWM_Cool=P2^4;                     //PWM 降温输出口
sbit RW=P2^5;                           //定义 LCD 的读、写选择端
sbit RS=P2^6;                           //定义 LCD 的数据、命令选择端
sbit EN=P2^7;                           //定义 LCD 的使能信号端
sbit DS=P3^7;                           //定义 DS18B20 的 I/O 接口
sbit P30=P3^0;                          //调试测试用端口 1
sbit P31=P3^1;                          //调试测试用端口 2
uchar k=2;                              //当前温度显示标志位
uchar timer1;                           //用于 PWM 控制,计定时器 1 中断次数
int timer2;                             //用于温度采集间隔控制,计定时器 1 中断次数
ucharTC_EN;                             //加热使能
int TEMP, TEMP0;                        //采集温度值
uchar heat_en, cool_en, pwm_input;      //加热使能,制冷使能,PWM 高
uchar idata table0[]="Current Temp: ";  //当前温度
uchar idata table1[]="Serial Number: "; //显示 DS18B20 的编号
uchar idata table2[]="SET TEMP Hi Lo";  //显示预设温度
uchar idata table3[]="Hi:    Lo:;
uchar idata table4[]={0, 0, 0, 0, 0, 0, 0, 0};
uchar idata tempHL[]={60, 56};          //预设温度初始值
```

```
/ * * * * * * * * * * * * * * * * * * * * * * 延时函数 * * * * * * * * * * * * * * * * * * * * * * * * * * * /
void delayms(uint a)                    //延时函数，根据芯片及时钟确定
{
    uint i, j;
    for(i=a; i > 0; i--)
        for(j=100; j > 0; j--);
}
/ * * * * * * * * * * * * * * * * * * * * * I/O 初始化 * * * * * * * * * * * * * * * * * * * * * * * * * /
void IO_Ini()
{
    H=1;                                //高温提示无效
    L=1;                                //低温提示无效
    LS=1;                               //蜂鸣器无效
    PWM_Hot=0;                          //PWM 加热输出口无效
    PWM_Cool=0;                         //PWM 降温输出口无效
    RW=0;                               //定义 LCD 的读、写选择端
    RS=0;                               //定义 LCD 的数据、命令选择端
    EN=0;                               //定义 LCD 的使能信号端无效
    DS=1;                               //定义 DS18B20 的 I/O 接口无效
}
/ * * * * * * * * * * * * * * * * * * * * 定时器函数 * * * * * * * * * * * * * * * * * * * * * * * * * * /
void T01_Ini()
{
    TMOD=0x11;
    TH1=(65536-TIME)/256;              //定时 12 MHz(1 μs), 10 ms=1000×10 μs
    TL1=(65536-TIME)%256;
    TR1=1;
    IE=0x8A;
}
void T1zd(void) interrupt 3            //定时器 1 中断函数
{
    TH1=(65536-TIME)/256;             //重新加载
    TL1=(65536-TIME)%256;
    timer1++;                          //定时中断计数
    timer2++;                          //定时中断计数用于 ADC 采样
    //= = = = = = = =PWM= = = = = = = = =
    if(timer1>=100) timer1=0;
      if(timer1<pwm_input && heat_en==1)PWM_Hot=1;
      else PWM_Hot=0;
      if(timer1<pwm_input && cool_en==1) PWM_Cool=1;
      else PWM_Cool=0;
}
/ * * * * * * * * * * * * * * * * * * * * 数据显示 * * * * * * * * * * * * * * * * * * * * * * * * * * * /
```

```
void writecom(uchar com)                //写地址，显示的数据的位置
{
    RS=0;
    P0=com;
    EN=1;
    delayms(1);
    EN=0;
}
void writedata(uchar dat)               //写数据，也就是显示的数据
{
    RS=1;
    P0=dat;
    EN=1;
    delayms(1);
    EN=0;
}
/*********************LCD初始化*****************************/
void LCD_init()
{
    RW=0;
    writecom(0x38);                     //16×2 显示，5×7 点阵
    writecom(0x0c);
    writecom(0x06);
    writecom(0x01);                     //清除 LCD 的显示内容
}
void writestring(uchar * str,uchar length)  //写数据的过度函数，length 为长度
{
    uchar i;
    for(i=0;i<length;i++)
    {
        writedata(str[i]);
    }
}
void delay(uint num)                    //延时函数
{
    while( −−num );
}
/*********************DS18B20 驱动程序*********************/
DSinit(void)                            //初始化 DS18B20
{
    DS=1;                               //DS 复位
    delay(8);                           //稍做延时
    DS=0;                               //将 DS 拉低
```

```
        delay(90);                          //精确延时，大于 480 μs
        DS=1;                               //拉高总线
        delay(110);
        DS=1;
        return 0;
}
uchar read_bit(void)                        //读一位(bit)
{
        uchar i;
        DS=0;                               //将 DS 拉低开始读时间间隙
        DS=1;                               //返回高电平
        for(i=0; i<3; i++);                 //延时 15 μs
        return(DS);                         //返回 DS 线上的电平值
}
uchar readbyte()                            //读一个字节
{
        uchar i=0;
        uchar dat=0;
        for(i=0; i<8; i++)                  //读取字节，每次读取一个字节
        {
                if(read_bit()) dat|=(0x01<<i); //然后将其左移
                delay(4);
        }
        return (dat);
}
void write_bit(char bitval)                 //写一位
{
        DS=0;                               //将 DS 拉低开始写时间隙
        if(bitval==1) DS=1;                 //如果写 1，则 DS 返回高电平
        delay(5);                           //在时间隙内保持电平值
        DS=1;                               //delay 函数每次循环延时 16 μs，因此 delay(5)=80 μs
}
void writebyte(uchar dat)                   //写一个字节
{
        uchar i=0;
        uchar temp;
        for(i=0; i<8; i++)                  //写入字节，每次写入一位
        {
                temp=dat>>i;
                temp &=0x01;
                write_bit(temp);
        }
        delay(5);
```

```
}
void sendchangecmd()                    //DS18B20 开始获取温度并转换
{
    DSinit();                           //DS18B20 复位

    delayms(1);
    writebyte(0xcc);                    //写跳过读 ROM 指令
    writebyte(0x44);                    //写温度转换指令
}
void sendreadcmd()                      //读取寄存器中存储的温度数据
{
    DSinit();                           //DS18B20 复位
    delayms(1);
    writebyte(0xcc);                    //写跳过读 ROM 指令
    writebyte(0xbe);                    //读取暂存器的内容
}
int gettmpvalue()
{
    uint tmpvalue;
    float t;
    uchar low, high;
    sendreadcmd();                      //读取寄存器中存储的温度数据
    low=readbyte();                     //读取低八位
    high=readbyte();                    //读取高八位
    tmpvalue=high;
    tmpvalue <<=8;                      //高八位左移八位
    tmpvalue |=low;                     //两个字节组合为 1 个字
    t=tmpvalue * 0.0625 * 100;          //分辨率为 0.0625，在此将值扩大 10 倍
    return t;
}
/ ************************* 显示子函数 ************************* /
void display(int v)                     //显示子函数
{
    uchar i;
    uchar datas[]={0, 0, 0, 0, 0, 0, 0, 0};    //定义缓存数组
    uint tmp=abs(v);                    //求绝对值
    datas[0]=tmp % 10000 / 1000;
    datas[1]=tmp % 1000 / 100;
    datas[2]=tmp % 100 / 10;
    datas[3]=tmp % 10;
    datas[4]=80;                        //空格的 ASCALL 码
    datas[5]=175;                       //温度的 ASCALL 码
    datas[6]=19;                        //C 的 ASCALL 码为 19
```

```
    writecom(0xc0+3);
    if(v < 0)                                   //当 v 小于 0 时输出负号
    {
        writestring("－ ", 2);
    }
    else
    {
        writestring("＋ ", 2);                   //当 V 大于 0 时输出正号
    }
    for(i=0; i !=7; i++)
    {
        writedata('0'+datas[i]);                 //显示温度
        if(i==1)
            writedata('.');                      //显示温度的小数点
    }
}
/＊＊＊＊＊＊＊＊＊读取 DS18B20 序列码＊＊＊＊＊＊＊＊＊＊＊＊＊/
void Read_RomCord()                             //读取 64 位序列码
{
    unsigned char j;
    DSinit();
    writebyte(0x33);                            //读序列码的操作
    for (j=0; j < 8; j++)
    {
        table4[ j]=readbyte();
    }
}
/＊＊＊＊＊＊＊＊＊＊＊＊＊＊＊＊＊＊＊＊数据转换与显示＊＊＊＊＊＊＊＊＊＊＊＊＊＊＊＊＊＊＊＊/
void Disp_RomCode()                             //数据转换与显示
{
    uchar j, i;
    writecom(0xc0);                             //LCD 第二行初始位置
    for(j=0; j<8; j++)
    {
        i=((table4[ j]&0xf0)>>4);
        if(i>9)
            i=i+0x37;
        else
            i=i+0x30;
        writedata(i);                           //高位数显示
        i=(table4[ j]&0x0f);
        if(i>9)
            i=i+0x37;
```

```
        else
            i＝i＋0x30;
        writedata(i);                           //低位数显示
    }
}
/ ********************* 按键扫描 *************************** /
keypress(uchar key)                             //按键消除抖动
{
    if(!key)
    {
        delayms(1);
        return(0);
    }
    else return(1);
}
void Key_display()                              //按键扫描和显示
{
    uchar i;
    uchar hl[]＝{0, 0, 0, 0, 0};
    if(keypress(k1)＝＝0) k=1;                   //显示模式,1为序列号,
    if(keypress(k2)＝＝0) k=2;                   //2为当前温度
    if(keypress(k3)＝＝0) k=3;                   //3为预设温度
    if(k＝＝3) {
        k1＝1;
        k2＝1;
        PWM_Hot＝0;                              //0 加热停止
        PWM_Cool＝0;                             //0 制冷停止
        LS＝1;                                   //蜂鸣器,1停止工作,0开始工作
    }
    if(keypress(k8)＝＝0) TC_EN＝1;              //使能温控
    else TC_EN＝0;

    if(tempHL[1]＞(TEMP/100))
    {
//      delayms(100);                           //写成延时会影响主循环程序
        if(timer2％50＝＝0)                      //延时作用 500 ms 变换一次
        {   LS＝!LS;                             //蜂鸣器工作
            L＝～L;                              //低温提示灯闪烁
        }
    }
    else if(tempHL[0]＜(TEMP/100))
    {
        if(timer2％50＝＝0)                      //延时作用 500 ms 变换一次
```

```
    {    LS=!LS;                              //蜂鸣器工作
        H=～H;                               //高温提示灯闪烁
    }
}
else
{
    LS=1;                                   //蜂鸣器停止工作
    L=1;                                    //低温提示灯灭
}
switch(k)
{
    case 1:                                 //显示 DS18B20 序列号
        writecom(0x01);
        writecom(0x80);
        writestring(table1,16);
        Read_RomCord();                     //读取 DS18B20 序列号
        Disp_RomCode();                     //显示 DS18B20 序列号
        delayms(750);                       //温度转换时间需要 750 ms 以上
        k=0;
        break;
    case 2:                                 //显示当前温度
        sendchangecmd();
        delayms(750);                       //温度转换时间需要 750 ms 以上
        writecom(0x01);
        writecom(0x80);
        writestring(table0,16);             //当前温度
        display(gettmpvalue());
        k=0;
        break;
    case 3:                                 //显示预设温度，可调节
        writecom(0x80);                     //写显示内容的地址 第一行第一个地址开始
        writestring(table2,16);             //写入显示内容
        writecom(0xC0);                     //写显示内容的地址 第二行第一个地址开始
        writestring(table3,16);
        if(keypress(k4)==0) {
            tempHL[0]++;                    //上限温度调节+1
            delayms(100);
        }
        if(keypress(k6)==0) {               //下限温度调节+1
            if(tempHL[0]>tempHL[1]) {
                tempHL[1]++;
                delayms(100);
            }
```

```
        }
        if(keypress(k5)==0) {                   //上限温度调节-1
            if(tempHL[0]>tempHL[1]) {
                tempHL[0]--;
                delayms(100);
            }
        }
        if(keypress(k7)==0) {                   //下限温度调节-1
            if(tempHL[1]>0) {
                tempHL[1]--;
                delayms(100);
            }
        }
        hl[0]=tempHL[0] / 10;
        hl[1]=tempHL[0] % 10;
        hl[3]=tempHL[1] / 10;
        hl[4]=tempHL[1] % 10;
        writecom(0xC0+4);
        for(i=0; i !=2; i++)
        {
            writedata('0'+hl[i]);               //显示上限温度
        }
        writecom(0xC0+12);
        for(i=3; i !=5 ; i++)
        {
            writedata('0'+hl[i]);               //显示下限温度
        }
        k=0;
        break;
    }
}
// ***************************************************************
//增量式 PID
// ***************************************************************
typedef struct PID
{
    int SetPoint;                               //设定目标 Desired Value
    int Uk;                                     //控制量
    double Kp;                                  //比例常数 Proportional Const
    double Ki;                                  //积分常数 Integral Const
    double Kd;                                  //微分常数 Derivative Const
    int Err1;                                   //Error[-1]
    int Err2;                                   //Error[-2]
```

```
} PID；
static PID sPID；
static PID ∗ sptr＝&sPID；
/∗＝＝＝＝＝＝＝＝Initialize PID Structure PID 参数初始化＝＝＝＝＝＝＝＝＝∗/
void IncPIDInit(void)
{
    sptr－>Err1＝0；                        //Error[－1]
    sptr－>Err2＝0；                        //Error[－2]
    sptr－>Kp＝0.0325；                     //比例常数 Proportional Const
    sptr－>Ki＝0；                          //积分常数 Integral Const
    sptr－>Kd＝0.13；                       //微分常数 Derivative Const
    sptr－>SetPoint＝0；
  sptr－>Uk＝0；
}
void PWM()                                //PWM 温控子程序
{
    register int iError，iIncpid；
    sptr－>SetPoint＝(tempHL[0]＋tempHL[1])/2；
    iError＝sptr－>SetPoint－(TEMP0)；      //当前误差
    iIncpid＝sptr－>Kp ∗ (iError－sptr－>Err1)＋sptr－>Kd ∗ (iError－2 ∗ sptr－>Err1＋
sptr－>Err2)；                             //增量计算
    sptr－>Uk ＋＝iIncpid；
  sptr－>Err2＝sptr－>Err1；                //存储误差，用于下次计算
    sptr－>Err1＝iError；
    //根据温度所在范围给出控制量
    if(sptr－>Uk>100) {sptr－>Uk＝99；}
    if(sptr－>Uk<＝0) {sptr－>Uk＝1；}
    if(tempHL[1]<＝(TEMP0) && (TEMP0)<＝tempHL[0])
                                          //在温度控制范围采用 PID 控制
    {
        heat_en＝1；
        cool_en＝0；
        pwm_input＝sptr－>Uk；
        P31＝~P31；                        //调试用引脚
    }
    else if((TEMP0)>＝tempHL[0])           //满功率降温
    {
        heat_en＝0；
        cool_en＝1；
        pwm_input＝100；
    }
    else                                  //满功率加热
    {
```

```
                heat_en＝1；
                cool_en＝0；
                pwm_input＝100；
            }
    }
//＊＊＊＊＊＊＊＊＊＊＊＊＊＊＊＊＊主程序＊＊＊＊＊＊＊＊＊＊＊＊＊＊＊＊＊＊＊＊＊＊＊＊＊＊＊＊＊＊//
    void main()
    {
        IO_Ini()；                          //I/O 接口初始化
        T01_Ini()；                         //初始化定时器
        sendchangecmd()；                   //读取寄存器中存储的温度数据
        LCD_init()；                        //LCD 初始化
        writecom(0x80)；                    //选择 LCD 第一行
        writestring(table0，16)；           //显示当前温度的英文字母
        heat_en＝0；                        //PWM 加热使能无效
        cool_en＝0；                        //PWM 制冷使能无效
        pwm_input＝0；                      //PWM 占空比值 0
        while(1)
        {
            Key_display()；                 //扫描按键并显示相应内容
            if(timer2＝＝1)
            {
                sendchangecmd()；           //启动 ADC 采集
            }
            else if(timer2＝＝100)          //定时 1 s 后读数
            {
                TEMP＝gettmpvalue()；
                display(TEMP)；
        TEMP0＝TEMP/100；
                timer2＝0；
            }
            if (TC_EN＝＝1)
            {
                if(timer2＝＝1)
                {
                    PWM()；                 //读取当前温度并根据设定值进行控制
                    P30＝～P30；            //调试用引脚
                }
            }
        }
    }
```

仪器用温箱温度控制系统 Proteus 仿真原理图如图 8.23 所示。

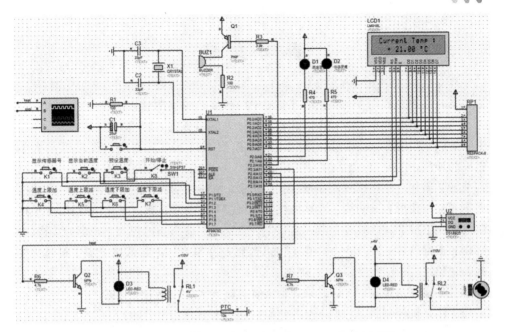

图 8.23 仪器用温箱温度控制系统 Proteus 仿真原理图

思 考 与 练 习

8.1 简述计算机控制系统设计的步骤。

8.2 简述计算机控制系统软件设计的步骤。

参 考 文 献

[1] 袁本恕. 计算机控制系统[M]. 北京：中国科学技术出版社，1988.

[2] 刘德胜. 计算机控制技术[M]. 北京：清华大学出版社，1981.

[3] 闫建国，李中健，屈耀红，等. 计算机控制系统[M]. 西安：西北工业大学出版社，2019.

[4] 何克忠，李伟. 计算机控制系统[M]. 北京：清华大学出版社，1998.

[5] 张国范，顾树胜，王明顺. 计算机控制系统[M]. 北京：冶金工业出版社，2005.

[6] 陈忠信，王醒华. 计算机控制系统[M]. 北京：中央广播电视大学出版社，1989.

[7] 陈彬，王育欣，王许. 单片微型计算机控制技术基础[M]. 武汉：华中科技大学出版社，2013.

[8] 邬学礼. 计算机控制[M]. 北京：北京航空航天大学出版社，1990.

[9] 王琦. 计算机控制技术[M]. 上海：华东理工大学出版社，2009.

[10] 刘植桢. 计算机控制[M]. 北京：清华大学出版社，1981.

[11] 童东兵. 计算机控制系统基础[M]. 西安：西安电子科技大学出版社，2019.

[12] 陈宗海，杨晓宇，王雷. 计算机控制工程[M]. 合肥：中国科学技术大学出版社，2008.

[13] 周俊生. 计算机控制技术[M]. 南京：东南大学出版社，2016.

[14] 额尔和木图，王亚军. 计算机控制技术[M]. 北京：北京理工大学出版社，2012.

[15] 王书峰. 计算机控制技术[M]. 武汉：华中科技大学出版社，2011.

[16] 闵丽娟，卢捍华，吴瑞雯. 物联网控制系统综述[J]. 南京邮电大学学报，2017，37(2)：68 - 73.

[17] 孔峰. 微型计算机控制技术[M]. 重庆：重庆大学出版社，2003.

[18] 张泰山. 计算机控制技术[M]. 北京：冶金工业出版社，1986.

[19] 周少武. 计算机控制技术[M]. 湘潭：湘潭大学出版社，2017.

[20] 谢剑英，贾青. 微型计算机控制技术[M]. 北京：国防工业出版社，2001.

[21] 薛弘晔. 计算机控制技术[M]. 西安：西安电子科技大学出版社，2003.

[22] 温钢云，黄道平. 计算机控制技术[M]. 广州：华南理工大学出版社，2002.

[23] 曾庆波，左晓英，陈秀芳. 微型计算机技术[M]. 成都：电子科技大学出版社，2007.

[24] 施保华，杨三青，周凤星. 计算机控制技术[M]. 武汉：华中科技大学出版社，2007.

[25] 顾德英，罗云林，马淑华. 计算机控制技术[M]. 北京：北京邮电大学出版社，2012.

[26] 许家铭. 计算机控制技术的原理与发展趋势分析[J]. 名城绘，2018(2)：333.

[27] 顾德英，罗云林，马淑华. 计算机控制技术[M]. 北京：北京邮电大学出版社，2012.

[28] 于海生. 微型计算机控制技术[M]. 3版. 北京：清华大学出版社，2017.

[29] 王昭阳. 计算机自动控制应用现状及发展趋势[J]. 电脑迷，2018(17)：12 - 12.

[30] 许姜涵. 计算机控制技术原理、应用及发展趋势[J]. 计算机安全与维护，2016，23(042)：95 - 96.

[31] 刘世荣. 工业控制计算机系统及其应用[M]. 北京：机械工业出版社，2008.

[32] 郑晟，巩建平. 现代可编程序控制器原理与应用[M]. 北京：科学出版社，1999.

[33] 吴忠俊. 可编程程序控制器原理及应用[M]. 北京：机械工业出版社，2005.

[34] 俞建新. 嵌入式系统基础教程[M]. 北京：机械工业出版社，2015.

[35] 宋慧欣. 嵌入式系统进入转型创新时代[J]. 自动化博览，2013(7)：1.

[36] 刘川来，胡乃平. 计算机控制技术[M]. 北京：机械工业出版社，2023.

[37] 何小阳. 计算机控制技术[M]. 重庆：重庆大学出版社，2011.

[38] 刘雨棣，雷新颖. 计算机控制技术[M]. 西安：西安交通大学出版社，2013.

[39] 王万良. 物联网控制技术[M]. 北京：高等教育出版社，2016.

[40] 安晖. 德国工业 4.0 剖析[J]. 高科技与产业化，2015(3)：52-55.

[41] 沈忠浩. 体验德国工业 4.0[J]. 党员文摘，2018(1)：44-45.

[42] WEGNER D. 德国工业 4.0 的理念思考[J]. 中国国情国力，2017(16)：134-136.

[43] 阮建兵. 德国"工业 4.0"发展现状调研及启示[J]. 新课程研究，2017(16)：134-136.

[44] 孙笛. 德国工业 4.0 战略与中国制造业转型升级[J]. 河南社会科学，2017(7)：21-28.

[45] 沈立人. 学习"中国制造 2025"的体会[J]. 衡器，2018(9)：5-10.

[46] 左娅. 中国制造 2025 瞄准十大重点领域（政策解读）[EB/OL]. 人民网[2022-11-27]. http://politics.people.com.cn/n/2015/0520/c1001-27027513.html.

[47] 张桂香，王辉. 计算机控制技术[M]. 成都：电子科技大学出版社，1999.